塔河大油田勘探实践与技术创新

康玉柱　康志宏　编著

中国石化出版社

内 容 提 要

本书是继《塔里木古生代海相油气田》、《中国古生代海相成油特征》、《中国古生代海相油气田形成条件与分布》及《中国塔里木盆地塔河大油田》之后第五部关于古生代海相成油的科学著作，深入研究、剖析了塔河大油田的成藏条件及特征等。本书全面系统地论述了塔河大油田的勘探历程、沉积体系、构造体系、含油水性质及展布、地层压力及温度变化、油藏描述等。进一步论述了油气分布规律、勘探方向及油气前景。另外，还深入总结了已形成的油气田勘探开发创新技术系列。本书的问世将进一步丰富中国古代海相成油理论及勘探开发技术，对当前和今后油气勘探开发有重要的指导意义。

本书可供广大地质、石油地质工作者及相关院校教学和科研工作者参考使用。

图书在版编目（CIP）数据

塔河大油田勘探实践与技术创新/康玉柱，康志宏编著．—北京：中国石化出版社，2013.4
ISBN 978-7-5114-1750-3

Ⅰ.①塔… Ⅱ.①康… ②康… Ⅲ.①塔里木盆地-油气勘探-研究 Ⅳ.①P618.130.8

中国版本图书馆 CIP 数据核字（2013）第 056879 号

中国石化出版社出版发行

地址：北京市东城区安定门外大街 58 号
邮编：100011　电话：(010)84271850
读者服务部电话：(010)84289974
http://www.sinopec-press.com
E-mail:press@sinopec.com
北京金明盛印刷有限公司印刷
全国各地新华书店经销

*

787×1092 毫米 16 开本 16 印张 405 千字
2013 年 4 月第 1 版　2013 年 4 月第 1 次印刷
定价：68.00 元

前言

塔河大油田地处新疆维吾尔自治区库东县和轮台县境内，位于东经83°57′~84°15′，北纬40°25′~41°10′，处于天山南麓、塔克拉玛干沙漠北缘的戈壁荒漠地区。气候冬冷夏热，干旱少雨，因邻近塔里木河，地表具少量植被，以胡杨、红柳为主，东北侧有沙漠公路穿过，交通较为便利。

塔河油田构造位于塔里木盆地沙雅隆起中段阿克库勒凸起上。阿克库勒凸起西邻哈拉哈塘凹陷，东靠草湖凹陷，南接顺托果勒隆起及满加尔坳陷(图0-1)。阿克库勒凸起为前震旦系变质岩基底上的一个长期发展的古凸起，发育了震旦系至泥盆系海相沉积、石炭系至二叠系海陆交至相沉积、三叠系至第四系陆相沉积。目前在塔河油田上钻井揭示了中寒武统白云岩(未穿)。

塔里木盆地北部古生界海相碳酸盐岩的古岩溶地貌总体呈北高南低的宽缓斜坡，自西北向南东分为岩溶隆起区、斜坡区和凹地区。其中沙雅隆起北段断凸为岩溶隆起区，阿克库勒凸起、沙西凸起为岩溶斜坡区，哈拉哈塘凹陷、草湖凹陷为岩溶凹地区，各地貌单元之间的岩溶地区特征差异较大。

1990年设计的沙23井首次在石炭系试获工业油气流，并在奥陶系见10m厚良好油气显示，即发现塔河油田(塔河第一口发现井)。1997年又在奥陶系打出高产油气流使塔河大油田定型。1998~2004年是扩大含油气面积和质量以及滚动勘探开发阶段，从2005年始为大型模开发阶段。到2011年塔河油田探明储量12×10^8t，年产油735×10^4t，成为中国第一个古生代海相特大型油田(图0-2)，也是世界上第一个古生界奥陶系特大油田。

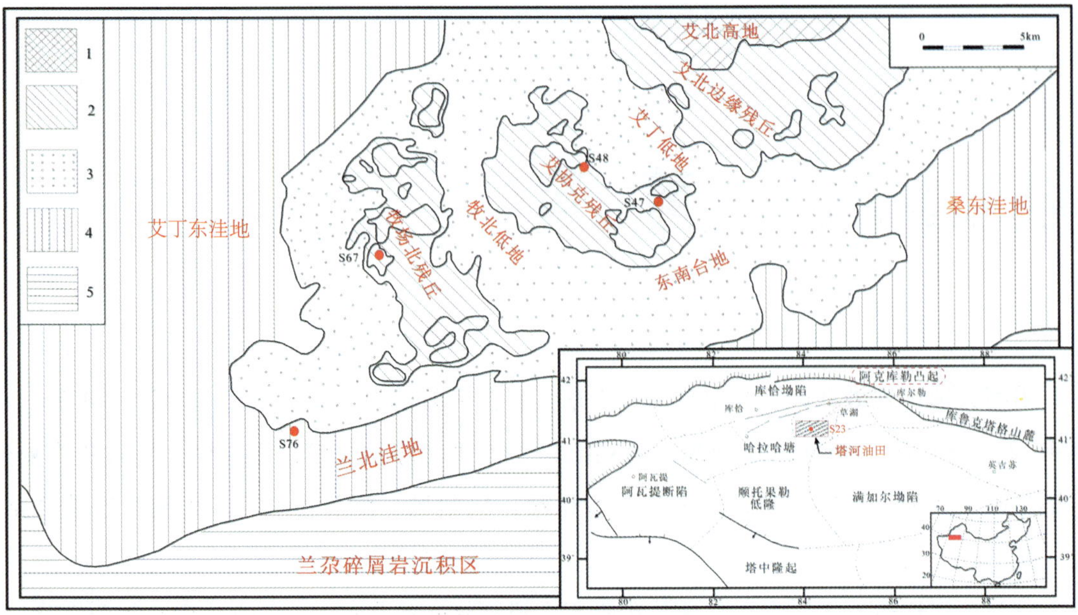

图0-1　塔河油田位置图

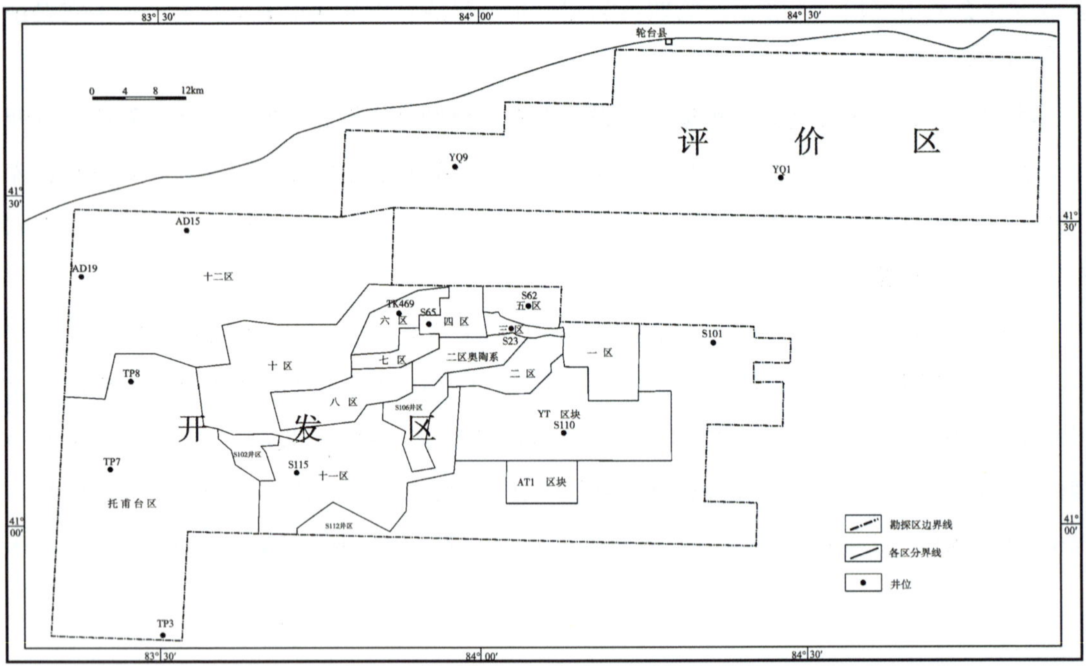

图0-2　塔河油田分区图

目　录

第一章　塔河油田的勘探历程 …………………………………………… (1)
一、古生代海相成油问题的提出 …………………………………………… (1)
二、中国古生代海相到底有没有石油 ……………………………………… (1)
三、古生代海相石油在哪里 ………………………………………………… (2)
四、古生代海相油气的重大突破 …………………………………………… (2)
五、塔河大油田的发现 ……………………………………………………… (4)
六、古生代海相成油理论的建立 …………………………………………… (4)
七、塔河油田发现的意义 …………………………………………………… (5)
八、塔河油田开发进展 ……………………………………………………… (6)
第二章 地层与沉积体系 …………………………………………………… (7)
一、地层层序 ………………………………………………………………… (7)
二、寒武 - 奥陶系沉积特征 ………………………………………………… (24)
第三章　盆地演化 …………………………………………………………… (38)
一、震旦 - 奥陶纪裂陷 - 克拉通盆地演化阶段 …………………………… (39)
二、志留 - 泥盆纪挤压克拉通盆地演化阶段 ……………………………… (39)
三、石炭 - 二叠纪克拉通内坳陷盆地演化阶段 …………………………… (39)
四、中新古代前陆盆地演化阶段 …………………………………………… (39)
第四章　构造体系特征 ……………………………………………………… (40)
一、盆地构造体系概述 ……………………………………………………… (40)
二、阿克库勒旋扭构造体系 ………………………………………………… (50)
三、奥陶系圈闭特征 ………………………………………………………… (52)
第五章　含油气体系特征 …………………………………………………… (56)
一、烃源岩特征及资源评价 ………………………………………………… (56)
二、储集层(体)特征 ………………………………………………………… (70)
三、盖层特征 ………………………………………………………………… (130)
四、主要储盖组合 …………………………………………………………… (136)
五、储层敏感性评价 ………………………………………………………… (137)

第六章　塔河油田特征 …………………………………………………（142）
一、天然气性质及分布 ……………………………………………………（142）
二、地面原油性质及分布 …………………………………………………（144）
三、地层水性质及分布 ……………………………………………………（150）
四、油田流体的非均质性及控制因素 ……………………………………（152）
五、不同类型、性质流体分布状态的控制因素 …………………………（154）
第七章　塔河油田油(气)分布规律 ……………………………………（156）
一、油气纵向分布 …………………………………………………………（156）
二、油气平面分布 …………………………………………………………（157）
三、油气成藏的受控因素 …………………………………………………（158）
第八章　塔河油田油气前景展望及勘探方向 …………………………（160）
一、油气前景展望 …………………………………………………………（160）
二、油气勘探方向 …………………………………………………………（162）
第九章　从塔河油田展望塔里木盆地 …………………………………（168）
一、塔里木盆地奥陶系近期油气勘探的重大成果 ………………………（168）
二、具有形成大油气田的地质条件 ………………………………………（168）
三、油气分布规律及勘探方向 ……………………………………………（172）
第十章　塔河油田勘探技术创新 ………………………………………（173）
一、三维地震技术 …………………………………………………………（173）
二、测井储层识别技术 ……………………………………………………（205）
三、超深层复杂地层钻井技术 ……………………………………………（225）
四、测试技术 ………………………………………………………………（228）
五、超深碳酸盐岩储层改造技术 …………………………………………（230）
六、碳酸盐岩缝洞型油田开发技术 ………………………………………（232）
第十一章　结论 …………………………………………………………（237）
参考文献 …………………………………………………………………（239）
特　载 ……………………………………………………………………（243）

第一章　塔河油田的勘探历程

一、古生代海相成油问题的提出

几十年来，中国古生代海相成油，一直是国内外专家、学者十分关注的大问题。1922 年，美国斯坦福大学布莱维尔德说：“中国缺石油可归因于 3 个地质条件：第一，中、新生代没有海相成沉积；第二，古生代大部分地层不能生成石油；第三，除西部和西北部某些地区外，几乎所有地质时代的岩石遭受强烈的褶皱、断裂，并受到火成岩不同程度的侵入。

多年来，不少专家、学者对我国古生代海相碳酸盐岩油气勘探做了大量的工作，并发现了一批天然气田。

1969 年著名地质学家李四光教授提出：“现在有一个问题，我想提出来与同志们研究一下，我们现在找出来的油田都是中、新生代的，难道我们的古生代就没有油吗？美国有一半的大油田在古生代，苏联的第二巴库也是泥盆系，非洲的阿尔及利亚、利比亚也是古生代的。他们的特点都是褶皱构造，比较平缓，我们要在古生代盖层平缓、褶皱缓和的地区集中力量试验一下。譬如，黔南、四川，特别是塔里木……从战略上讲，我们要选一个地方，早一点去打开一个缺口。”

长期以来，摆在我国石油地质学家、学者们面前有两大难题，即中国古生代海相到底有没有石油和古生代海相石油在哪里。

二、中国古生代海相到底有没有石油

1970 年，我们按李四光教授的指示，对塔里木盆地进行油气前景评价。在编写的《塔里木中新生代盆地油气远景的初步认识》报告中提出，塔里木古生代由于“古地台”处于相对稳定阶段，沉积了一套海相碳酸盐岩及碎屑岩构造。塔里木盆地为不同性质的大型坳陷与隆起构成，这些坳陷和隆起发育特点不同，导致含油气性特点也各有不同。它们具有长期相对上升和下沉、发育巨厚的中新生界和古生界，对油气形成提供了必要的物质基础；且自寒武到二叠纪，区内表现为长期较稳定的连续下沉，形成了一套有利生储油碳酸盐岩为主的地层，并首次提出石炭－二叠系是重要的生储油岩系；盆地大型坳陷区内的长恒及斜坡带，具有长期相对隆起性质，在注意可能形成的油气聚集的岩相带外，抓住有利构造进行勘探；盆地内深大断裂一般具有长期活动性，对盆地的发生和发展，对含油区和油气聚集带的分布，起到一定的控制作用。认为，塔里木是一个多油气藏类型的含油气盆地。总体评价：塔西南地区和塔东北地区油气前景最好，塔中地区较好。

建议地质部开展石油普查勘探，并把勘探重点向塔西南转移。具体部署：扩大一块（库车坳陷），突破一块（西南坳陷区），准备一块（东部坳陷区），研究一块（巴楚隆起古生界）。

1977 年 5 月，石油部在塔西南发现了柯克亚油气田（油源主要来自于石炭系）。

三、古生代海相石油在哪里

1979 年，我们又在《新疆塔里木盆地石油地质特征及找油方向》报告中提出：

（1）塔里木盆地是我国主要的含油区：①生储油条件良好；②构造条件优势；③成油组合多；④圈闭类型多，找油领域广阔。

（2）盆内寒武 - 奥陶系发育一套海相碳酸盐岩是重要的生储油岩系。中央隆起区、沙雅隆起（斜坡）是寻找古生界古潜山油气田（藏）有利地区。

（3）在总体部署上建议着眼全盆，分区规划，加强普查，择优突破；着重西南、侦察塔东、扩大北部、探索中央，海相陆相兼顾，油气并举的方针。

总之，塔里木盆地具有统一的前震旦系结晶变质基底，广泛的古生界基础和巨厚的中新生界盖层；该盆地是多构造体系控制的复合型盆地，具有多旋回、多成油组合特征，喜山运动是一次强烈的构造运动，是盆地定型、油气运移及再分配的重要因素；塔里木具有多圈闭类型，找油领域广泛。因此，将进一步证明塔里木盆地是我国重要含油气区，是寻找大型油气田的基地。

1979 年 9 月，在国家地质总局新疆石油普查勘探指挥部（下称新指，后改为西北石油地质局）阿克苏的地质工作会议上，康玉柱等针对不同的认识，首先提出向塔北沙雅隆起（斜坡）转移的建议。为什么向这个地区转移呢？他们利用李四光地质力学理论和方法研究认为：沙雅隆起在早古生代时，西与柯坪隆起、东与库鲁克塔格隆起同属一个东西向构造带。晚古生代由于西构造体系作用，使柯坪与库鲁克塔格开始隆升而沙雅隆起相对沉降，并接受了晚古生代及中新生代沉积。沙雅隆起不但有中生界也应有古生界沉积。该隆起处于库车和满加尔两大生油坳陷之间，为油气运聚的指向区，其上还发育有几大重力高点，所以油气前景好。另外，根据重磁力资料表明目的层埋藏较浅。上述建议得到了上级领导的支持和同意。“新指”从 1980 年初将油气勘探重点向塔北沙雅隆起转移。

四、古生代海相油气的重大突破

（一）沙参 2 井油气的重大突破

1980 年，将主要地震队（3 个）安排在塔北地区作区域大剖面，并对沙雅隆起开展了 1∶200000重力普查，以及在塔河南跃进一号重力高点上设计跃参 1 井。

经过一年多勘探，在雅克拉重力高点的二维地震剖面（302 线）发现古潜山构造。根据取得的新成果，1980 年底编写的《1981 年油气勘探总体设计》中首先提出在雅克拉构造上打沙参 2 井的建议。并安排了在该构造上加密地震测线，搞清其构造形态和高点位置，确定了具体位置。1983 年 5 月中旬进行井位勘定；1983 年 8 月 12 日沙参 2 井正式开钻。1984 年 8 月中旬该井打到 5636. 5m，见到了古潜山风化面，并取得小量白云岩岩心，但未见油气显示，当时有些人要求停钻完井。在要不要加深的关键时刻，康玉柱提出：决不能停钻，至少再打 100m。其理由是：①见一点白云岩还不能确定地质时代，原地质任务尚未完成；②该井在 3800 多米见到油砂，很可能是从深部运移上来的，油气还在下面；③根据我国古潜山油气藏特征，古风化壳有油不一定在表面，往往在古风化面下一定深度的风化淋滤带内。该建议得到领导支持，决定加深。经过堵漏，打技术套管，该井于1984年9月22日凌晨，只加深28m，就在井深5391m奥陶系喜获高产油气流，日初产油1000m^3、天然气$200\times10^4m^3$。实现了我国古生界海相碳酸盐岩油气田首次重大突破，成为我国油气勘探史上继大庆陆相油气突破之后的第二个里程碑，开辟了中国古生代海相油气勘探新纪元，从而甩掉了中国古生代无油的帽子，实现了中国油气勘探第二个跨越，为国家石油工业"稳定东部、发展西部"战略方针确定，提供了重要科学依据。由此，拉开了塔里木油气勘探大会战的序幕，因而开辟了当前油气勘探的大好局面。

(二)领导和专家评价

1984年11月29日，国务院副总理万里听取了关于沙参2井奥陶系获高产油气流情况汇报后，说："中国人自己搞出的很了不起，是一个大贡献"。

国务委员康世恩说："沙参2井高产油气井的发现，是一个大大的突破，也是我国最深的一口高产油气井"。

著名地质学家黄汲清题词："喷油奥陶系，伴有天然气。康工主战场，开天又辟地"。

1991年9月3日，新疆自治区政府和地矿部联合为沙参2井重大突破立碑纪念。

1986年6月7日，胡耀邦总书记参观塔北油气成果展览，特别是看到沙参2井获油气重大突破的录像后，他连声说："好，好，好！很了不起，是个大贡献"。康玉柱等成为中国古生代海相油气勘探的开拓者。

(三)塔北连获油气突破

1985年初，地矿部为迅速扩大沙参2井的油气成果，决定在塔里木盆地北部进行联合勘探，调集6个地区局的约6000人，在塔北摆开了空前规模的找油大会战的战场。在扩大雅克拉、东西展开、注意中浅油气发现的勘探思路指导下，1985～1990年实现了油气连续突破，在8个层系(E，K，J，K，C，O，∈，Z)发现了雅克拉、轮台、阿克库木、阿克库勒、阿克莫奇、西达里亚、东达里亚和艾协克8个油气田(特别阿克库勒构造上沙18井于石炭系底部获日产油1400m^3，天然气420×10^4 m^3，成为国内石炭系罕见高产井)，从而迎来了石油部门到塔里木大会战的新局面。

由此，党中央、国务院领导十分关注，1988年10月10日，国务院总理李鹏在地矿部《关于塔北油气勘探连获突破的情况汇报》上指示："很好，请继续努力"。1989年3月12日，地矿部和新疆自治区政府召开了"塔北油气勘查连获实现重大突破"庆功大会，授予地矿部塔北联指和西北石油地质局锦旗单位。1989年9月3日，国务院总理李鹏在地矿部《关于东海、塔北油气勘探连获重大发现和突破的书面汇报》上批示："江泽民同志和我对你们获得的成就感到十分高兴，向你们致以热烈祝贺"。1990年8月22日，江泽民总书记到塔北石油勘探区视察，看望广大职工时说："塔里木盆地石油勘探井发展很快，我们很高兴，这完全是你们发扬艰苦奋斗、自我奉献精神的结果，我代表党中央、国务院、中央军委向你们并通过你们向战斗在塔里木的全体职工表示衷心的谢意……"。1990年1月，地矿部召开的局长会议上授予塔北联指和西北石油地质局在塔北连获突破的嘉奖令及奖杯。

(四)导向性油气重大突破

1990年下半年地矿部领导指示："沙雅隆起已经发现多个油气田，已成为油气富集带，那么第二个沙雅隆起(油气富集带)在哪里呢?"我们根据古生代海相成油特征及地质力学理论，以古隆起、古斜坡和断裂带控油理论，排除不同观点，首先提出了巴楚隆起－麦盖提斜坡开展油气勘探工作，寻找第二个油气富集带。1991 年，在这个地区开展了地震勘探，并发现了一批构造。1992 年 10 月，在麦盖提斜坡的巴会托构造设计麦 3 井石炭系获高产油气流，实现了麦盖提斜坡首次重大突破；1995 年 9 月，在巴楚隆起的亚松迪构造上设计巴参 1 井于石炭系获工业油气流，实现了巴楚隆起首次突破，这两个构造单元导向性油气重大突破，为国家找到两个古生界油气勘探开发了后备基地。

五、塔河大油田的发现

1990 年在塔里木盆地已发现 10 多个油气田，但有没有大油气田，一直众说纷纭，有人说塔里木因受海西运动的破坏不存在大油田……。我们根据盆地古生代沉积特征及已发现的油气田实践，认为高产盆地应该有大型油气田，因此，坚持古隆起、古斜坡，找大油气田思路。

1990 年 10 月，在本区艾协克构造（塔河 3 区）设计的 S23 井于古生界石炭系试获高产油气流（这是塔河大油田第一口发现井），并于奥陶系中统一间房组生屑灰岩、砂屑灰岩中见多层良好油气显示，并见原油外渗，累计厚度达 120m 并进行测试，因工艺技术不到位，只产出少量轻质原油。经反复研究，1998 年又在本井奥陶系油气显示层进行酸压测试，日产油 80t。1991 年在本区桑塔木构造上设计了 S29 井，该井于三叠系获高产油气流（为塔河大油田第二口发现井）。因此，对本区增强了勘探信心，前景乐观，并提出“坚持克拉通、坚持古隆起、坚持奥陶系”的勘探思路。经申请并争得了探矿权，于 1995 年获得 1700km^2 勘探许可证；并立即加大本区勘探力度，部署三维地震勘探。1996 年初根据新的三维地震成果，发现了三个古潜山高点，在高点上部署 S46 井、S47 井和 S48 井及评价井。这些井于1997 年先后于奥陶系均获高产油气流。特别是 S48 井只打穿中奥陶统一间房组顶部古风化面 7m 发现强烈井涌后，被迫进行测试，日产油 570m^3、天然气 $15\times10^4m^3$，这口井三年累计产油 50×10^4t，创造国内古生界稳产高产新纪录，称为“王牌井”。由此，发现了我国第一个古生界大油田——塔河大油田。

1999 ~ 2000 年开始滚动勘探开发，85% 的探井及评价井获高产油气流，使得 3 区、4 区、6 区含油面积不断扩大，探明储量快速增加。自 2001 年以来，中国石化进一步加强勘探开发力度，探明储量以年增$(0.8\sim1)\times10^8t$ 的速度增长，原油产量以每年新增 50×10^4t 的产量快速增加。2011 年累计探明 12×10^8t 油当量，年产油 30×10^8t。

六、古生代海相成油理论的建立

通过“七五”、“八五”科技攻关研究，总结了塔里木乃至国内多个古生代油气田特征，于 1992 年首次建立了我国古生代海相成油理论（专著有《塔里木古生代海相油气田》、《中国古生代海相成油特征》等）。

（一）古生代海相成油理论的内涵

多时代、多类原型盆地叠加成油。中国大陆演化，经历晚元古代早期的大陆裂谷—震旦纪晚期至早、中奥陶世的洋盆扩张—中、晚奥陶世至志留纪的俯冲消减—志留纪末至泥盆纪的碰撞造山和古中国联合大陆形成—石炭 - 二叠纪再次拉张挤压阶段，从而完成了中国大陆古生代演化历史。

上述演化使塔里木、华北和扬子等地块形成多类原型盆地，如裂陷槽(裂谷)、大陆周边、克拉通内坳陷、挤压型克拉通等盆地，其中沉积了盆地相、陆棚相、台地相的巨厚而广泛的碳酸盐岩及泥页岩，不同时代原型的叠加造就了我国古生界形成大油气田的基础。

(二)多时代烃源岩、多期成藏

(1)总体而言，震旦纪－二叠系均能生油，但以寒武－奥陶系及石炭－二叠系为主。

(2)主要烃源岩有：暗色泥岩、页岩、灰岩及泥灰岩等。

(3)生烃特点：①碳酸盐岩有机质丰度相对较低，有机碳 0.3% 以上，成烃转化率高；②能二次生烃、多期生烃；③有机质成熟度高。

(4)多期成藏：总体有 2 ~ 4 个成藏期，如塔里木主要有四期成藏，即加里东晚期－海西早期、海西晚期、印支－燕山期、喜山期，以喜山期为主。

(三)多时代成油组合

(1)储集岩具有多时代的特点：①储集岩有碎屑岩、碳酸盐及岩浆岩，以碳酸盐为主；②碳酸盐岩的储集空间以裂缝－孔洞型或孔洞－裂缝型为主，非均质性强。

(2)盖层具有多时代特点，其盖层岩石类型有泥岩、页岩、膏盐、致密灰岩等。

(3)纵向成油组合主要有 2 套：①古生界自生自储组合；②古生界与中新生界形成的(即古生界生成的油气储集到中新生界中形成的气藏)。古生界组合以寒武－奥陶系和石炭－二叠系为主。

(4)油气具有长距离运移的特征，油气纵向要穿过几个地质时代，横向可运移几十千米至上百千米。

(5)多成藏模式：成藏模式是指烃源岩、成油期与储集层时空上的组合。古生界为主要烃源岩，生成的油气聚集在多时代储层中，形成了多种模式：①古生古储：古生代生成的油气储集在古生代地层中(塔里木、四川)；②后生古储：喜山期生成的油气储集在古生代地层中(塔里木、鄂尔多斯)；③后生中储：喜山期生成的油气储集在中生代地层中(塔里木)；④后生新储：喜山期生成的油气储集在新生界中(塔里木)。

(6)多油气相态并存，不同时代生油岩的油气并存，不同成熟度的油气并存，不同相态的油气并存。

(7)油气分布特征：从全国分布来看，西油东气，油气田主要分布在塔里木、准噶尔、鄂尔多斯、四川渤海湾等盆地。从构造上看，①克拉通盆地古隆起、古斜坡控制油气区域性聚集；②区域性不整合是油气运移和聚集的重要因素；③断裂控制油气分布。

七、塔河油田发现的意义

(1)塔河油田是中国第一个古生代海相特大型油田，2011 年探明油气储量达 12×10^8t 油当量，三级储量 25×10^8t。

(2)塔河油田开辟了中国古生代海相油气勘探的新纪元，拉开了中国实现油气勘探第二个跨越的序幕。

(3)从 1984 年塔里木沙参 2 井的古生代海相油气首次突破到 1990 年塔河油田的发现，经科技攻关研究和实践，首次选定了中国古生代海相成油这个理论，有效地指导了塔里木盆地乃至全中国古生代海相油气勘探工作。

(4)沙参 2 井—塔河特大油田的发现带动了塔里木盆地古生代海相油气勘探工作，如古塔里木盆地发现了20多个油气田，其中大油气田有8个：即塔河、轮南、和田河、塔中、玉北、哈法、哈拉哈塘、英买力等发现一批大中型油田。

(5)带动和指导了中国古生代海相油气勘探。如鄂尔多斯盆地、四川盆地、准噶尔盆地等。

(6)通过油气勘探，建立了自己的海相碳酸盐岩油气勘探开发技术系列。

八、塔河油田开发进展

(1)自1990年塔河油田沙参23井石炭系实现首次突破后(第一口发现井)至1997年沙46井、沙48井奥陶系突破塔河油田定型，含油面积从500km^{2}增加至2011年的2000km^2，探明油田储量达12×10^8t油当量。

(2)油田含油气层位不断扩大，从原石炭系、三叠系、中奥陶统扩展到上奥陶统、中下奥陶统鹰山组、下奥陶统蓬莱坝组、志留系、泥盆系、侏罗系、白垩系第三系等10个层系。

(3)近年来塔河含油区不断扩大：①2007年在塔河西部发现艾丁含油区；②2008年在塔河北部发现奇台油区；③2009年又在塔河西南发现托甫台；④2007～2011年在塔河石炭系填层下奥陶系发现大面积含油；⑤2006年在塔河油田主体部位设计了塔深1井，完成深度8408m，在完井取心发现的白云岩内岩溶孔十分发育，且未充填，并在孔洞内见到液体烃，表明塔里木盆地超深层仍有良好油气前景，大大增加了油气勘探深度。

(4)形成了超深海相碳酸盐岩缝洞油田勘探开发技术。

第二章　地层与沉积体系

一、地层层序

塔河地区所在的阿克库勒凸起为由前震旦系变质岩基底上发育的一个长期发展的古凸起，发育震旦系至泥盆系海相沉积、石炭系至二叠系海陆交互相沉积、三叠系至第四系陆相沉积。目前钻探提示凸起主体部位及南部斜坡区发育寒武系、奥陶系、志留系、泥盆系、石炭系、二叠系中统、三叠系、侏罗系下统、白垩系、古近系、新近系、第四系。受海西早期、海西晚期和燕山早期构造运动影响，全区缺失下二叠统、上二叠统及中－上侏罗统，大部分地区缺失上奥陶统、志留－泥盆系、上石炭统、中二叠统，另外中－下奥陶统也遭受不同程度剥蚀。本区钻井提示最老地层为寒武系(表2－1)。

表2－1　塔河油田地层系统简表

地层系统						厚度/m	岩性简述
界	系	统	组（群）	代号	波组		
新生界	第四系			Q	T_1^0	16～63	土黄色表土层：灰黄色细砂层夹土黄色黏土层
	新近系	上新统	库车组	N_2k	T_2^0	1522～2009	棕黄色、棕灰色泥岩及粉砂质泥岩与灰白、灰黄色细粒岩屑长石砂岩互层
		中新统	康村组	N_1k	T_2^1	732～1052	灰白、浅黄色粉砂岩、细粒岩屑长石砂岩、膏质长石石英砂岩与黄灰、棕色泥岩、粉砂质泥岩略等厚互层
			吉迪克组	N_1j	T_2^2	349～694	黄灰、棕褐及蓝灰、浅绿灰色泥岩、浅灰色泥质粉砂岩、粉砂质泥岩夹灰白、浅黄色细粒岩屑长石砂岩
	古近系	渐新统	苏维依组	E_3s		38～306	黄褐、浅棕色细粒长石砂岩、细－长石石英砂岩、浅棕、棕色细至粒长石岩屑砂岩、泥质粉砂岩夹棕色粉砂质泥岩
		始新统	库姆格列木群	$E_{1\sim2}km$	T_3^0	614～745	棕红、棕色细粒长石岩屑砂岩、岩屑长石砂岩、长石石英砂岩、棕、浅棕色含砾中砂岩夹棕色粉砂质泥岩、粉砂岩、泥岩
		古报统					

续表

地层系统						厚度 / m	岩性简述
界	系	统	组（群）	代号	波组		
中生界	白垩系	下统	卡普沙良群	K_1kp	T_4^0	298 ~ 436	棕褐色粉砂质泥岩、泥岩与灰绝色含灰质粉砂岩互层夹细粒岩；底部为浅灰、灰绝色细粒长石砂岩、灰白色含砾砂岩夹灰色粉砂质泥岩
	侏罗系	下统		J_1	T_4^6	42 ~ 76	灰色细粒岩屑长石砂岩、长石石英砂岩与灰色泥岩、粉砂质泥岩、粉砂岩不等厚互层、普遍夹1~2层薄煤层
	三叠系	上统	哈拉哈塘组	T_3h		98 ~ 174	上部为深灰、灰色泥岩、碳质泥岩与灰色细粒长石砂岩不等互层，下部为灰色细粒岩屑石英砂岩、长石砂岩夹深灰色泥岩、泥质粉砂岩
		中统	阿克库勒组	T_2a		176 ~ 298	自下而上为两个由粗→细的旋回组成，旋回下部为砂砾岩，含砾砂岩，细–中砂岩夹薄层深灰色泥岩，旋回上部为深灰、灰黑色泥岩夹泥质粉砂岩、粉砂岩及薄层细砂岩
		下统	柯吐尔组	T_1k	T_5^0	40 ~ 120	灰、深灰色泥岩为主，局部为棕、棕褐色泥岩夹灰色粉砂质泥岩，泥质粉砂岩及少量薄层细砂岩
古生界	二叠系	中统		P_2	T_5^4	0 ~ 163	灰黑、绿黑色玄武岩、英安岩，西南部夹火山碎屑岩、凝灰岩
	石炭系	下统	卡拉沙依组	C_1kl	T_5^6	370 ~ 537	上部灰、棕褐色泥岩与灰白色砂岩、粉砂岩呈薄互层，下部为深灰、灰色泥岩、粉砂质泥岩夹灰色泥岩、泥灰岩薄层
			巴楚组	C_1b	T_5^7	76 ~ 235	顶部为灰色泥晶灰岩夹泥岩（“双峰灰岩”），中上部为杂色泥岩夹泥灰岩薄层，南部发育厚层膏岩层，下部为砾岩、粉砂岩夹泥岩，西南部为灰白色细砂岩夹泥岩
	泥盆地	上统	东河塘组	D_3d	T_6^0	0 ~ 80	灰色、灰白色细粒石英砂岩与绿灰、棕褐、深灰色泥岩、泥质粉砂岩、粉砂质泥岩、灰质泥岩不等厚互层。向南砂岩增多
	志留系	下统	柯坪塔格组	S_1k	T_7^0	0 ~ 222.5	灰绿色泥岩、棕、灰色泥岩及粉砂质泥岩夹浅绿灰色岩屑石英砂岩
	奥陶系	上统	桑塔木组	O_3s		0 ~ 600	上段灰绿色、暗棕色粉砂质泥岩夹白云质泥岩或白云岩，局部生屑灰岩及鲕粒灰岩。下段灰色尼晶灰岩与粉砂质泥岩互层
			良里塔格组	O_3l		0 ~ 120	灰、深灰、褐灰色泥微晶灰岩、上段为砾屑灰岩、鲕粒灰岩、局部发育小型生物礁
			恰尔巴克组	O_3q	T_7^4	0 ~ 25	灰红、紫红、浅灰色泥灰岩、生屑灰岩，夹棕红色泥岩
		中统	一间房组	O_2yj		0 ~ 80	灰、褐灰色砂屑灰岩、生物灰岩、含生物屑或鲕粒灰岩、泥微晶灰岩及细 粉晶灰岩，发育小型生物礁
		中统–下统	鹰山组	$O_{1-2}y$		600 ~ 900	上段浅灰色泥微晶灰岩、生屑泥微晶灰岩、泥微晶砂屑灰岩互层：下段泥微晶灰岩、泥微晶砂屑灰岩夹浅灰色白云质灰岩、灰质白求恩云岩、白云岩
		下统	蓬莱坝组	O_1p	T_8^0	250 ~ 400	浅灰色白云岩、灰质白云岩夹白云质灰岩

续表

地层系统						厚度 / m	岩性简述
界	系	统	组（群）	代号	波组		
古生界	寒武系	上统	下丘里塔格群	$\in_3ql$		1000~150	浅灰色微粉晶白云岩夹砂屑 鲕粒白云岩、藻白云岩
下伏地层							

(一)寒武系

寒武纪地层分布于塔里木盆地周边的逆冲带和山区，地层完整、出露连续、研究程度高，特别是柯坪区和库鲁克塔格区均有建组剖面。

塔里木盆地寒武系以阿克苏县肖尔布拉克磷矿－水泥厂剖面为例，分3统5组(图2－1、表2－2)，覆盖区可与其对比。

1. 下寒武统

1）玉尔吐斯组

可分为3段：底部为黑色硅岩、磷岩和石灰岩，含3个小壳化石带，与云南晋宁的梅树村组和神农架的西蒿坪组相当，但缺少歪头山段(周志毅，2001)；中部为黑色碳质页岩、黄绿色页岩夹白云岩；上部为薄层状瘤状灰岩、生屑灰岩和白云岩。总厚17~35m，底部与上震旦统奇格布拉克组为假整合接触，为海侵上超层序不整合。

上震旦统奇格布拉克组在柯坪地区为藻白云岩，可见柱头状的叠层石，单个叠层藻基本溶蚀被巨晶方解石充填，藻白云岩具有土壤化特征，为暴露不整合面。玉尔吐斯组底部的磷块岩，以含硅质和白云质为主，仅厚数厘米至20cm左右，颗粒磷矿含量较低，其上覆为黑色硅质页岩和黑色碳质页岩，柯坪地区硅化较强。

扬子克拉通上的震旦系与寒武系底部的梅树村组间也存在该暴露岩溶面，磷矿层之上发育白云岩，在沉积序列和盆地演化上均可对比。

含2层小壳类化石带：下部 *Anabariites*－*Protohertzina* 带，上部 *Paraglorborilus*－*Lapworthella* 带，可与滇东梅树村阶层型剖面第1及第2~3小壳动物带分别对比。

2）肖尔布拉克组

为浅灰、灰至深灰色中－厚层至块状粉－细晶白云岩夹薄层、纹层状白云岩，厚170~212m。含三叶虫 *Shizhudiscus*、*Metaredlichioides*、*Kepingaspis*－*Tianshanocephalus* 三个组合带。

3)吾松格尔组

为灰黄、浅灰红色薄层链状微－粉晶白云岩夹页片状泥质白云岩及砂屑、砾屑白云岩，厚110.8m。

塔河地区仅塔深1井钻遇上寒武统下丘里塔格群，岩性主要为浅灰、灰色泥－粉晶白云岩、细－中晶白云岩，下部夹亮晶鲕粒白云岩、藻层纹白云岩、藻黏结白云岩。厚度大于1500m。

2. 中寒武统

1)沙依里克组

为灰、深灰色薄层－块状微－粉晶白云质灰岩及微晶白云岩。下部为滑塌角砾岩。底部含 *Kunmingaspis*－*Chittidilla* 三叶虫组合带。厚77~114m。

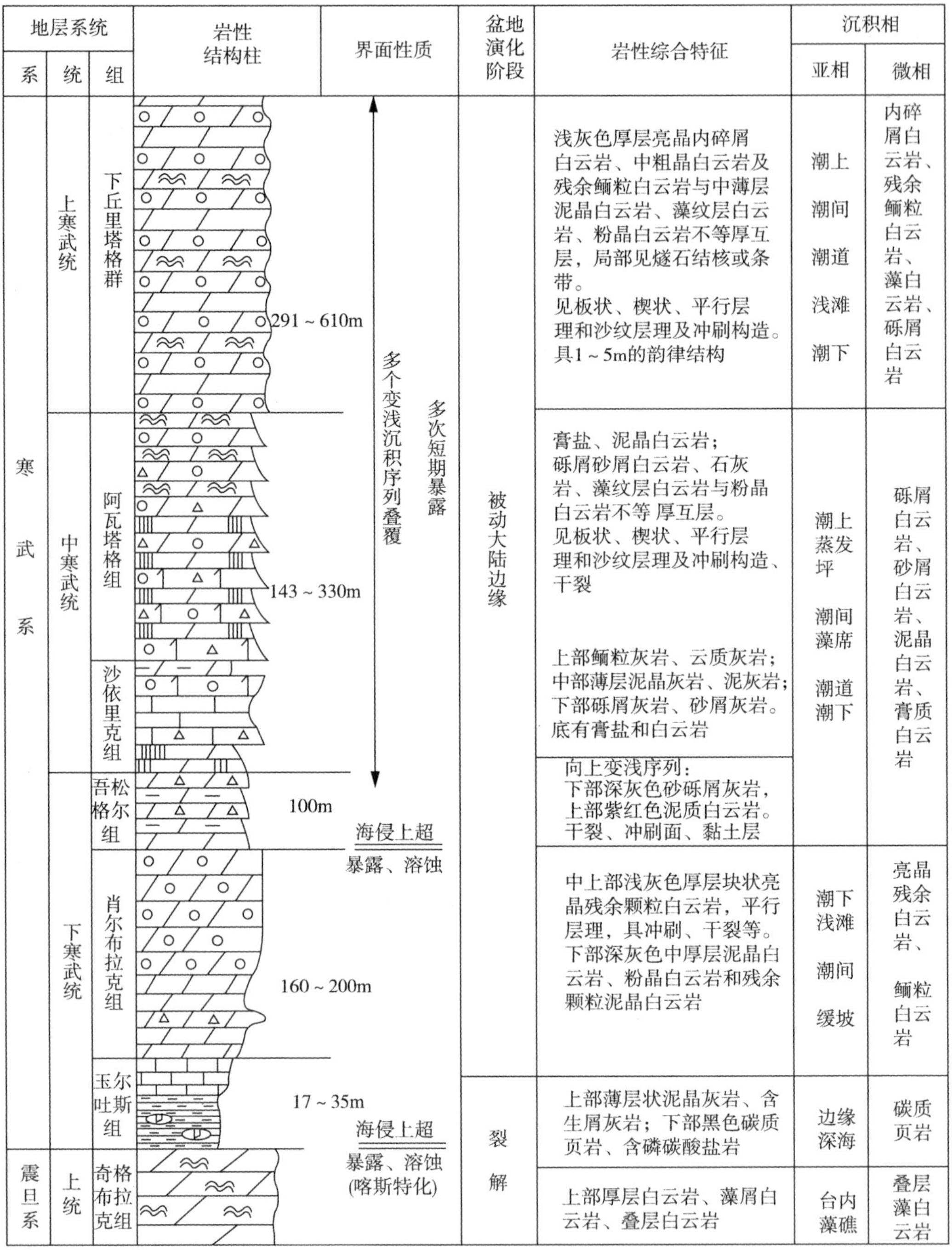

图 2－1　塔里木盆地寒武纪地层岩性、岩相综合柱状图

2）阿瓦塔格组

下部为灰、灰红色薄－厚层状微－粉晶泥灰质白云岩夹同色微晶灰岩。中部为灰紫、紫红色薄层－厚层状微－粗晶白云岩夹红色中－薄层状白云质泥岩及叠层藻白云岩。白云岩中具石膏假晶结构，产微古植物。上部为深灰及紫红色厚层状砂屑微晶白云岩夹竹叶状砾屑白云岩和叠层藻白云岩，局部含不规则状杂色燧石团块。厚 180～260m。

表 2－2　塔里木盆地寒武纪地层对比

地层系统 系	统	阶	柯坪	巴楚	塔中和4井	塔东1井（据周志毅，2001）	库鲁克塔格	扬子
下奥陶统		两河口	蓬莱坝组	蓬莱坝组	上丘里塔格组	黑土凹组黑色碳质页岩、硅质页岩 48m	白云岗组	铜梓组
寒武系	上统	凤口	下丘里塔格群	下丘里塔格群	下丘里塔格组 1491m			娄山关群
		长山				突尔沙克塔格组 144m	突尔沙克塔格组	
		崮山						
	中统	张夏	沙依里克组	和田河组	阿瓦塔格组 484m	莫合尔山组 111m	莫合尔山组	
		徐庄	阿瓦塔格组				船形山组	高台组
		毛庄						
	下统	龙王庙	吾松格尔组	吾松格尔组	吾松格尔组 272m	雅尔当山组 42m，黑色硅质泥岩，底白云岩与细砂岩。局部含碳质	西大山组	龙王庙组
		沧浪铺	肖尔布拉克组	肖尔布拉克组	肖尔布拉克组 87m		西山布拉克组	沧浪铺组
		邛竹寺						邛竹寺组
		梅树村	玉尔吐斯组	玉尔吐斯组 17～35m	玉尔吐斯组 29m			梅树村组
前寒武系			Z_2 奇格布拉克组	酸性或基性火山岩	褐红色花岗闪长岩	Z_2 褐色砂屑云岩	Z_2 汗格尔乔克组冰积砾岩	Z_2灯影组藻云岩

3. 上寒武统下丘里塔格群

为浅灰、灰、灰红、灰紫色中层－块状微－中晶白云岩、竹叶状白云岩、藻层纹白云岩、叠层藻白云岩、藻凝块白云岩、多晶鲕粒白云岩夹硅质条带或者团块。厚320～400m。

（二）奥陶系

1. 奥陶系划分对比方案

塔河地区奥陶系划分对比（表2－3）对奥陶系的划分作了重大调整。本方案将原划为下奥陶统的鹰山组上部及一间房组划归中奥陶统，将原划为中奥陶统的恰尔巴克组及良里塔格组下部划归上奥陶统。这样，塔河地区奥陶系共划分为6个岩石地层单元（组），即奥陶系下统蓬莱坝组、下－中统鹰山组、中统－间房组、上统恰尔巴克组、良山塔格组、桑塔木组。

前人主要以生物地层（牙形刺）为划分对比依据，厘定了塔河地区奥陶系的纵向序列，确定了统、组的划分对比，建立了地层格架，同时也为层序地层研究提供了古生物依据。赵治信（2000）在塔里木盆地奥陶系划分出了22个牙形刺带，叶德胜、周棣康等（2000）在塔河地区奥陶系分别划分出了14、15个牙形刺带。本书在塔河地区奥陶系分别划分出了21个牙形刺带或组合带（表2－4）。

表2－3　塔里木盆地奥陶纪地层对比

<table>
<tr><th>调整方案</th><th>中国南方阶</th><th>巴楚－塔中</th><th colspan="2">柯坪大湾沟</th><th>塔河地区</th><th colspan="2">满加尔坳陷</th></tr>
<tr><td>下志留统</td><td>龙马溪阶</td><td>柯坪塔格组中段</td><td colspan="2">柯坪塔格组中段</td><td>柯坪塔格组中段</td><td colspan="2">土什布拉克组</td></tr>
<tr><td rowspan="6">上奥陶统</td><td rowspan="2">五峰阶</td><td>柯坪塔格组下段</td><td colspan="2">柯坪塔格组下段</td><td>柯坪塔格组下段</td><td rowspan="6">却尔却克群</td><td>银屏山组</td></tr>
<tr><td rowspan="2">桑塔木组</td><td colspan="2" rowspan="2">印干组</td><td rowspan="2">桑塔木组</td><td>元宝山组</td></tr>
<tr><td>临湘阶</td><td>杂土坡组</td></tr>
<tr><td>宝塔阶</td><td>良里塔格组</td><td colspan="2">其浪组</td><td>良里塔格组</td><td rowspan="3">却尔却克组</td></tr>
<tr><td rowspan="2">庙坡阶</td><td rowspan="2">吐木休克组（恰尔巴克组）</td><td colspan="2">坎岭组</td><td rowspan="2">恰尔巴克组</td></tr>
<tr><td rowspan="2">萨尔干组</td><td>上段</td></tr>
<tr><td rowspan="3">中奥陶统</td><td rowspan="2">牯牛潭阶</td><td rowspan="2">一间房组</td><td>下段</td><td rowspan="2">一间房组</td><td colspan="2" rowspan="3">黑土凹组</td></tr>
<tr><td colspan="2">大湾沟组</td></tr>
<tr><td>大湾阶</td><td rowspan="2">鹰山组</td><td colspan="2" rowspan="2">鹰山组</td><td rowspan="2">鹰山组</td></tr>
<tr><td rowspan="2">下奥陶统</td><td>红花园阶</td><td colspan="2" rowspan="3">突尔沙克塔格群</td></tr>
<tr><td>两河口阶</td><td>蓬莱坝组</td><td colspan="2">蓬莱坝组</td><td>蓬莱坝组</td></tr>
<tr><td>上寒武统</td><td>毛田阶</td><td>下丘里塔格群</td><td colspan="2">下丘里塔格群</td><td>下丘里塔格群</td></tr>
</table>

表2－4　阿克库勒凸起奥陶系地层划分表

统	组	岩　性	古生物特征	代表井
上奥陶统	桑塔木	上段灰绿色、暗棕色粉砂质泥岩，局部夹生屑灰岩及鲕粒灰岩； 下段灰色微晶粉砂质泥岩互层	含牙形刺： *Aphelognathus pyrainidalis* *Phragmodus undatus* *Belodina confluens* *Yaoxianognathus yaoxianensis* *Taoqupognathusblandus* （属五峰－龙马溪阶）	LN46：（5438.5～5596m） CH1：（5378～6001.5m） S22 S32
	良里塔格	灰、深灰、褐灰色微晶灰岩、生屑灰岩、砾屑灰岩、鲕粒灰岩，夹灰绿色粉砂质瘤状泥岩、白云质泥岩，局部含小型生物礁	含牙形刺： *Yaoxianognathus yaoxianensis* *Belodina confluens* *Phragmodus undatus* *Protopanderdus liripus* *Belodina compressa*	LN46：（5596～6190m） S30：（5736～5800m） LN23：（5342.5～5375m）
	恰尔巴克	灰红、紫红、浅灰色泥灰岩、生屑灰岩，夹棕红色泥岩	含牙形刺： *Bleodina compressa* *Protopanderdus liripus* *Pygodus anserinus*	LN16：（5472～5584m） S60：（5477～5502m） S69：（5500～5523m）

续表

统	组	岩 性	古生物特征	代表井
中－下奥陶统	一间房	灰、褐灰色砂岩，含生物屑或鲕粒灰岩、微晶灰岩及细－粉晶灰岩，夹暗色燧石团块	含牙形刺： *Eoplacognathus varilis* *Panderodus gracilis* *Periodon aculeatus* *Pygodus serra*	LN16：(5584～5621m) S60：(5502～5542.95m) S69：(5523～5612m)
	鹰山	浅褐灰色微晶灰岩、细－粉晶灰岩、藻灰岩，局部夹浅灰色白云质类岩、灰质白云岩	含牙形刺： *Paroistodus proteus* *Drepanodus arcuatus* *Drepanodus subrectus* *Scolopodus tarimensis* *Paroistodus originalis* *Glyptoconus tarimensis*	LN16 S69：(5612～5703m) S62：(5372.5～5800m) T302：(5381～5682m) T403：(5403～5633.6m)
	蓬莱坝	浅灰色白云质灰岩、灰质白云岩	含牙形刺： *Glyptoconus quadraplicatus* *Cordylodus rotundatus* (属两河口阶)	LN13 LN1： (5725～6015m)

2. 奥陶系各组特征

塔河地区奥陶系除上统桑塔木组有较多碎屑岩外，其余各组多为碳酸盐岩，但各组的岩石组合和沉积序列明显不同。区内除蓬莱坝组较全外，其余各组均遭受不同程度剥蚀，残留分布从老到新、从南到北越来越少。

(1)下奥陶统蓬莱坝组：为浅灰、灰色厚层白云岩夹薄层白云质灰岩，厚250～400m，在区内广泛分布。

(2)中下奥陶统鹰山组：该统在区内均有分布，该套地层在塔北总体上呈南厚北薄、西厚东薄，本区及以西地区主要为一套海相台地相碳酸盐岩沉积，厚1000～1500m，依据岩性分上、中、下三部分。上部岩性主要为黄灰色泥－微晶、亮晶砂屑灰岩；中部为一套溶洞角。

(3)上奥陶统：在区内分布广、全区可对比，按其岩石组合可分三个组：

①恰尔巴克组：灰红、紫色红、浅灰色、泥灰岩，结核状灰岩等，厚0～25m。

②良里塔格组：良里塔格组由周毅等(1990)命名，标准剖面位于巴楚县三叉口至阿克苏公路1186km处南侧，研究区S60、S69、LN23、LN16、LN46井均提示本组地层。前4井顶部不全，根据LN46井分析岩性为：深灰、褐灰色粉－细晶灰岩、角砾状灰岩夹角砾状生物屑灰岩，上部为深灰、褐灰色白云质泥岩夹角砾状生物灰岩上部产牙形刺主要有 *Belodina confluens*, *Phragmodusundatus*, *Ozarkodina* sp. , *Drepanoistodus suberectus*；下部产牙形刺主要有 *Belodinacompressa*, *B. profunda*, *Pseudobelodina dispansa*, *Dapsilodus mutates*，井下厚度为162m。在LN23、LN16井中上部夹暗紫色、紫红色泥岩及泥灰岩。上部产 *B. confluens*，下部产 *B. compressa*，其分别为北美中大陆Trenton统和Black Riv统上部带化石，大致与我国华北地区峰峰组上部及耀县组地层相当。时代为晚奥陶世，与下伏地层整合接触。

③桑塔木组：桑塔木组由崔占堂、赵治信(1991)命名，典型剖面是LN46井5438.5～6028m，钻厚589.5m。岩性为：灰色夹灰绿色粉砂质泥碉与泥质粉砂岩不等厚互层

夹多层薄层灰岩及生屑灰岩。在5482.57m，产胞石 *Belonechitina armifera*，*Conchitinabaculata*，? *Hercochitina minuta*，*Tanuchitina* sp. A，疑源类 *Dactylofusa cabotii* 等。其下产牙形刺 *Apgelognthus pyramidalis*，*Yaoxianognathus yaoxianensis*，*Taoqupo - gnathus blandus* 等，下部有牙形刺 *Taoxianognathus yaoxian ensis*，*Y. cf. dolboricus*，*Oulodus*? *tunguskaensis*，*Belodinaconfluens*，*Protopanderdus liripipus*，*modusundatus*，上部所产胞石 *Tanuchitina* sp. A 在黔北仁怀中枢地区产于上奥陶观音桥层底部 *Hirnatia sagiffifera*，*Dalmannitina* 层下部，A. pyramidalis 在西伯利亚地台产于 Ashgill 阶 Bur 组，Y. yaoxianensis 可见于鄂尔多斯上奥陶系背锅山组、华北桃曲坡组，华南三巨山组和江苏北部洪泽组，因而桑塔木组相当 Ashgill 阶地层，可与扬子区五峰组对比，与鄂尔多斯地区背锅山组、华北区桃曲坡组对比。上部所产胞石化石，在地表见于柯坪塔格组下段地层。该组作为本区奥陶系最上组段，与上覆地层志留系的接触关系，沿缺古生物资料，与下伏地层融合接触。灰色夹灰绿色粉砂质泥岩与泥质粉砂岩不等厚互层夹多层薄层灰岩。

该组在S91 - T701 - S87 - LN51一线以南有残留，从该组开始有较多的碎屑岩沉积。岩石组合为灰绿、灰褐、深灰色泥岩，钙质泥岩，粉砂质泥岩，泥质粉砂岩夹石灰岩透镜体或不规则薄层。石灰岩成分主要为灰、褐色砂屑灰岩，鲕粒灰岩，生屑灰岩，泥微晶灰岩，含棘屑、苔藓、海百合茎、腕足等生物化石。常见滑动、底冲刷构造。每一旋回下部石灰岩透镜体（单层厚度最大可达10m左右）或不规则薄层厚度大、夹层多，上部石灰岩夹层厚度、层数减少。

该组厚度变化较大，在残留边界附近多只保留最下部的第1个旋回，厚度小于100m。往南至S102 - S101 - T901 - S96 - S22一带，保留下部的第1、第2旋回，厚度可达200～300m。再往南到LN46井区，可见到3个旋回，厚度可达600m以上。

该组的测井曲线也十分特殊，自然伽马、电阻率曲线均呈锯齿状。石灰岩夹层自然伽马值低、电阻率值高，泥质基质则相反。

塔河地区该组含 *Yaoxianognathus lijiapoensis*，*Y. neimengguensis*，*Y. yaoxianensis* 及 *Aphelognathus pyramidalis* 四个牙形刺带。

该组与上覆柯坪塔格组的界线在测井曲线上为截变，自然伽马由高值截变为低值，较易识别。该界线在塔河地区井下没有取心，相当于柯坪大湾沟剖面印干组（黑色泥岩）与柯坪塔格组（灰绿色细砂岩）的界线，界线上见褐铁矿化古风化壳层（5cm左右），接触关系可能为平行不整合。该界线原为S_1/O_3界线，后来由于柯坪大湾沟剖面柯坪塔格中段泥灰岩夹泥质页岩中发现晚奥陶世顶部的标准化石组合（腕足 *Aegiromena cf. ultima*，三叶虫 *Calymenella sinesis*）（白顺良、郝维诚，1998），且柯坪塔格组下、中段含大量晚奥陶世胞石（*Hercochitina crickmayi Jansonius*，*Belonochitina senta*，*Conochitina* sp.，*Tanuchitina anticostiensis*），中段含大量早志留世胞石（*Belonechitina postrobusta*，*Cyatochitina* sp.，*Conochitina iklaensis* 等）（周志毅、赵治信等，1995），同时草1井柯坪塔格组下段也发现晚奥陶世标准三叶虫化石 cf. *Dalmanitina*，故将柯坪塔格组下段划归上奥陶统。因此，该界线实为上奥陶统顶部内一重要界面，反映晚奥陶世塔里木前陆盆地位于塔河地区的前陆隆起进一步隆升，且隆起上可能存在沉积缺失。

（三）志留系

该系的塔里木北缘柯坪隆起发育最全（图2-2）。

图2-2 新疆柯坪县铁热克阿瓦提志留-泥盆系柱状剖面图

1. 柯坪塔格组(O_3-S_1k)

依据“九五”国家重点科技攻关相关专题研究成果，明确柯坪印干村大湾沟露头标准剖面上该组是一个跨纪的岩石地层单元，区内柯坪塔格组(S_1k)仅相当露头剖面上该组中、上段，为灰绿、绿灰、灰色长石岩屑细砂岩与灰绿色泥岩略等-不等厚互层，发育潮汐韵律层理，产疑源类与胞石，局部可见舌形贝壳类(*lingula*)富集成层，发育生物钻孔。下与桑塔木组间岩性突变，应为假整合关系，上与塔塔埃尔塔格组在羊屋2井为连续沉积，组厚158m，向北在S102井一带顶部被削截，上覆上泥盆统东河塘组，本组残厚86.5m，往北东尖灭。

区内柯坪塔格组以S102井发育较全。

上覆地层：东河塘组(D_3d)。

柯坪塔格组S_1k：井段5511.5~5598m，钻厚86.5m。

上部(5511.5~5598m)棕褐色泥岩与粉砂质泥岩略等厚互层，44.5m。

下部(5556~5598m)灰色中粒岩屑砂岩、中粒长石岩屑砂岩、灰色粉砂岩、泥质粉砂岩与深灰色泥岩、粉砂质泥岩不等厚互层，42m。

5565.98~5568.37m含疑源类：卡勃特指梭藻(*Dactylofusa cabottii*)、光面球藻(*Leiosphaeridia*)以及梭藻(*Navifusa*)、光梭藻(*Leiofusa*)、未定名藻类。

5569.62~5569.97m灰绿色泥岩夹层中产丰富的舌形贝类，结合整个岩类特征，柯坪塔格组应属近岸潮坪相。

下伏地层：桑塔木组(O_3s)。

2. 塔塔埃尔塔格组(S_1t)

分布于S102、轮南46及S32、草1井之南，在羊屋2井该组残厚172m，向外至邻区增厚可至大于610m或800余米(满参1、学参1井，未钻穿)，岩性为紫灰、灰紫、浅灰色细粒长石岩屑砂岩、含沥青细砂岩，夹粉砂岩及泥岩。测井曲线上表现为高自然伽马(120~150API)，故生产上又称为“沥青质砂岩”或“高伽马砂岩”、“下砂岩段”。

该组底部与下伏柯坪塔格组整合接触，上部在满参1井与上覆依木干他乌组整合，在露头剖面上以其所含*Sinacanthus wuchangensis*，*Hanyangaspis sp.* 棘鱼和无颌类化石群而可与长江中下游的榕溪组、锅顶山、坟头组对比，时代为早志留世兰德维里晚期-文洛克期。

3. 依木干他乌组($S_{1-2}y$)

该组仅在本区外跃南1、满参1井钻及。岩性分上、下两段，上段以紫红、浅灰色细砂岩为主，夹紫红色泥质粉砂岩，生产上称“上砂岩段”；下段以紫红色泥岩为主，夹粉砂质泥岩、粉砂岩，称“红泥岩段”。志留系三个组自下而上，由绿色层-杂色层-红色层的变化，反映海平面下降，环境由陆架泥、潮间坪向上变为潮上坪-泻湖；还说明气候已由湿润转为干热。

依木干他乌组以其突出的紫红色调，泥岩和粉砂岩为主，可与下伏塔塔埃尔塔格组相区分。

(四)泥盆系

志留纪末的加里东晚期运动在塔里木地台上具有造陆运动性质，海相泥盆系发育于铁克里克地区，其余为“非海相泥盆系”展布区。其中，下-中泥盆统克兹尔塔格组属退覆沉积，仅分布于本区之南满西1-满参1井一带；上泥盆统东河塘组为超覆沉积，上超到阿克库勒古凸起外围，西侧S83、S99、S102、S10等井及其以西；东侧草1、草2等井，凸起高部位缺失。总体呈向北尖灭的巨大楔形体。

受晚志留亚纪以来早中泥盆世气候持续干旱影响，克兹尔塔格组为红色砂(可能相当部分为风成)沉积，生物罕见，生产上称为“红砂岩”，厚0~227m。中泥盆世之后，海西早期运动使海水向西完全退出本区，阿克库勒古凸起进一步强化、隆升，前东河塘期地层受削截、剥蚀，其后，东河塘组超覆沉积，为近岩沙坝、水下扇及砂砾滩相，具有填平初齐特征，厚度差别悬殊，0～134m。前述本组所含鱼类及古孢子组合可与杨子区上泥盆统上部邵东组+孟公坳组或五通组对比。

1. 克兹尔塔格组($D_{1-2}k$)

该组为一套滨海－陆相红色碎屑岩，岩性绛红色、棕红色厚层—块状细－粗粒岩屑石英砂岩，井下未获任何化石，以出现厚层岩屑石英砂岩和色调由暗(紫红)转鲜，呈棕红、绛红色为标志作克兹尔塔格组底界；凡有本组时，其上一般不整合覆以东河塘组白色石英砂岩，其间为T_6^0地震波组界面。本组时代由上覆(D_3d)、下伏($S_{1-2}y$)地层时代所限，并由露头剖面含早中泥盆世繁盛的一块鱼骨片卡定。

克兹尔塔格组电性特征是低电阻、低自然伽马(55～75API)，曲线较平直，均呈浅齿状。与下伏依木干他乌组，尤其是该组下段有很大差别。

2. 东河塘组(D_3d)

本组得名于邻区库车县墩阔坦乡东河塘油田，具体指东河1井井深7526～5983m井段的浅灰、灰白色厚层细粒石英砂岩。它与上覆下石炭的褐色泥岩与灰质白云岩、泥灰岩、粉砂岩互层呈整合或假整合接触，与下伏泥盆系灰绿、棕色泥岩，浅灰、灰褐、棕红色粉砂岩呈超覆不整合接触。

露头剖面上，本组原对比于巴楚小海子剖面原巴楚组下段，以石英砾岩(“珠砾岩”)为底的一段灰绿、灰白色石英砂岩。其后，李罗照等(1996)将露头上原克兹尔塔格组顶部白色砂岩(52.6m)改划归本组；并将原巴楚组中段下部(相当自下而上第一层石灰岩之下)地层新命名“甘木里克组”作为泥盆系最上层位。考虑到新建单元名称不宜过多，本书参照白顺良等(1998)关于泥盆、石炭系界线划分的综合意见，将其并入东河塘组。即明确东河塘组由含早石炭世最底部牙形刺组合的“9层灰岩”之下的原巴楚组中段下部，原巴楚组下段和原克兹尔塔格组顶部“白砂岩”三部分构成，时代为晚泥盆世。

区内东河塘组分布于阿克库勒凸起西南部与东侧，其底部以T_6^0为界，不整合超覆于下伏依木干他乌组－桑塔木组之上；顶部以T_5^7为界，被上覆巴楚组整合或假整合超覆，在地震剖面上一般易与上、下层序划开，但因其向凸起、高部位减薄、尖灭，厚度变薄时难以追踪，需依据井控仔细标定。

钻井剖面上东河塘组的划分，主要根据表2－5所示岩电特性。

表2－5　东河塘组及其上下地层岩电特征

岩电特征 / 层段	岩　类	电　性		古生物组合
		自然伽马	电阻率	
C_1b	杂色含灰质云质岩屑砂岩或砂砾岩，夹石灰岩及棕色、灰绿色泥岩或与之互层	较高 (60～120API)	较高，变幅大，浅侧向 1～60Ω·m	早石炭世杜内期古孢子组合
D_3d	主体为灰白色石英砂岩、岩屑石英砂岩，夹粉砂岩、灰绿色泥岩	一般较低 (10～20API)	较低，变幅小，浅侧向 1～4Ω·m	晚泥盆世法门期古孢子组合
O_3-S_1	灰绿色长石岩屑砂岩与灰绿色泥岩互层	较高 (90～150API)	较高，变幅较大 2～18Ω·m	早志留世疑源类、胞石组合，偶有笔石或晚奥陶世正常浅海生物组合

区内东河塘组以 S99 井发育较全：

上覆地层：巴楚组下砂泥岩段(C_1b^1)。

东河塘组(D_3d)井段 5842 ~5918m，钻厚 76m。由上而下岩性如下：

(1)浅灰色极细粒 - 细粒长石石英砂岩、黑褐色中粒岩屑石英砂岩与浅灰色粉砂岩构成一个自下而上、由细到粗再到细的完整粒序。砂岩中发育板状交错层理、平行层理，粉砂岩具沙纹层理，8. 9m。

(2)浅灰色粉砂岩、细粒石英砂岩与黑褐色渍浸细 - 中粒岩屑石英砂岩构成四个自下而上由细变粗的韵律。砂岩具板状交错层理，10. 55m。

(3)黑褐色中粒油浸石英砂岩、浅灰色含细砾中粗粒石英砂岩，夹浅灰色细粒石英砂岩和粉砂岩、灰绿色薄层泥质粉砂岩，8. 18m。

(4)上部浅灰色细粒石英砂岩、浅灰及灰色粉 - 细粒石英砂岩，4. 59m；下部浅灰色粉砂岩、绿灰色粉砂质泥岩，6. 9m。

(5)浅灰色粉 - 细粒石英砂岩夹绿灰、初灰色薄层粉砂质泥岩，6. 42m。

(6)浅灰色油斑细粒石英砂岩、灰质细粒石英砂岩与灰绿、棕、褐灰色泥岩、粉砂质泥岩略等厚互层，5. 91m。

(7)浅灰色灰质细粒石英砂岩为主，上部夹浅灰、棕色泥质粉砂岩，14. 55m。

下伏地层：良里塔格组(O_3l)。

(五)石炭系

泥盆系上部及石炭系是本区勘探与研究程度都比较高的层序，近年来随着资料的积累，各家划分、对比多有变动，择要列于表 2 -6。

表 2 -6　塔河地区上泥盆统顶部至石炭系分段与巴楚地区的地层对比

<table>
<tr><td colspan="3">本书对塔河地区井下地层综合分段</td><td>赵治信
1996</td><td>朱怀诚、赵治信
1995</td><td>朱怀诚、詹家祯
1996</td></tr>
<tr><td colspan="2">上石炭统
小海子组</td><td>灰岩段</td><td>小海子组</td><td>小海子组</td><td>小海子组</td></tr>
<tr><td rowspan="6">下石炭统</td><td rowspan="3">卡拉沙依组</td><td></td><td rowspan="5">卡拉沙依组</td><td rowspan="3"></td><td rowspan="3">卡拉沙依组</td></tr>
<tr><td>上砂泥岩段</td></tr>
<tr><td>上泥岩段</td></tr>
<tr><td rowspan="3">巴楚组</td><td>双峰灰岩段（标准灰岩段）</td><td rowspan="2">卡拉沙依组</td><td rowspan="3">甘木里克组</td></tr>
<tr><td>下泥岩段（塔指称中泥岩段）</td></tr>
<tr><td>下砂泥岩段
（生屑灰岩段或角砾岩段）</td><td rowspan="2">巴楚组</td><td>巴楚组</td></tr>
<tr><td rowspan="2">上泥盆统</td><td rowspan="2">东河塘组</td><td rowspan="2"></td><td>甘木里克组</td><td>甘木里克组</td></tr>
<tr><td>东河塘组</td><td>东河塘组</td><td>东河塘组</td></tr>
</table>

主要的研究进展有：

(1)按国内、外现行标准，将石炭系由原三分上、中、下三统改为两分上统与下统。

(2)依据充分的古生物资料，尤其是微古生物鉴定成果，重新厘定了石炭系顶、底界线；在原“小海子组”上部新分出南闸组(P_1n)，以牙形刺 *Sweetognathus whitei* 带出现为该组之底，明确 C/P 界线在南闸组(P_1n)与新的小海子组(C_2x)之间通过；将露头剖面原“巴楚组”中段下部、下段及原“克兹尔塔格组”顶部灰白、灰绿色石英砂岩为主的一套地层与东河1井的“东河砂岩”对比，新建东河塘组(D_3d)，明确其时代为上泥分统，D/C 界线在东河塘组与巴楚组之间(表2-6)。

(3)在露头剖面和覆盖区井下，新发现鉴定了大量微体古生物资料，包括牙形刺、有孔虫、古孢子等，为地层划分、对比提供了依据。

(4)综合地层岩性、测井曲线特征，古生物成果和地震层序、沉积韵律分析，进行了综合性的组、段划分(表2-7)。

表2-7　塔里木盆地东北覆盖区和露头区晚泥盆世-早二叠世地层的岩性段划分和对比

段序	巴楚露头岩性段		岩性特征	本区井下岩性段
1	南闸组		碳酸盐岩	
2	小海子组		碳酸盐岩和细碎屑岩	灰岩段
3	卡拉沙依组上段		泥质岩夹细碎屑岩，富膏盐	上砂泥岩段
4	卡拉沙依组下段		泥质岩类和碳酸盐岩、有膏盐	上泥岩段
5	巴楚组上段		灰色、灰黑色碳酸盐岩夹少量泥岩	双峰灰岩段
6	巴楚组中段		细碎屑岩夹碳酸盐岩，含蒸发岩	下泥岩段
7	巴楚组下段		泥晶灰岩、泥灰岩	下砂泥岩段
8	东河塘组	杂色砂泥岩段	浅灰色、灰紫色细碎屑岩	东泥塘组
9		石英砂岩段	浅灰色、灰绿色厚层粗碎屑岩	

石炭系在塔里木克拉通内有广泛分布，在本区因受海西早期运动东部环形古陆形成和阿克库勒古董凸起隆升制约，巴楚组下部下砂泥岩段的分布仅较下伏东河塘组略向东北扩大，但仍限于本区西侧 S81、S93 至 T706 井一线以西，T706-S79-S96 井一线以南；受海西中期与晚期运动中阿克库勒凸起再度抬升，遭受削截、剥蚀影响，上石炭统仅存于本区东南，S32 井至满参1井一带，阿克库木断裂构造带(轮南1、轮南2井一带)以及轮南13井之北，石炭系全部缺失。

可作本区泥盆系上统-石炭系划分、对比标准，发育完整的露头剖面为巴楚县小海子剖面。

1. 巴楚组(C_1b)

自下而上可包括下砂泥岩段(C_1b^1)、下泥岩段(C_1b^2)、双峰灰岩段(C_1b^3)三个岩性段，总的属于一套海岸上超沉积，其中下砂泥岩段分布于本区西、南，假整合或整合超覆于东河塘组或更老地层之上，受沉积时古地貌制约，区内岩性、岩相变化较大，主要为浅灰、褐灰色灰质岩屑砂岩、砾岩与灰绿、褐色泥岩互层，夹含砂质泥晶灰岩、粒屑灰岩，厚0~115.5m，一般在20~60m，以其岩屑含量高、灰质胶结强(灰质、云质胶结物含达10%~25%)或夹灰岩层，以及测井曲线上中等或较高自然伽马，与下伏东河塘组低伽马石英砂岩有明显差别。在本区西侧近 C_1b^1 尖灭线，该段多冲积相河道或水道相杂砾岩，砾石成分复杂，以远源变质岩砾为主，构成多个扇体；东南侧少见此类砾岩，可见近源灰质砾岩，除石灰岩细角砾外，尚含较多燧石角砾。本段相当塔指所称“角砾岩段”，可与塔中、满加尔一带“生屑灰岩段”与“底泥岩段”对比。下泥岩段（C_1b^2）在本区有广泛分布，西南侧整合覆盖于C_1b^1之上，往东、北不整合超覆在奥陶系之上，成为塔河油田奥陶系碳酸盐岩油藏的良好盖层。其岩性为褐色、灰绿色泥岩，偶夹灰色泥质粉砂岩、细砂岩，属潮上泥坪相，厚度较稳定，一般在40～70m，西南角S98、S10井一带为潮上泻湖相盐岩、泥岩，受后期塑性变形影响，本段分别增厚至167.5m、260m。双峰灰岩段（C_1b^3）是可进行全盆对比的标志层，相当露头剖面上巴楚组上段。受沉积韵律制约，不仅本区，在全盆有广泛分布，岩性为两层浅灰、灰白色泥微晶灰岩夹一层泥岩，测井曲线上表现为两个自然伽马低值和电阻率高峰。有时“下峰”灰岩含石膏团块或全为石膏，当其相变为泥岩时“下峰”消失。本段一般厚12～20m，相当稳定，最薄7m（单峰），最厚25.5m。塔指称本段为“标准灰岩段”。

2. 卡拉沙依组（C_1kl）

塔里木盆地覆盖区井下卡拉沙依组是跨统（韦宪阶－谢尔普霍夫阶下部）的岩石地层单元，按孢粉组合，塔中地区上、下石炭统的界线在该组上砂泥岩段中通过。考虑到塔克拉玛干运动（石炭纪、二叠纪间）和海西晚期限运动（早二叠世末）对本区的强烈影响，卡拉沙依组上部受剥蚀而保存不全，多数地域其上直接被下二叠统火山岩覆盖，或被三叠系超覆，本区东南角有上石炭统小海子组保存，但其下的卡拉沙依组顶部迄今未获晚石炭世古生物，故本书暂将本区卡拉沙依组明确为下统上部，时代主要为韦宪期。

卡拉沙依组厚度总体由南向北减薄，最厚在盐边地区，可达500～600m，最薄在S73、S78井一线以北，达130～280m，阿克库木断裂构造带轮南1井一带及轮南13井以北缺失。可分为两个岩性段，即下部的上泥岩段（C_1kl^1）和上部的上砂泥岩段（C_1kl^2）。

上泥岩段（C_1kl^1）在本区为一套潮上带泥坪沉积，岩性为灰色、褐色、褐灰色泥岩、份砂质泥岩，偶夹灰色薄层粉砂岩、细粒岩屑砂岩，测井曲线上表现为自然伽马高且变化小，电阻率低而稳定。区内本段厚30～120m，最厚在T427－S61－S89井一带，普遍大于80m，向南、向北变薄。

上砂泥岩段（C_1kl^2）在区内主要为一套潮坪沉积，上部为扇三角洲相，岩性以砂、砾岩和泥岩不等厚互层为特征。泥岩色杂，有灰绿、棕、紫等色，砂岩主成分为成熟度低的岩屑长石砂岩，次为长石岩屑砂岩，砾岩多分布在本段上部。上砂泥岩段是本区重要的含油气层段之一，一般可自上而下进一步分为Ⅰ～Ⅳ四个砂组描述。

3. 小海子组（C_2x）

如前所述，本组仅残存于本区南部塔河以南及东南角达里亚至草湖一带，是一套残厚0～132m的开阔海台地相碳酸盐岩，以浅色颗粒灰岩（鲕粒灰岩、砂屑灰岩）和泥微晶灰岩为主要岩类，富含有孔虫类、介形虫类等正常浅海生物。其中包括蜓：*Profusulinella* 带分子，如 *Pseudostaffella antiqua*，*Millerella uralica*，*Ozawainella angulata* 等；非蜓有孔虫组合：*Bradyina－Palaeonubecularica－Archaediscus*；牙形刺 *Idiognathodus delicates*，*Neognathodus basleri*，*Streptognathodus parvus* 等。说明其时限自巴什基尔晚期至莫斯科期（不全），缺失莫斯科晚期至格泽尔期地层。

（六）二叠系

本区仅在西南角有二叠系分布，且多只有阳新统（中统）火山岩，与下伏地层下石炭统卡拉沙依组间假整合接触，缺失上石炭统小海子组和二叠系船山统南闸组，反映本区在塔克拉玛干运动(海西中期运动、石炭、二叠纪间)中隆升较强；二叠系与上覆地层三叠系间为不整合接触(T_5^0 界面)，缺失二叠系乐平统，是海西晚期运动中本区块断隆升的表现。阳新统火山岩岩性较复杂，大致可以分为三个小区，即 S99 - S89 - S10 井一带玄武岩或下部玄武岩、上部英安岩分布区，火山岩最厚 141m；该区西南、东北侧 S55、S30 井及 T701、S79 井一带英安岩分布区，最厚 86m；西南部至本区外围，为火山凝灰岩、流纹岩、安山岩与玄武岩分布区，乡 3 井、S98 井一带仅见凝灰岩与凝灰质砂岩，厚 67 ~ 116m。

由本区向西、向南往哈拉哈塘凹陷及顺托果勒隆起方向，二叠系层序逐步增加，地层厚度变大，如至羊屋 2 井、哈得 1 井中，已有下碎屑岩段发育，至满西 1、满参 1 井，还保留属于乐平统的上碎屑岩段 82 ~ 135m。

二叠纪火山活动在区域上存在库普库兹满喷发旋回(栖霞期)和开派兹雷克喷发旋回(茅口期)。本区据 S79 井井深 4824 ~ 4860m 井段英安岩 Ar/Ar 法龄为 259Ma，S30 井井深 5056 ~ 5084.5m 井段相当层位英安岩 K/Ar 法年龄值为 270Ma 和 249Ma，前一数值表明其属于库普库兹满喷发旋回，而后一组数值则反映其包含两个旋回，是否如此，尚待更多资料核实。

(七)三叠 - 侏罗系

塔河地区三露较全(表 2 - 8)，属陆相沉积，三叠系总厚 400 ~ 700m，具有从北向南、从西向东加厚的趋势。可能有短期海侵(陈金华等，1996)。塔河地区侏罗系仅有下中侏罗统，上侏罗统。

表 2 - 8　塔河地区三叠 - 侏罗系划分

地层系统						厚度/m	岩性	古生物组合	备注
界	系	统	群	组	代号				
中生界	白垩系	下统			K_1				
	侏罗系	下统			J_1	29 ~ 83	上部深灰色泥岩、砂岩互层夹煤层，下部棕灰色砂岩夹泥砌	*Piceaepollenites* - *Cyathidites minor* - *Osmundacidites* 孢粉组合，疑源类 Kugaia 组合	
	三叠系	上统	满加尔群	哈拉哈塘组	T_3h	32 ~ 165	深灰色泥岩与浅灰色粉 - 细砂岩互层夹煤层	*Cyclogranisporite* - *Alisporites* - *Colpectopollenites* 孢粉组合及 *Hughesisporites* - *Verratlletes* - *Trileites* 大孢子组合	
		中统		阿克库勒组	T_2a	194 ~ 300	绿灰色泥岩与浅灰色细砂岩互层	*Puntatisporites* - *Caytonipollenites* - *Aratrisporites* 孢粉组合和 *Bacutre* - *letes*, *Tuberculatisporites*, *Pijkstrais* - *porites*, *Ecbitritetes* 等大孢子组合	
		下统		柯吐尔组	T_1k	7 ~ 437	西部杂色砂泥岩互层平煤层，东部深灰色、黑灰色泥岩	*Llundbladispora* - *Limatulasporites* - *Tacniaesporites* 孢粉组合 *Cycadopites* - *Tubernumocolpites* 及 *Auerbachichara* - *Porochara* - *Stomochara* - *Altochara* 轮藻组合	
古生界					Pz				前中生界不同层位

(1)下三叠统柯吐尔组主要为灰绿、深灰色泥岩、灰色粉砂岩、砂岩，含孢粉、大孢子和轮藻化石及疑源类化石，厚度由北向南增加，7～437m（表2－9）。

表2－9　塔河油区三叠系油气组及油气层划分简表

地层划分					油气组划分		油气层
系	统	组	代号	岩性段	油气组	代号	
三叠系	上统	哈拉哈塘组	T_3h	泥岩段			
				砂岩段	上油组	T－Ⅰ	Ⅰ－1
							Ⅰ－2
							Ⅰ－3
	中统	阿克库勒组	T_2a	上泥岩段			
				上砂岩段	中油组	T－Ⅱ	Ⅱ－1
				下泥岩段			
				下砂岩段	下油组	T－Ⅲ	Ⅲ－1
	下统	柯吐尔组	T_1k	泥岩段			

(2)中三叠统，阿克库勒组：绿灰色泥土岩与浅灰砂岩不等互层，厚194～300m。

(3)上三叠统，哈拉哈塘组：深灰色泥岩与浅灰色粘砂岩互层夹气层，厚32～165m。

(4)下侏罗统，为湿地扇—河流、湖沼相砂岩、砾岩与泥岩互层夹煤层，厚数米至数十米。下侏罗统与下伏三叠系平行不整合接触。

(八)白垩－新近系

本区缺失上白垩统，下白垩统卡普沙良群可超覆在下侏罗统、上三叠统、下奥陶统－上震旦统、前震旦系之上。

1. 白垩系

工区内下白垩统发育卡普沙良群和巴什么基奇克组。

(1)卡普沙良群(K_1kp)创名及原始定义：新疆石油管理局2－19/56队(1956)创名于库车盆地(据新疆区域地层表编写组1981年介绍)。原称卡普沙良统，自下而上分为城墙砾岩层、络红色层、杂色条带层、丙褐色砂岩层，时代属早白垩世，为一套陆相碎屑岩沉积。下部为紫红色砾岩层，中部为络红色泥岩和杂色条带状泥岩、舒善河组和巴西盖组。

(2)舒善河组主要岩性为棕红、棕黄、蓝灰色为主夹灰绿、草绿色泥岩、砂质泥岩夹杂色泥岩、砂岩条带，产介形类化石 *Cetacella* － *Minheella* － *Damonella* 组合，轮藻 *Clypeator zongjiangensis* － *Mesochara Kapushaliangensis* 组合，孢粉 *Dicheiropollis* － *Concavissimisporites* － *Schizaeoisporites* － *Classopollis* 组合，叶肢介 *Yanjiestheria* － *Orthestheria* 组合，与上、下层均呈整合接触，厚855.3m。该组分布范围同卡普沙良群。

(3)巴西盖组(K_1b)原始定义：粉红色、浅棕红色、棕红色砂质泥岩夹粉砂岩、砂岩，与上、下地层均为整合接触，含介形类化石。

巴西盖组岩性为一套棕红色砂抽泥硐为主夹砂岩，产轮藻及介形类化石 *Damonella circularis*，*Darwinula ovata*，*Rhinocypris echinata*，*R. cirrita* 等。与上、下地层均为整合接触，厚

366.7m。地质年代为早白垩世。

(4)巴什基奇克组(K_1bs)创名及原始定义：黄汲清(1943)创名巴什基奇克系(据全国地层委员会1964年介绍)，指库车地区白垩纪红色碎屑岩为主要岩性的地层。

巴什基奇克组岩性可分上、下两段：上段为粉红色砂岩；下段为紫红色或紫灰色砾岩。该组出露于卡普沙良河、捷列维切克河、卡拉苏河、克孜勒努尔沟等地区。覆盖区塔北隆起、北部坳陷钻揭该组。本组产介形类 *Latochara - Cypridea - Damonella* 组合，轮藻 *Aclistochara huihuibaoensis - Mesochara voluta Sphaerochara* 组合，孢粉 *Cicatricosisporites - Lygodiumsporites - Classopollis* 组合，根据生物群面貌，本岩组时代为早白垩世。

钻井揭示的岩性组合为，砂岩夹泥岩段：灰棕色、棕红色砾质中砂岩、含砾细砂岩为主夹细夹细砂岩、中砂岩、灰褐色细砾岩及红棕色粉砂质泥岩；砾岩段：块状杂色中砾岩夹一薄层棕红色粉砂质泥岩。

2. 古近系

古近系全区覆盖，自下而上分为库姆格列木群和苏维依组。

1)库姆格列木群

岩性为褐色砂质泥岩、膏泥岩、石膏岩、灰质云岩、下部砂砾岩、含砾砂岩夹泥岩，厚度为312.2m。1978年新疆地质局第八地质大队和中国地质科学院地矿所钾盐队，在库车坳陷西部建立小库孜拜组(上)和塔拉克组(下)与库姆格列木群对比。时代：1956年定古近纪；1977~1981年新疆地层表定古近纪；2000年《中国地层典》定古新世-始新世；2001年塔里木油田分公司定古新世-始新世早期。

库姆格列木群包括两个岩性段，上段称砂泥岩段，下段称底砂岩段。下段的底部砂质砾岩和砾岩，是燕山运动末期盆地上升，出现沉积间断和剥蚀之后，当区域性下降接受粗碎屑沉积时的产物，是一场运动之后的沉积，有的地方水体较深，沉积了灰质砾岩，甚至云质灰岩。这段地层的电性很特殊，如电阻率曲线形态呈指状长尖峰，起伏剧烈跳动，深感应电阻率值200Ω·m，最高可达2000Ω·m以上，是区域对比的电性标志层。

底砂岩段中含 *Ephedripites-Parcisporites-Normapollis-Echitrisporites* 孢粉组合和轮藻 *Stephanochara-Lamprothamnium* 组合，时代为古新世早期。砂泥岩段中含 *Ephedripites-Parcisporites-Normapollis-Echitrisporites* 组合、*Polypodiaceoisporites-Pentapollenites* 组合和 Ephedripites-quercoidites-NitraraditesMeliaeoides 组合，时代为古新世晚期-始新世早期。

2)苏维依组

岩性为棕褐色砂岩、粉砂岩、泥岩互层，底部为0.5m厚砾岩。厚度为315.53m。时代：雍天寿定中新世；1977~1981年新疆地层表定渐新世-中新世；1978年李云通编中国第三系时定渐新世；2000年《中国地层典》定为渐新世；2001年塔里木油田分公司定为始新世晚期-渐新世。

本区苏维依组自下而上分为底砂岩段和褐色泥岩段。底砂岩段以灰褐色细砂岩为主夹棕褐色泥岩。褐色泥岩段为棕褐、浅棕色泥岩为主，间夹同色质粉砂岩、粉砂岩及泥质膏岩。

底砂岩段中含介形类 *Hemicyprideis krejcii-Hemicyprintus vdvaetumidis* 组合，轮藻 *Sphaerochara yengisuensis-S. chinensis-Tolypella rugulosa-Gyrogona xindiaen-sis var qianjianggica* 组合，孢

粉 *Quercoidites-Meliaceoidites- Ephedripites-Pinuspo-llenites* 组合。根据上述化石组合，该段地层时代属于始新世晚期至渐新世，暂将苏维依组的时代功为渐新世。

3. 新近系

1）吉迪克组（N_1j）

棕红色砂质泥岩与泥岩互层，其间夹有较多的厚层状或中、薄层状灰绿色泥灰岩、粉砂岩或泥岩条带，宏观上具有明显的红、绿条带相间的特点，故有条带组之称。

本区钻井揭示的吉迪克组以细粒沉积物发育为主要特征，可分为两段，下段以白色、灰白色石膏岩，浅灰色膏泥岩为主，夹少量盐岩和灰色、棕褐色泥岩；上段以棕、棕褐及蓝灰色泥岩、粉砂质泥岩为主，夹膏质泥岩及少量泥质粉砂岩。吉迪克组厚300～857m，具有由南向北厚度增大的特征。据钻井及地震资料研究，本区主要为湖泊沉积体系，可进一步划分为滨岩盐湖相、滨浅湖相及半深湖相。

2）康村组（N_1k）

上段为暗棕宰色砂质泥岩夹少量砂岩；下段为暗褐色、浅褐色砂质泥岩夹多层灰绿色泥岩及粉砂岩。

上部为灰褐色砂岩夹砾岩，含钙高，不含绿色泥岩条带；下部浅褐色砂岩夹多层灰绿色粉砂岩、泥岩条带的沉积序列，以灰绿色泥岩条带的出同为底界，以浅褐色粉砂岩和砂质泥岩的出现为顶界。

本区钻井揭示的康村组岩性为棕、褐棕色泥岩、粉砂质泥岩、膏质泥岩与黄灰、灰色泥质粉砂岩、粉砂岩及细砂岩略等厚互层，厚650～1089m。以河流－湖泊沉积体系为主，局部有三角洲相沉积。

3）库车组（N_2k）

上部为褐黄色粉砂岩、砂砾岩，向下变为粗砂岩、砂质泥岩互层，呈浅黄色。中部为浅褐色、褐色、灰绿色砂质泥岩与浅黄色细砂岩互层，夹砾岩凸镜体。中下部为浅褐色、灰黄色砾岩、砂岩、砂岩泥岩互层。底部为砂岩与浅黄色砾岩线层。上、下界均为砾岩。

上部为褐色砂岩、砂质泥岩夹灰黑色砾岩凸镜体；下部浅黄、黄绿色砂岩夹砾岩及砂质泥岩与黄绿色砂岩互层；最下部为黄绿色砾岩，含介形类化石。

本组属河流三角洲相沉积，在北部天山山前单斜构造上，粒度普遍变粗，以灰色砾岩和砂岩为主，厚度为1000～2700m，与下伏康村组连续沉积。

二、寒武－奥陶系沉积特征

寒武－奥陶系广泛分布于塔里木盆地，形成盆地相、斜坡相和台地相，不同地区变化较大。塔河地区主要以台地相为主。

（一）寒武系沉积相

寒武纪在全盆地都有沉积，大致沿草2井－满参1井至且末一线为界，分为东、西两个相区：东部为盆地相区，属一满加尔边缘坳陷盆地沉积；西部为台地相区，介于东、西间的过渡带为斜坡及台地相区。沉积物总体上表现为西薄东厚的沉积特征（表2－10）。

表 2-10　塔河油田寒武-奥陶系碳酸盐岩沉积相划分表

相区	相	亚相		微相
碳酸盐台地	局限台地	潮坪	潮上	潮上坪
			潮间	潮间坪、潮道
		泻湖		灰质泻湖、云质泻湖、蒸发泻湖
	开阔台地	台内滩		沙屑滩、生屑滩、鲕粒滩
		台内礁(丘)		礁(丘)基、礁(丘)核、礁(丘)盖
		台坪(滩间海)		
	台缘斜坡	缓斜坡		斜坡原地沉积、碎屑流-浊流
		陡斜坡		岩崩-滑塌、碎屑流-浊流、斜坡原地沉积
浅海陆棚	广海陆棚			
	混积陆棚	棚内砂质浅滩		
		棚内粒屑滩		沙屑滩、生屑滩
		棚内礁(丘)		礁(丘)核、礁(丘)基、礁(丘)盖
		棚内缓坡		
		棚内洼地		

1. 下寒武统沉积相

按构造背景与海水深浅的差别、岩石组合与古生物面貌，可分为 3 个相区、6 个相带（图 2-3）。

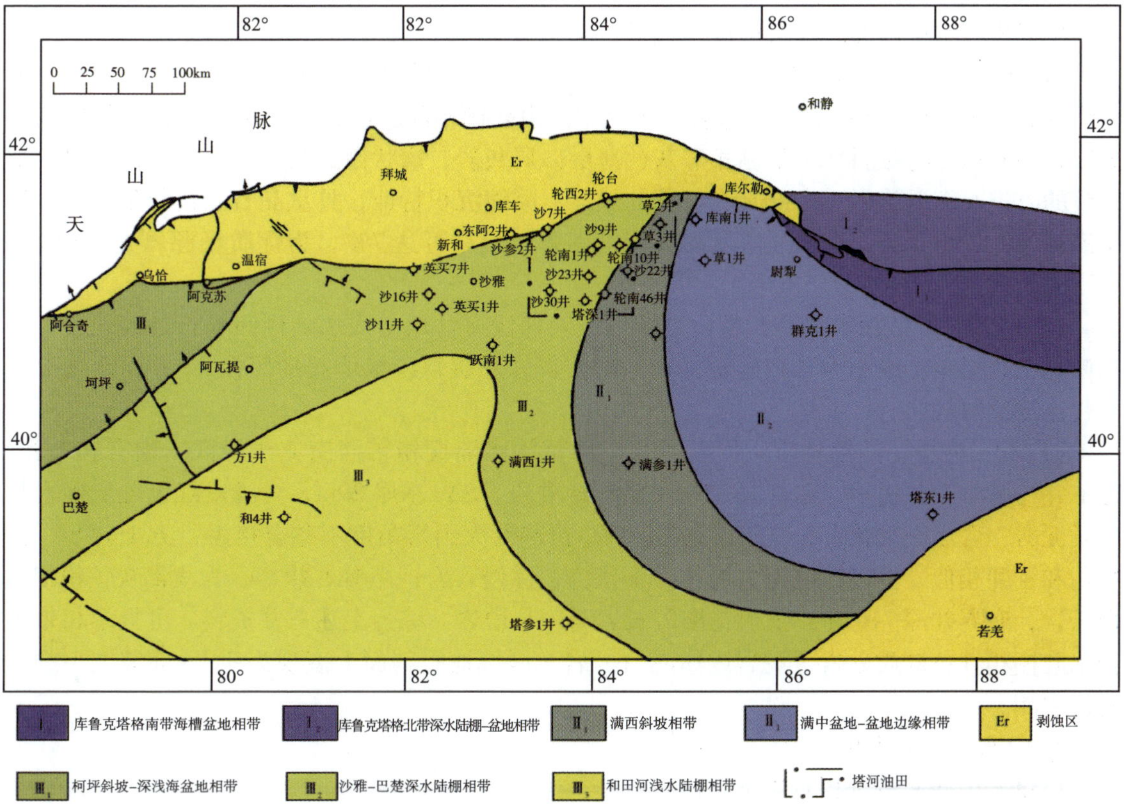

图 2-3　塔里木盆地北部下寒武统沉积相图

1)库鲁克塔格海槽相区

位于孔雀河断裂以北，近东西向延伸，以裂陷、有巨厚火山岩和发育深水沉积为特征，包括两个相带：

(1)库鲁克塔格南带海槽盆地相带：位于兴地裂与孔雀河断裂间，底部有不稳定的石英细砾岩，下部为深灰色粉－细晶白云岩，属海槽裂陷沉降初期沉积；中上部为CCD面以下沉积的暗色硅质岩、白云岩，见少量三叶虫碎片、海绵骨针。

(2)库鲁克塔格北带深水陆棚－盆地相带：位于兴地断裂与辛格尔断裂间，可能处于裂陷槽扩张中心，以火山岩发育为特征，其中夹多层含磷硅质岩、白云岩，见海绵骨针，为深水陆棚－盆地环境。

2)满加尔半深海盆地相区

位于塔里木东部，草2井、满参1井、且末一线以东，与海槽盆地相同属广阔的半深海域，唯其构造活动性较海槽盆地弱，未见火山岩分布，包括两个相带：

(1)满西斜坡相带：在草2井、满参1井、且末一线以东，为向西突出的弧形，目前尚无钻井揭示，推测为含磷硅质岩、硅质页岩与磷块岩分布区。区域地震剖面上，可见T_9^0界面之上的强振幅密集反射段在整个斜坡相带广分布，向斜坡上翘方向减薄、振幅减弱。

(2)满中盆地－盆地边缘相带：位于满西斜坡相带以东广大地区，有塔东1井揭示，其底部为暗色硅质泥岩、硅质白云岩与深灰色细砂岩，与下伏上震旦统白云岩为假整合接触，区域地震剖面上表现为T_9^0界面之上强振幅密集反射段。

3)中央浅海陆棚相区

位于塔里木中西部的浅海区域，包括3个相带：

(1)柯坪斜坡－深浅海盆地相带：位于沙井子断裂、沙雅断裂西北，据柯坪、乌什一带多个露头剖面分析，SA_1超层序包含一个完整的由陆棚相薄层白云岩－深浅海盆地相黑色页岩、含磷硅质岩与缓斜坡－陆棚相黑灰色薄层砂屑灰岩、瘤状微晶灰岩旋回沉积，反映一个完整的海进－海退旋回，中部具有显著的缺氧、凝缩沉积特征，具重晶石结核与条带，含浮游海绵骨针、小壳类，有机质丰度高，有机碳含量最高可达7%，为优质烃源岩类。SA_1厚度不大，范围为7.8～37.5m。

(2)沙雅－巴楚深水陆棚相带：处于斜坡－深浅海盆地与浅水陆棚间窄长过渡地带，目前尚无钻井揭露，推测为含磷硅质页岩、泥质灰岩互层，区域地震剖面在T_9^0界面波之上为平行连续反射。

(3)和田河浅水陆棚相带：位于沙雅－巴楚深水陆棚相带西南亚浅海区，现有和4井、方1井与塔参1井揭示，和4井5874～5903m井段，SA_1钻厚29m，为浅紫红色硅质砂岩与硅质泥岩，含小壳类化石，与下伏前震旦系(?)酸性火山岩角度不整合接触；方1井SA_1情况与和4井相似，但以硅质泥岩为主，下伏为基性侵入岩；塔参1井SA_1为浅褐灰色粉细晶白云岩，底界井深7162m，下伏花岗闪长岩与闪长玢岩。综合上述三井资料，可见本相带为浅水陆棚相红色硅质砂岩、泥岩或粉晶白云岩。区域地震剖面上表现为T_9^0界面波之上的杂乱反射相。

2. 中寒武统沉积相

塔里木中寒武世沉积有以下突出特点：

(1)随着碳酸盐台地不断向上建造与发育成熟(由缓坡－台地－镶边台地)，台地与半深海区间地形差异增加，斜坡逐步变陡并向海推移，半深海区相对稳定，台地区则可能由于不均匀沉降，在总体平展前景下有波状起伏，可能在叶尔羌河下游、沙雅附近、塔参1井西分别发育三个盐湖深洼。

(2)构造沉降、海平面升降与沉积物堆积速率间保持较稳定的关系，台地区沉积物以均衡补偿为主，形成多个向上变浅之进积准层序组，盆地区欠补偿，以加积为主。

(3)大区域性的炎热干旱气候，强烈的蒸发作用，给 $SB_{1\sim2}$层序留下深刻印迹，使这一时期成为塔里木地质历史上第一个重要的成盐期，形成重要的区域性盖层。

(4)台地区除早期有繁盛的底栖游泳三叶虫外，其后在海水咸化背景下，三叶虫减少，仅有蓝绿藻类生存。半深海区球接子类三叶叶虫繁盛。

中寒武统三个相区划分同于前期，台地区沉积相分异显著，可分出3个相带：

1)库鲁克塔格海槽盆地相区

海槽盆地持续沉降，构造活动较前期有所减弱，中寒武世早期，各个相带沉积较稳定，沉积相有别，但厚度差异不大，在80~90m左右，局部大于100m。

库鲁克塔格南带：始终保持为半深海槽盆，悬浮灰泥沉积与生物化学硅质沉积为主，发育完整的浮游球接子化石带，富含硅质海绵山骨针。

库鲁克塔格北带：维持海台态势，陆棚为主，局部(船形山一带)发育生物滩或鲕粒滩，含混合过渡型底栖三叶虫，其后逐步向斜坡演变，有多层次钙屑浊积岩出现，具粒序层理之深灰色微晶砂屑来岩与黑灰色泥质徽晶灰岩韵律层，发育多个浮游球接子带，也混有一些底栖三叶虫。

2)满加尔半深海盆地相区

本区包括3个相带：

(1)满西斜坡相带：斜坡变窄，坡度略陡(2°~5°)，以区域地震剖面上 $T_8^4 \sim T_8^0$ 间发育清晰的斜交或“S”形前积反射(Clinoform)为特征。目前尚无钻井揭露，预测其岩类组合可能与库鲁克塔格北带相似，唯厚度要大得多。

(2)草湖盆地边缘相带：位于库南1井、草湖1井附近并向南再往东延伸，据库南1井井深5146~5400.3m揭示，$SB_{1\sim2}$钻厚254.3m以上(未到底)，为深灰、灰黑色纹层状泥质泥微晶灰岩与黑色页岩韵律层，含三叶虫、海绵骨针等，为半深海盆地边缘相，区域地震剖面上呈向盆地中心收敛、下超的较连续反射。

(3)满中盆地相带：居草湖盆地边缘相带东南广大地域，区域地震剖面上以平行、密集、连续反射为特征，塔东1井井深4490~4636m揭露，总厚146m，仅为台地同期沉积1/4弱。岩层为深灰色泥质泥晶灰岩与灰质泥岩，发育水平纹层，属凝缩沉积。

3)中央滨浅海潮坪-台地相区

该区受沉积基底面起伏、海水深浅与盐度控制，可分为以下3类相带：

(1)局限台地-潮坪相带：覆盖区分布二于S7井、跃南1井以东及满西1井附近地带，据地震剖面解释，是 $SB_{1\sim2}$层序无显著加厚的平行断续反射区，无井钻达，推测岩类、生物面貌与乌什、柯坪一带露头剖面相似。

(2)潮上坪-蒸发盐坪相带：分布于沙井子断裂东南至局限台地-潮坪相带间，地震剖面上为空白反射，在蒸发盐坪相带显著加厚，在背斜褶皱轴部常因 $SB_{1\sim2}$膏盐岩的塑性流动上拱而使加厚现象更为突出。一般潮上坪可以 S7 井井深 5410.5～5450m 钻遇的阿瓦塔格组（$\in_2$a）为代表，为灰紫、绿灰色白云质泥岩与条带状原生或准同生泥微晶白云岩、藻纹层白云岩及砾屑白云岩，含石膏假晶，反映潮上膏泥坪、云泥坪及潮渠环境，白云岩常具流变现象。蒸发盐坪有三个，分布在叶尔羌河下游（方 1 井、和 4 井区）及沙雅县附近、卡塔克地区（塔参 1 井区），后者已在研究区外，石膏层较薄，不含盐。方 1 井井深 3822～4379m 钻遇膏盐岩，钻厚 5571m，包含膏盐岩、白云质膏岩、泥膏岩、白云质泥岩、膏质泥岩夹云岩、灰质云岩、石灰岩夹辉绿岩。和 4 井下同期膏盐岩厚 688m，也夹一层辉绿岩与辉长岩侵入体，以及较多白云岩与石灰岩。

3. 上寒武统沉积相

晚寒武世沉积与前期有明显的继承性，但台地区沉积底面已趋平缓，气候由干旱转为湿热，台地中心海水盐度仍然偏高，向广海方向渐转正常，蓝绿藻类、菌藻类繁盛，碳酸盐生产量增加，岩性、岩相厚度变化不大，包括 3 个相带：

1）库鲁克塔格海槽盆地相区

在南天山区小铁列克剖面为浅灰色厚层状含燧石条带与结核的白云质灰岩，厚 106m，未见顶，反映经前期充填，海水已渐变浅，可能已转变为陆棚或岸外海台相，库鲁克塔格北带在库都布拉克厚 252.7m，是一个由下向上从半深海槽盆－盆地边缘相演变为斜坡相的进积式超层序，向南到兴地剖面，厚度减薄，砾屑灰岩层数减少，单层减薄，反映该期斜坡总体向南下倾。过兴地大断裂到库鲁克塔格南带则为典型的海槽盆地相带，厚度为 110.6m，仅为斜坡相带之半，以缺浅色颗粒灰岩类和底栖生物，以及悬浮泥质与灰泥沉积为主，富有机质及浮游三叶虫化石带发育完整为特征。反映一种深海槽底水流停滞、缺氧环境。

2）满加尔半深海盆地相区

满西斜坡相带再度向海推进，塔北区域地震剖面上具有明显的斜交与“S”形前积反射。斜坡坡度约 5°，库南 1 井井深 4841.7～5157.7m，钻厚 316m。井段揭示该超层序自下而上发育由盆地边缘相到下斜坡相的向上变浅相序。

草湖盆地边缘相带处于层序逐步向盆地中心减薄过渡部位，沉积相类似于斜坡相带下部。

满中盆地相带处于盆地中心，地震反射特征与岩类、古生物组合同于中－下寒武统。

3）中央滨浅海潮坪－台地相区

局限台地相带位于盆地边缘相带以西，西界约在轮台－沙雅－和田河一线，地震剖面上为席状强振幅平行相，目前仅塔深 1 井揭示，厚度大于 1500m，以灰色厚层泥－粉晶白云岩、中－细晶白云岩为主，下部夹亮晶砂屑、鲕粒白云岩及藻黏结白云岩。

在塔深 1 井、轮南 46 井、满参 1 井一带，地震剖面上可见丘形地震异常体，内部为弱振幅杂乱反射，原认为是台缘藻礁滩的地震反映，但经塔深 1 井揭示，未见明显台缘相的礁（滩）和藻丘沉积，为台地沉积。依据：①扫描电镜分析在白云石晶粒间见溶蚀状石盐晶体；②岩性以粉－细晶白云岩为主，局部中晶白云岩，少见鲕粒、砂屑白云岩等台缘高能环境产物；③初步的古生物鉴定，仅见小于 1% 的藻类，以红藻为主，为温暖气候条件下陆棚以上的底栖生物，造礁能力不强；④大量薄片鉴定成果，仅见少量藻类。丘形地震异常体（内部为弱振幅杂乱反射）可能是台地沉积局部岩性、储层物性变化的反映，其依据：钻时加快，从7150m开始，钻时明显变小，许多井段钻时在10min/m左右。测井解释储层发育，电阻率减小，中子密度小。取心普遍见溶蚀孔洞发育，岩心实测储层发育。

近东西向剖面上，台地较下伏层序向东迁移，较之早寒武世东移7km（北部）~35km（中南部），可见在早寒武世海侵期间，沉积速率低于或近于海平面上升与盆地沉降速率，而其后的中、晚寒武世，则沉积速率近于或高于海平面上升与盆地沉降速率，表现为大规模海退，海水向上变浅，台地相带向海推进。

局限台地–潮坪相带位于轮台、沙雅至和田河以西至巴楚、柯坪露头区，以露头区剖面为代表，包含多个向上浅滩化的准同生白云岩层序，海水局限而咸化，生物以适应性强的蓝绿藻类为主，层序厚度由北向南自300m左右增厚至1000m以上。

（二）奥陶系沉积相

1. 早奥陶世沉积特征

早奥陶世是自震旦纪以来，塔里木北部碳酸盐台地建造最为成熟、壮观的时期，包含3个海平面升降旋回，半深海海域沉积相分异强，相带特征及其展布十分清晰，浅海海域揭示该二超层序的深井较多，资料丰富，研究程度相对较深。塔北可划分为3大相区、8个相带（图2–4、图2–5）：

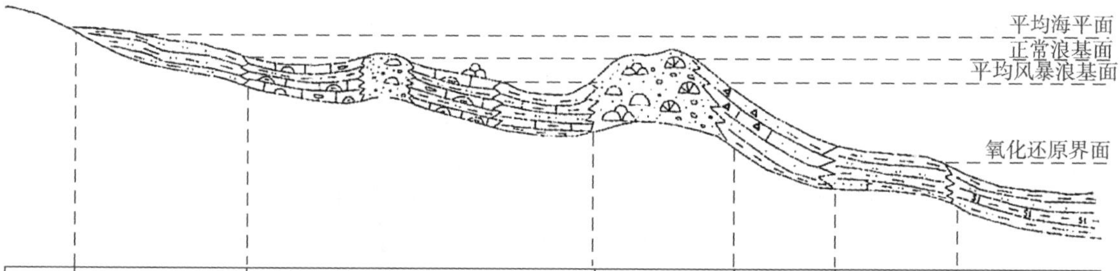

相	碎屑潮坪			沉积陆棚				陆棚边缘	斜坡	半深海盆地	深海盆地
亚相	潮上	潮间	潮下	棚内缓坡	棚内滩 棚内礁	棚内缓坡	棚内洼地	棚缘礁，棚缘滩		盆地平原，海底扇	
水深	正常浪基面以上			几米至100多米				几米至几十米	>100m	几百米	>1000m
能量	低—中			低—中			低	中—低，高	低，局部高	低，局部高	
盐度	可变			正常				正常	正常	正常	
颜色	棕红、灰绿			灰、绿灰			深灰、灰黑	灰、褐灰	灰、深灰	深灰—灰黑	灰黑
岩石类型	泥岩、粉砂质泥岩、泥质粉砂岩、粉砂岩			泥岩、粉砂岩、泥质灰岩、泥晶灰岩、风暴岩、隐藻凝块状灰岩、砂屑灰岩、生屑灰岩、生物灰岩			泥页岩、泥灰岩、泥质灰岩、粉砂岩	砂屑灰岩、砂砾屑灰岩、生屑灰岩、礁灰岩、生物灰岩隐藻凝块状灰岩	砾岩、砂岩、泥页岩、泥质灰岩、钙质泥岩	泥页岩、硅质岩、浊积岩	泥页岩、硅质岩、浊积岩
沉积构造	水平层理、脉状、波状和透镜状层理、羽状交错层理、波痕、潜穴			水平层理、互层层理、丘状交错层理、波状层理、块状层理、交错层理、波痕、潜穴			水平层理、粒序层理	块状层理	水平层理、粒序层理、变形层理	水平层理、粒序层理、变形层理、平行层理	水平层理、韵律层理、粒序层理、变形层理
生物组合				隐藻–蓝绿藻、管孔藻–苔藓虫–海绵			小腕足–三叶虫–笔石	隐藻–珊瑚–层孔虫、管孔藻–苔藓虫–海绵	腕足–三叶虫	笔石–薄壳腕足	笔石、放射虫、硅质海绵骨针

图2–4　塔河油田上奥陶统桑塔木组沉积模式图（据康志宏）

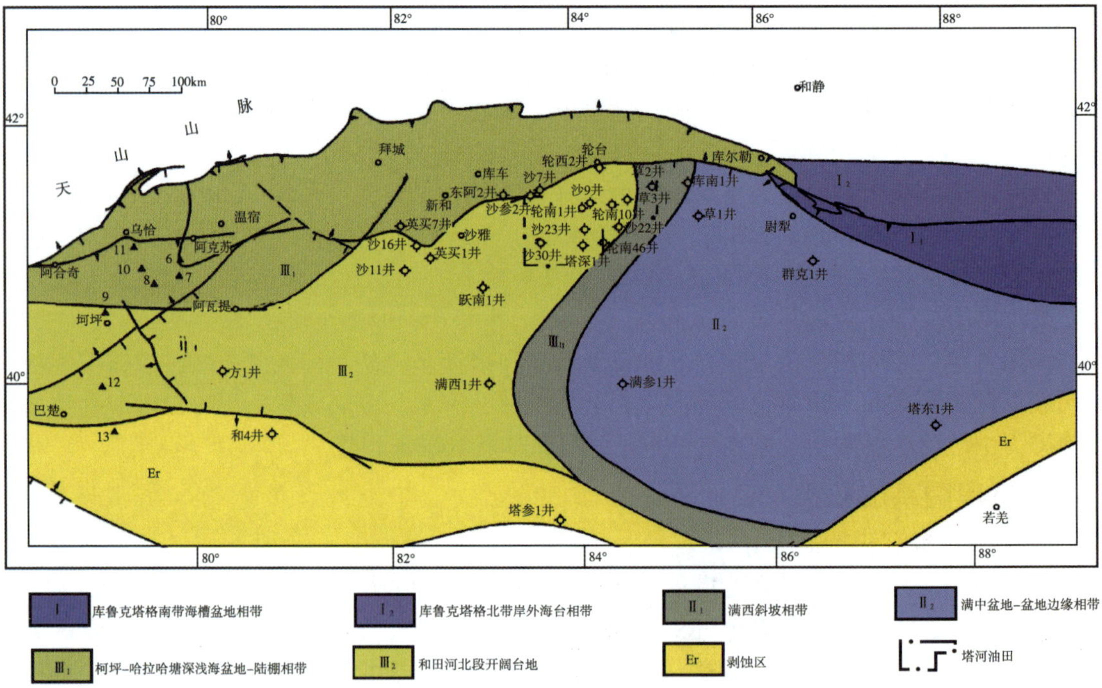

图 2 - 5　塔里木盆地北部中下奥陶统沉积相古地理图

1）库鲁克塔格海槽盆地相区

这一时期，天山南缘主干断裂、辛格尔、兴地等大断裂活动较强，对沉积相的控制明显。

库鲁克塔格南带属于受兴地大断裂控制的裂陷槽盆中心地带，以生物化学沉积（放射虫硅质岩）、悬浮富有机质软泥沉积（黑色页岩）为主的欠补偿凝缩沉积，厚度约在 30m 以内，不足岸外海台区的 1/20，生物全为浮游类型笔石相，大量笔石以“生物雨式”降落，顺层面富集。

库鲁克塔格北带为斜坡相，包括钙质碎屑流（异地岩屑流）、浊流沉积和斜坡原地沉积，向上砂砾屑灰岩层减少、变薄，反映海平面上升背景下的退积层序均衡补偿沉积，厚度在 700m 以上。

2）满加尔半深海盆地相区

包括满西斜坡相带、满中盆地 - 盆地边缘相带，斜坡位置进一步向东迁移 20km 左右，地震反射表现为 T_7^4 与 T_8^0 间地震波组向东、向南下超、减薄。库南 1 井井深 4342 ~ 4543m 段揭示该超层序组沉积特征、相序与库鲁克塔格北带相似，钻厚 201m 以上，未见顶。盆地与盆地边缘相带为密集的平行强振幅反射，据塔东 1 井揭示，厚度在 129m 以内，约为斜坡区 1/2，沉积特征、相序与库鲁克塔格南带相似，其与满西斜坡相带间渐变过渡，不如槽盆区变化突然。

3）中央浅海台地相区

阿克苏 - 满西 1 井开阔台地相带出露于柯坪、阿克苏一带，并见于沙西、阿克库勒凸起井下，潮下浅水（潮下带 - 风暴浪基面间）较动荡或间歇动荡环境下沉积的浅色块状球粒灰岩、砂屑灰岩、泥微晶灰岩与生屑砂屑滩相泥微晶生物（屑）灰岩、砂屑灰岩，下部有结晶砂屑白云岩，可能为成岩早期混合水白云化产物，含窄盐度生物三叶虫、角石、腕足类等，

叠层藻类已较 $SB_{3\sim4}$ 超层序人为减少，厚 300 ~ 900m 以上，厚度由北向南增大。地震剖面上为弱振幅断续反射或空白反射，反映岩性变化不大，沉积稳定。

和田河局限台地相带目前已有方 1 井、和 4 井等多口井钻遇，其与开阔台地相带的主要差别在于，岩类组合以浅灰色细 - 中晶白云岩为主，生物单调，除少量牙形刺外，含较多藻屑，反映海水局限，盐度偏高，有利于准同生及成岩交代白云岩形成。

2. 中奥陶世沉积特征

早奥陶世末期，古塔里木板块自南纬 18°向北漂移，古板块北部边缘（相当于今塔里木东北缘、东南缘）东天山、阿尔金山一带，由于洋壳的消减，由前期被动大陆边缘转变为主动大陆边缘，火山岛弧发育，构造背景由引张向聚敛、挤压转化，塔西南 - 卡塔克 - 带隆凸，而满加尔坳陷进一步深拗，堆积巨厚的外源火山与火山碎屑、陆屑浊积岩。古板块南部（今塔里木西北缘与西南缘）则可能继续保持被动大陆边缘态势，但也向压陷与挤压弯曲坳陷盆地转化（图 2 - 5）。

在这样的构造背景下，一方面，塔里木地块受构造挤压作用而不均匀升降（加里东中期运动早幕）；另一方面，海平面快速上升，对原先的碳酸盐台地逐步形成“淹没”，除古凸起高部位外，台地先后“沉溺”，碳酸盐生产减缓、趋弱，形成广大范围内碳酸盐沉积与泥质沉积混合（今塔里木西部），或与外源砂泥质沉积混合（今塔里木东部）的“混积陆棚相”。仅个别地区持续为“孤立台地”环境，如巴楚、卡塔克附近。

由于外源火山碎屑、陆屑大量补给充填和浊流的搅动与快速沉积，满加尔周边盆地在早奥陶世末 - 晚奥陶世，虽然继续深拗，但已难于如寒武纪 - 早奥陶世那样形成分布面积广阔、厚度可观的有利生油岩。有限的生油岩可能仅发育于台地 - 陆棚区卡塔克隆起南北坡、阿瓦提、哈拉哈塘、顺托果勒北部的局部深凹陷中，厚度在 100m 以内。

前述构造背景的巨变，首先强烈影响到塔里木地块周缘盆地，引发一次又一次的浊流沉积，导致沉积相的突然变化，而后，逐步波及到中央台地，使其逐步“沉溺、淹没”，TPA_1 超覆其上，隆升区则可能不再接受沉积。兹由周缘到中央，叙述其沉积相展布（图 2 - 5）。

1）库鲁克塔格海槽盆地相区

库鲁克塔格南带为由裂陷转变为压陷继续发展的海槽盆地相带，生物相属笔石相，笔石带发育较齐全，可能准确记录该带早、中奥陶世之交的巨大变革。早奥陶世晚期之初，仍为宁静的深海槽盆底部富有机质远洋软泥沉积与生物化学硅质沉积，是为巷古勒塔格组（O_1h）上部，厚不过十余米，属凝缩沉积。其后，随着构造背景由拉张转变为挤压，外缘岛弧造山带推举，并向槽盆内供给大量陆屑及火山岩屑，构造活动性强，浊流频发，沉积环境动荡剧变，沉积相、岩类组合突变，是为却尔却克群（$O_{1\sim2}qr$）一套进积海底扇，厚 1400 余米，沉积补偿充分，由沉积相的突变推断，构造背景转换发生的准确时间当在 O_1h 顶部笔石 *Cardiograptus amplus* 带（宁 6 带）与 $O_{1\sim2}qr$ 底部笔石 *Glyptegraptus abnormis* 带（宁 7 带）之间。

库鲁克塔格北带保持岸外海台态势，早奥陶世末继承前期特点，为陆棚相白云质灰泥沉积，富含头足类、三叶虫等壳相生物及牙形刺，厚 300 ~ 800m 以上，至中奥陶世，本带受其北侧火山岛弧挤压，沉积环境变浅，为岸外海台生物滩相生物（屑）与灰泥沉积，显著特点是夹火山凝灰岩层，灰泥中混有火山岩屑（霏细岩、英安岩屑，最高可达 15%），厚 130m 以上，富含棘皮类和游泳三叶虫、角石以及牙形刺。从现有资料看，其沉积环境发生较大变动的时期晚于南部深海槽，约在早、中奥陶世间。

2）满加尔半深海盆地相区

满西斜坡相带较前期进一步向东迁移，目前尚无钻井揭示其完整剖面，从地震剖面看，早奥陶世末仍具向盆地低角度斜交前积（Clinoform）特征，中奥陶世始，则由盆地向台地逐步上超，推测为退积型准层序组构成，反映海平面上升。

满中盆地－盆地边缘相带据塔东1井揭示，与库鲁克塔格南带相似，早奥陶世末－中奥陶世沉积环境由半深海盆地相富有机质灰泥沉积转变为多个海底扇序列浊流沉积叠合，但粗砂、砾较少，以海底平原相与海底扇外扇及扇缘亚相灰、灰绿色细、粉砂级远源浊积岩及泥岩为主，反映其处于盆地近中心部位，生物相为笔石相，厚约1400m。火山物质及陆屑补给物大量混入，浊流搅动，使有机质丰度大为降低，不再发育好生油岩。而维马克1井同期沉积则以中粗砂岩、含砾砂岩为主，化石稀少，应属盆地边缘近源浊积岩，海底扇内扇扇根—中扇网状水道相。

3）中央浅海台地－陆棚相区

受早奥陶世末加里东中期运动早幕影响，巴楚南－和4井－卡塔克一带缺失一间房组及恰尔巴克组（大部），塔中可见良里塔格组超覆于鹰山组不同层位之上，应属加里东中期运动的表现。沙雅西北－轮台一带存在另一剥蚀区，则是加里东中期、海西期直至印支－燕山期多期次构造隆升的结果。其他地区可分为以下2个相带：

（1）柯坪－哈拉哈塘深浅海盆地－陆棚相带：柯坪一带包括凝缩段深浅海盆地相富有机质黑色泥页岩夹薄层灰岩，含裂隙－晶洞型沥青与原油油藏，生物相为笔石相，称萨尔干组（$O_{1-2}s$）；陆棚－缓斜坡相紫红、灰绿色瘤状、条带状泥质灰岩，相当坎岭组（O_2k）与其浪组下段（$O_{2-3}ql$），厚度不大，在100m以内。反映一个海进到海退的完整旋回，萨尔干组最底部笔石带Pterograptus elegans带，相当于宁9带（N9），即塔里木中央台地开始被淹没的时间在N8、N9笔石带间。到沙雅一带，为陆棚相吐木休克组（O_2t）红色灰岩、达西库木组（$O_{2-3}d$）深灰色泥岩夹薄层粉细砂岩。沙西地区台地被"淹没"时间在*Pygodus serrus*牙形刺带之前，即早、中奥陶世间，较柯坪一带深浅海盆地推迟一个笔石带（N9）时间间隔。这一相带，地震反射表现为T_7^4双轨反射界面，其上为较连续平行反射，其下为空白或杂乱反射。

（2）和田河北段开阔台地－陆棚相带：目前尚无钻井揭露，地震反射特征同前，推测为混积陆棚相－潮坪相。

3. 晚奥陶世沉积特征

这是全球中晚奥陶世又一个重要的海进、海退旋回沉积。本区西南部剥蚀区又被海水淹没接受沉积，其中玛扎塔格一带受后期（海西早期）构造运动影响，TPA2以上无保留。北部剥蚀区亦略有扩大。在海平面持续上升的情况下，台地－陆棚区除巴楚附近与卡塔克局部保留孤立台地外，继续淹没为混积陆棚，半深海盆地与海槽盆地区相对保持稳定，随着沉积物的快速填积，环境有逐步变浅趋势（图2－6）。

1）库鲁克塔格海槽盆地相区

（1）库鲁克塔格南带：却尔却克山、南雅尔当山一带包括却尔却克群（$O_{1-2}qr$）上部—元宝山组（O_3y），仍为一套海底扇浊流沉积与海底平原远洋软泥沉积，露头剖面厚度近1000m，生物相仍以笔石相为主，最高笔石带*Dicellograptus ornatus*带相当五峰阶W2带，其上缺失。元宝山组（O_3y）下部局部为混合相，含大量略经搬运的床板珊瑚，反映海水曾经变浅。至晚奥陶世末期，受全球单极冰盖出现及海平面下降影响，海水退出本区带，缺W3笔石带及其以上地层。

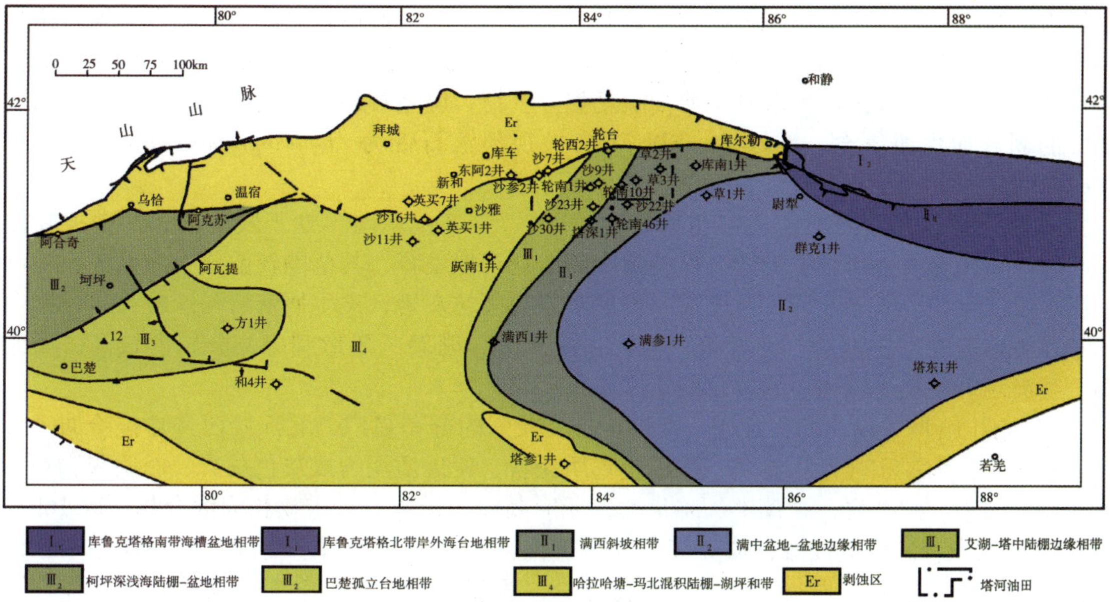

图 2-6　塔里木盆地北部上奥陶统沉积相古地理图

(2)库鲁克塔格北带：该带仍为岸外海台浅滩相生物(屑)灰岩、砂屑灰岩以及砂质灰岩，所含砂粒主要为火山岩屑。局部可见大型板状交错层理，厚500m以上，未到顶，生物相为壳相，含角石、三叶虫、腕足类、床板珊瑚、苔藓虫、海绵等窄盐度正常浅海生物，生物分异度与丰度均较高，其最高层位亦只到晚奥陶世早期。以上缺失。

2)满加尔半深海盆地相区

(1)满西斜坡相带：与前期相较，向西推进至轮南46井至满西1井一带，反映这一时期早时海平面上升可能达到奥陶纪最高点。上斜坡部位据轮南46井资料，井深5547～6028m，钻厚481m井段，TPA2超层序为绿灰、褐灰色上斜坡钙质碎屑流相砾屑灰岩与泥岩、泥晶灰岩薄互层，夹灰泥丘相藻黏结灰岩与混积陆棚相粉砂岩。其中，灰泥丘相为好生油岩，厚12.5m。同样岩相还见于沙22井、轮南14井，但灰泥丘相已不发育。向卡塔克隆起北坡，灰泥丘相厚度增加至80～100m，生油指标变好。下斜坡分布较宽，区内目前尚无钻井揭露，地震剖面上与上斜坡同为平行连续上超反射，推测其沉积物可能更细一些。满西1井往东南，斜坡变陡，据塔中28、塔中29、塔中31、塔中3等井揭示，为斜坡扇近源浊流、碎屑流沉积与半深海平原远洋软泥沉积。

(2)满中盆地-盆地边缘相带：分布范围与TPA1时略同，据塔东1、群克1井资料，仍由远源浊积扇与半深海平原相频繁间互加积构成，以泥岩含量高，笔石较多，缺粗碎屑岩和不含石灰岩为特征，属盆地较中心沉积，厚200～800m(未到顶)。维玛克1井则处于盆地边缘，为海底扇相近源浊积岩，厚度不详。

3)中央浅海台地-混积陆棚相区

该相区范围略同于前期，其中偶见笔石，可分为以下4个相带：

(1)艾南-塔中陆棚边缘相带：在塔中16、塔中161、塔中44及塔中30井一带，发育台缘生物礁与砂屑滩，区内在S30井井深5736～5800m井段，钻遇良里塔格组($O_{2-3}l$)上段，钻厚64m，为灰包含泥质泥晶生物灰岩夹灰绿色泥岩，富含苔藓虫、藻类，为台缘生物丘相。

(2)柯坪深浅海陆棚-盆地相带：包括其浪组($O_{2-3}q$)上段缓斜坡钙屑浊积岩相和深浅

海陆棚相砂屑灰岩，含角石、三叶虫、牙形刺的瘤状泥质条带灰岩以及钙质泥岩，生物相为混合相；印干组(O_3y)深浅海盆地相黑包钙质泥岩或泥灰岩与粉砂质泥岩、粉砂岩频繁互层，富含笔石、三叶虫、牙形刺、薄壳腕足类等生物，属笔石相。其顶部多经加里东中期运动后的剥蚀而保留不全，残厚0～138.7m，最顶部笔石带为*Amplexograptus disjunctus yangtzensis*带，只相当于扬子区、江南区五峰阶W1带。

(3)巴楚孤立台地相带：在良里塔格组($O_{2-3}l$)上部沉积时，处于较高位置，中央陆棚中心地带陆源碎屑补给难于到达，保持清水碳酸盐台地发育，其范围较前已大为缩小，为潮下浅水或浅滩相浅灰、浅紫红色藻屑、砂屑灰岩与鲕粒灰岩，夹生屑灰岩与团粒灰岩，富含正常浅海窄盐度生物藻类、三叶虫、角石、腕足类、珊瑚、牙形刺等，分异度较高，属壳相。晚奥陶世晚期受剥蚀，残厚仅数十米。

(4)哈拉哈塘－玛北混积陆棚－潮坪相带：在区内分布最广，北部沙西－哈拉哈塘一带环境较闭塞，为混积陆棚相深灰、灰绿包钙质泥岩、粉砂质泥岩或灰色灰岩、泥质灰岩夹杂色薄层粉砂岩、细砂岩，含藻类、腕足类、牙形刺和少量笔石，生物相为混合相，厚160～350m。局部发育碳酸盐浅滩，如英买1井一带南部。玛北一带海水变浅，为潮坪相杂色泥岩夹粉砂岩及少量泥灰岩、石灰岩，生物稀少，顶部亦受加里东中期运动后剥蚀而保存不全，残厚200～400m。

4. 塔河地区沉积相

1)微相划分

从区域沉积相研究可知，研究区的奥陶系主要为碳酸盐台地、浅海陆棚相及混积陆棚相沉积。其中奥陶系中下统及奥陶系上统良里塔格组处于碳酸盐台地相区中的开阔台地相，仅其东南缘部分处于斜坡相；奥陶系上统恰尔巴克组主要处于浅海陆棚相，桑塔木组主要为混积陆棚相。

A. 开阔台地相

根据沉积特征，可识别出台内滩(浅滩)、台内礁(丘)及滩间海(台坪)3个亚相及若干微相。

a. 台内滩亚相

该亚相发育于开阔台地内的海底高地上，受波浪和水流作用，环境能量高于滩间海，粒屑较丰富，研究区可见3种微相类型：砂屑滩、生屑滩及鲕粒滩，其中砂屑滩占绝对优势，少许生屑滩及鲕粒滩。

砂屑滩微相：该微相是台内滩亚相中主要的微相类型，普遍分布于本区中—下奥陶统鹰山组及一间房组，几乎每口钻井均可见该微相。良里塔格组局部可见该微相。

以上特征反映其沉积环境为正常浅海、水动力条件较强的浅滩环境。

生屑滩微相：该微相主要分布于研究区北部中奥陶统一间房组第二岩性段，S76井、S112井等钻井均有揭示。现以S76井为例描述生屑滩微相(图2－7)。

S76井第14回次取心的上部5590.25～5595.86m(厚5.61m，未见顶)为典型的生屑滩，据测井曲线特征及岩屑资料判断，该生屑滩厚8～10m。生屑滩中粒屑以生物碎屑为主，含量40%～60%，主要有藻屑、棘屑、腕足、其次为苔藓虫、三叶虫、有孔虫、介形虫等；砂屑含量10%～20%。另外见较完整的海绵、腕足等生物，含量小于10%，胶结物为亮晶方解石，含量15%～35%，具有二世纪代结构，一世代为马牙状或柱状方解石(5%～15%)，二世代为粒状细－中晶方解石；局部有泥微晶基质，含量5%～10%。

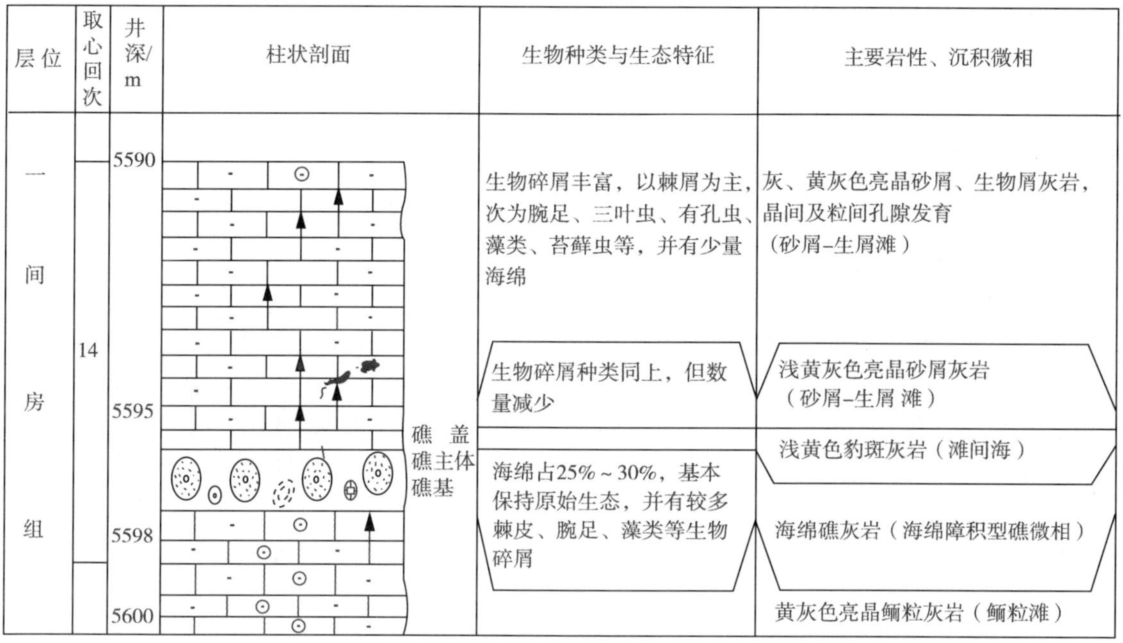

图 2－7　S76 井中奥陶统一间房组生屑滩、海绵礁柱状图

上述特征反映其沉积环境为正常浅海、中等能量的浅滩环境(填隙物既有亮晶胶结物，又有泥微晶基质，掏洗不干净)。

鲕粒滩微相：该微相的分布与生屑滩微相基本一致，均主要分布于研究区北部中奥陶统一间房组。

b. 台内礁(丘)亚相

该亚相发育于开阔台地内海底高地上，多在砂屑滩的基础上生长发育，部分以生物滩、鲕粒滩为礁基生长。该微相主要分布于下奥陶统一间房组第二岩性段。

一间房组生物礁(丘)分布于本区北部 S76、S112－2、S114、S118 及 T738 等井，以 S76 井较为典型，现简述如下。

S76 井 14 回次取心(5590. 25～5598. 65m 井段，进尺 8. 4m)下部为一发育完整的小型礁(丘)(图 2－7)。其中：5595. 86～5596. 24m(钻厚 0. 38m)礁(丘)盖，为浅灰包含生屑微晶灰岩，生屑含量 10%～15%，以棘屑为主，并有少量三叶虫、介形虫、腕足等碎屑。5596. 24～5598. 01m(钻厚 1. 77m)礁(丘)核，为浅灰色障积型海绵礁(丘)灰岩，海绵含量 20%～30%，基本保持原始生态，并含较多棘屑、腕足、藻类等生物或生物碎屑。经中国科学院南京古生物研究所鉴定，海绵属种较单一，主要为 *Calathium sp.*(瓶筐石)，属造礁海绵类。由于海绵的障积作用，海绵间的岩石结构较细，以砂屑、生屑—泥微晶结构为主，局部为微－亮晶生屑、砂屑结构。5598. 01～5598. 65m(厚 0. 64m，未见底)礁(丘)基，岩性为黄灰色亮晶粒屑灰岩，粒屑以砂屑及鲕粒为主，含量分别为 30%～35% 及 25%～30%，鲕粒的同心圈较少；胶结物为粒状亮晶方解石，无世代结构，阴极射线下发较均一的深红色光。

由上述可知，该生物礁(丘)是在粒屑滩(鲕粒－砂屑滩)的基上发育而成的障积型海绵礁(丘)，发育完整，但其规模不大(礁组合厚度仅 2. 79m，礁核仅 1. 77m)。

c. 滩间海(台坪)亚相

该亚相广泛分布于研究区鹰山组、一间房组、良里塔格组。该亚相位于正常浪基面之下，水深相对较大，但一般不超过50m，海水能量低。沉积物粒度细，以灰泥为主；生物以腕足类为主，其次为蓝绿藻、棘皮、介形虫、苔藓虫等。时见生物扰动构造和潜穴，主要包括以下岩石类型：

(1)泥微晶灰岩：灰、褐灰色，厚层－块状，主要由泥微晶方解石组成，常含少量腕足、介形虫、海绵骨针等生物碎屑。

(2)含砾屑或砂屑泥微晶灰岩：砂屑含量10%～30%，粉粒－细粒，次棱角－次圆状，分选较差，主要由泥微晶灰岩破碎而成；含少量介形虫、腕足及棘皮等生物碎屑。

(3)含藻屑或藻屑泥微晶灰岩：其特点是岩石中含较多分散状的蓝绿藻，含量10%～30%，蓝绿藻以葛万藻为主；另外含少量腕足、介形虫、三叶虫等生物碎屑。

以上三种岩石类型中，前两者最为常见，研究区所有钻井不同层位均可见到。

B. 广海陆棚相

广海陆棚相一般位于正常浪基面以下至氧化界面之上，代表较深水的浅海区，盐度正常，海水循环良好。

广海陆棚相分布于恰尔巴克组，岩性为紫红色瘤状灰质泥岩、棕红色泥质灰岩、暗棕色灰质泥岩。局部地区含生物碎屑，研究区东部的S96井揭示该地层生物碎屑含量较高，生物丰富，为介形虫、三叶虫、瓣鳃、角石等，而且出现大量的牙形刺。该地层横向上展布稳定，可对比性好，研究区上奥陶统尖灭线以南的钻井均揭示。沉积特征表现为发育红色瘤状灰质泥岩，分布于恰尔巴克组的上段。

C. 混积陆棚相

混积陆棚相发育于奥陶系上统，以陆源碎屑物、碳酸盐岩沉积物的混合沉积为特征。根据研究区上奥陶统的沉积特征，可以识别出棚内浅滩亚相、棚内缓坡亚相。

a. 棚内浅滩亚相

该亚相发育于混积陆棚水体能量相对较高的位置，研究区内目前无钻井揭示，研究区南部LN46井区、东部S96井区上奥陶统桑塔木组发育，岩性主要为灰绿、灰色粉砂质泥岩和泥质粉砂岩、粉砂岩、灰质粉砂岩，夹灰、灰绿色薄层泥岩、粉晶生屑灰岩、角砾状粉晶灰岩、泥－细晶灰岩。

b. 棚内缓坡亚相

棚内缓坡亚相发育于陆棚内平缓倾斜的斜坡带，位于正常浪基面之下、风暴浪基面之上的水域，水体不深。受强风暴浪与风暴流的扰动，发育假角砾状、角砾状构造。该亚相分布于上奥陶统桑塔木组。

LN46井揭示该岩性段的岩性为泥晶生屑灰岩、粉－细晶灰岩、粉晶鲕粒灰岩、泥微晶灰岩、粉砂质泥岩、灰质粉砂岩与泥岩、角砾状灰岩、细晶粒屑灰岩。

S96揭示该岩性段的岩性为泥微晶灰岩、粉－细晶生屑灰岩、亮晶鲕粒灰岩。生物主要为苔藓虫、腕足、三叶虫、棘屑。

2)沉积相展布

目前研究区仅TS1、S88、LN1等井钻遇蓬莱坝组，难以查清其沉积相的展布；揭示鹰山组下段的钻井较少。因此，根据目前的研究程度，本书仅分析鹰山组上段、一间房组下段、上段以及良里塔格组沉积相展布。

A. 鹰山组上段

鹰山组上段在研究区主体为开阔台地相沉积，该带以东为台缘斜坡相。

台缘斜坡相目前尚无钻井钻达，主要依据地震剖面中特征的“S”形前积反射(Clinoform)确定。

开阔台地相在本区分布广泛，地震剖面上表现为连续平行反射，局部发育小型内部杂乱的丘状反射体，前者代表滩间海，后者代表台内滩沉积。

根据区内钻井揭示，鹰山组上段台内滩较发育，主要为砂屑滩，并且呈连片分布。

B. 一间房组下段

沉积格局仍为开阔台地－台缘斜坡，其中台缘斜坡分布于本区东南部，其余广大地区为开阔台地。

该岩性段与鹰山组上段一样，台内砂屑滩非常发育，呈连片分布。

C. 一间房组上段

在开阔台地内发育以瓶筐石为主的小型海绵生物礁(丘)及砂屑、生屑滩是该时期的主要特征。海绵生物礁(丘)均以砂屑、生屑滩为礁基而生长。

根据钻井揭示，一间房组上段发育的海绵生物礁呈障积型点状分布。由于加里中晚期及海西早期运动的影响，使本区北部一间房组被剥蚀，剥蚀范围较大，与中－上奥陶统的剥蚀范围相近。

D. 良里塔格组

沉积格局仍为台地－台缘斜坡－浅海深水盆地。台地内以开阔台地为主，局部地区发育局限台地、台内砂屑滩、台内藻礁、台内藻丘，以及局部分布的塌积体。以生物较发育，特别是藻类发育为特征。

综上所述，中－下奥陶统及上奥陶统良里塔格组，研究区处于碳酸盐台地相区：中－下奥陶统为开阔台地，仅东南缘发育台缘斜坡，这一格局在整个下奥陶统基本保持不变；至上奥陶统恰尔巴克组，研究区处于广海陆棚；至良里塔格组，研究区又为开阔台地，该时期的开阔台地范围向东扩大。其中鹰山组上段、一间房组第一岩性段开阔台地内中等能量的台内砂屑滩非常发育，局部发育中等能量的台内生屑滩；一间房组第二岩性段开阔台地内以发育障积型海绵礁(丘)及能量较高的台内砂屑滩、生屑滩为特征；良里塔格组以开阔台地为主，台内砂屑滩、台内藻礁、台内藻丘较发育。

第三章　盆地演化

塔河油田位于沙雅隆起中段南翼的阿克库勒凸起上，西邻哈拉哈塘凹陷，南接顺托果勒隆起，东为草湖凹陷，面积约4800km^2。区域演化特征表明，阿克库勒凸起是在前震旦系结晶变质基底之上，经多期构造运动，变形、叠加而成的古凸起，其演化过程可分为五大阶段（图3－1）。

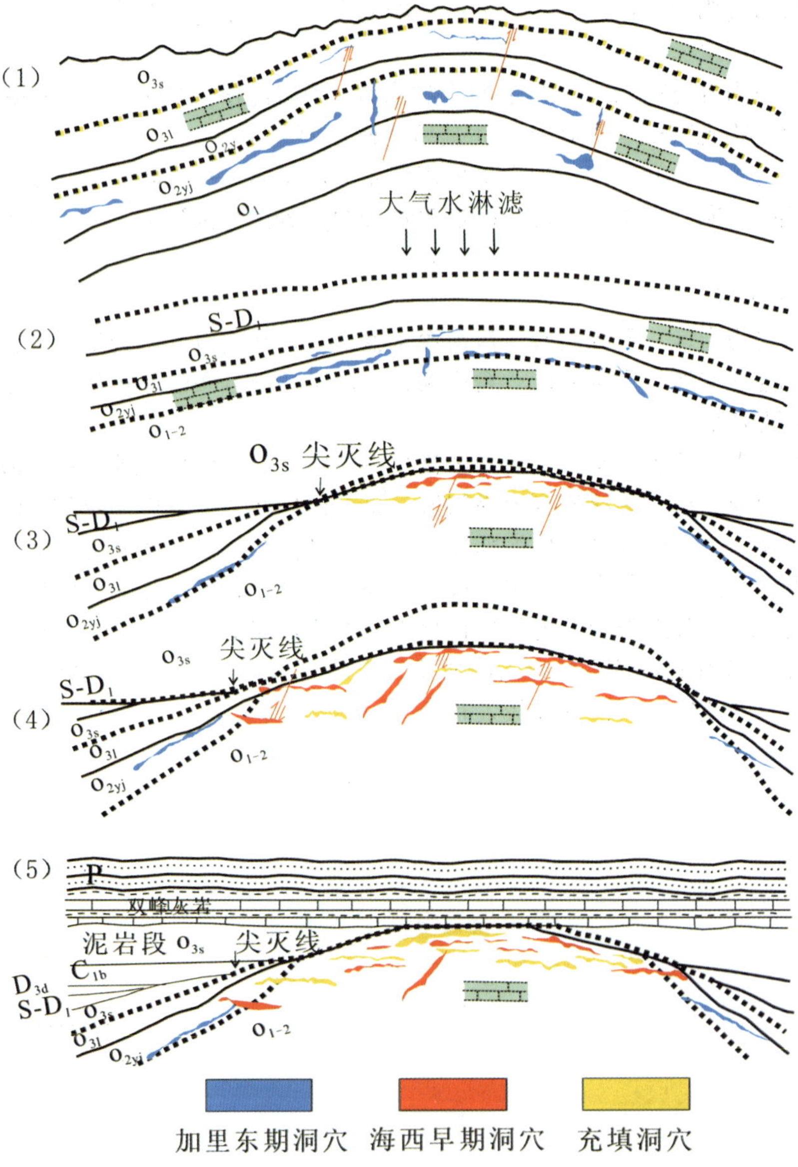

图3－1　阿克库勒凸起构造与岩溶演化图

一、震旦－奥陶纪裂陷－克拉通盆地演化阶段

早震旦世是在前震旦系之上，为大陆冰川相填平补齐沉积时期，在塔里木周边发育较全，沉积厚度较大。在中部沉积较薄，局部可能缺失。晚震旦世经过早期的沉积后，形成大面积平板式碳酸盐岩台地相沉积，其岩性以白云岩为主，本区厚度100～300m。寒武－奥陶系为台地相沉积。早寒武世，与全球海平面上升相对应为海侵体系域－高水位体系域大部凝缩段发育时期，在阿克苏地表面剖面白云岩、硅质岩及黑色页岩假整合在上震旦统之上。中晚寒武世，向台地发展，海水变浅，并由局限台地向上变为潮间带，而中寒武世气候干旱形成膏盐夹层。上寒武世气候潮湿形成大面积白云岩沉积体系。早中奥陶世，本区主要为高水位局限台相，向上变化为开阔台地相灰岩沉积体系。中奥陶世晚期，由拉张转向挤压使本区开始缓慢抬升，形成北高南低的地貌。因此，本区不但沉积厚度变薄而且末期一度遭受剥蚀风化作用。晚奥陶世，在中奥陶统顶面凸凹不平的界面上广泛堆积了上奥陶统浅海台地相向混积陆棚相转化，沉积了一套碳酸盐岩与碎屑岩交互的体系，晚奥陶世末期加里东中期运动致使地壳上隆抬升又一次暴露地表，遭受剥蚀作用而结束。

二、志留－泥盆纪挤压克拉通盆地演化阶段

在上奥陶统风化面之上开始沉积了滨浅海潮坪、潮汐三角洲、障壁沙坝绿色碎屑岩为主的沉积体系，到中泥盆世则以潮间－潮上泻湖相红色碎屑岩沉积体系。泥盆纪末地壳再次抬升，使本区遭受长时间大面积风化剥蚀，在本区剥蚀量达500～1250m，由南向北剥蚀量加大。

三、石炭－二叠纪克拉通内坳陷盆地演化阶段

石炭－二叠纪是塔里木古生代第二个开合旋回时期。早石炭世初期，海水自塔西南向东北迅速侵漫到草湖凹陷以东。石炭系在本区广泛沉积一套台地相为主的间夹局限台地相和泻湖相碳酸盐岩、碎屑岩夹膏盐岩等沉积体系。早二叠世由于区域性挤压作用海水逐渐向塔西南退缩，大体于和田河以东为陆相红色碎屑岩，以西为海陆交互相碎屑岩。二叠纪末期本区再次抬升，并遭到风化剥蚀，其剥蚀量为500～750m。

四、中新生代前陆盆地演化阶段

1. 三叠－侏罗纪前陆断陷盆地演化阶段

三叠纪本区形成了碟状浅坳，发育了河流冲积相、三角洲相及浅湖－半深湖相碎屑岩沉积中心和沉积中心基本一致。侏罗纪时沉积中心向东转移并发育了浅湖－湖沼及河沼相碎屑岩夹煤沉积体系。

2. 白垩－第四纪前陆坳陷盆地演化阶段

随着塔里木盆地总体沉降作用，本区形成以浅湖－河流冲积相为主的碎屑岩沉积体系。

第四章　构造体系特征

一、盆地构造体系概述

塔里木盆地的形成、演化与周邻山系有着密切的关系。即：盆地的形成受周邻构造体系的影响和控制。因此，在研究盆地不同构造体系类型和型式，以及它们的复合关系的时候，就要与周邻山区的构造体系联系起来当成一个整体作综合分析。

塔里木盆地及周邻地区主要发育多种类型的构造体系，即：纬向构造体系（包括天山纬向构造体系和昆仑山纬向构造体系），西域系，河西系，帕米尔歹字型，南天山弧和和田弧，以及埋伏于盆地覆盖区内的许多扭动构造型式，如巴楚旋卷构造、阿瓦提旋卷构造、雅克拉帚状构造、阿克库勒旋扭构造、卡塔克帚状构造、维马克帚状构造、玛扎塔格反S型（似）、塔南多字型构造、塔东南多字型构造等（图4－1），其型式多姿多态，完美地充实了塔里木盆地的构造内函。

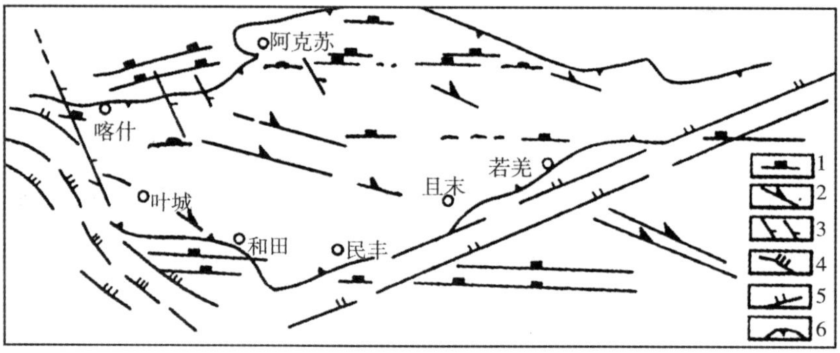

图4－1　塔里木盆地构造体系略图

1—纬向构造体系；2—西域构造体系；3—河西构造体系；
4—帕米尔反S型构造体系；5—阿尔金构造带；6—盆地边界

在上述若干构造体系类型和型式中，其中天山纬向构造体系和昆仑山纬向构造体系占据极其重要的地位，在控制盆地的形成和演化中起主导作用。其次是西域构造体系，根据各构造体系类型和型式所反映的区域动力作用方式的综合结果，我们初步判断塔里木地块自古生代以来一直经受着南北向地应力均匀挤压，显示东西向及北西向构造格局，是该区最基本的特征，至中新生代由于地壳表层物质结构复杂化（包括边界条件的改变），从而引导出许多低级别的扭动构造型式。

塔西南坳陷区主要是海西旋回的坳陷，它包括喀什－叶城坳陷、麦盖提斜坡和唐古巴斯坳陷，总面积达$13\times10^4km^2$（原型盆地面积要大得多），在叶城坳陷石炭、二叠系厚3600m，盆缘出露总厚达5000m，生油条件良好。中新生代，塔南坳陷区由于受帕米尔歹字型和青藏川滇歹字型的复合改造，古构造格局已面目全非。

(一)纬向构造体系

塔里木盆地中央隆起带的成生、发展以及塔里木地台总体呈东西走向的构造格局，揭示塔里木地块自古生代以来一直经受着南北向地应力的挤压。在研究塔里木盆地现今构造格局及其演化历史中，这一点必须引起重视。下面把属于纬向系的二级构造带作简要介绍。

1. 库车坳陷带

位于塔里木盆地北部，北为天山纬向构造带，南接沙雅隆起，面积约 $3\times10^4km^2$。它的前身是塔北台缘坳陷，于华力西末期之后才开始形成的中新生代坳陷。中新生代地层发育齐全，其总厚可达 1×10^4m。该坳陷内存在 3 条近东西向展布的背斜带(图 4－2)。

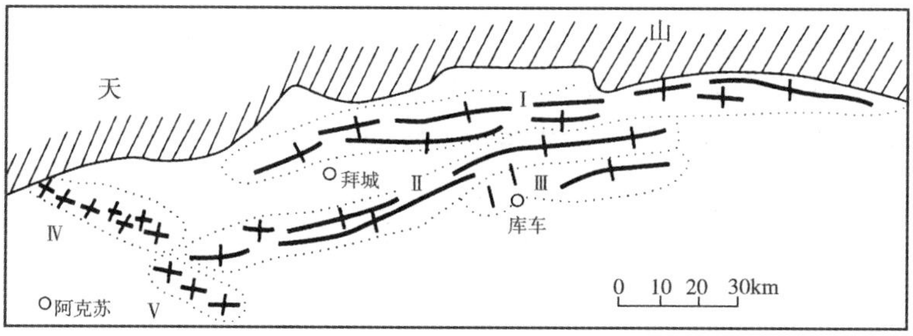

图 4－2 库车坳陷背斜带示意图

Ⅰ—巴什基奇克背斜带；Ⅱ—秋里塔克背斜带；Ⅲ—亚肯背斜带；Ⅳ—北斜切列雁行型背斜带；Ⅴ—南斜列雁行背斜带

2. 沙雅隆起带

北与库车坳陷相接，南到塔里木河附近，面积约 $3\times10^4km^2$。它始于加里东早期，华力西早中期具有雏型，华力西末期定型。这个东西向展布的古生代隆起除部分地区缺失中生界及古生界外，其余层系齐全。

3. 阿、满古坳陷带

位于沙雅隆起与中央隆起带之间，包括阿瓦提坳陷、顺托果勒低隆起、满加尔坳陷等。总面积约 $10\times10^4km^2$。该坳陷带自震旦纪以来的长期叠加的坳陷区，堆积了巨厚的下古生界，较厚的上古生界和中新生界是塔里木盆地重要生油坳陷区。中新生代以来其主体转化为北倾的大斜坡。

4. 叶城－于田坳陷

该坳陷北邻中央隆起区，南接铁克里克隆起，是加里东期以来长期沉降的地区。堆积了较厚的古生界、中新生界，成为塔里木盆地重要坳陷地区。中新生代以来，由于帕米尔歹字型的复合改造，坳陷南缘发育 2～3 排雁列式褶断带。

(二)西域系

这是展布于我国西部的两个重要的多字型构造体系，与东部华夏系、新华夏系多字型构造呈镜像对称之势。限于研究程度，目前仅表示西域系与河西系两组构造。前者，由走向北西至北西西的斜列式构造带或褶断带组成，成生于古生代，中新生代仍有控盆作用；后者，主要由 N10°～30°W 方向延伸的扭压性断裂组成的雁列构造带，它成生于晚中生代至新生代，与新华夏系相类似，属于活动性构造体系。在我国西北边陲如准噶尔盆地东北缘的富蕴－青河地区、塔里木盆地西端及喀喇昆仑山地区以及甘青交界地带较为发育。

上述构造型式的存在，反映我国西部地区地壳表层，自古生代以来在经受着南北向地应力均匀挤压的同时，中部地区地壳表层兼有向南滑移较西部快一些的趋势，因而使该区在具有南北向均匀挤压的同时兼具顺时针直扭应力场的特征。

塔里木地块及其周邻地区，可能发育三条一级隆起带和相伴的沉降带。隆起带自东北至西南分别为：库鲁克塔格隆起、巴楚－卡塔克隆起和公格尔隆起(西昆仑山中央隆起)，相伴的沉降带为：塔东北坳陷区和塔西南坳陷区。

(1)库鲁克塔格隆起：该隆起位于塔里木盆地东北缘，北以库尔勒断裂与南天山褶皱系分开，南以孔雀河断裂与孔雀河斜坡过渡。该区前震旦系结晶基底广泛出露，最老的地层为古元古界中深变质的基性、中酸性火山岩系，其上为中元古界所不整合。中元古界下部为变质碎屑岩、中基性火山岩，上部是硅镁质碳酸盐岩建造。新元古界青白口系为白云质灰岩。该区长城－青白口系是一套冒地槽沉积；震旦系为碎屑岩、冰积岩，局部夹中基性火山岩；寒武系为含磷硅质岩建造；奥陶系为碳酸盐岩建造；志留系为笔石岩建造；泥盆系在库鲁克塔东部为红色磨拉石建造；石炭系为碳酸盐岩及碎屑岩建造。上述长城、蓟县、青白口系之间为整合接触，震旦系不整合于下伏地层之上，古生界各系之间多为平行不整合接触。

早震旦世、早古生代火山岩以碱高、镁低的玄武岩－安山岩－流纹岩组合为特征，具大陆边缘或大陆地盾(克拉通)火山活动及火山组合特征。

区内构造变动和断裂活动较为强烈，前震旦纪基底褶皱以紧闭线形或倒转为特色，断裂往往以高角度的逆冲断裂形式展现，盖层褶皱一般为宽缓短轴状。构造运动以塔里木运动(前震旦纪)为重要变格期，显示前地台建造的早期固结；其次为早期海西运动(泥盆纪末期)，显示地台边缘褶皱回返，该区开始隆起，并与孔雀河斜坡连为一体，构成塔东北隆起带，即西域系的一级隆起带。

(2)巴楚－卡塔克隆起：该隆起位于盆地中央复合东西隆起带的中西部，是该带隆起的最高部位，也是最重要的地段。东西隆起带的基底性质、演化里程及现今构造特征，在前面已作了较深刻的阐述，这里就不再重复了。西域系在该隆起上主要以北西西向的压扭性断裂斜接复合于东西隆起带之上，如吐木休克断裂、古董山断裂、玛扎塔格断裂、海米罗斯断裂、塔中 1 号断裂、塔中 10 号断裂、塔中中央断垒带等，正是由于西域系断裂隆起带的复合作用，强强联合，使巴楚－卡塔克隆起更为突出。随后，在西域系的演化过程中，不断向北扩展，沿顺托果勒东西两侧的阿满 2 号断裂、阿沙 4 号断裂活动，形成顺托果勒低隆起，从而把阿、满坳陷带分割成满加尔坳陷和阿瓦提坳陷。正是由于西域系的联合复合作用，使满加尔坳陷得以加强。

(3)公格尔隆起：该隆起位于西昆仑山公格尔、慕士塔格一带。北以布伦口－卡拉克断裂与恰尔隆－库尔浪优地槽褶皱带为邻，南以康西瓦超岩石圈断裂为界与喀喇昆仑褶皱系分开，向西延出境外，向东被库牙克断裂截切。

该隆起大部分由五台期构造层、塔里木构造层组成，仅有少许下古生界盖层。古元古界(五台期构造层)为蓝晶石－红柱石型片岩、片麻岩(原岩为含火山岩的复理石建造)；中元古界(塔里木构造层)为变质砂岩、粉砂岩、绢云母石英片岩和少量碳酸盐岩。各岩系多形成中压低角闪岩相－角闪岩相变质岩，构成褶皱紧密的基底隆起。其固结时间为塔里木旋回末期。中奥陶统及志留系为冒地槽型变质碎屑岩夹碳酸盐岩，不整合于长城系之上；海西构造层仅见有上泥盆统，为一套陆相－海陆交互相沉积的红色碎屑岩建造。

隆起内岩浆活动以元古宙及海西期最强烈。元古宙第二期片麻状花岗岩类主要分布在隆起带的东部，被青白口系沉积覆盖。海西期侵入岩沿康西瓦断裂北侧发育，多呈岩基产出，以花岗闪长岩为主。在库地一带见蛇绿混杂岩沿康西瓦断裂分布。有中元古代和海西中期两期蛇绿岩。

该隆起在前寒武纪与塔里木地台是一个整体，蓟县纪末本区隆起，在青白口纪末塔里木运动使其与塔里木地块一起固结形成稳定的地台。加里东期沿隆起南北两侧沉降，在恰尔隆－库尔浪一带发育深水复理石建造，海西期进一步发展成为陆内槽地，致使公格尔隆起与塔里木地块分离，自此以后隆起大部分地区处于隆起状态，缺失石炭、二叠纪沉积，于二叠纪晚期海槽回返，再次与塔里木地块连为一体。中生代该区处于隆起状态，未接受沉积，喜马拉雅运动在隆升的同时，沿深断裂发育新生代基性火山岩喷发。

该隆起于中新生代被帕米尔歹字型构造所包容，现今已卷入歹字型构造的旋回带之中，没有做深入的区调研究，是无法区分出来的。我们是从区域大地构造格局来认识它的存在，塔西南坳陷区的发育，正是它与巴楚－卡塔克隆起共同控制的产物。

与上述一级隆起带相伴生的坳陷区，主要有满加尔坳陷、阿瓦提断坳区和塔西南坳陷区，这里重点介绍一下满加尔坳陷和塔西南坳陷。

(4)满加尔坳陷：该坳陷呈北西向展布，外貌似菱形，夹持于顺托果勒低隆起与孔雀河斜坡之间，北与沙雅隆起呈过渡，南面为古城墟低隆起，面积49900km^2，是一个兼具东西和北西双重构造属性的压扭性坳陷盆地。

满加尔坳陷基底埋深达16km，从主要层系地层厚度展布及埋深趋势看，该坳陷轴部总体走向近东西，但有一个分支(草湖凹陷)向北插入沙雅隆起。坳陷内震旦系厚度达900m，明显比相邻地区厚。震旦纪－石炭纪坳陷继承性发展，其中以寒武纪－奥陶纪(沉积厚5500m)和志留纪－泥盆纪(沉积厚3600m)沉降最深，石炭系仅厚1000m。二叠纪拗陷中心已迁移至阿瓦提和西南地区。三叠纪(沉积厚900m)坳陷再度出现，侏罗纪沉积中心往东迁移，厚800m，早白垩世沉积中心偏移到群克1井附近，沉积厚200m，晚白垩世－古近纪坳陷依然存在，沉积厚达900m。新近纪以来转化为北倾的大斜坡。古生代满加尔坳陷具长期继承性发育的深坳陷特征，乃是西域系与纬向系联合控盆作用的结果。

上述资料表明满加尔坳陷是塔里木地块自早古生代以来长期发育的继承性深坳陷，这就说明该地块自早古生代以来，大体呈东西走向出现于今天的位置上，北濒天山海槽、南邻昆仑海槽，各自经历漫长的里程，相伴为侣。活动论者认为塔里木板块在古生代时位于南半球或北半球低纬度地区，在漫长的历史中向北漂移，同时旋转360°，才搁置于今天的位置上，我们认为这种观点需要商榷。

(5)塔西南坳陷区：该坳陷区位于塔里木西南部、东北与中央隆起为邻，西南为铁克里克隆起和西昆仑山褶皱系，北为天山褶皱系和柯坪隆起，东南与唐古巴斯坳陷及东南断阶区相接，面积约12×10^4km^2，包括麦盖提斜坡、唐古巴斯坳陷、喀什坳陷、莎车低隆和叶城拗陷五个二级构造单元，沉积中心靠西南一侧，也是一个兼具东西向和北西向双重构造属性的压扭性坳陷盆地。下面重点介绍一下喀什坳陷、莎车低隆和叶城坳陷。

上述三个坳陷具有相似的演化历史。喀什、叶城坳陷基底埋深分别为12000m和16000m。震旦纪－泥盆纪沉积厚度不大(3600～4300m)，没有明显的坳陷形态。石炭纪－二叠纪(沉积厚3600m)形成坳陷中心，三叠纪基本处于隆起状态，侏罗纪形成山前坳陷，沉积厚达5000m。晚白垩世－古近纪山前地带遭受海侵，海相沉积不整合超覆于下伏地层之上。此时，莎车低隆起仍不明显。新近纪以来，随着昆仑山的快速升起形成喀什、叶城两个沉积中心，莎车低隆起才显示出来。上新统－第四系喀什、叶城坳陷沉积厚分别为10000m

和8000m。古生代塔西南坳陷的形成，也是西域系与纬向系联合控盆的结果。

(三)河西系(新西域系)

在我国西北地区，除了发育北西西向构造带以外，还常出现一些N10°～30°W走向，穿切能力极强、大倾角的扭压性断裂带，它们大致互相平行，有时可比较集中地形成相对隆起带和沉降带。河西系主要成生于白垩纪，是一个活动性构造体系，但由于分布比较零散，控盆作用不明显。但在它出现的局部地区，改造能力极强。

河西系在塔里木盆地的表现，主要有一些北北西走向的扭压性断裂，比较零散地分布在盆地西部和北部周边地区。比较集中的有两带：即库孜贡苏断裂构造带和巴楚断裂构造带。

(1)库孜贡苏断裂构造带：该带主要由库孜贡苏断裂带和米亚断裂带组成。有人认为库孜贡苏断裂带是一条倾向北东东的大倾角扭压性断裂带，并与米亚断裂形成对冲结构，在喀什坳陷西部，从北到南形成一条巨大的裂陷槽，改造了该区侏罗系沿山前分布(山前坳陷)的盆地形态，并使一部分侏罗系(西昆仑山东侧)变质。该裂陷槽成生时期可能是晚白垩世，槽内侏罗系保存良好，厚度巨大(大于4000m)，生油岩系封存良好，并且由于断裂运动的热效应，加快了烃类的早熟。

(2)巴楚断裂构造带：该断裂构造带主要由普昌－色力布亚断裂、三岔口断裂、巴楚断裂和阿恰断裂等组成，是一些呈北北西走向的大倾角扭压性断裂，反接复合于柯坪隆起与巴楚隆起衔接地带。

断裂构造带成生时期牵涉到柯坪隆起和巴楚隆起两构造单元何时拼接。根据岩相古地理的资料，库车坳陷古近纪时发育海湾、泻湖相沉积，海水由阿莱依海峡向东经柯坪隆起与巴楚隆起之间北东东向的槽地入侵。新近纪初此两隆起并拢，结束海侵，至喜马拉雅晚期柯坪隆起向巴楚隆起上(后者相对低缓)推覆达到爆烈的程度。此间，也是该区河西系成生、发展的过程。

北北西向扭压性断裂系可能自北而南发展，先在柯坪隆起上发育。该隆起由于西侧较东侧向南滑移较快，导致普昌断裂、三岔口断裂和阿恰断裂早期出现逆时针左旋扭动。随着喜马拉雅运动的蓬勃发展，河西系进一步向南扩展，并转化成顺时针右旋扭压性断裂。

还有一个也是牵涉到研究构造地质学的思路与方法问题。在分析柯坪隆起与巴楚隆起的相对运动时，板块理论家认为巴楚隆起向北俯冲是主动盘(实际上俯冲是没有去路的)。地质力学认为，上述两块体的相对运动，柯坪隆起向南的水平推覆是主导的，在该隆起上呈北东东向延伸的条状山褶断带便是最好的说明。同时，地质力学理论还告诉我们，与地球自转相关的水平应力分布，在地壳表层的高处比低处积蓄的能量要大，所以说柯坪隆起具有自北向南推覆的水平应力是有理论根据的。

(四)帕米尔歹字型构造体系

该构造体系与塔里木盆地西南坳陷区毗邻，它的头部在帕米尔高原及其外围地区，主体沿喀喇昆仑山、喜马拉雅山脉和冈底斯山脉一带分布，再北包括藏北地块的一部分，由若干巨型反S型褶皱带、旋回带表现出来，并有中酸性岩类和超基性岩类掺杂其中，成带出现。

它的头部，主要围绕帕米尔高原西、北、东三面，由呈一道一道半环状弧形展布的褶皱和断裂带组成，表现出极其明显的旋扭特征。它由北而南可分为西昆仑山前坳褶带、北帕米尔－西昆仑复背斜带、中央帕米尔复向斜带和南帕米尔复背斜带。组成褶皱、断裂均很发育，并有晚古生代和中生代晚期及新生代早期的花岗岩带掺杂其中。

这些褶皱带和岩带多为反S型排列的次级背向斜褶皱、断裂和岩带组成，它们显示东部向南，西部向北的强烈扭动作用。这一歹字型头部(外旋回带)与昆仑山纬向系及和田弧复合。它的外旋顺时针旋扭强烈，使纬向系显著挪动，也使和田弧西翼抬起，且褶皱紧密陡峻。和田弧之东翼宽缓而曲度较小，因而使和田弧东西两翼不对称。

它的中部和尾部，主要展布在新疆西南部，西藏西部及其以南地区。中部在喀喇昆仑山和克什米尔地区，挤压甚为剧烈，褶皱和断裂皆发育而十分紧密，并与河西系北北西向的扭压性断裂斜接－重接复合(包括头部东侧的一些段落)。再向南南东方向伸展，它们的褶断带皆由北北西－南南东向逐渐转变成北西西－南东东向，由一系列大致平行且向西南突出的弧形褶皱带所构成。到了西藏地区，其总体态势，自北而南一浪胜过一浪地推挤，至喜马拉雅山区，已达到澎湃之程度，形成举世闻名的世界屋脊。

塔里木盆地西南坳陷区是帕米尔歹字型构造体系的边缘坳褶带。古生代时该坳陷带是西域系与纬向系联合控制的坳陷带，中新生代才被改造成反S型的山前坳陷，其中新近纪－第四纪沉积厚达8000～10000m，占该坳陷区总沉积厚度的50%～59%。可见帕米尔山－西昆仑山快速升起是新生代晚期以来的事情。该歹字型不仅活动强度大，同时影响的范围也广，盆地中央巴楚隆起若干旋扭构造型式的出现是它影响的结果。它是一个活动性的构造体系，至今仍有活动表现。

南天山地槽褶皱带早古生代与中天山地槽褶皱带有相似的发展历史。从中泥盆纪开始，随着中天山海槽的褶皱隆起，活动中心推移到本带，并由优地槽转化为冒地槽沉积，晚古生代形成厚达万米的碳酸盐岩－碎屑岩建造。在海西旋回多幕次的作用下，从石炭纪末开始回返，而且在空间上大致由东向西迁移，到早二叠世全部结束地槽历史，是一个多旋回发展的海西期冒地槽褶皱带。

该褶皱带岩浆活动较弱，其规模远不及其他构造带，以海西晚期花岗岩及少量喜马拉雅期小侵入体为主。

中新生代以来逐渐发展成为塔里木盆地北缘的屏障山系。由于受塔里木地块形态的限制，南天山弧与天山纬向带南脉重接复合，两者不好区分，只是在不同时期控制塔里木地块的演化方式有较明显的区别。塔里木地台(北部)，古生代时构造格局呈东西向展布，主要受天山纬向系的控制。到中新生代，地台处于被改造状态(重叠复合)，塔北台缘坳陷转变为受南天山弧控制的弧形山前坳陷带；塔北台缘隆起被改造成沙雅斜坡；阿满古坳陷被改造成塔北大斜坡。该区(天山－塔里木地区)随着构造体制(槽台体制－盆山体制)的转变(海西晚幕是一场变革运动)，塔里木地台(北部)的形态、性质被彻底改造，这是南天山弧策变的结果。

(五)塔里木盆地低级别的扭动构造型式

塔里木作为天山纬向系、昆仑山纬向系、西域系及帕米尔歹字型、青藏川滇歹字型等巨型构造体系联合控制的一个中间地块，在其演化过程中，上述构造体系都刻画上了自己的烙印，并在地块的内部结构上都有充分的表现。例如，由于天山、昆仑山奈纬向系的控制，塔里木地台显示东西向的格局；由于西域系的交接复合，台地内又出现了北西向条块。到了中新生代，由于河西系的穿切，改变了一些构造单元的形态(如巴楚隆起)，但是最重要的还是由于帕米尔歹字型及青藏川滇歹字型(头部外围褶断带)的卷入，塔里木地块的原型才被改造得面目全非。另一方面，塔里木地块在漫长的演化历程中，由于受周邻巨型构造体系的联合控制，它们留下的踪迹，不仅增加了地块内部结构的复杂性，而且成为中新生代进一步形变的边界条件。尽管在总体区域应力场(南北方向均匀挤压)不变的条件下，由于上述诸多因素的影响，从而在盆地覆盖区内引导出众多的扭动构造型式。下面对几个较突出的构造型式作简要介绍。

1. 巴楚旋卷构造

展布于巴楚隆起的西北部，也是位于该隆起的最高部位，旋卷构造砥柱出露古生界地层并被基性火山岩侵位，砥柱被东边的5～6个由奥陶系灰岩组成的半背斜环绕，单个背斜呈向东突出的弧形，背斜的内侧有压扭性断裂伴生，并使背斜西翼被推覆掩盖，成为半背斜。在半环绕砥柱的弧形背斜带中，每个背斜的首尾有扭断裂连结，显示该弧形背斜带，从东北向西南展布的每个背斜依次向砥柱靠拢逆冲。依其构造型式判断，它是由顺时针旋扭应力场作用的产物(图4－3)。

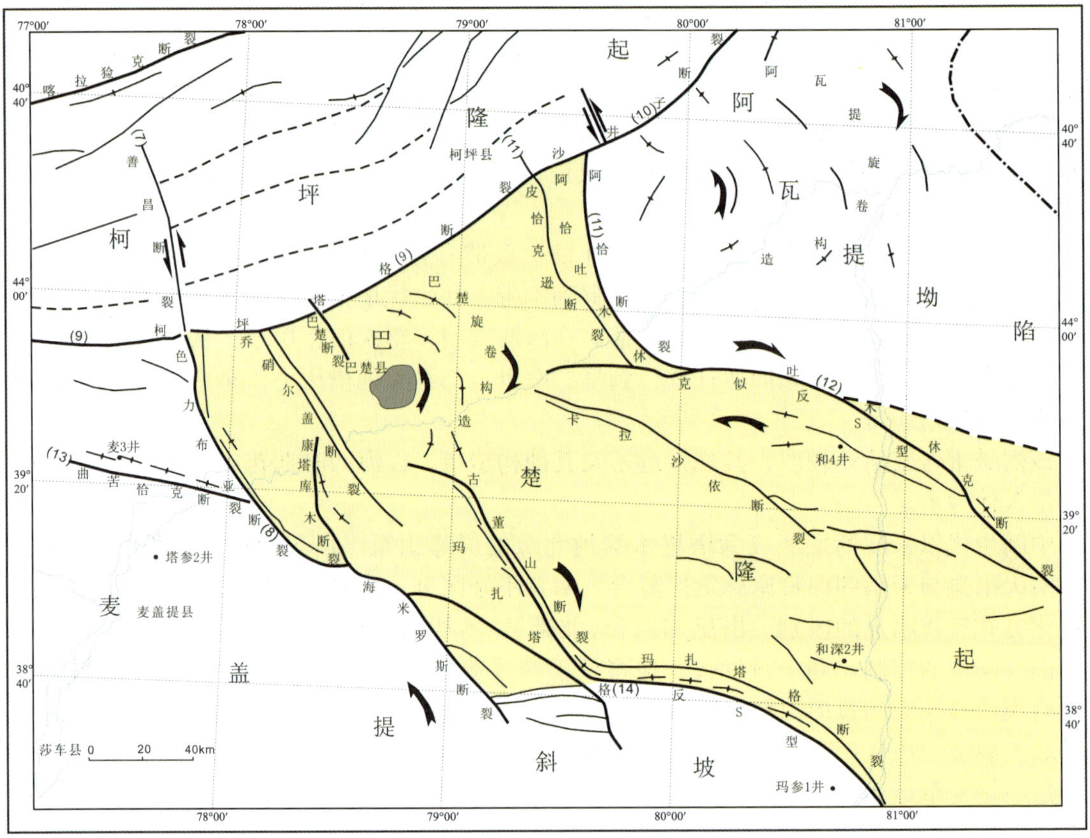

图4－3　塔里木盆地巴楚地区旋扭构造分布图

该旋卷构造可能是由海西晚期定型的北西向背斜带，受河西系(色力布亚断裂、阿恰断裂)直扭应力场及帕米尔歹字型旋扭应力场联合作用的结果，成生于晚中生代，定型于喜马拉雅晚期，是一个活动性的构造体系。

2. 阿恰－吐木休克似反S型

展布于巴楚隆起与阿瓦提断陷之间，主要由阿恰－吐木休克断裂联合组成。断面西南倾，由西北向东南方向作顺时针旋扭应力作用的结果，有海西晚期基性火山岩侵位。其成因是在北西西向先成的吐木休克古断裂(古生代晚期)的基础上，被属于河西系的阿恰断裂交接复合，最后被帕米尔歹字型应力场所改造，串连起来成为形象逼真的似反S型构造型式(图4－3)。

该构造型式成生于晚中生代，定型于喜马拉雅晚期，是一个活动性构造。

3. 古董山－玛扎塔格反S型(似)

展布于巴楚隆起南部与麦盖提斜坡交界部位，主要由古董山断裂－玛扎塔格断裂联合组成，断面倾向东北，由西北向东南方向作顺时针旋扭应力作用的产物，也有海西晚期基性火山岩侵位。其成因也是在北西西向先成的玛扎塔格古断裂(古生代晚期)的基础上，被河西系的古董山断裂交接复合，因在头部又被北西西向的断裂连结，最后被帕米尔歹字型的构造应力场所改造，串连起来形成反S型构造(图4－3)。

该构造型式成生时期及活动方式与阿恰－吐木休克似反S型相似。

4. 卡塔克帚状构造

展布于卡塔克隆起中部，由塔中1号断裂构造带、塔中10号断裂构造带，塔中中央断垒构造带、塘古4号－塔中1～8潜山构造带4个旋回带组成，是一个向东南收敛、向西北撒开的帚状构造，其中塔中1号是边界断裂，也是卡塔克隆起与古城墟低隆起的分界。塔中中央断垒带位于卡塔克隆起中央，也是帚状构造的脊梁，断垒带南北两条断裂是背冲式的压扭性断裂，其他三条断裂构造带也都是背冲式结构。根据断裂构造带的排列组合形式，可能是逆时针的旋扭构造型式。

该帚状构造的形成，是在卡塔克隆起北西向和东西向两组古断裂构造带(古生代晚期)的基础上，受青藏川滇歹字型(头部)的改造而成，成生于中生代，定型于喜马拉雅晚期。

5. 雅克拉帚状构造

该帚状构造是在塔北台缘隆起的基础上发育起来的。该隆起加里东期具有雏形(东西向)，海西晚期褶断定型，其中南北两侧的轮台断裂、亚南断裂成为该帚状构造的南北边界。南北边界断裂形成背冲结构，其间夹持着若干条低级序的断裂构造带，自东向西有：提尔根断裂构造带、雅克拉断裂构造带、牙哈断裂构造带、红旗断裂构造带、尤尔都斯断裂构造带、英买力断裂构造带、羊塔克断裂构造带等，西端被喀拉玉尔滚断裂(NW向)截切，平面上形成向东收敛、向西撒开的帚状构造型式。在西部沙西地区由于北西向构造带的介入，出现了北东东与北西向两组构造线相交接的散漫局面。

雅克拉帚状构造，东段凸起较高，部分地区古生界被剥蚀殆尽，向西依次发育震旦系、下古生界、上古生界，反映东高、西低，东段挤压强烈、西段疏缓的特点。由断裂力学性质及组合型式判断，区域扭动方式为由东向西的逆时针旋扭运动。这是在古生代晚期南北向均匀挤压的基础上，中新生代由于拜城弧与河西系联合作用改造的结果。雅克拉断隆带在中生代经历了一段缓和减压的时间之后，至新生代，在喜马拉雅运动快步启动的情况下，由于构造背景比较高而使轮台，亚南断裂转化为二次纵张，致使雅克拉断隆带发生构造反转，即古生代晚期褶断定型的挤压性断裂系，中生代仍具有挤压特征，至新生代转变成正断层，与此同时，雅克拉断隆带转化为地堑，并接受了新生界的巨厚沉积。构造反转的幅度亦表现为东段大、西段小的特点，到羊塔克地区，地堑特征已不复存在。

雅克拉帚状构造的形成，对塔北台缘隆起带早期聚集的油气藏(海西晚期成藏)，具有重要的改造作用，致使隆起带上的油气向上覆盖层(侏罗系、白垩系、第三系)扩散，雅克拉帚状构造聚集的油气当属次生油气藏。至于亚南断裂下盘汇聚的烃气不在此列，它有可能来源于库车坳陷近代的深盆气。

6. 阿克库勒旋扭构造

该旋扭构造位于沙雅隆起中段南斜坡，由三个旋回构造带组成：外旋为阿克库木构造带；中旋为阿克库勒－达里亚构造带；内旋为艾协克－桑塔木构造带。总体向西南收敛，向东北撒开，旋回面向西北突出，为一顺时针旋扭构造型式。

阿克库勒旋扭构造，是以加里东中期形成的一个特大型古隆起（古隆起面积约 5000km^2）为背景，海西期发育三排近东西向断裂构造带，至中新生代，由于南天山弧的影响，转变成旋扭构造。

（六）构造体系的基本特征

构造体系在它的成生发展过程中表现出某些特殊性，现在初步归纳如下 5 个特征，即阶段性、继承性、迁移性、差异性和转换性。

1. 阶段性

每一个构造体系的成型都不是一次运动完成的。由于区域构造运动的多旋回性，才导致构造体系成生、发展的阶段性，如属于纬向系的沙雅古隆起－库鲁克塔格隆起，在震旦纪－中奥陶世时为东西向沉降带。晚中奥陶世开始有隆起显示。志留－泥盆纪时这个东西向隆起带快速抬升并基本定型，直至石炭－二叠纪时仍处于隆起状态，部分地区遭到剥蚀，中新生代沙雅古隆起被迫沉降，大部分地区被覆盖。

又如西域系，中奥陶世末在巴楚和塔中开始有北西向隆起显示，晚奥陶世－泥盆纪再次抬升，使高部位的上奥陶统－泥盆系遭到剥蚀；石炭纪塔中凸起基本停止活动，并被石炭系覆盖；但巴楚却继续抬升。而且一直延续到喜马拉雅期。

2. 继承性

塔里木及其周边各构造体系的演化至少有 2 次继承性发展，而纬向系和西域系至少有 4 次继承发展的过程，如中奥陶世末、志留纪末、泥盆纪末、石炭、二叠纪末，上述构造体系在多旋回区域构造运动作用下，都有继承性活动的表现。

3. 构造迁移性

各构造体系的演化都不是均一的，而在不同发展时期构造活动具有迁移的特点，如西域系早古生代的沉降中心在塔东满加尔地区，但到晚古生代便迁移到西部的叶城地区。又如纬向系的库车坳陷，三叠－侏罗纪，是盆地主要的沉降中心，但到新生代也转移到喀什坳陷。

4. 构造活动的差异性

如属于纬向系的沙雅－轮台断裂，在其形成、演化过程中，经历多次活动，断裂各段各期次的活动强度、性质各有差异，使其对油气的控制作用显示出不同的特点：由于断裂东段抬升高、西段抬升低、造成上盘古生界－新元古界的分布，东老西新；中生界的分布则又相反，转变为西老东新，使中生界不同层位直接覆盖在古生界之上，形成了不同的聚油条件。

又如西域系的塔中 1 号断裂，在地质历史发展的过程中，北部与东部活动强度差异较大，断裂北部的断距小，只有 300～500m，而东部的断距达千米。

另外，各种扭动构造不同旋回面的断裂带，其活动强度也不相同，表现出明显的差异性。

5. 构造的转换性

构造体系发展史上的挤压和拉张，抬升与沉降的转换是构造体系演化的另一个特征，如东西向构造带的沙雅古隆起在早古生代早期为沉降带，从志留、泥盆纪开始转换为隆起带。它北缘的亚南断裂，喜马拉雅期之前为南倾的压扭性断裂带，但自喜马拉雅期开始就转换为南倾的张性断裂带等。

（七）构造体系的复合与联合

在漫长的地质年代里，地壳经历了多次构造变动。在同一地区常常先后有几个不同类型的构造体系发生。因此，在野外所看到的各种构造现象，在某种意义上，几乎都是历次构造运动引起的构造形变的综合结果。依据一定方式进行的一次构造运动，形成了一系列构造形迹或构造带，以及一定形态的岩块或地块，它们除按照一定的分布规律出现以外，还会受到已有构造带或地块的限制，发生迁就、利用或改造、破坏已有的构造形迹或构造带。以后产生的构造体系又有同样的情况发生。在前一次属于构造形迹相对微弱的地块或岩块的范围内，可能产生新的构造形迹或构造带；而前一次构造运动形成的某些构造带展布地区，却可能全部或部分地成为后来形成的构造体系中构造形迹微弱的地块或岩块的一部分。即使是同一构造运动产生的不同序次的构造形迹之间，也会发生类似的情况。上述这种复杂情况就是构造复合现象。

一般常见的构造体系复合现象，可以归纳为 4 类：①归并；②交接；③包容；④重叠。

这里也简单地介绍一下构造体系的联合现象。如果两种方式的地壳运动同时波及某一地区，这时实际上等于两组“外力”的合力在起作用，地应力场发生叠加，与任何一种“外力”单独作用下产生的地应力场都不相同，所产生的构造形迹，也就不完全符合某一种构造体系的分布规律，而是采取“折衷”的形式出现，这样产生的构造体系，称为联合构造。

本书根据塔里木地区涉及的构造复合问题作重点介绍，无关的就不赘述了。

1. 交接复合

两组构造带或压性的构造形迹互相交叉，而很少改变各自的面貌，称交接。它又有 4 种不同情况：①重接；②斜接；③反接；④截接。

1）斜接复合

两组构造带走向很相近，以致部分地段很难区分它们，但是沿走向追索时，就可以发现它们是逐渐分开了，这种情况称为斜接。

塔里木及其周邻地区，西域系与纬向系之间的复合关系就属于这种类型。在天山地区，呈东西向展布的天山纬向系被呈北西走向的博罗科努带斜接。博罗科努带属于强度极大的压扭性构造带，由于它们的复合，使该地段形成中天山地轴，挤压、压扭性构造现象极为突出。

在塔里木盆地东北边缘，北西西走向的库鲁克塔格及相邻的孔雀河斜坡，可能属于西域系的一级隆起带，但它很有可能与南天山东西带斜接复合，并构成塔东北坳陷区（满加尔拗陷）的隆起带；塔里木盆地中央巴楚 - 卡塔克隆起，又出现东西向隆起带与西域系的斜坡复合现象，从而使巴楚、卡塔克隆起得以加强。并使该区属于西域系的压扭性断裂表现突出，如吐木休克断裂、古董山断裂、玛扎塔格断裂、海米罗斯断裂、卡拉沙依断裂、塔中 1 号断裂、中央断垒带、塔中 10 号断裂等。随着西域系的进一步发展，出现在阿瓦提坳陷与满加尔坳陷之间北西向的顺托果勒低隆起及其旁侧的阿沙 4 号断裂、阿满 2 号断裂等，也当属于它的低级构造成分。正是由于西域系的出现，把阿、满坳陷带分隔成阿瓦提坳陷与满加尔坳陷。

按照西域系的展布规律，塔西南坳陷也当属具东西向与北西向双重构造属性的坳陷区（古生代），出现于西昆山的公格尔隆起（中央隆起）也可能是西域系的一级隆起带，由于帕米尔歹字型的卷入现已很难辨认。

塔里木地台由于西域系与纬向系的斜接复合，使显东西向格局的地台区叠加了北西向的条块，它们具有共同控盆的作用。这是认识塔里木盆地构造现象时，需要揭开的第一层面纱，以后便是中新生代的构造复合问题了。

2）反接复合

所谓反接复合，是指两组构造带走向有较大的交角，一般在45°以上，甚至互相垂直，这是比较明显的一种交接现象。如果较新的构造成分是断裂，便可以看到明显的切错较老构造成分的现象。

2. 重叠复合

这种复合现象，大都发生在大规模上升或沉降的地区。已经形成的一个完整的构造体系的一部分或全部，可以由于大面积隆起而部分或全部得到“加强”，也可以由于沉降而“减弱”。这种“加强”和“减弱”并不意味着原有构造的强弱，只是一种重叠作用所反映出来的表面现象。

二、阿克库勒旋扭构造体系

该旋扭构造位于塔里木盆地北部沙雅隆起纬向构造隆起带中段的阿克库勒凸起上（即塔河油田区），形成于海西期，由2个旋回构造带和旋涡组成，它对本区油气田分布起重要控制作用（图4－4）。

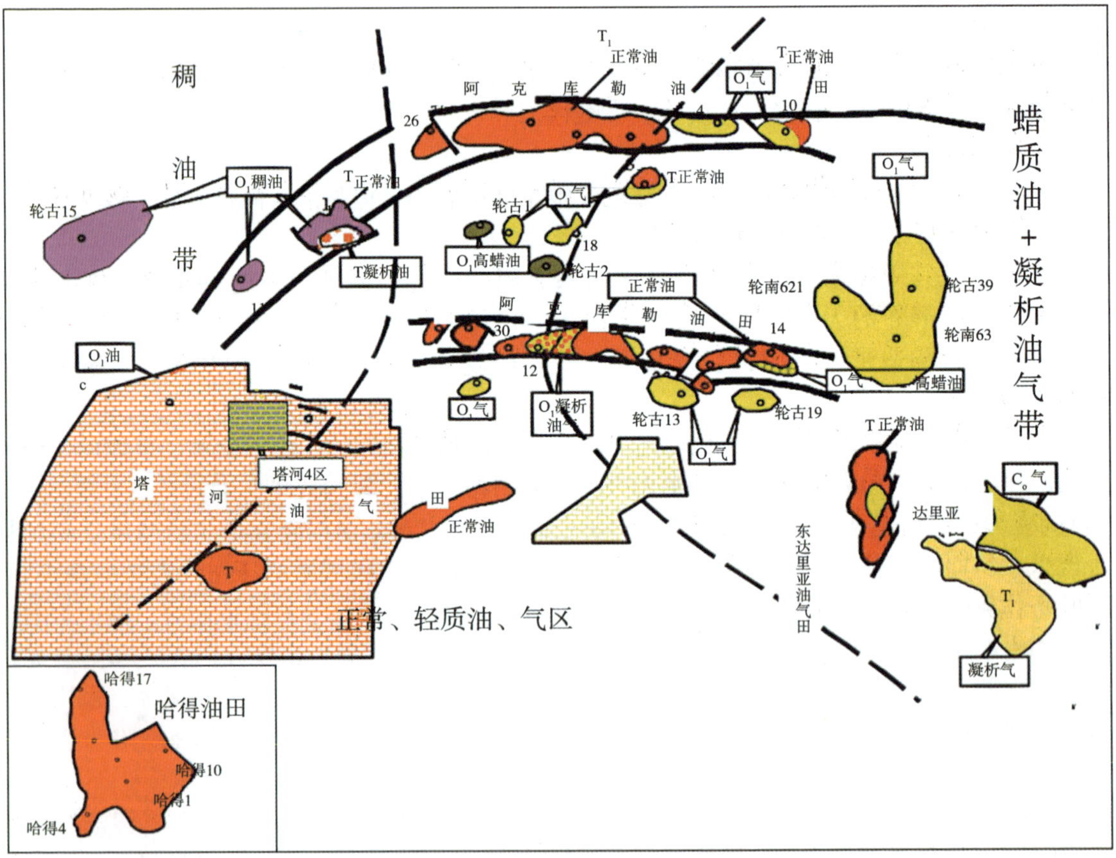

图4－4 塔里木盆地北部塔河油气田及周缘油气田分布示意图

阿克库勒旋扭构造的形成如下：

1. 震旦纪－中奥陶世

克拉通盆地沉积了一套浅海相碳酸盐岩，本区构造活动较弱。中奥陶世末期发生了南北挤压作用，使本区开始出现隆起显示并产生了阿克库木断裂带及桑塔木断裂带。

2. 晚奥陶世－志留纪

塔里木台地处于挤压环境中，在挠曲盆地发育时期，形成阿克库勒北东向背斜型凸起，同时阿克库木和桑塔木断裂再次抬升，并使本区遭到强烈剥蚀作用。

3. 泥盆纪

由于区域挤压应力持续作用，使本区再次抬升，断裂活动加剧，阿克库木和阿克库勒断裂产生两个背冲型断裂构造带。

4. 石炭－二叠纪

早中石炭世随着台地伸展沉降，本区开始接受沉积，形成一套浅海相碳酸盐岩。晚石炭世再次抬升，缺失上石炭统。早二叠世，本区也发生火山喷发活动，堆积一套火山碎屑岩地层，晚二叠世又再次抬升遭受强烈剥蚀。此间阿克库勒旋扭构造基本定型（图4－5）。

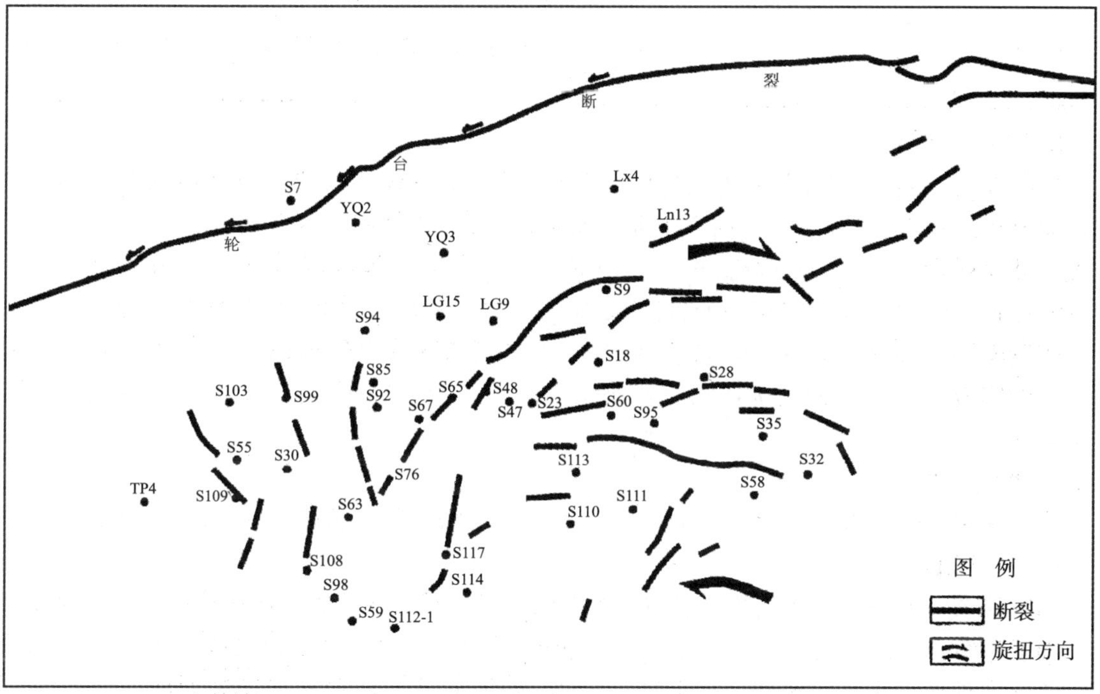

图4－5　阿克库勒凸起海西晚期断裂体系图

5. 印支－燕山期

本区构造活动很微弱，三叠系全面覆盖在各时代地层之上。阿克库木断裂带和桑塔木断裂带仍有活动，局部切穿三叠系。

6. 喜马拉雅期

本区伴随着盆地沉降接受了新生代沉积，整体转化为北倾斜坡状态。

三、奥陶系圈闭特征

本区在地史进程中经历了多次构造运动改造，形成了一批对油气聚集和保存有利的圈闭。其中，对阿克库勒凸起奥陶系圈闭形成起重要作用的是加里东中、晚期和海西期构造运动，发育了大批与这几期构造运动控制的不整合面具成因联系的多种类型圈闭。

本区奥陶系主要有三大类圈闭，即构造型圈闭、地层岩性圈闭和复合型圈闭，每种类型又分为几种小类型(表4－1)。

表4－1　阿克库勒凸起奥陶系圈闭类型表

类型	亚类	分布地区与实例
构造型	内幕背斜	牧场北、于奇地区
地层岩性型	岩溶缝洞型	“中平台”、塔河油区，如LG1、LG3、S67、T301、S70等井区
	生物礁(滩)	阿克库勒凸起南缘、西南缘，S76、S60、S69、LN48、LN46等井区
复合型	岩溶残丘－缝洞型	牧场北、艾协克、塔里木乡地区
	断块－岩溶潜丘－缝洞型	阿克库勒、阿克库木断垒构造带，艾协克构造带，塔河油田3区块奥陶系油气藏

1. 构造型圈闭

区内奥陶系碳酸盐岩构造型圈闭主要是指内幕背斜圈闭。主要分布在阿克库勒凸起中部，如牧场北构造带下部T_8^0(相当于寒武系顶面)构造图存在一背斜构造，其上部的中奥陶统内部反射仍具有相应的背斜形态。由于在阿克库勒凸起寒武系－中奥陶统为一稳定的沉积过程，所以只要寒武系顶面(T_8^0反射波)具背斜形态，相应的中奥陶统内幕也具有背斜构造圈闭。如牧场北3、4号岩溶残丘下部寒武系顶背斜构造圈闭，寒武系顶面为轴向北东的内幕背斜，长轴长6951m，短轴长3186m，圈闭面积16.71km^2，圈闭闭合幅度达40m。

2. 地层岩性型圈闭

本区奥陶系地层岩性圈闭可分为缝洞型圈闭、生物礁(滩)型圈闭和不整合面型圈闭。

1)溶蚀缝洞型圈闭

本区寒武－奥陶系碳酸盐岩，特别是中奥陶统的灰岩，其基块的孔渗性极差，有效储集空间为裂缝网络和溶蚀孔、洞，但非均质性极强，其周围的不发育裂缝和孔、洞的致密碳酸盐岩和泥岩对其形成良好的侧封和顶封。所以，圈闭范围主要受分布不均一岩溶缝洞型储层分布所控制。

溶蚀缝洞型圈闭不一定具有潜山形态，而与中奥陶统缝洞系统的发育程度有关，如两个断垒构造带之间的斜坡区、中奥陶统顶面构造低部就发育此种圈闭类型(如S61井)。按裂缝及溶蚀孔洞对储集空间贡献的大小，可进一步分为裂缝型、孔洞－裂缝型和裂缝－孔洞型。

该类型圈闭主要分布在阿克库勒凸起中南部，如阿克库勒构造带与阿克库木构造带之间的“平台区”，如塔里木石油勘探开发指挥部(塔指)的LG1井、LG3井等油气藏。塔河油田奥陶系油藏的下部产层也为缝洞型圈闭，如S60井、S70井、S67井、S75井等。

S67 井位于牧场北 3 号构造高部位，于 5459m 进入奥陶系，钻井过程中，奥陶系除上部显示较好以外，于下部潜流岩深带 5650 ~ 5676m 井入段心见裂缝、溶蚀孔洞发育，被泥质或方解石充填或半充填。完井后射孔酸压测试，射孔井段 5662 ~ 5674m，Φ8mm 油嘴日产油 124m^3、气 2300m^3，为一裂缝 - 孔洞型油气藏。

碳酸盐岩本身所形成的孔、洞、缝被后期充填之后也可形成局部的盖层条件，构成局部岩溶缝洞型圈闭，如 T301 井潜流岩溶带与其上部垂直渗流带之间存在被泥质、方解石充填的致密灰岩作为遮挡层，将上、下两个油层分开为两个不同性质的油藏。

2)生物礁(滩)型圈闭

本区寒武 - 奥陶系总的沉积格局为碳酸盐岩台地 - 斜坡 - 深水盆地，在本区南部碳酸盐岩台地与斜坡之间发育有台地边缘沉积，其上可能发育有生物礁(滩)灰岩)，具有原生粒间孔隙。同时，本区南部是混合水岩溶作用最活跃的地带，溶蚀孔、缝发育，在生物礁(滩)周围致密的碳酸盐岩可对其形成良好的封堵，形成生物礁(滩)型圈闭。S76、S69、S60 井均发现生物礁(滩)型圈闭。

S76 井中奥陶统顶面深 5501m，于其内部 5590 ~ 5598m 取心，见生物礁灰岩与生物滩鲕粒灰岩互层，见大量海绵等造礁生物，岩心缝洞中充填原油，取心钻进过程中槽面见 10% 油流。

S60 井中奥陶统岩性为微 - 细晶生物灰岩、亮晶生屑、砂屑灰岩，岩心实物观察和薄片鉴定都发现较多层孔虫、海绵、藻类等造藻生物，含量可达 40% ~ 50%。从该井取心可见由层孔虫、海绵等组成的小型礁(丘)体，与亮晶粒屑灰岩(粒屑以藻鲕及砂屑为主)构造的粒屑滩组成多个旋回。S69 井亦在中奥陶统 5521 ~ 5539. 25m 井段发现造礁海绵、角石等生物及生物扰动构造。此外，S60 井在中上奥陶统局部段也发现大量生物屑，薄片鉴定生物屑最高含量达 30%，以棘屑为主，少量介形虫，偶见腕足、海绵骨针、瓣鳃、苔藓等。从区域上看上奥陶统良里塔格组是生物礁(丘)发育的层位，如巴楚勒牙依里塔格露头剖面及 LN46 井等均有生物礁(丘)发现。

S60 井中奥陶统重结晶作用强，可形成晶间孔，有利于储集性能的改善，加之自身岩性，尤其是礁旋回段于发生溶蚀作用，可形成较大储集空间，在实钻和测试过程中漏失泥浆、清水、油田水共 1694m^3 发育 57 条水平缝，18 条未充填，发育溶蚀孔洞 47 个，未充填和充填方解石，储集空间发育。与上覆上奥陶统下部的泥岩段可形成良好储盖组合。

目前 S60 井、S76 井和 S69 井都已经获得油气突破。区域上 LN46 井在 6119 ~ 6129. 5m 井段取得 6. 1m 含油岩心，且缝、洞发育，地震解释 LN46 井区奥陶系具有丘形反射特征。S30 井中奥陶统岩心具藻黏结造礁苔藓虫，地震反射呈丘形，可能是生物礁的反映，且钻遇较好的油气显示。预示着处于台地边缘相的地区，奥陶系生物礁(丘)及粒屑滩发育，同时又处于上奥陶统尖灭线附近，勘探前景较好，是今后油气勘探的重要领域。

3. 复合型圈闭

复合型圈闭是本区中主圈闭类型，主要有以下 3 种：

1)岩溶残丘 - 缝洞型圈闭

是本区主要圈闭类型之一，中奥陶统灰岩受加里东中晚期、海西期构造运动的影响，强烈抬升，长期暴露受剥蚀，由于地貌、水文及岩石本身特征差异，造成差异性风化剥蚀，形成残丘，被上覆非渗透性盖层封盖形成圈闭。但由于岩溶作用形成的缝洞型储集体分布不均一，并不是残丘顶面全部含油，圈闭形态受岩溶残丘形态和缝洞储集体展布范围的复合控制。圈闭形态并不与岩溶残丘形态完全一致，油气高度远大于岩溶残丘闭合度。在阿克库勒凸起的艾协克、牧场北、桑东、塔里木乡等地区较为发育。牧场北构造带即是典型，如牧场北2号、3号等圈闭。

2)断块－岩溶残丘－缝洞型圈闭

受海西期构造运动的影响，本区产生强烈的断块活动，块状凸起顶部遭受强烈风化剥蚀，形成非均质性很强的溶蚀缝洞庭湖型储集体，断裂在横向上起到封堵作用，断裂、岩溶残丘形态和缝洞型储集体展布范围一起控制了圈闭的展布形态和范围。此类圈闭在本区较为发育，且对油气储集起到明显的控制作用，如阿克库木、阿克库勒断垒构造带及艾协克断块残丘构造带(图4－6)。

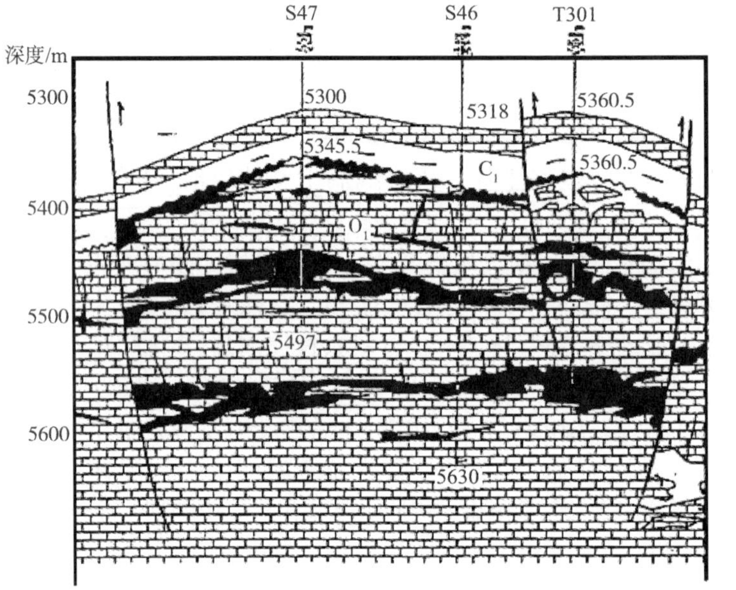

图4－6　塔河油田3区块油藏剖面示意图

塔河油田3区块奥陶系油气藏是典型的断块－岩溶残丘－缝洞型圈闭。塔河油田3区块奥陶系油气藏总体呈现东西向展，受南、北两条断层夹持形成狭长断块隆起，南、北两条断层控制了油藏南、北边界，西端的S64井东断裂控制了油藏西界，断块隆起之上发育了许多岩溶残丘，但并不是断块隆起之上整体含油，仍受缝洞储集体展布范围控制。

受多期构造运动及岩溶作用的影响，阿克库勒凸起奥陶系碳酸盐岩中发育多期裂缝及溶蚀孔洞，它们构成了奥陶系灰岩的主要储集空间，但是裂缝和溶蚀孔洞的分布极不均一，从而造成了储层在纵横向上具有极强的非均质性。主要表现在洞缝发育的多少和大小、充填情况、洞缝空间组合类型的不同，从而造成储渗能力的千差万别。

本区奥陶系灰岩储集层主要有3种储集类型：①裂缝－孔洞型，储渗空间以孔为主，裂缝次之，是最好的储集类型，如S48井等；②孔洞－裂缝型，孔洞及裂缝对储集均有贡献，如S47井等；③裂缝型，裂缝是主要通道和储集空间，孔洞相对不发育，如S46井、S14井等。

缝洞型储集体的分布规律主要是：

(1)从纵向上看，有两个主要缝洞发育带：一是风化面附近的地表岩溶－渗流岩溶带上部，二是潜流岩溶带。主要缝洞发育带大多位于风化面以下200m范围，受岩溶发育深度的明显控制。上奥陶统与中奥陶统分界面附近也是一个岩溶发育的有利带，并获高产油气流。

(2)海西早期形成的北东向构造线与海西晚期形成的近东西向构造线的交会处是缝洞型储集体发育的有利场所。海西早期形成的裂缝为岩溶发育提供了良好的通道，海西晚期所形成的裂缝改善了早期缝洞的连通性，形成储集空间在一定内的连通。

(3)在古北斜构造的轴部，由于受强烈挤压应力作用，在形成背斜的同时，平行背斜走向生产一系列断裂和张性节理，为岩溶发育提供了地下水必要的导流条件，特别是在两组断裂的交会处，缝洞更发育。岩溶缝洞的分布一般由古构造的轴部分别向两翼变差，古构造的轴部以溶洞为主的缝洞储集体，向两翼逐渐变为以缝为主的洞缝储集体和仅以少量裂缝为主的孔缝储集体，储集性能相应由好变差。

(4)古地貌影响岩溶的发育程度：阿克库勒凸起在海西早期为向西南倾没的鼻状背斜，该套地区为南东、北西方下倾的两翼斜坡。在同一岩溶斜坡内，岩溶强弱程度受次一级古地貌控制。地貌高部位，即被埋藏后的岩溶残丘，往往风化剥蚀作用强烈，容易形成缝洞发育的岩溶地貌。因此，斜坡上的残丘一般比低洼处的储集性能好。

(5)受原始沉积岩性的影响：不同岩性其抗溶蚀能力不同，在一般情况下，古水动力强度较大环境下沉积的粒屑灰岩，形成晶间溶孔，而大大改善了储渗性能。比静水环境下沉积的泥(微)晶灰岩容易溶蚀。

(6)局部地区可形成礁滩相灰岩储集体，经构造和岩溶改造后储集性能更好。

第五章　含油气体系特征

一、烃源岩特征及资源评价

塔河地区主要存在3套烃源岩，即寒武－奥陶系、石炭系、侏罗－三叠系。塔河油区油气主要来自寒武－奥陶系烃源岩(表5－1、表5－2)。因此，主要对寒武－奥陶系烃源岩进行评价(陈正辅、顾忆，2003)。

表5－1　沙雅隆起地区古生界烃源岩有机质丰度评价标准表

层位	岩　性	指　标	烃源岩级别			
			非	差	较好	好
古生界	泥质岩	有机碳/%	<0.4	0.4～0.8	0.8～1.2	>1.2
		沥青“A”/10^{-6}	<100	100～300	300～500	>500
		烃含量/10^{-6}	<50	50～100	100～300	>300
	碳酸盐岩	有机碳/%	<0.1	0.1～0.15	0.15～0.2	>0.2
		沥青“A”/10^{-6}	<50	50～100	100～300	>300
		烃含量/10^{-6}	<20	20～50	50～100	>100

表5－2　沙雅隆起古生界烃源岩成熟度划分标准表

成熟阶段	油气产物	R_0/%		H/C原子比	T_{max}/℃
		Ⅰ型干酪根	Ⅱ型、Ⅲ型干酪根		
未成熟	生化甲烷				
		0.4	0.4	>0.8	<430
	未－低成熟重质油或凝析油				
		0.6	0.5	0.8	430
成熟	正常原油				
		1.3	1.3	0.65	465
高成熟	凝析油和湿气				
		2.0	2.0	0.45	537
过成熟	干气				
		4.0	4.0		

(一)寒武系－奥陶系烃源岩

1. 沉积简况

塔河地区寒武系－中奥陶统为克拉通盆地及大陆边缘沉积，主要发育碳酸盐岩台地－盆地相沉积体系。随着周边盆地进一步沉降，以及海平面上升导致台地下沉淹没，在大范围内构成了有利于低等生物菌藻类繁殖及有机质沉积、保存的环境，形成塔里木盆地地史上最重要的一套烃源岩，以分布广、厚度大、丰度高、母质好为特征。

寒武纪时，以碳酸盐岩沉积为主，西部广大地区为碳酸盐岩台地相，东部处于深水环境，为欠偿盆地相沉积。其间大致沿 S32 井 - TKI 井 - 满参 1 井一线，发育近南北向展布的台地边缘相沉积。总体上寒武系沉积西厚东薄、南厚北薄。西部台地相沉积一般厚 1200～1800m，主要为一套白云岩、泥质白云岩。东部盆地相沉积厚度一般小于 1000m，岩性主要为深灰色泥晶灰岩、粉晶灰岩、泥质灰岩夹黑色泥岩及硅质岩。台地边缘相带目前尚无钻井揭示，据地震资料，以弱振幅杂乱反射为特征，反映台地边缘的特点。

中下奥陶统沉积相展布与寒武系相似，亦具西厚东薄、南厚北薄的特点。西部台地相带沉积厚度多在 1000～1500m，主要为泥 - 微晶灰岩夹砂屑灰岩，下部以白云岩为主。东部盆地相带厚度 500～1000m，以深灰色泥晶灰岩与灰黑色泥岩互层为主，台地边缘相带现有钻井揭示的岩性主要为砂屑灰岩及生物碎屑灰岩（图 5 - 1）。

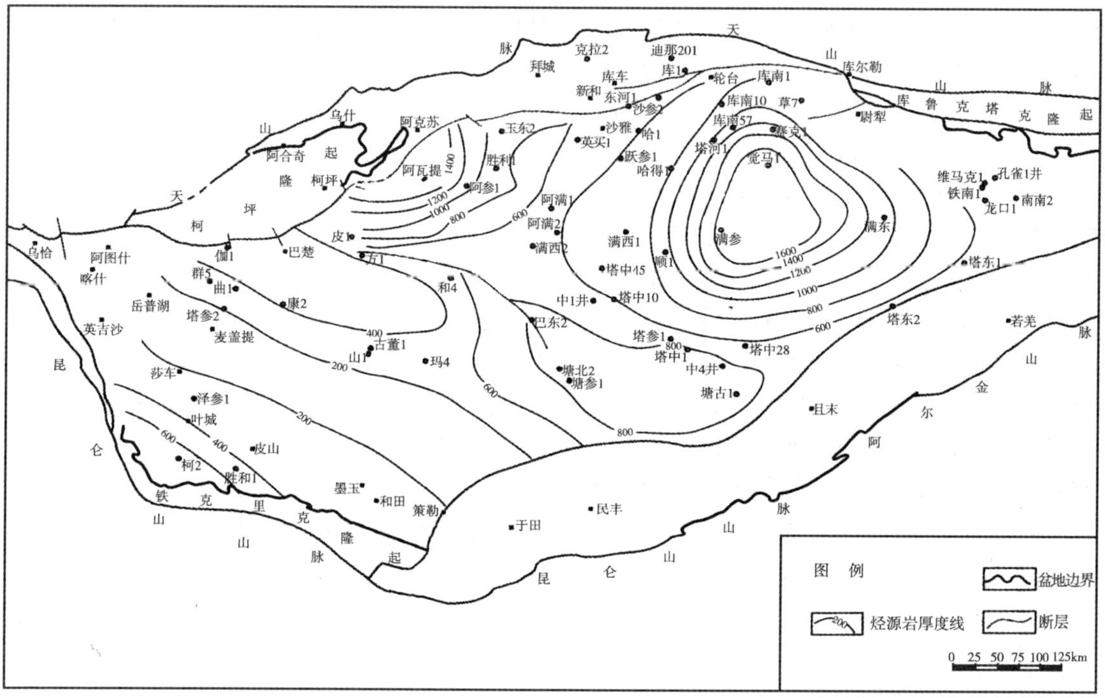

图 5 - 1　塔里木盆地寒武 - 奥陶系烃源岩厚度图

寒武系 - 中奥陶统层序地层中密集段发育，普遍发育寒武纪早期相当于柯坪地区玉尔吐斯组的密集段。多个层序由西向东下超其上，构成复合密集段，这是台地被淹没后，最大海侵时期所形成的。以柯坪地区阿克苏肖尔布拉克剖面为例，玉尔吐斯组总厚 32.7m，下部 4m 为富含壳类的灰色薄层中细晶云岩夹黑色硅质岩、硅质条带，横向不稳定；向上为厚 22.3m 的黑色页岩，富含有机质，有机碳含量高达 7%～14.1%；顶部 3.1m 为深灰色薄层细晶云岩与灰岩，为良好烃源岩的发育层段。下奥陶统顶部 - 中奥陶统底部是台地区寒武系 - 中奥陶统发育的另一个密集段，以柯坪大湾沟剖面萨尔干组（$O_{1-2}s$）为例，岩性主要为黑色含灰质页岩和灰质泥页岩夹少量微晶灰岩薄层，厚 14.33m，有机碳含量平均为 1.87%，为良好的烃源岩。盆地相中密集段更发育，岩性主要为深灰 - 黑色泥页岩、硅质泥岩、硅质岩、微晶灰岩、泥质灰岩和磷块岩。理论上，密集段有机质含量高、类型好，尤其是盆地内部发育的大型复合密集段，是沉积盆地中最好的、最重要的潜在烃源岩。从钻井及地表剖面有机地球化学指标可见，这些密集段多为好的烃源岩。

上奥陶统烃源岩：中奥陶世末期，总的古构造背景由拉张伸展向汇聚挤压转化，沉积盆地性质变化导致充填物发生了巨大变化，晚奥陶世塔北形成以大量陆源碎屑注入与碳酸盐岩混积为特征的沉积。自西向东可分为阿克苏陆棚－盆地边缘相区、塔北混积陆棚相区和塔东斜坡－浊积盆地相区。西部阿克苏陆棚－盆地边缘相区，岩性主要为深灰及灰褐色灰质泥岩和灰质泥灰岩互层夹灰岩，该相区是在寒武纪－中奥陶世碳酸盐岩台地基础上，随着晚奥陶世全球海平面上升，碳酸盐岩台地被淹没而成为缓坡陆棚、陆棚边缘盆地；柯坪地区发育了萨尔干组上部盆地相泥页岩、薄层灰岩，坎岭组至其浪组陆棚相碳酸盐岩、泥灰岩及因干组盆地相泥页沉积序列；英买力地区则由下往上发育了吐木休克组陆棚相碳酸盐岩、达西库木组盆地相灰黑色钙质泥岩、泥灰岩和英买力组陆棚相瘤状泥质灰岩、碳酸盐岩为主的沉积序列，总体上反映了陆棚－盆地边缘水深较大，外源物相对较少的沉积特征。中部塔北混积陆棚相区，其特征是陆源碎屑与碳酸盐岩互层，混积岩类发育。由下往上陆屑沉积物呈逐渐增加的趋势。下部恰尔巴克组岩性主要为灰红、紫红、浅灰色泥灰岩、生物碎屑灰岩夹棕红色泥岩。中部良里塔格组（O_3l）主要岩性为灰、深灰、褐灰色泥、微晶灰岩，黏结灰岩、颗粒灰岩、灰绿色泥岩、粉砂质泥岩，局部发育小型生物碎屑或灰泥丘。上部桑塔木组主要岩性为灰绿、暗棕色粉砂质泥岩、灰色泥晶灰岩，局部夹颗粒灰岩及粉砂岩。总体上反映了外源陆源碎屑大量注入的混积陆棚的沉积特征。中部和西部沉积厚度较小，从北向南厚100～800m。东部为塔东斜坡－浊积盆地相区，可划分为塔东斜坡相和满加尔浊积盆地相。塔东斜坡相沿轮台－草湖－线呈弧形分布，尚无钻井揭示，地震剖面显示为中弱振幅较连续前积相和中振幅较连续上超充填相，可能为斜坡重力流和半深海泥质沉积物互层所致。满加尔浊积盆地相分布于斜坡相东侧，沉积厚度巨大，最厚可达5000m以上。据位于该相区的塔东1井、群克1井揭示，该套地层为巨厚浊积岩，主要岩性为深灰、灰绿色泥岩、钙质粉砂岩、中细砂岩的频繁互层夹含砾粗砂岩薄层条带。

由有机质或沥青反射率折算为等效镜质体反射率的公式，采用刘德汉（1994）提出的沥青反射率与等效反射率的关系式：

$$R_0 = 0.688R_L + 0.346$$

式中　R_0——等效反射率；

R_L——沥青反射率。

2. 烃源岩地球化学特征

1）有机质丰度

区内钻井未揭露寒武系，钻遇的中奥陶统均为古风化壳附近古岩溶储集体，未见良好烃源岩。满加尔坳陷中的塔东1井、库南1井等少量钻井揭示了寒武－奥陶系烃源岩。上奥陶统仅在S60、S68、S69、S76、S22、S32、LN46、S76等井钻遇。

寒武系烃源岩主要发育于斜坡、盆地及台地相区。柯坪地区其泥质烃源岩主要分布于下寒武统玉尔吐斯组，有机碳达标率75%，平均有机碳1.84%。库鲁克塔格地区主要为碳酸盐岩烃源岩，分布于上统突尔沙克塔格群和中统莫合尔山群，岩性为灰－暗色灰岩、白云岩，有机碳分布于0.06%～3.56%，平均0.72%。据库南1井和塔东1井揭示的寒武系斜坡－盆地相烃源岩，岩性为深灰、黑色灰岩、泥质灰岩和灰黑色泥岩，无论是碳酸盐岩还是泥质岩烃源岩，所有样品有机碳均达标（表5－3）是塔北有机质丰度最高的烃源岩。据阿克库勒及其南部地区烃源岩有机质丰度资料，台地相烃源岩主要为灰、浅灰色灰岩和白云岩，有机碳分布于0.10%～0.47%，平均0.18%，有机碳达标率59%，较斜坡－盆地相烃源岩差。

表5－3 阿克库勒凸起及其南部地区寒武－奥陶系烃源岩有机质丰度表

层位	岩性	沉积相	有机碳/%	沥青“A”/10^{-6}	烃含量/%	有机碳达标率/%
寒武系	碳酸盐岩	台地	0.10～0.47 0.18(55)	51～217 110(4)	24～163 57(7)	59
		斜坡	0.20～1.65 0.72(10)	64～1152 271(7)	22～55 31(4)	100
		盆地	0.13～3.17 1.4(9)			100
	泥质岩	斜坡	0.87～5.25 1.98(7)	153～162 158(2)		100
		盆地	0.72～5.52 3.24(5)	400～1300 860(5)		100
中下奥陶统	碳酸盐岩	台地	0.1～0.7 0.20(290)	54～1673 277(40)	22～881 21(27)	61.8
		斜坡	0.11～1.01 0.40(9)	53～146 76(14)	25～121 (54)	75
	泥质岩	斜坡	0.41～0.78 0.60(2)			66.7
		盆地	0.86～2.17 0.90(4)			36.4
上奥陶统	碳酸盐岩	陆棚灰泥丘	0.20～0.96 0.53(32)			90.6
	泥质岩	陆棚	0.47(1)			4.8
		盆地	0.43～1.34 0.61(6)			3.9

中、下奥陶统烃源岩与寒武系相似，亦以斜坡－盆地相烃源岩最为发育，有机质丰度较寒武系差，有机碳达标率：台地相碳酸盐岩为62%，斜坡相碳酸盐岩为75%，盆地相泥岩为36%，斜坡相泥岩为67%。据邻区资料，位于台缘斜坡和盆地边缘相的库南1井有机碳分布范围0.06%～0.5%，平均0.3%，盆地相的塔东1井泥质岩有机碳分布于0.86%～2.67%，平均1.93%。

上奥陶统烃源岩主要赋存于台地相区的丘间洼地及生物灰泥丘中，岩性主要为泥质泥晶灰岩及灰质泥岩，主要分布于良里塔格组下部灰岩层中。据塔中北坡资料显示，其有机碳分布于0.02%～5.44%，大于0.5%的优质烃源岩厚度80～130m，最厚达300m(TZ43井)。阿克库勒地区良里塔格组见于LN46（6099.5～6194m）、LN48、LN14等井，有机碳分布范围0.2%～0.96%，平均0.53%。

2)有机质类型

早古生代由于无陆生高等植物，寒武－奥陶系烃源岩中有机质主要来源于藻类。如柯坪剖面下奥陶统烃源岩生烃母质主要为浮游藻，巴楚和塔中地区中寒武统主要为与蒸发泻湖有关的盐藻及球状甲藻。满参1井以东满加尔坳陷寒武系－中奥陶统泥灰岩和灰质硅质泥岩中主要为奥氏藻、团藻等浮游藻类等。因此其有机质类型主要以Ⅰ型为主。

从阿克库勒凸起及其邻区寒武－奥陶系烃源岩干酪根元素分析看(表5－4)，H/C原子比分布于0.34～0.99；O/C原子比由于寒武－奥陶系烃源岩主要为灰岩，干酪根灰分含量高，其氧含量测定值往往偏大，导致 O/C 原子比偏大，在 H/C－O/C 原子比范氏图(图5－2)上偏向Ⅱ、Ⅲ型干酪根。另一方面则由于本区钻井未揭示中、下奥陶统主要烃源岩层段，所采集的样品有机质丰度相对较低，而且阿克库勒凸起及南部地区寒武－奥陶系烃源岩成熟度 R_0 一般均大于 1.0%，导致样品 H/C 原子比低，如 S32 井 5909.01 ~5909.81m 中－上奥陶统源岩 H/C 原子比仅 0.34，所有测试样品 H/C 原子比均小于 1.0。

表 5－4　阿克库勒凸起及其邻区寒武－奥陶系烃源岩干酪根元素分析表

井号	深度/m	层位	岩性	C/%	H/%	O/%	H/C 原子比	O/C 原子比
S10	5795.48 ~5800	O_3	灰色灰岩	70.62	4.26	7.23	0.72	0.08
				55.89	2.77	8.36	0.60	0.11
S32	5909.01 ~5955	O_3	灰色灰岩	43.10	1.22	4.54	0.34	0.08
	5951.24 ~5955	O_3	灰色灰岩	40.000	2.32	4.72	0.70	0.09
TZ6	3970.14	O_3	黑色灰岩	65.77	3.92	4.86	0.72	0.06
S64	5473.33 ~5475.84	O_2	黄灰色灰岩	70.25	5.47	6.97	0.93	0.07
S67	5465.85 ~5466.65	O_2	黄灰色灰岩	52.67	3.82	6.71	0.87	0.10
T302	5380.29 ~5382.68	O_2	黄灰色灰岩	39.60	3.25	7.94	0.99	0.15
TK407	5391.37 ~5394.26	O_2	黄灰色灰岩	58.60	3.59	8.9	0.74	0.11
S9	5080 ~5090	O_2	黄灰色灰岩	66.97	4.48	10.25	0.80	0.12
	5507.78 ~5507.80	O_2	灰色灰岩	43.83	3.20	5.59	0.88	0.12
	5394 ~5400	O_2	灰岩	57.94	3.53	17.28	0.73	0.22
	5616.60	O_2	灰色灰岩	44.30	3.43	5.55	0.93	0.09
	5361 ~5634	O_2	灰岩	33.37	2.41	3.42	0.87	0.08
S14	5321 ~5330	O_2	灰岩	55.91	3.36	20.15	0.72	0.27
	5390.85 ~5419.66	O_2	灰岩	51.00	3.20	4.62	0.75	0.07
	5415.0 ~5419.66	O_2	灰砾角砾岩	13.49	0.79	3.42	0.70	0.19

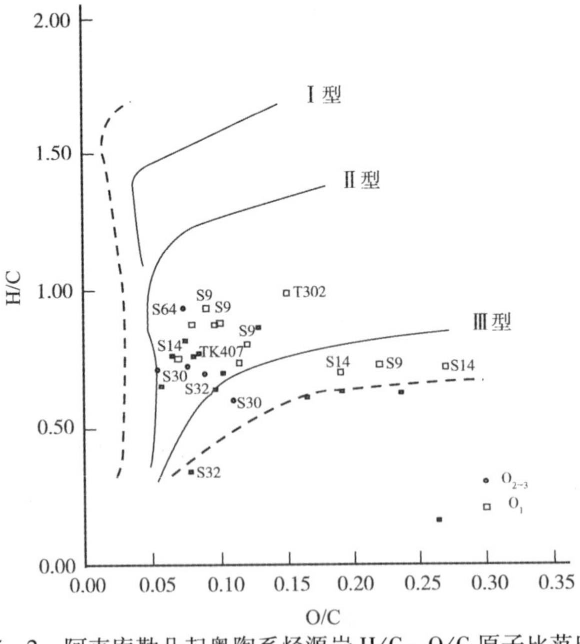

图 5－2　阿克库勒凸起奥陶系烃源岩 H/C－O/C 原子比范氏图

3）有机质成熟度

据阿克库勒凸起及邻区钻井寒武－奥陶系烃源岩反射率测定，阿克库勒地区中、下奥陶统烃源岩的等效镜质体双向率分布于0.71%～1.84%，主要分布于1.3%左右，属成熟－高成熟阶段。古城墟隆起塔东1井揭示的寒武－奥陶系等效镜质体反射率都大于2.0%，达过成熟阶段；库尔勒鼻凸的库南1井奥陶系等效镜质体反射率1.70%～2.04%，为高成熟阶段；卡塔克隆起的TZ1井寒武－下奥陶统等效镜质体反射率1.05%～1.40%，属成熟－高成熟阶段(图5－3)。因此，阿克库勒地区及邻区广大覆盖区的寒武－奥陶系烃源岩在隆起及斜坡部位处于成熟－高成熟阶段，在坳陷部位处于过成熟阶段(表5－5)。

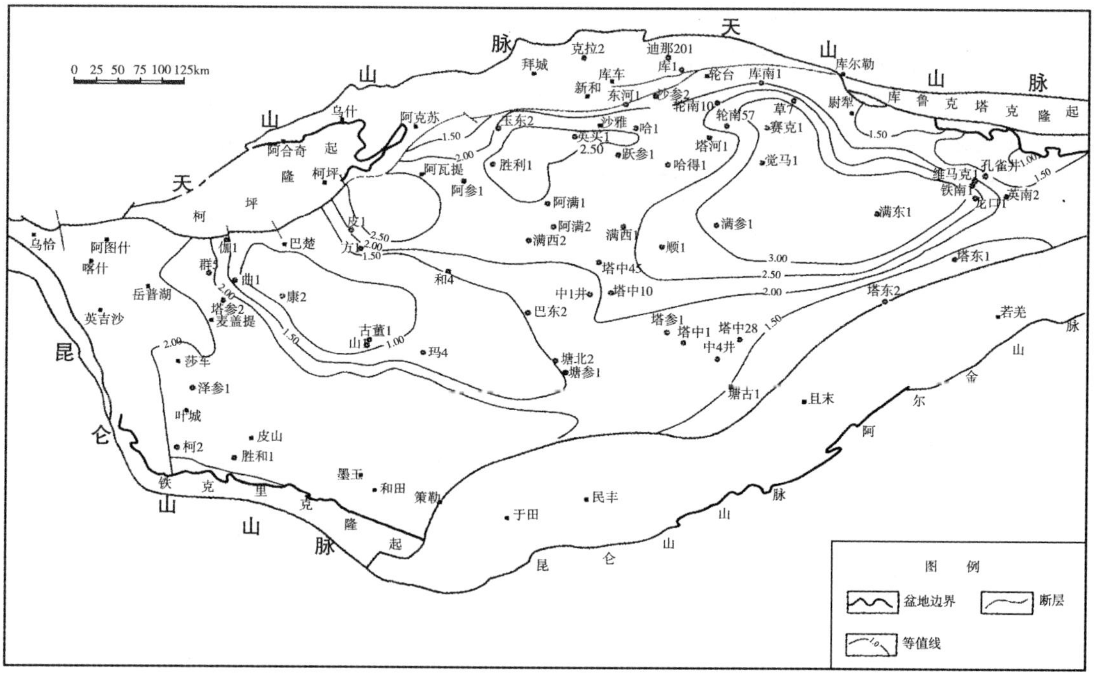

图5－3　塔里木盆地寒武－奥陶系烃源岩演化图

表5－5　阿克库勒凸起及其南部寒武－奥陶系烃源岩成熟度分布表

地　区	井　号	埋　深/m	层　位	R_0/%
阿克库勒凸起	S9	5002～5634	O_1	0.71～0.81
	LN1	5394～5502	O_1	0.93～1.84
	LN5	5137～5580	O_1	1.35～1.55
	LN10	5279～5689	O_1	1.20～1.40
	LN14	5351.5～5518.75	O_1	1.40～1.55
	LN17	5579.3～5720.75	O_1	1.32～1.49
	LN46	6129～6164	O_{2-3}	1.15～1.21
古城墟隆起	塔东1	4153～4360	O_{2-3}	2.03～2.13
		4425～4662	∈	2.23～2.45
库尔勒鼻凸	库南1	4248～4713	O_{2-3}	1.70～1.90
		4885～5500	O_1	1.90～2.04

续表

地　区	井　号	埋　深/m	层　位	R_0/%
卡塔克隆起	TZ1	3593 ~ 5312	O_1	1.05 ~ 1.40
		5854 ~ 6163	∈	1.40
柯坪隆起	大湾沟剖面		O_3y	1.73 ~ 1.81
			$O_{1-2}s$	1.58 ~ 1.61

3. 烃源岩评价

油气源对比表明，阿克库勒凸起无论是塔河油田、轮南油田还是达利亚油气田，其油气源主要来源于寒武系、奥陶系烃源岩。阿克库勒凸起实有资源量主要为周边外供资源量。因此计算范围以阿克库勒以及周边克直接为其提供油气资源的区域组成一个既有油气源供给区、又有聚集成藏区的一个完整的含油气系统为计算单元，东从 KN1 井东到马卡特一线，西为沙雅县城到 MX1 井，南为马卡特至 MX1 井北(图 5－4)，包括了哈拉哈塘、阿克库勒、草湖西部、满加尔西北、顺托果勒东北，面积约为 28000km^2。计算范围内油气资源量除一部分滞留本地外，部分直接提供给阿克库勒等油气运移指向区。

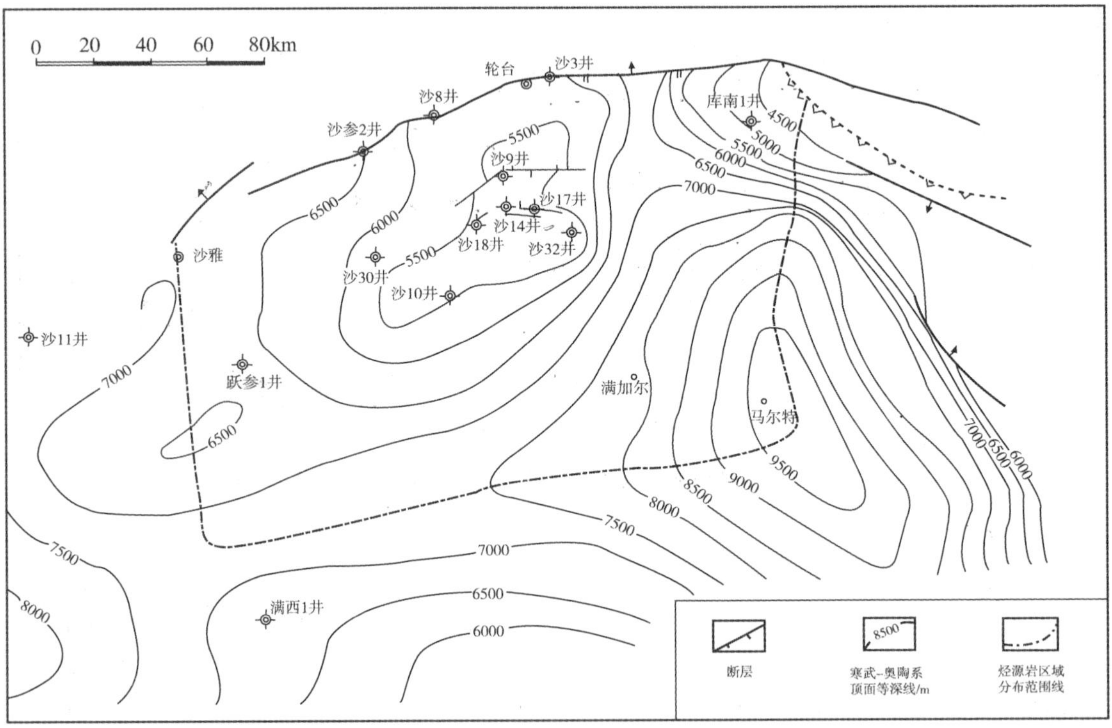

图 5－4　阿克库勒及其邻区寒武－奥陶系油气资源量计算范围图(据陈正甫，2005)

根据沉积相带，采用成因体积法，分别计算了海西晚期，喜马拉雅晚期两期寒武－奥陶系的油气资源量。

1)海西晚期

计算结果表明，阿克库勒及周邻源区寒武系、中－下奥陶统烃源岩，演化到海西晚期时可提供的油气资源总量为 56.4837 × 10^{8}t，其中油资源量 31.7593 × 10^{8}t，气资源量 24.7244 ×10^{8}t，气油比为 0.78。其中，演化到海西晚期末时 R_0 已达 2% ~4% 的地区，在海西晚期前生油高峰时可以形成的资源量 7.6074 ×10^8t 以气资源量计入总量中(表 5 – 6)。

表 5 – 6　阿克库勒及其邻区海西晚期油气资源分布计算表

层位	相区	油期望值/10^8t			气期望值/10^8t		R_0 为 2.0% ~4.0% 时/10^8t			油 + 气资源量/10^8t
		生成量	排烃量	资源量	生成量	资源量	生成量	排烃量	资源量	
寒武系	台地	53.5441	15.7560	3.0840	126.1200	1.0013	1.4364	0.4161	0.0802	4.1655
	斜坡	220.0410	64.2823	12.6272	672.6240	5.2940	33.3579	9.7804	1.9068	19.8280
	盆地	45.5018	13.4278	2.6065	728.0550	5.7149	64.2491	18.7311	3.6621	11.9835
	合计	319.0869	93.4661	18.3177	1526.7990	12.0102	99.0434	28.9276	5.6491	35.9770
中 – 下奥陶统	台地	57.8618	17.1163	3.3504	68.2925	0.5330				3.8834
	斜坡	115.9160	34.3757	6.8018	130.4320	1.0334	2.9515	0.8798	0.1733	8.0085
	盆地	56.7968	16.7751	3.2894	446.2750	3.5404	30.4916	9.0535	1.7850	8.6148
	合计	230.5746	68.2671	13.4416	644.9995	5.1068	33.4431	9.9333	1.9583	20.5067
总　计		549.6615	161.7332	31.7593	2171.7985	17.1170	132.486	38.8609	7.6074	56.4837

中 – 下奥陶统油气资源总量为 20.5067 ×10^8t，其中油资源量为 13.4416 ×10^8t，气资源量为 7.0651 ×10^8t，气油比 0.53，资源结构以油为主。寒武系油气资源总量为 35.977 ×10^8t，其中油 18.3177 ×10^8t，气 17.6593 ×10^8t，气油比 0.96，资源结构油气各半。

从沉积相区来看，寒武系斜坡相区提供的油气资源占 55%。其中油资源量大于气资源量，盆地相提供的油气资源占 33%，其中气资源大于油资源量。台地、斜坡、盆地油资源量比为 1∶4.1∶0.8，气资源量比为 1∶6.7∶8.7。下奥陶统油气资源主要由斜坡相和盆地相烃源岩提供，各占 40% 左右，油气资源结构以油为主，台地、斜坡、盆地油资源量比为 1∶2∶1，气资源量比为 1∶2.3∶10。

2）喜马拉雅晚期

阿克库勒及周邻源区寒武 – 奥陶系演化到喜马拉雅晚期时，可提供的油气资源量为 34.2221 ×10^8t，其中油资源量为 13.0439 ×10^8t，气资源量 21.1782 ×10^8t，气油比为 1.62（表 5 –7）。寒武系油资源量为 3.1342 ×10^8t，气资源量为 12.8761 ×10^8t，气油比为 4.1，资源结构以气为主。中 – 下奥陶统油资源量为 9.7678 ×10^8t，气资源量为 8.2957 ×10^8t，气油比为 0.85，资源结构表现为油略大于气。上奥陶统油资源量为 0.1419 ×10^8t，气资源量为 0.0064 ×10^8t，以油为主。

从沉积相区看，寒武系在喜马拉雅晚期主要是以斜坡相烃源岩提供的气资源为主，其气资源量占寒武系总气资源量 60%。中 – 下奥陶统烃源岩演化到喜马拉雅晚期时，斜坡相油气资源量气略大于油，其主要的油气资源是由盆地相提供的，占 50% 左右，油资源量占了总油资源量的 56%。

因此，从油源对比、寒武 – 奥陶系烃源岩可提供的油气资源看，塔河油田的油气主要来自寒武系、中 – 下奥陶统的斜坡相和盆地相烃源岩，海西晚期主要提供以油为主的油气资源，喜马拉雅晚期则提供以轻质油和天然气为主的油气资源。

(二)石炭系烃源岩特征

塔里木盆地石炭系烃源岩主要分布在下石炭统，其次是上石炭统。下石炭统由于受早期海西运动的影响，在塔西南地区为陆棚相、开阔 – 局限台地碳酸盐岩及碎屑岩沉积；在塔东北地区为向南西开口的半封闭海湾，为海湾咸化泻湖蒸发岩台地 – 泻湖及蒸发盐湖相沉积。

晚石炭世，塔里木盆地则发生晚古生代以来最大的一次海侵，上石炭统台地相沉积自西向东扩展到塔中和塔东北地区，满加尔坳陷一带由早石炭世的盐湖相转为泻湖－滨海沼泽相。

表5－7　阿克库勒及其邻区喜马拉雅晚期油气资源分布计算表

层位	相区	油期望值/10^8t			气期望值/10^8t		R_0为2.0%～4.0%时/10^8t			油＋气资源量/10^8t
		生成量	排烃量	资源量	生成量	资源量	生成量	排烃量	资源量	
$\in$	台地	4.5161	1.3075	0.3049	164.6460	1.4605	3.0119	0.8918	0.2109	1.9763
	斜坡	42.1872	12.2541	2.8293	570.8050	5.0337	41.2412	11.9843	2.7825	10.6455
	盆地				215.4830	1.8687	22.0136	6.4912	1.5198	3.3885
	合计	46.7033	13.5616	3.1342	950.9340	8.3629	66.2667	19.3673	4.5132	16.0103
O_{1-2}	台地	32.0674	9.2558	2.1552	242.2860	2.1090	2.7433	0.8086	0.1911	4.4553
	斜坡	30.2543	8.9667	2.1286	223.2160	1.9962	9.5239	2.8300	0.6722	4.7970
	盆地	80.3920	23.4556	5.4840	300.6410	2.6578	9.5547	2.8212	0.6694	8.8112
	合计	142.7137	41.6781	9.7678	766.1430	6.7630	21.8219	6.4598	1.5327	18.0635
O_3	混积陆棚	2.0191	0.5991	0.1419	0.7185	0.0064				0.1483
总计		191.4361	55.8388	13.0439	1717.7955	15.1323	88.0886	25.8271	6.0459	34.2221

1. 烃源岩特征及分布

烃源岩的有机母质除了水生生物外，还受到陆生植物掺合的影响，有机质类型变化较大，从混合型到腐植型均有显示(图5－5)。张立芝等在“九五”期间研究认为，石炭系碳酸盐岩烃源岩一般为还原环境的海相沉积，富含低等水生生物，有机母质类型主要为II_1和I型；泥质岩则富含陆源高等植物，沉积成岩环境为弱氧化－还原环境，有机母质类型多为II_2和III型。

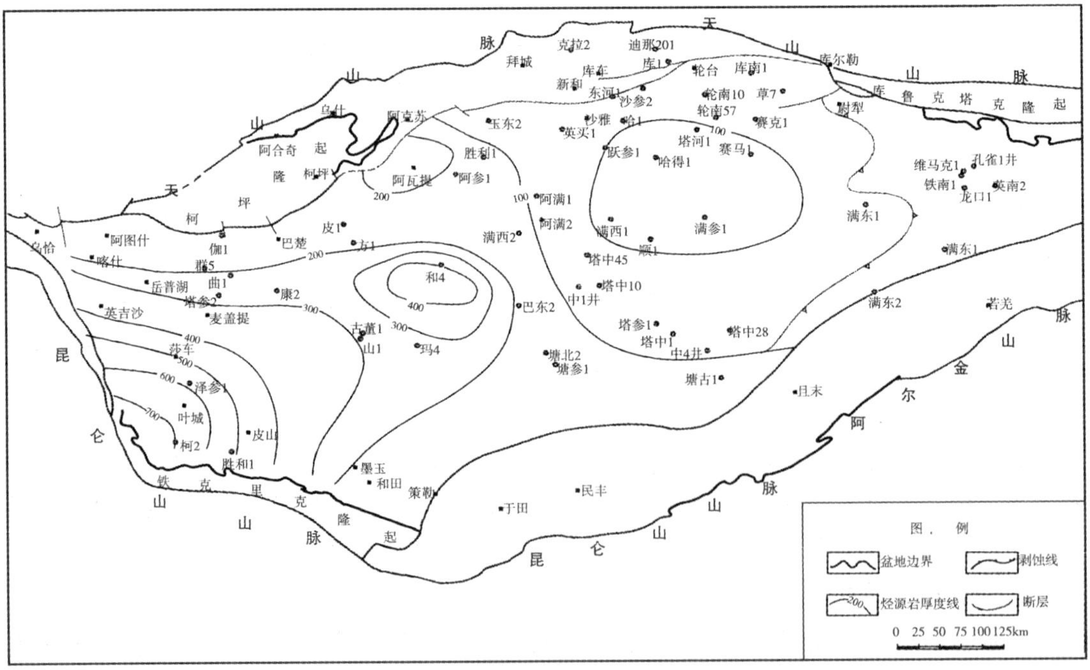

图5－5　塔里木盆地石炭－二叠系烃源岩厚度图

下石炭统暗色泥岩烃源岩主要分布在塔中地区和巴楚隆起的东部地区，厚度较小，大部分在50m以内，有机碳含量一般在1.0%～2.0%。下石炭统碳酸盐岩烃源岩主要分布在塔西南坳陷的台地相，厚度在100～200m，残余有机碳含量为0.2%～0.8%，向东北方向到阿瓦提、满加尔坳陷减薄到几十至100m，有机碳含量在0.20%左右。

上石炭统烃源岩母质来源与下石炭统的基本相似，在开阔－局限台地相沉积中，水生浮游生物及藻类较发育，但陆生植物也占有较大的比重，有机质的类型既有混合型，也有腐植型。上石炭统烃源岩主要为灰岩，在塔西南地区烃源岩厚度在200～350m，残余有机碳含量为0.4%～1.0%，在巴楚隆起烃源岩厚度降低到50～100m，有机碳含量为0.2%～0.5%，向东北到满加尔和阿瓦提凹陷厚度减薄到50m以内，有机碳含量一般在0.1%～0.2%。

2. 烃源岩演化特征

小海子剖面露头，下石炭统巴楚组R_0在0.32%～0.86%，平均为0.62%，塔西南地区的阿其克剖面，石炭统R_0在1.30%～2.7%，平均为1.6%。在巴楚隆起和麦盖提斜坡北部，根据巴1井和曲1井，石炭系下统R_0在0.47%～0.53%，和深1井、麦4井和麦6井R_0在0.58%～1.12%，处于低成熟～成熟阶段。在塔西南的叶城凹陷和喀什凹陷，石炭系埋深超过8000m，R_0为2.5%～5.0%，已经进入过成熟阶段。塔里木盆地石炭系的生烃中心在塔西南坳陷，其生油气高峰主要在二叠纪和白垩纪(图5－6)。

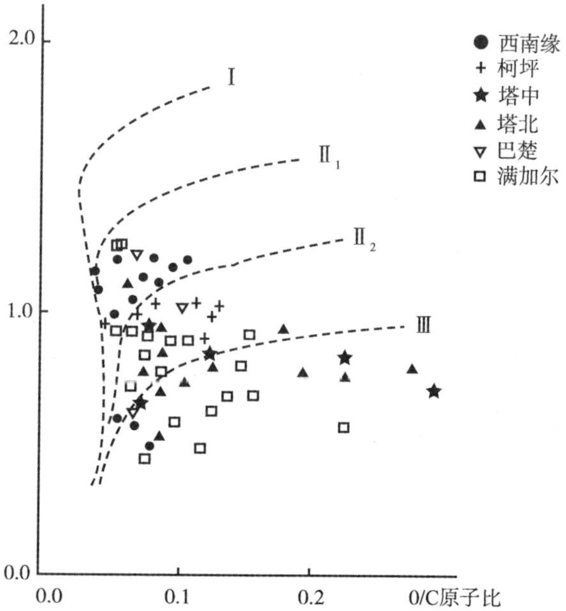

图5－6 石炭系干酪根类型分布图(据SINOPEC，2002)

(三)二叠系烃源岩分布和演化特征

塔里木盆地二叠系烃源岩主要分布在下二叠统。早二叠世沉积时，盆地内海水向西南方向退缩，沉积范围大大缩小，沉积中心在塔西南坳陷一带，沉积了一套800～1200m的海退沉积序列的开阔台地相碳酸盐岩及砂泥岩潮坪沉积，在阿瓦提凹陷和满西地区为河流洪泛平原沉积，地层厚度400～2600m。

1. 烃源岩特征及分布

二叠纪与石炭纪塔里木盆地沉积环境相似，烃源岩的有机母质既有水生生物，又有陆相植物的混入。从岩性上，下二叠统灰岩烃源岩的有机质类型比暗色泥岩的好，主要为Ⅱ$_1$型，Ⅱ$_2$型和Ⅲ型次之，暗色泥岩有机质类型则主要为Ⅱ$_2$型和Ⅲ型。在平面上，从塔西南坳陷向东北方向到满西地区，有机质类型不断变差，即Ⅲ型有机质的相对含量逐渐增加，腐泥型有机质含量相对减少。

下二叠统灰岩烃源岩主要分布在塔西南的叶城凹陷一带，厚度在50～200m，残余有机碳含量为0.4%～1.0%。下二叠统暗色泥岩烃源岩主要分布在塔西南坳陷，厚度在100～200m，其次是阿瓦提断陷和满西地区，厚度在50～100m。此外，在巴楚隆起也有20～50m

厚的暗色泥岩。下二叠统暗色泥岩烃源岩的残余有机碳含量为0.6%～1.4%。

2. 烃源岩演化特征

据曲1井、巴4井地化分析结果，下二叠统烃源岩 R_0 为0.43%～0.58%。在满加尔坳陷的满西1井，下二叠统在4233～4326m的 R_0 为0.683%～0.89%。塔西南地区叶城凹陷下二叠统现今埋深超过7000m，R_0 为2.0%～3.50%，已经进入过成熟阶段。下二叠统烃源岩的生油高峰期主要在晚二叠世和三叠纪，气态烃的生烃高峰期主要在白垩纪和新近纪(图5-7)。

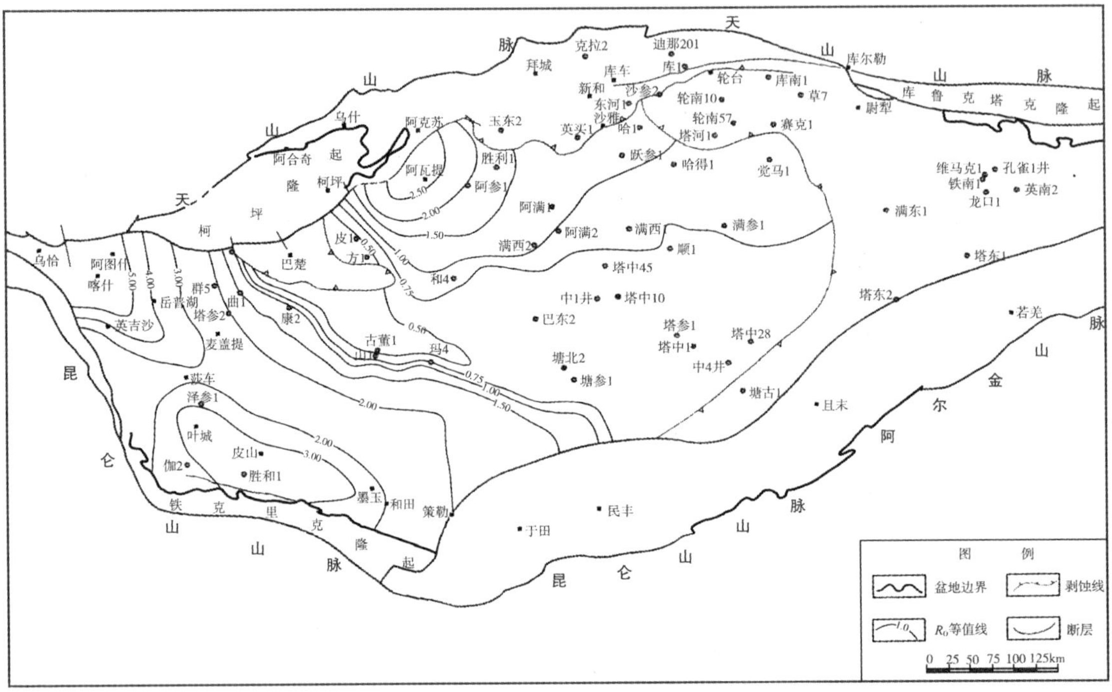

图5-7 塔里木盆地石炭-二叠系烃源岩演化图

(四)三叠系烃源岩分布和演化特征

塔里木盆地三叠系暗色泥岩主要分布在库车坳陷，厚度一般在400～600m。根据地震资料的解释成果，靠近南天山山前一带，烃源岩厚度不断增加，暗色泥岩厚度可达700～800m。在阿瓦提断陷-顺托果勒隆起地区，暗色泥岩厚度主要在150～200m(图5-8)。

1. 烃源岩特征及分布

三叠系为陆相半深湖-深湖与河流沉积体系，烃源岩主要为湖相沉积的暗色泥岩和湖沼相沉积的煤层及碳质泥岩。根据生油岩地化分析结果，三叠系烃源岩抽提物的饱芳比为1.3～13.1，姥植比为0.68～2.75。干酪根的H/C为0.44～1.03，同位素 $\delta^{13}C$ 为-25.31‰～26.0‰，岩石热解产物的氢指数为50～120mg/g，有机显微组分主要为腐植型。

综合各项地化特征，塔里木盆地三叠系烃源岩有机质的类型以Ⅲ型为主，其次为Ⅱ-Ⅲ型(表5-8)。烃源岩的有机质类型受沉积相带控制，Ⅲ型有机质主要分布在沼泽、滨湖和浅湖亚相，Ⅱ-Ⅲ型有机质则主要分布在深湖、半深湖亚相。三叠系暗色泥岩的残余有机碳含量主要在0.50%～1.0%，在半深湖亚相、深湖亚相地区残余有机碳含量可达1.5%。

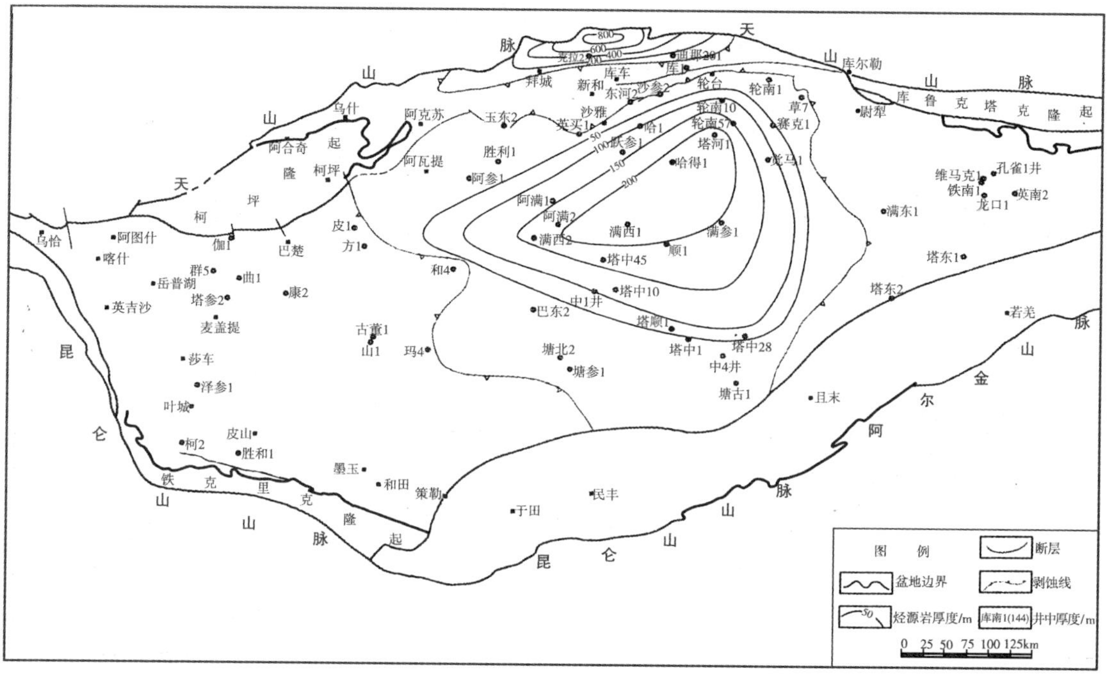

图5－8　塔里木盆地三叠系烃源岩厚度图

表5－8　塔里木盆地三叠系生油岩有机质类型参数表

构造单元		A/C	饱/芳	H/C	IH	δ^{13}C/‰	有机显微组分	类型
塔东北	库车坳陷	0.22～3.54 1.27(8)		0.38～0.95 0.68(13)		饱－30.95 芳－31.18	腐植型	Ⅲ
	沙雅隆起	0.68～8.27 2.51(56)	1.0～12.10 2.91(33)	0.72～1.05 0.82(10)	31～576 119(38)	－30.75～ －32.06(饱)		Ⅲ
	阿满坳陷	2.72～7.83 5.09(8)	3.4～4.9 3.84(8)	0.58～0.94 0.72(32)	42～300 124(5)	－25.31～ －26(干)		Ⅲ
塔西南	喀什凹陷	2.09	2.53	1.32	48			Ⅲ
	叶城凹陷	4.21	4.60	0.7～1.35 1.03(2)	230	－32.7～ －36.09(饱)		Ⅱ－Ⅲ

2. 烃源岩演化特征

塔里木盆地三叠系烃源岩在阿瓦提断陷－顺托果勒隆起地区的成熟度较低，根据阿参1井、沙参1井等地化资料，R_0 一般在0.54%～0.72%，即处于低成熟阶段。在库车坳陷的露头区的 R_0 可达1.81%，在坳陷中心一带，埋深一般在9000m以上，根据盆地模拟计算结果，R_0 达到2.5%～3.0%，进入过成熟生气阶段。

库车坳陷三叠系烃源岩在早侏罗世进入生烃门限，液态烃高峰期主要在中晚侏罗世和白垩纪，生气高峰期主要在中晚侏罗世，但在白垩纪、古近纪和新近纪仍然有大量气态烃生成。

(五)侏罗系烃源岩分布和演化特征

侏罗纪，塔里木盆地周缘地区广泛发育湖泊－河流沉积体系。在库车坳陷和喀什凹陷，侏罗系地层厚度最厚可达1600～2200m，满加尔－孔雀河斜坡地层厚度为100～800m，于田－若羌地区为50～500m。库车坳陷，侏罗系暗色泥岩厚度一般在300～600m，靠近南天山山前一带，烃源岩厚度不断增加，暗色泥岩厚度可达700m(图5－9)。

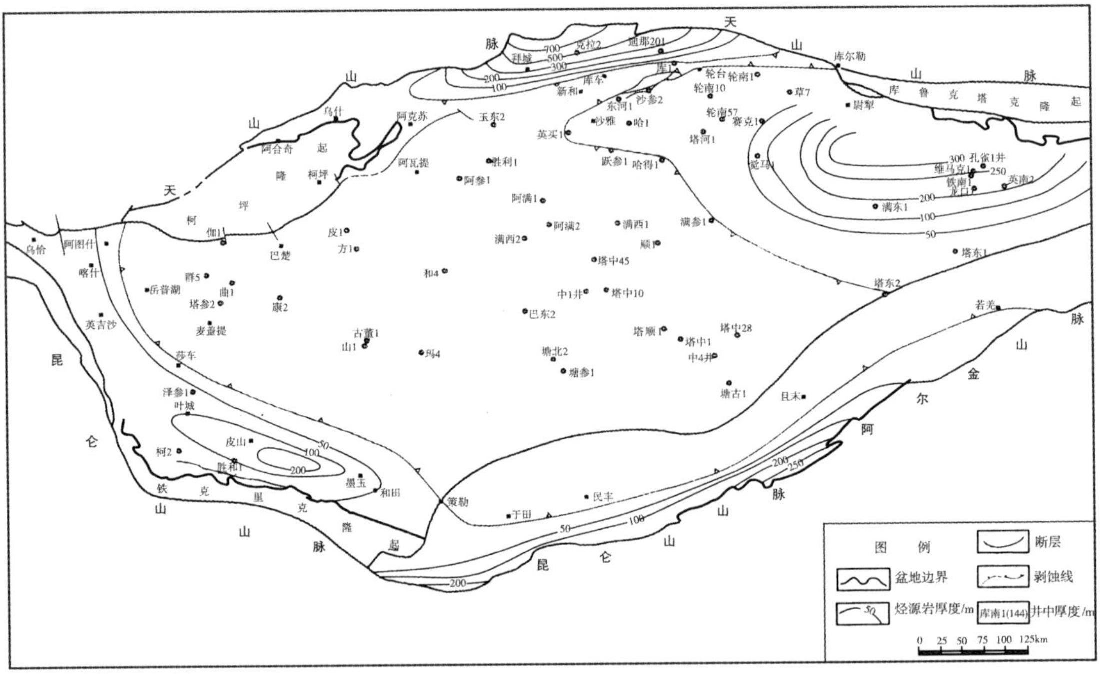

图5-9 塔里木盆地侏罗系烃源岩厚度图

1. 烃源岩特征及分布

侏罗系沉积环境与三叠系相似，有机质类型主要为Ⅲ型，在深湖亚相区含有部分Ⅱ型（表5-9）。

表5-9 塔里木盆地侏罗系生油岩有机质类型参数表

构造单元		沉积相	A/C	饱/芳	Pr/Ph	$\delta^{13}C$/‰	H/C	IH	类型
塔东北	库车	浅-深湖	0.75 ~ 8.83 3.3(10)		1.73 ~ 3.77 2.75(2)		0.55 ~ 1.1 0.79(6)		Ⅱ-Ⅲ
	沙雅	浅湖	1.2 ~ 3.5 2.02(7)	0.7 ~ 4.3 2.5(2)	0.73 ~ 1.02 0.88(2)		0.50 ~ 0.82 0.68(18)	61 ~ 198 103(4)	Ⅲ
塔西南	喀什	浅-半深湖	0.1 ~ 11.5 2.92(33)	0.73 ~ 23.15 5.83(16)	0.58 ~ 3.15 2.07(24)	饱-27 ~ -31 芳-25 ~ -17	0.60 ~ 0.90 0.62(18)	16 ~ 121 54(11)	Ⅱ-Ⅲ
	叶城	浅-半深湖	0.07 ~ 3.77 1.24(7)	0.27 ~ 3.09 1.68		饱-28 ~ -31 芳-24 ~ -32	0.45 ~ 0.88 0.69(4)		Ⅲ
塔东南	民丰 且末	浅-半深湖	0.81 ~ 1.69 1.34(3)	1.13 ~ 1.58 1.38(3)	1.41 ~ 2.81 1.83(3)	饱-30 ~ -31 芳-28 ~ -31	0.42 ~ 0.46 0.44(2)	28 ~ 146 93	Ⅲ

暗色泥岩残余有机碳含量在1.0% ~3.0%。在塔西南坳陷及东南断阶区的民丰凹陷、瓦石峡凹陷中，侏罗系暗色泥岩厚度在100~300m，有机碳含量在1.0% ~3.0%。在孔雀河斜坡暗色泥岩厚度为150~300m，有机碳含量在1.0% ~4.0%。

2. 烃源岩演化特征

侏罗系烃源岩在沙雅隆起、满加尔坳陷-孔雀河斜坡地区的成熟度较低，根据沙6、沙7、沙9井和群克1井地化分析数据，R_0在0.4% ~0.75%，处于未熟-低成熟阶段。在库车坳陷东部，阳1井侏罗系在6450~6500m井段的R_0为0.9% ~1.13%，在西部的卡普沙良河和包子栋村剖面，R_0在1.1% ~1.8%。在库车坳陷中心一带，侏罗系埋深达到8000~9000m，模拟

R_0 为 2.0% ~2.8%，已经进入过成熟阶段。塔西南坳陷由于新近系地层巨厚沉积，R_0 在 3.5% 以上。库车坳陷侏罗系在侏罗纪末期开始进入生烃门限，早白垩世和新近纪是气态烃生成气高峰期。

(六)塔里木盆地油气资源和分布特征

在第二次资源量评价基础上，2005 年对塔里木盆地油气地质资源量进行了第三次评价。

中石化西北分公司于 2002 年对塔里木盆地进行了三次资源评价，盆地现今远景资源量累计 229.41 $\times 10^8$t，其中石油 115.72 $\times 10^8$t，天然气 113.69 $\times 10^8$t 油当量，资源当量油气比为1∶0.98。

截至 2006 年底累计探明油气储量 21 $\times 10^8$t，其中石油 13 $\times 10^8$t，天然气 8100 $\times 10^8 m^3$。油气资源转化率为 9%，其中石油 11.3%，天然气 7%。

1. 现今油气资源的深度分布特点

由于塔里木盆地新生界地层厚度较大，使油气资源埋藏普遍较深。第四系 - 新近系地层厚度在库车坳陷、塔西南坳陷为 5000 ~8000m，部分地区厚达 11000m；在沙雅隆起和中央隆起带的厚度分别在 3000 ~4000m 和 500 ~2500m。

通过各区带不同深度的油气资源量统计(图 5 -9)，盆地油气资源随地层埋藏深度增加而变得丰富。盆地的油气远景资源主要分布在 4500m 以下的储层中，其次是 3500 ~4500m。埋深小于 2000m 油气远景资源总量为 7.38 $\times 10^8$t，油气比为 1.24∶1；2000 ~3500m 资源总量为 17.509 $\times 10^8$t，油气比为 0.78∶1；埋深在 3500 ~4500m 的储层远景资源总量为 47.78 $\times 10^8$t，其中油资源量为 23.63 $\times 10^8$t，天然气资源量为 24.15 $\times 10^8$t，分别占盆地总资源量的 20.4% 和 21.2%，油气比为 0.98∶1；埋深在 4500m 以下的储层远景资源总量为 156.74 $\times 10^8$t，其中，油资源量为 80.34 $\times 10^8$t，气资源量为 76.40 $\times 10^8$t，分别占盆地总资源量的 69.4% 和 67.2%。总的说来，大于 3500m 储层油气远景资源量占全盆地总资源量的 89%。因此，决定了塔里木盆地油气勘探目标应集中于盆地深部资源相对丰富的有利油气聚集部位，完全可以实现油气并举。

2. 油气资源的层系分布特点

塔里木盆地远景资源主要分布于下古生界，其油气远景资源总量 108.225 $\times 10^8$t，其中油资源量为 68.43 $\times 10^8$t，占全盆地资源量的 59.1%；气资源量为 40.39 $\times 10^8$t，占全盆地资源量的 35.5%。上古生界和中生界地层油气远景资源分别为 50.4549 $\times 10^8$t 和 64.4204 $\times 10^8$t，其油资源量分别为 26.35 $\times 10^8$t 和 19.32 $\times 10^8$t，气资源量分别为 24.10 $\times 10^8$t 和 45.10 $\times 10^8$t。新生界地层的油气总资源量为 5.714 $\times 10^8$t。

3. 油气远景资源的储集岩分布特点

塔里木盆地的储集岩为碳酸盐岩和碎屑岩两大类。盆地内石油和天然气总资源量主要分布在碳酸盐岩储层中，其中油资源量 81.85 $\times 10^8$t，气资源量为 60.88 $\times 10^8$t，分别占盆地油、气资源量的 70.7% 和 53.5%。在库车坳陷、且末断隆带及民丰凹陷 - 瓦石峡凹陷中的油气资源均分布在碎屑岩储层中。

塔里木盆地海西早期油气资源结构以油占绝对优势，是一次生油旺盛期；至海西晚期，寒武 - 奥陶系烃源岩演化程度变高，大面积高 - 过成熟甚至出现特高成熟($R_0 > 4.0\%$)，气/油比显著上升；至喜马拉雅晚期，随石炭 - 二叠系、三叠 - 侏罗系源岩的成熟，下古生界主力源岩生油气能力大幅度下降，总体气/油比海西晚期又有所上升。现今资源量油气比相当，可油气并举勘探。

二、储集层(体)特征

(一)寒武－奥陶系碳酸盐岩岩溶储集体特征

阿克库勒凸起寒武奥陶系碳酸盐岩地层沉积、成岩之后，经历了加里东至印支－燕山期多次构造抬升、暴露、剥蚀和岩溶作用，形成了广泛分布的碳酸盐岩古岩溶。

岩溶作用对寒武－奥陶系碳酸盐岩储层的形成和分布具有重要的控制作用，其储层发育层段限制在岩溶作用影响深度范围内。目前在阿克库勒凸起发现的奥陶系碳酸盐岩中的油气藏储层发育均与古岩溶作用有密切联系，如塔河油田奥陶系油气藏。因此，研究古岩溶作用的特征、发育和分布，对本区寒武－奥陶系碳酸盐岩的油气勘探有十分重要的意义。

1. 岩溶发育特征

1)古岩溶发育的期次

阿克库勒凸起从上震旦统至中奥陶统为广大的碳酸盐岩台地，是古岩溶发育的有利地区。多期构造运动使碳酸盐岩台地发生多次暴露和淹没过程，从而发生多期岩溶作用。

根据塔河油田奥陶系大量钻井岩心岩溶特征描述、岩溶充填物电子探针元素分析、碳氧同位素测定、包裹体测温、裂缝充填物之间的交切关系、后期裂缝、岩溶改造等方面的研究成果表明，本区至少发育4期岩溶作用，即加里东中－晚期、海西早期、海西晚期、印支－燕山期，其中海西早、晚期是最主要的发育时期。

A. 加里东中－晚期岩溶作用

加里东中期岩溶作用主要表现为中奥陶统与上奥陶统之间的古岩溶。在中、晚奥陶世之交，正是塔里木古构造环境由拉张、离散向聚敛、挤压转换阶段，盆地由内源沉积为主转变为陆源沉积为主，上、中奥陶统之间为低角度不整合，为典型的I型层序界面。

上奥陶统与中奥陶统之间呈超覆接触关系，上奥陶统不同层位超覆在中奥陶统之上，说明其间存在短暂的沉积间断，造成中奥陶统顶部的短暂暴露和岩溶作用。在塔河油田南部上奥陶统底部为棕红色泥灰岩的恰尔巴克组，与其下的黄灰色泥微晶、沙屑、生屑灰岩具有明显的不同。据S76井生物鉴定成果，在黄灰色砂屑灰岩的岩溶充填物中发现了晚奥陶世的牙形类化石，应是加里东中期岩溶作用的重要依据。

塔河油田1区奥陶系油藏S69井位于上奥陶统尖灭线以南，上奥陶统顶深度5454.5m，厚64.5m，中奥陶统顶深度5519m，在距其177m中奥陶统内部5696~5700m井段可见到灰色泥晶灰岩夹大量方解石、少量黑色沥青质，是早期岩溶作用形成的古油藏破坏的结果。从古地貌及邻井岩溶发育，本井处于上奥陶统尖灭线附近，这段岩溶发育段可能是上奥陶统沉积前、加里东中期岩溶作用的产物(图5－10)。

位于阿克库勒凸起南缘的LN46井，志留系厚100m，在上奥陶统良里塔格组内部见溶蚀缝洞发育，洞径25~40mm，灰岩含泥质，见深灰色、灰绿色泥质条带。6154~6171m井段在良里塔格组底部见角砾状灰岩及泥岩条带。从上奥陶统的厚度及其所处的构造位置分析，这个岩溶发育段只能是上奥陶统沉积前、加里东中期发生的岩溶作用的产物。处于阿克库勒凸起西南部的乡3井也可以见到这种现象。

位于阿克库勒构造带的S17井在5270~5277.5m井段取心，岩性为浅灰色岩溶角砾岩，在岩溶角砾岩的胶结物中采获了上奥陶统的牙形刺化石，种属为*Protopan derodus gradates*

Belodella jemtlandica Peridon aculeatus。采样位置图 5－11。说明这段岩溶角砾岩是加里东期中－晚期岩溶作用的产物。

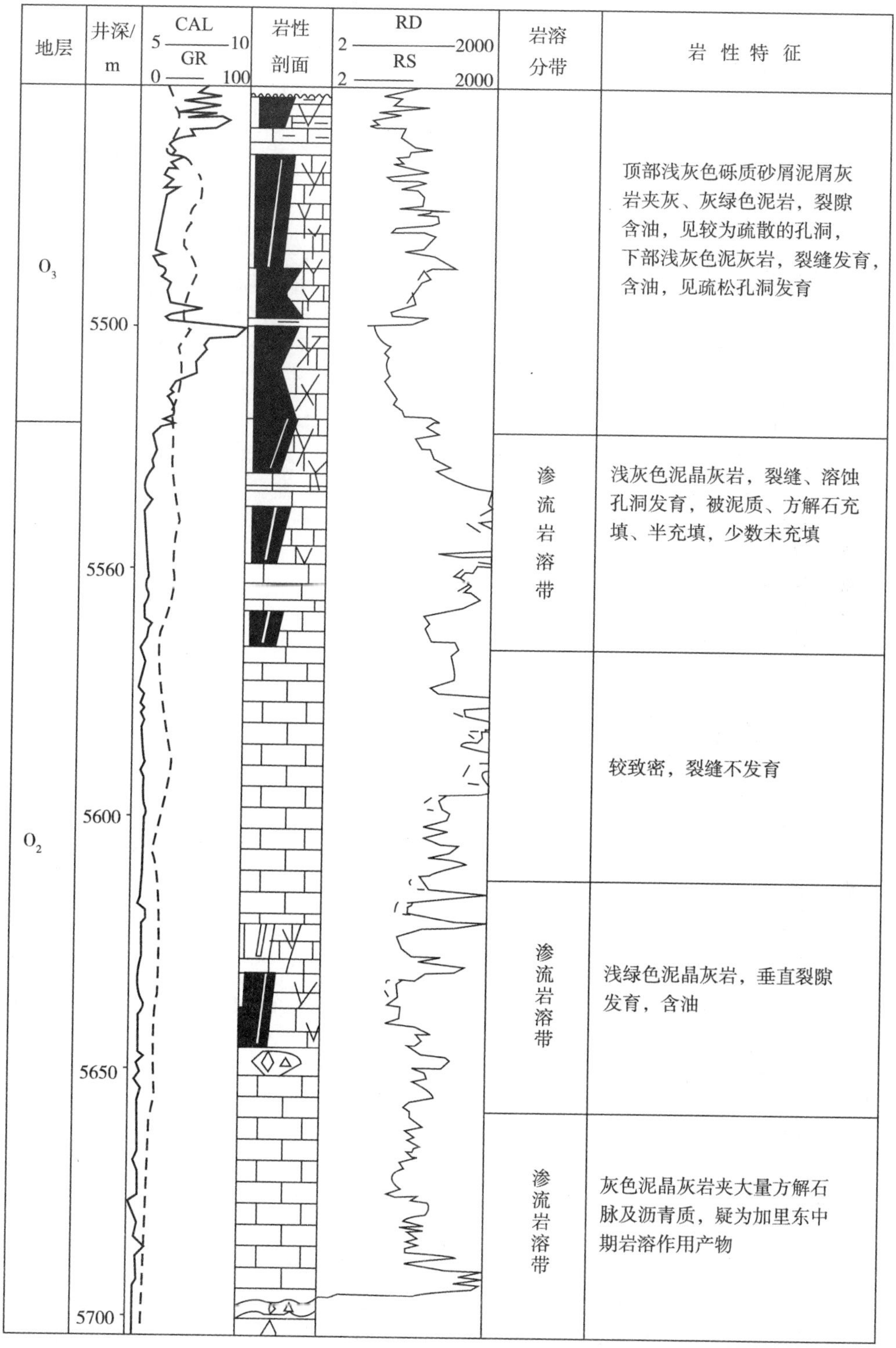

图 5－10 S69 井岩溶剖面柱状图

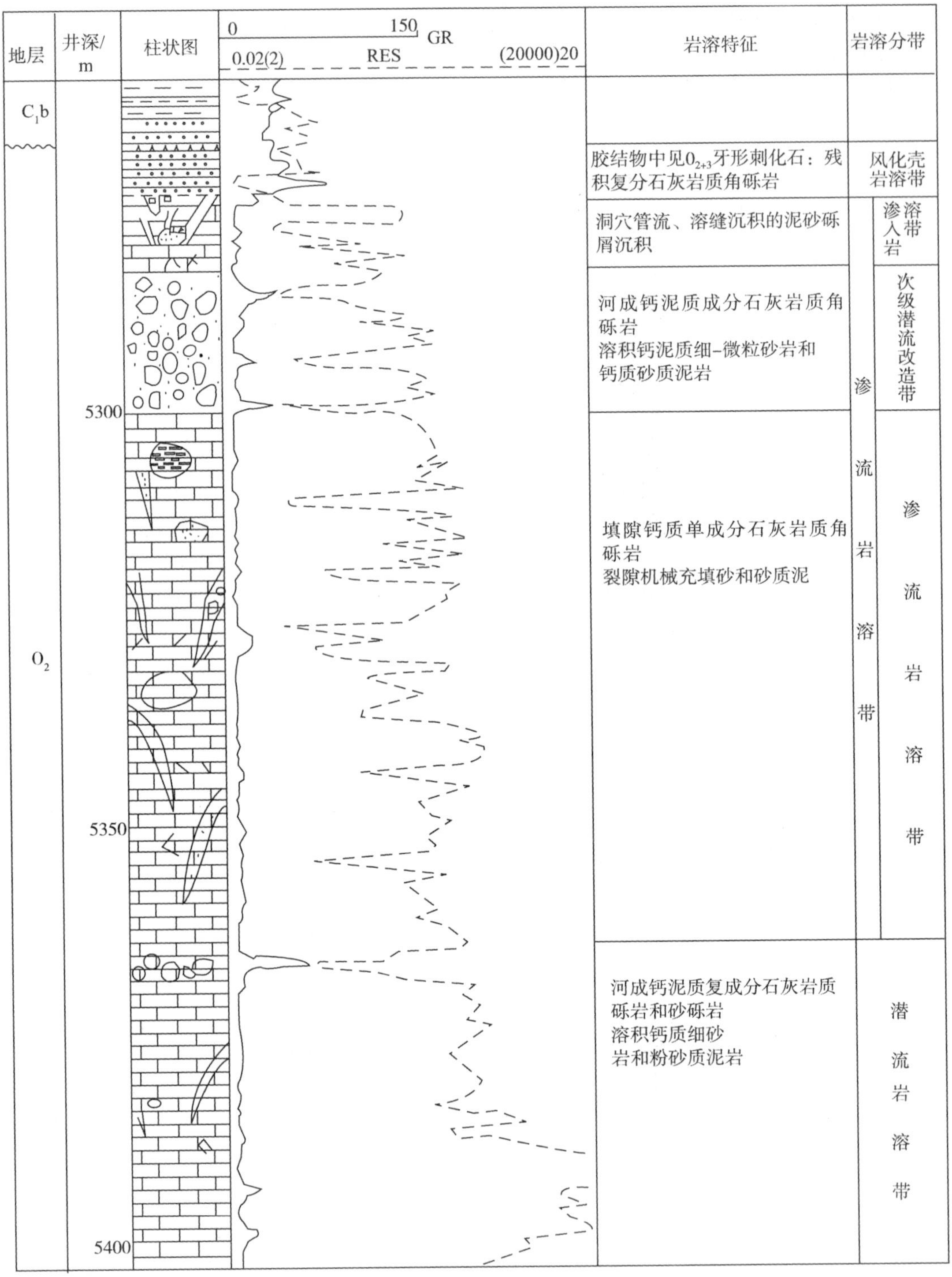

图 5－11　S17 井岩溶剖面柱状图

B. 海西早、晚期岩溶作用

该期岩溶在阿克库勒凸起最为显著，钻井及地震资料揭示下石炭统与下覆中奥陶统、志留－泥盆系呈角度不整合接触关系。中下奥陶统碳酸盐岩受到强烈的古岩溶作用，形成各种类型溶蚀缝洞孔隙空间。

石炭系沉积前及沉积时至海西晚期是塔河油田岩溶发育的主要时期，根据岩溶作用的不同形式又可分为3个重要的岩溶发育阶段：

(1)基岩裸露期淡水岩溶阶段：海西早期运动开始，由于强烈的剥蚀作用，使志留－泥盆系、上奥陶统均已在阿克库勒凸起的大部分地区剥蚀殆尽，中奥陶统灰岩开始暴露地表，遭受剥蚀、风化及岩溶作用。

表5－10是研究区中奥陶统灰岩段溶蚀缝孔洞内方解石充填物的碳氧稳定同位素分析成果，可见它们的分布范围较窄，多在－0.5‰~2‰PDB范围内，与全球中奥陶统灰岩低值范围吻合，可以认为参加风化裂隙和溶蚀孔洞内方解石沉淀的CO_3^{2-}主要来自于中奥陶统灰岩本身的溶蚀。仅有个别样品(T301井5409.60m)$\delta^{13}C$值明显偏负，为－5.15‰PDB，可能反映了有机来源的碳加入到了方解石的沉淀作用。$\delta^{18}O$值变化范围大，由－13.44‰~－6.85‰PDB，而风化裂隙内方解石与溶蚀孔洞内方解石6180值差别较大。风化裂隙内方解石$\delta^{18}O$值为－10.06‰~－12.26‰PDB，显著偏负，与原岩差别大，可以认为它是大气水未与原岩充分交换条件下沉淀的结果，其$\delta^{18}O$值主要反映大气降水的$\delta^{18}O$值，据此推算大气水的$\delta^{18}O$值在－7.08‰~－9.29‰(SMOW)范围内变化。而溶蚀孔孔洞内方解石$\delta^{18}O$值在－9.32‰~－6.85‰PDB，较风化裂隙内方解石$\delta^{18}O$值高，与中奥陶统海相灰岩较为接近，可以认为溶蚀孔洞内方解石是在大气降水与原岩充分交换的水溶液中沉淀的。从T301井－S46井－S23井，溶蚀孔洞方解石的$\delta^{18}O$值逐渐提高，则与古地形控制下，地下水流动方向上水溶液与原岩交换程度变化相联系。

表5－10　研究区中奥陶统灰岩段风化裂隙及溶蚀孔洞中方解石稳定同位素分析结果表

样品	井号	井深/m	被测矿物产状	稳定区位素值/‰	
				$\delta^{13}C$	$\delta^{18}O$
1	S23	5525.94	孤立溶蚀孔洞中方解石	－0.58	－7.28
2	S46	5480.8	溶蚀孔洞中方解石	－0.67	－6.85
3	S47	5480.8	风化裂隙内方解石(紫红色)	－1.96	－12.26
4	S47	5363.05	硅质结核内溶洞方解石	－1.89	－7.29
5	S47	5443	风化裂隙晶洞方解石	－1.34	－10.06
6	S47	5467.50	洞穴方解石	－1.50	－9.32
7	T301	5380.16	风化裂隙孔洞中方解石	－1.52	－12.10
8	T301	5409.60	硅质结核内溶洞方解石	－5.15	－13.44

(2)浅埋藏期淡咸水混合岩溶阶段：石炭系巴楚组沉积时，随着海平面的不断上升，区带南部兰尕地区成盐环境已经结束。巴楚组下泥岩段沉积时，气候条件相对湿润，降水也有所增加，岩溶作用相对加强。在牧场北，塔河油田3、4区块，艾北，塔河油田1、5区块附近形成大面积的淡水、咸水混合岩溶区。如塔河油田3区块奥陶系碳酸盐岩充填方解石晶脉电子探针测定的元素分析数据表明，Sr、Na含量较高，并与含量低的样品共生，为淡水与海水混合溶蚀作用的依据(表5－11)。

岩溶水的混合溶蚀现象，是指两种方解石浓度不等的水混合后，会降低其方解石的饱和度或重新对方解石具有侵蚀性。这种混合溶蚀作用在咸水与淡水混合的岩溶地区表现得最为明显。从岩溶角度来看，也可以说是方解石过饱和的海水同方解石呈平衡状态的淡水的混合，随着发生混合溶蚀作用，在滨海地带发育多层溶洞。由于地下水的运动，海水和淡水的界面较静水压力状态下的界面略深，而且造成盐水在海底向淡水含水层回流，在海水与淡水的混合带形成了对灰岩有侵蚀性的微咸水，在海岸地带形成了许多地表和地下溶蚀状态。海水和淡水的界面对滨海岩溶的发育深度有一定的控制作用，在该面以下，地下水向海洋运动，在界面上产生混合岩溶作用，由于海平面的升降运动，对“界面”位置产生影响，从而在海平面以下形成多层溶洞，最深可达 120m，混合溶蚀作用对碳酸盐岩的岩溶发育起重要作用。阿克库勒凸起在海西早期巴楚组沉积时，其东、南、西三面均为海水所包围，随着海平面的上升，海岸线也逐渐向凸起顶部阿克库木一带推进，沿岸可形成淡水与咸水的混合区，并产生混合岩溶作用，形成大量沿海岸线分布的溶洞。这种类型的溶洞可能沿上奥陶统尖灭线分布，或沿巴楚组厚度等值线分布。在塔河油田的东南部有可能沿上奥陶统尖灭线发育这类溶洞，并可能与早期沿断裂形成的溶洞相互改造。

表 5－11　塔河 3 区油气田奥陶系晶脉（洞）电子探针元素分析成果表

井号	井深/m	层位	氧化物含量/%					成因分析
			MgO	Na_2O	SrO	FeO	MnO	
T301	5399	O_2	0.149	0.007	0.000	0.000		淡水溶蚀
	5476	O_2	0.092	0.006	0.043	0.039		海水溶蚀
S47	5447.5	O_2	0.150	0.021	0.000	0.057		埋藏溶蚀
	5461	O_2	0.218	0.013	0.000	0.062		埋藏溶蚀
			0.210	0.017	0.088	0.047		海水溶蚀
	5468	O_2	0.155	0.016	0.087	0.023		埋藏溶蚀
			0.140	0.016	0.045	0.024		海水溶蚀
			0.145	0.009	0.000	0.025		淡水溶蚀
	5447.9	O_2	0.131	0.019	0.065	0.023		海水溶蚀
			0.144	0.015	0.000	0.049		埋藏溶蚀
	5445.85	O_2	0.238	0.00	0.000	0.013		淡水溶蚀
			0.222	0.02	0.046	0.024		海水溶蚀
S62	5540.13	O_2		0.00	0.00	0.05	0.01	埋藏溶蚀
S64	5499.88	O_2		0.00	0.00	0.02	0.01	淡水溶蚀
	5501.21	O_2		0.00	0.01	0.02	0.01	淡水溶蚀
S65	5479.90	O_2		0.04	0.00	0.02	0.07	埋藏溶蚀
	5468.70	O_2		0.00	0.00	0.04	0.00	埋藏溶蚀
S66	5492.88	O_2		0.00	0.02	0.02	0.013	海水溶蚀
S67	5461.60	O_2		0.00	0.00	0.03	0.02	淡水溶蚀
S68	5529.00	O_2		0.00	0.00	0.02	0.01	淡水溶蚀
S69	5458.60	O_2		0.01	0.00	0.30	0.21	淡水溶蚀
	5459.00	O_2		0.00	0.00	0.04	0.03	埋藏溶蚀
	5539.50	O_2		0.00	0.01	0.07	0.00	埋藏溶蚀
	5698.60	O_2		0.00	0.04	0.03	0.03	海水溶蚀
S70	5434.00	O_2			0.00	0.04	0.01	埋藏溶蚀
T401	5375.84	O_2			0.01	0.02	0.02	淡水溶蚀

续表

井号	井深/m	层位	氧化物含量/%					成因分析
			MgO	Na_2O	SrO	FeO	MnO	
T414	5467.5	O_2			0.04	0.03	0.02	海水溶蚀
	5469.00	O_2			0.04	0.04	0.01	海水溶蚀
T415	5575.00	O_2			0.00	0.01	0.02	淡水溶蚀
T416	5434.00	O_2			0.00	0.03	0.07	埋藏溶蚀
YK407	5393.40	O_2			0.08	0.04	0.04	海水溶蚀
TK409	5557.40	O_2			0.00	0.02	0.00	淡水溶蚀

(3)深埋藏期地下水溶蚀及淡水渗滤岩溶阶段：巴楚组沉积时阿克库勒凸起的大部分地区处于浅埋藏期混合岩溶阶段。之后，在石炭系卡拉沙依组沉积时，由于阿克库勒凸起主体部位奥陶系可溶岩之上沉积了巴楚组下泥岩段等非可溶岩，大部分地区不能见到地表岩溶的各种现象，以地下水的溶蚀作用为主。地下水可沿裂缝、溶孔、溶隙产生较为缓慢的溶蚀作用，而且经常呈充填或半充填状态。受海西晚期构造运动的影响，产生了许多深达中奥陶统的断裂，同时，LN1－S9 井一带还处于暴露区的岩溶环境，地表岩溶水通过断裂输入、渗滤至奥陶系可溶岩中，与原来的水系产生新的混合溶蚀作用，但此时水动力条件差，地下水的交替缓慢。在深埋藏的岩溶环境中，其初期形成的溶孔、溶隙等，易为自身溶蚀反应中的物质所沉淀封闭。深埋藏型岩溶环境受深大断裂的影响时，岩溶系统中的水与深部含水岩体可有一定的水力联系。这个岩溶阶段在阿克库木构造带表现为石炭系缺失，三叠系与下伏奥陶统呈不整合接触，奥陶统碳酸盐岩受到强烈的古岩溶作用。

(4)印支－燕山期至今岩溶作用－深部岩溶作用阶段：深部岩溶是指可溶岩被深埋于地下，与外部水基本隔离的封闭环境下的岩溶作用。以热液型溶蚀、特殊气体的溶蚀、有机酸的溶蚀等形式出现。后者可能是阿克库勒凸起深部岩溶作用的主要形式。

阿克库勒凸起地区奥陶系碳酸盐岩埋藏深度大都在 5000m 以下，地温达到 130℃以上，干酪根进入热降解过程(指二次生油期)，可产生羧酸、CO_2 气体和 SO_2 等。由于温度与压力的变化，将导致水的气－液相转换，使之长期不断地产生凝析水，目前塔河油区奥陶系油藏的原油基本上都含凝析水。这种凝析水在由小空间向大空间运动时，一方面由于这种水溶液有羧酸、CO_2 等物质将对碳酸盐岩产生溶蚀作用，另一方面这种矿化度特低的新生水与矿化度较高的地层水混合后又将产生混合溶蚀作用。

应该指出，由于各阶段形成的岩溶形态互相叠加、改造，使阿克库勒凸起岩溶期次研究变得更加复杂。

2)岩溶纵向发育特征

受地下水动力分带的控制，自上而下可分为地表岩溶带、渗流岩溶带和潜流岩溶带，其中渗流岩溶带又可分为上带(近地表渗入带，也叫渗入岩溶带)和下带(渗滤岩溶带)(图 5－12)。各井岩溶垂向分带特征表(表 5－12)。

A. 地表岩溶带

该带位于奥陶系顶部、风化壳表层，指岩溶坡积物、残积物与岩溶洼坑、漏斗充填物，如角砾灰岩、泥灰岩、古土壤等。一般分布在岩溶谷地、岩溶斜坡下部及岩溶斜坡上的洼坑等古地貌低部位。本区处于岩溶残丘上的钻井中多数地表岩溶带不发育，这是由于岩溶地貌差异较大，高部位的岩溶残积物往往向低部位搬运沉积或被后期剥蚀而缺失。而处于古地貌低部位的钻井地表岩溶带发育。本区地表岩溶带保留较好的有 S64 井。

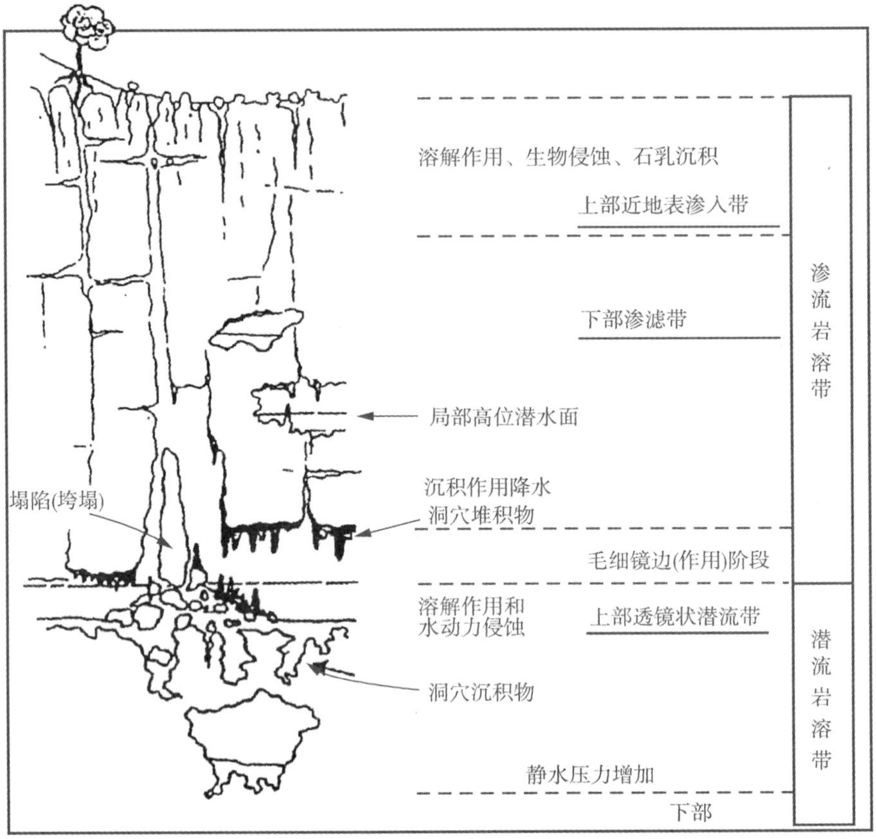

图 5－12　岩溶发育的纵向发育模式特征图

表 5－12　岩溶垂向分带特征表

岩溶分带		测井曲线响应			钻　速	地下水作用方式	充填物	岩溶形态
		自然伽马	井径	电阻率曲线				
地表岩溶带		曲线呈锯齿状，比渗流带高，30～90API	扩径	比渗流带降低，比泥岩高，有裂缝储层发育时 RD > RS	略加快	地表径流为主	岩溶残积物和洼坑、漏斗充填物	岩溶谷地、斜坡上的洼坑
渗流岩溶带	渗入岩溶带	比致密灰岩高，一般 30～60API，曲线略呈锯齿状	扩径或不扩径	比致密灰岩明显降低，呈剧烈的锯齿状	略加快	土壤水向下渗流为主，少量横向流动	地表残积物、洞壁塌积物	溶沟、溶蚀洼地、落水洞
	渗滤岩溶带	与致密灰岩接近，曲线近于平直或呈微齿状	不扩径或略扩径	双侧向电阻率值较低，且出现正差异	不加快或略加快	地下水向下渗流，淋滤溶蚀	渗流机械充填、化学充填	垂直（或近于）的溶蚀缝及小型溶洞
潜流岩溶带	未充填溶洞、暗河	一般较低	扩径严重	电阻率值低	钻速加快、钻具放空	地下水水平运动及所产生的溶蚀作用	机械充填（河成焦砾岩）、崩塌堆积及化学充填	水平溶洞、暗河
	砂泥质充填溶洞、暗河	自然伽马值高，一般 45～100API，起伏较大	扩径	电阻率值低，呈锯齿状，出现正差异	钻速加快			
	角砾岩	比致密灰岩高，一般 30～60API，曲线略呈锯齿状	扩径	比致密灰岩明显降低，呈剧烈的锯齿状，并出现正差异	略加快			

B. 渗流岩溶带

该带可分为上部渗入岩溶带和下部渗滤岩溶带。

(1)渗入岩溶带：该带位于渗流岩溶带的上部，一般发育深度在风化面之下 30 ~ 50m，地表水不断向下渗流，形成一些溶沟、溶缝、溶蚀洼地和落水洞，常被地表残余物和洞壁塌积物充填，如角砾、硅质、砂泥质等，亦有少量未被完全充填或未充填者。在一定条件下地下水还可能发生有限横向流动，在局部形成横向展布的溶洞。除了地下水活动外，该带还受植物根系、动物扰动等影响。

本区钻井中多数上部渗入带不发育，这是由于岩溶地貌差异较大，导致渗入带分布极不均匀。本区渗入带保存较好的有 S48 井(风化面之下 0.74m 保留有溶洞发育，放空 1.56m)。

与地表岩溶带的区别在于，上部渗入带指的主要是与不整合面不直接连通的落水洞、溶沟等所充填的角砾岩及砂泥质等伴生物：而钻井中与不整合面连通的角砾岩在层位上常被划归石炭系的“底砾岩”(如 LN54 井、S67 井等)。根据所取岩心的岩石学分析及测井资料反映，它的零星分布的特点表明，这些所谓的“底砾岩”绝大部分均为地表溶蚀坑、溶蚀洼地或落水洞充填的混合角砾岩。它们呈不规则的囊状、管状、窄板状、透镜状或漏斗状，横向上断续分布。组成这种角砾岩相的岩石类型主要有两种，其一为碎屑支撑的混杂角砾岩，角砾成分复杂，角砾间为泥、粉砂充填，厚度变化大；其二为基质支撑的角砾岩，钻井中常见这种厚度较大的角砾岩，而相邻井中往往消失，表现为管状或囊状的分布特征，应为落水洞中的碎屑流堆积。

(2)渗滤岩溶带：该带位于渗流岩溶带的上部，一般发育深度在风化面之下 100m 左右。该带地下水主要沿岩层中的裂缝向下渗流，发生淋滤溶蚀，形成一些垂直或近于垂直的溶蚀缝或串珠状的小型溶洞，在一定条件下可以形成较大规模的溶洞，如 T403 井、TK407、LN15 井等。溶洞大多数均已被充填或半充填，其充填物主要为砂泥质等渗流机械物沉积，部分为方解石、白云石或硅质等化学物沉积。研究区几乎所有钻遇奥陶系碳酸盐岩的钻井均可见到渗滤带发育，其主要特征是垂直或近于垂直的裂缝经溶蚀扩大，内部充填砂泥质或砾石等。位于岩溶高地区的井钻遇渗滤带较厚，S9 井渗滤带厚达 500m 余。

C. 水平潜流岩溶带

该带位于地下水潜流带上部，在潜水面附近的潜流地下水呈较强的水平运动，且地下水中碳酸钙不饱和，CO_2 含量高，因此溶蚀作用强烈，可形成众多规模较大的水平溶洞，并进一步发育为地下暗河。该带不仅溶蚀作用强，充填作用也很强，最具代表性的是河成角砾岩、河成砂、泥岩及洞穴崩塌堆积物，还可以有化学充填作用，在溶洞中见大量充填方解石晶体。研究区钻遇奥陶系碳酸盐岩的较多钻井可见潜流岩溶带发育，其中潜流带水平溶洞及其充填物保存完整的有 T401、T402、LN27、LN12 等井。如 LN12 井，该井从洞底至洞顶可分为下部塌陷相、中部地下暗河充填相及上部洞顶破裂相 3 个带。

(1)下部塌陷相：为碎屑支撑的角砾状灰岩，角砾间为泥质、粉砂质充填，系由洞顶塌落的灰岩碎块在洞底堆积而成。

(2)中部地下暗河充填相：包括含泥质、粉砂质角砾灰岩，灰岩角砾悬浮于泥质、粉砂质杂基中，部分砾石(角砾)显示定向性；含泥质细—粉砂岩，平行层理及中小型交错层理发育，具水平层理及中小型交错层理的泥粉砂岩：具波状、脉状、透镜状层理的泥质粉砂岩与粉砂质泥岩等厚互层；具水平层理发育的粉砂质泥岩。它们分别代表地下暗河洪峰期 - 平水期沉积的产物。

(3)上部洞顶破裂相：主要指溶蚀缝、破裂缝极为发育的洞顶灰岩层，即溶洞顶板。然而，许多钻井中难以见到发育完全的水平溶洞及充填物，往往仅能见到地下暗河充填相的角砾岩、砂泥岩等，例如S14井5413.7～5429.5m井段发育直径达15.8m的水平溶洞，充填物以钙泥质角砾岩及砂砾岩为主，间夹钙质砂岩及砂质泥岩等。另外，尚有部分未充填或半充填的水平溶洞，在钻井过程中表现为放空、漏失等现象，例如T301井5545.66～5546.76m井段(距不整合面185.16m)放空1.2m，漏失泥浆320m^3。但是，并不是所有钻井上述岩溶垂直分带都发育完整，在岩溶地貌低部位，如TK422、S64井等井，渗流带已被完全剥去，只有地表残积物直接覆盖在潜流岩溶带之上。

上述岩溶垂直分带，主要是受地下水运动的控制，尤其是潜水面深度的控制，在地质时期中由于地壳运动和/或海平面的升降，引起潜水面的升降，这样就可能形成渗流岩溶带和潜流岩溶带在剖面中多次交替。在构造抬升期，潜山面是逐渐下移的，在构造沉降与海侵期，潜水面逐步上移，相应的潜流岩溶带也会上下迁移，造成潜流带与渗透流带的相互转变。潜水面的升降速度是变化的，当升降速度缓慢或水位稳定期长时，潜流岩溶带发育程度高：当潜水面下降或上升过快，或者造成水平运动水流枯竭，或者被淹没，变成碳酸钙饱和溶液的水或弱交替水环境，相应的潜流岩溶带不发育。根据研究区的地质构造特征，我们将石炭系沉积前、奥陶系碳酸盐岩暴露面积最大、接受大气降水最多、潜水面最深时所形成的渗流岩溶带及潜流岩溶带称作主渗流岩溶带、主潜流岩溶带(简称渗流岩溶带、潜流岩溶带)；而在下石炭统逐渐超覆过程中，奥陶系碳酸盐岩暴露面积逐渐减小，接受大气降水逐渐减少、潜水面逐步上升，当其相对稳定期，在早期的渗流带的某一部位，可能形成新的潜流带，我们称此带为“次级潜流岩溶改造带”。在阿克库勒地区许多井中均可见次级潜流岩溶改造带，如T301井等可见1个次级潜流岩溶改造带，而S14井可见2个次级潜流岩溶改造带。

3)古岩溶地貌特征

关于阿克库勒凸起古岩溶时期尚有不同认识，有人认为“该区中奥陶统沉积之后，直到下石炭统沉积之前，经历了1亿多年的风化淋滤作用，缺失上奥陶统、志留系和泥盆系”。从而，该区中奥陶统经历了加里东中、晚期以及海西早期岩溶作用。

该区上奥陶统、志留系及泥盆系是剥蚀缺失，而非沉积缺失，该区奥陶系碳酸盐岩主要经历了海西晚期的岩溶作用，主要依据是：

(1)从岩相古地理情况看，目前工区南部志留－泥盆纪地层分布的地区，并非古陆边缘相沉积，表明工区中、北部缺失志留－泥盆系，是剥蚀缺失，而非沉积缺失。

(2)阿克库勒凸起中、北部下石炭统与奥陶系直接接触的地区，下石炭统与奥陶系的有机质成熟度(R_0)存在明显的“断层”，其中下石炭统R_0为0.53%～0.86%，而奥陶系顶部的R_0为1.20%～1.55%。这明显反映该区有相当厚度的志留－泥盆系沉积，在海西早期运动遭受强烈剥蚀而缺失。有人据此计算过该区志留、泥盆系及部分奥陶系剥蚀厚度达2500～3000m。这与根据地震剖面特征对该区进行志留－泥盆系剥蚀厚度计算的结果相当吻合，表明该区确有相当厚度的志留－泥盆系沉积，在海西早期运动时被剥蚀。

(3)在S14井水平潜流岩溶带(5413.7～5429.5m)溶洞充填物岩溶角砾岩的杂基中采获了*Rugospor*，*Verrucosisporites*，*Lophozonotriletes*，*Grandispora*等早石炭世杜内期的孢粉化石，共有15个属种。在该区其他钻孔中也获得了*Aneurospora*，*Schopfites*等早石炭世孢粉化石。这表明溶洞充填的时代为早石炭世。对溶洞充填物的详细研究表明，溶洞中下部为洞顶坍塌沉积、碎屑流沉积及地下暗河沉积的互层产出，这种现象反映溶洞的形成(岩溶)与洞穴的充填基本上同时进行。这也表明岩溶作用的时期为海西早期末至海西晚期。

综合以上几方面的证据，充分表明研究区志留－泥盆系(以及部分奥陶系)的缺失是剥蚀缺失，而绝非沉积缺失。因而奥陶系碳酸盐岩的古岩溶作用发生的时期主要应为海西早期末至海西晚期初，在部分地区(缺失石炭、二叠系的地区)还叠加了海西晚期的古岩溶作用。

前已述及，阿克库勒凸起有利岩溶发育的层位主要为中奥陶统及部分上奥陶统，因此，我们利用区域二维地震剖面，寻找上奥陶统的尖灭线，圈出上奥陶统的剥蚀线，从而确定中奥陶统碳酸盐岩的暴露、岩溶区，作为寻找中、下奥陶统岩溶型储层的有效范围。

石炭系底部地层是在中奥陶统风化壳之上的填平补齐式沉积，其厚度可间接反映中奥陶统风化壳型岩溶的地貌特征。研究中综合利用地震及钻井资料，以具有区域标志层特征的下石炭统巴楚组双峰灰岩为基准面，勾绘中奥陶统顶面至双峰灰岩顶面之间的地层厚度等值线图，以恢复中奥陶统碳酸盐岩古岩溶的地貌特征。从中奥陶统碳酸盐岩古岩溶地貌图上可以看出，本区岩溶地貌表现了较大的地形起伏，区内地形高差可达250m以上。从总体上看，具明显的北高南低的特征，北侧为岩溶高地，南侧及东西两侧均为岩溶谷地，其间为岩溶斜坡。各地貌单元具有明显不同的岩溶发育特征(图5－13、图5－14)。

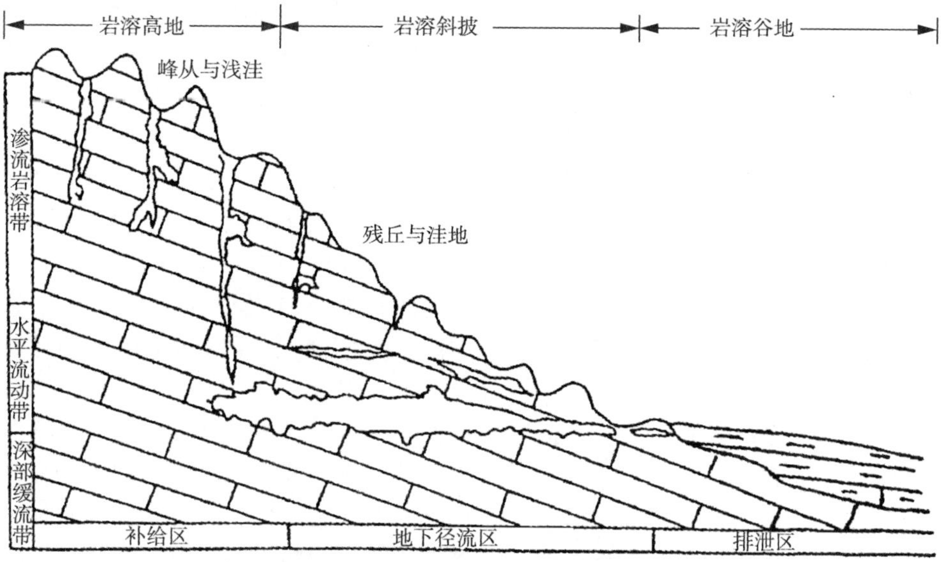

图5－13　各岩溶地貌单元岩溶发育特征图

A. 岩溶高地

岩溶高地是岩溶地貌中的较高部位，其上无下石炭统巴楚组沉积，岩溶高地主要分布于阿克库勒凸起中部LN1、S9、LN8、LN2、LG1、LG3井一带。由于岩溶高地处于地势较高的部位，其特征是垂直渗流岩溶带发育，厚度较大，如S9井一带厚度可达500m以上，LX2井一带厚463m，尚未见底。同时，以落水洞及其充填物为主的近地表渗入岩溶带也较发育，如S9井、LN12井、LX2井等均发育厚度不等的近地表渗入岩溶带。水平潜流岩溶带不发育，主要出现于岩溶高地的边缘部位，如S9井、LN8井等。岩溶高地上的潜流带及次级潜流带改造带的水平溶洞，多被地下暗河沉积物所充填，仅少量被保留，如LN8井在次级潜流改造带的5256.20～5258.70m及5239.40～5240.00m井段分别放空2.5m及0.5m。

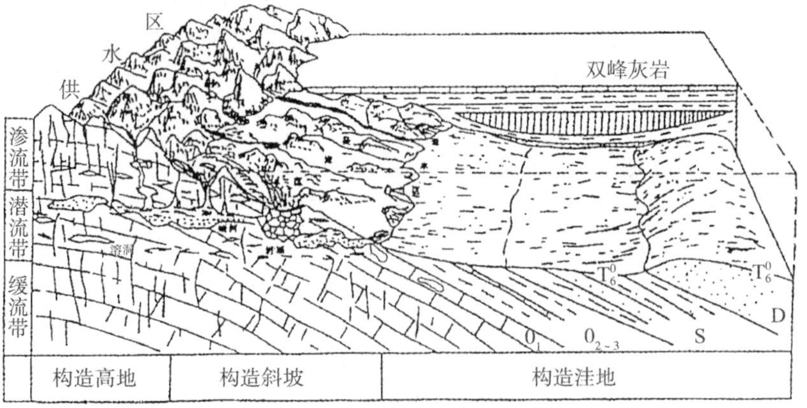

图5－14　阿克库勒凸起古岩溶地貌特征图

B. 岩溶斜坡

岩溶斜坡分布于岩溶高地与岩溶谷地之间的过渡地带，具有一定厚度的石炭系巴楚组沉积，在地形斜坡上有缓有陡，主要分布于研究区中部(除LN1井－LN2井－LN8井一带的岩溶高地外)，其北西侧坡度较陡，东南翼呈缓坡，同时在其西南及东南侧斜坡背景上还发育许多成排成带的次级岩溶残丘(即岩溶斜坡上相对较高的部位)，如S46井－S47井、S48井－LN15井、LN27井、LN27井北、LN4井等；同时还发育次级岩溶洼坑(即岩溶斜坡上相对低洼的部位)，如S64井、LN44井、LN20－LN40井、LN13井等。

在岩溶斜坡上坡度较小、比较平缓的地区(岩溶缓坡)，地表及地下水系较为发育，岩溶作用较强且纵向上分带特征明显，岩溶垂向序列发育完整，如S47、T301、T302等井。同时次级潜流改造带也较发育，如LN15井、T301、T302等井。近地表渗入岩溶带的发育明显受古岩溶地貌及地表水系发育程度的控制，其发育部位及展布方向与古岩溶地貌及地表水系相匹配；地表径流的流速较慢，渗透量大；受区域潜水面的控制，垂直渗流岩溶带厚度相对较小；水平潜流岩溶带极为发育，厚度150～250m，其发育部位及展布方向与海西早期断裂系统及古水系有关。受早期断裂系统以及岩性特征、水文地质条件等因素控制，潜流岩溶发育深度存在差异。由于东南斜坡区早期断裂系统发育程度明显低于其北东向轴部区，从而造成岩溶作用发育的程度、规模北东向轴部区明显好于两翼斜坡区。目前勘探成果表明其含油气层段及缝洞发育带自东南斜坡区(如桑塔木地区)向其西侧的艾协克及牧场北地区(轴部附近)发育程度变好，且其深度呈阶梯状逐渐加深。钻井放空及泥浆漏失情况见(表5－13)。

岩溶斜坡上近地表渗入岩溶带、水平潜流岩溶带及次级潜流改造带发育的水平溶洞或落水洞也多被地下暗河充填物等所充填，但保留的机会较岩溶高地多，在工区目前钻遇放空及漏失井中，大多数位于岩溶斜坡；特别是岩溶斜坡上的次级岩溶残丘，如S47、S48、T301井等。

C. 岩溶谷地

岩溶谷地是岩溶地貌中的低洼地区，主要分布于工区东侧、西侧及南侧，环绕岩溶斜坡区，其南部地区被上奥陶统覆盖。岩溶谷地中靠近岩溶斜坡区的部位，岩溶发育特征与岩溶斜坡相似(岩溶垂向序列发育较完整，水平潜流岩溶带较为发育)，但其垂直渗流岩溶带的厚度减小(一般小于120m)，且水平潜流岩溶带及次级潜流改造岩溶带中的水平溶洞均被地下暗河沉积所充填，目前尚未见未充填的溶洞，如S14井、S17井、S60井、LN16井等。岩溶谷地中靠近非岩溶发育区一侧，有奥陶统覆盖，岩溶不发育，岩溶垂向序列不完整，垂直渗流岩溶带及水平潜流溶带厚度均薄或不发育，在地表甚至可形成积水区。可发育一些小型溶蚀孔洞和溶缝，如 S68 井、S69 井、S76 井等。

表 5-13 塔河油田奥陶系油藏钻井放空及泥浆漏失统计表

区块	井号	井段/m	放空/m	泥浆漏失或溢流量/m^3	距 T_7^0 风化面积距离/m	古岩溶地貌位置	岩溶带纵向划分
1	S60	5527.34~5542.95		漏失 1064.1	94.34	岩溶谷地	渗滤岩溶带
	S69	5534~5537.58		溢流 3.0	34	岩溶谷地	渗滤岩溶带
2	TK203	5549~5615.24	2.14		169	岩溶谷地	渗滤岩溶带
3	S23	5423.5~5425.5	近放空		5.5	岩溶斜坡	渗入岩溶带
	S47	5367.75~5368.25	0.5		11.25	岩溶斜坡 岩溶残丘	渗入岩溶带
		5367.75~5372.75		漏失 1345.7	11.25		
	T301	5371~5373.14		少量溢流	13.5	岩溶斜坡 岩溶残丘	渗入岩溶带
		5545.66~5546.86	1.2		188.16		渗入岩溶带
		5545.66~5557.21		漏失 >1000	188.16		
	T302	<5377.5		439.9	0	岩溶斜坡 次级残丘	渗入岩溶带
		5524~5682			146.5		潜流岩溶带
	TK305	5488~5512		少量溢流	82	岩溶斜坡	渗滤岩溶带
	TK309	5430.0~5440.0		漏失 90	45.5	岩溶斜坡	渗滤岩溶带
	S70	5496.12	近放空	少量溢流	70.12	岩溶斜坡	渗滤岩溶带
	S61	5665.90~5667.19	1.29		196.9	岩溶斜坡	潜流岩溶带
	S77	5464.76		溢流 1.2		岩溶斜坡	渗滤岩溶带
4	S48	5364.24~5370		2318	1.24	岩溶斜坡 次级残丘	渗入岩溶带
		5364.26~5365.76	1.56		1.26		
	T401	<5376		103.07	8.5	岩溶斜坡 次级残丘	渗入岩溶带
	T402	5370~5394		997.19	11.5	岩溶斜坡 次级残丘	渗入岩溶带
		5549~5587		940.6	190.5		潜流岩溶带
	T407	5397.83		井喷 9m 高	6.3	岩溶斜坡 次级残丘	渗入岩溶带
	TK412	5381.0		238.8	0	岩溶斜坡 次级残丘	渗入岩溶带
		5455~5460.47		严重漏失	74		渗滤岩溶带
	TK424	5530.3~5536		漏失 40	76.8	岩溶斜坡 次级残丘	渗滤岩溶带
		5536~5537.3	1.16		82.8		渗滤岩溶带
	TK427	5563~5578			140.5	岩溶斜坡 次级残丘	渗滤岩溶带
		5591~5600			168.5		渗滤岩溶带
	LN15	5544.3~5546.3	2.0		116	岩溶斜坡 次级残丘	渗滤岩溶带
	S65	5470.35		漏速 3.3m^3/h	19.4	岩溶斜坡 次级残丘	渗入岩溶带
6	S66	5495.97~5499.9		井涌 0.16	9.5	岩溶斜坡 次级残丘	渗入岩溶带
	S74	5556.84~5564.07		漏失 35.3	93.84	岩溶斜坡 次级残丘	渗滤岩溶带

续表

区块	井号	井段/m	放空/m	泥浆漏失或溢流量/m^3	距 T_7^0 风化面积距离/m	古岩溶地貌位置	岩溶带纵向划分
艾北	S73	5285.63		井　涌	16.63	岩溶斜坡	渗入岩溶带
	S78	5369.62		95	55.62	岩溶斜坡	渗滤岩溶带
	LN11	5283.71～5284.56	0.85		11.21	岩溶斜坡	渗滤岩溶带

由于海西早期运动后石炭纪早期沉积过程中海平面的间断性持续上升引起区域性潜水面的变化，在各岩溶区主要的潜流带之上的地表－渗流岩溶带内叠加了多期次的次级潜流岩溶作用，形成次级的近水平潜流溶蚀缝洞。综上所述，可以简要归纳本区奥陶系碳酸盐岩溶发育的规律：

首先，不同岩溶地貌单元的岩溶发育特征明显不同一般，岩溶高地以垂直渗流岩溶带发育为特征，仅在其边缘有水平潜流岩溶带发育，同时溶蚀孔洞多被砂泥质等充填。岩溶斜坡的岩溶纵向分带明显，渗流、潜流岩溶带均发育；尽管相当数量的溶蚀孔洞亦被砂泥质等充填，但其保留的机遇是各岩溶地貌单元中最高者，特别是其中的缓坡及其上的岩溶残丘。

岩溶谷地中靠近岩溶斜坡一侧，岩溶发育特征近似于岩溶斜坡，但充填作用更严重；其余部分岩溶作用不发育。

其次，岩溶纵向分带在各岩溶地貌单元明显不同。垂直渗流岩溶带在岩溶高地厚度大，最大可达500m；在岩溶斜坡其厚度一般150～200m，其厚度向岩溶谷地逐渐减小；而在岩溶谷地，其厚度一般小于120m。由于暴露区的逐步减小，潜水面随之上升，在垂直渗流岩溶带可受水平方向流动的地下水的改造，而形成若干次级潜流岩溶改造带。

因此，岩溶最为发育，且保留机率较高的是岩溶斜坡，特别是岩溶缓坡及其上的次级岩溶残丘，它是寻找岩溶型储层的最佳地区；其次是岩溶高地及岩溶谷地近岩溶斜坡一侧。

4)岩溶系统及展布特征

A. 岩溶系统定义

将原岩性质、岩溶环境、构造背景、古水文系统具有相似性，形成的岩溶类型、岩溶形态、地下水分布特征等因素具有可比性，在成因上具有关联性的岩溶区称为岩溶系统。同一岩溶系统具有统一的岩溶地下水文系统。岩溶作用、岩溶形态的分布在平面和纵向上均有其特定的分布规律。目前岩溶系统的研究正在进行，一些观点和认识也在逐步完善。

B. 岩溶系统划分

在阿克库勒凸起，我们暂时划分出了11个岩溶系统(图5－15)：阿克墩北淡水渗流强交替供水区岩溶系统、于奇淡咸水渗流弱交替区混合岩溶系统、阿克库木淡水渗流强交替供水区岩溶系统、北部平台承压区混合岩溶系统、牧场北承压区混合岩溶系统、塔河油田3区块承压区混合岩溶系统、塔河油田4区块承压区混合岩溶系统、艾北－阿克库勒弱交替区混合岩溶系统、南部平台承压区混合岩溶系统、牧场－桑塔木盐边排泄区混合岩溶系统、兰尕－塔河北咸水岩溶系统。同一岩溶系统具有统一的古水文子系统，可能形成统一的油水界面，或具有相似的成藏特点。深入研究岩溶系统的形成、发展、演化对指导油气勘探具有重要的现实意义。

渗流强交替供水区岩溶系统的地区基本上位于岩溶高地，长期遭受风化剥蚀，由于缺少石炭系或石炭系很薄，在海西晚期也是地表淡水的供给区，对本区及与此供水区相连通的其他岩溶区的油气成藏产生一定的影响，如塔河油田4区块油田、牧场北地区奥陶系的重质原油的形成可能就与海西晚期及以后阿克库木地区的淡水不断供给有关。渗流强交替供水岩溶区由于受剥蚀的时间长，奥陶系时代较老，相当于鹰山组，岩溶虽比较发育，但充填与塌陷也很严重，往往有效的储集体不太发育，后期保存条件又差，测试出水的较多。承压区既有垂直渗流岩溶作用，又有潜流作用，大部分地区均有石炭系巴楚组，储盖条件好，保存条件好，有利于油气成藏。由于各区块与供水区的联系程度不同，导致后期地下水对已成藏的油气的改造程度不同，受改造的以重质油为主，未受改造的以轻质油或气为主。不排除后期成藏的油气为轻质油或气为主的认识。承压区奥陶系时代较新，相当于一间房组。排泄区主要位于阿克库勒的南部、西南部以及东部地区，来自北部供水区的水通过岩溶系统后以地下水或地表径流等方式在该区汇聚，并与该区的咸水一起产生溶蚀作用。该岩溶区由于剥蚀程度低，存在上奥陶统和比较齐全的中奥陶统，生物屑、砂屑灰岩和生物礁滩发育，以侧向溶蚀和沿层溶蚀作用为主，经岩溶改造的孔缝洞发育，是一个极有前景的勘探区块。咸水岩溶区岩溶岩主要是上奥陶统，尤其是良里塔格组下部也存在一套生物礁滩相的灰岩，经岩溶改造后可形成良好的储集体，其上又是石炭系的膏盐层，勘探前景好，桑南 1 号、塔里木乡 1 号是最有利的勘探目标，获油气突破的希望较大。

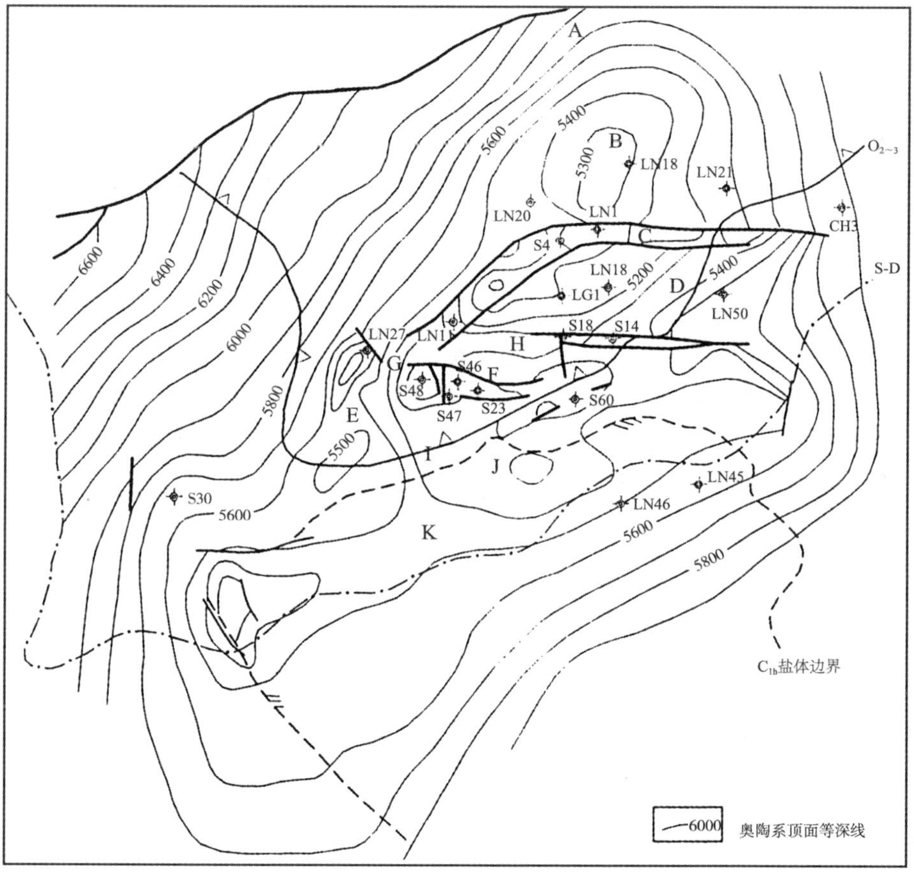

图 5-15　阿克库勒凸起岩溶系统划分图

A—阿克墩北淡水渗流强交替供水区岩溶系统；B—于奇淡咸水渗流弱交替区混合岩溶系统；C—阿克库木淡水渗流强交替供水区岩溶系统；D—北部平台承压区混合岩溶系统；E—牧场北承压区混合岩溶系统；F—塔河油田 3 区块承压区混合岩溶系统；G—塔河油田 4 区块承压区混合岩溶系统；H—艾北 - 阿克库勒弱交替区混合岩溶系统；I—南部平台承压区混合岩溶系统；J—牧场 - 桑塔木盐边排泄区混合岩溶系统；K—兰尕 - 塔河北咸水岩溶系统

2. 岩溶发育的控制因素

1)岩性因素

岩性是控制古岩溶发育最重要的内在因素。岩溶作用包括化学溶解和物理破坏，影响化学溶解量的主要因素是岩石的成分。关于可溶岩岩性对岩溶作用的影响，使用了“比溶蚀度”的概念。即在一定实验条件下，某种碳酸盐岩的溶蚀量与标准试样溶蚀量之比，比溶蚀度高的岩石更有利于岩溶发育。生物礁灰岩、粒屑灰岩、生屑灰岩等更容易被溶蚀。但由于灰岩岩石骨架较软，不易形成大型溶洞。

本区寒武系－中奥陶统以质纯的碳酸盐岩为主，有利于岩溶发育；上奥陶统上部以砂、泥岩等碎屑岩为主，夹灰岩，不利于岩溶发育。但塔河油田南部发育有上奥陶统下部，以泥灰岩和生物灰岩为主，比溶蚀度高，易于溶蚀，在地形地貌上往往形成较平坦的洼地或斜坡。而北部则以粒屑、砂屑、微晶灰岩为主，岩石骨架较硬，比溶蚀度中等，在地形地貌上多见一些溶蚀残丘，溶洞相对发育。因而，本区岩溶发育的层位主要是寒武系－中奥陶统碳酸盐岩，主要有灰岩及白云岩两大类。目前钻井主要揭示的岩溶发育段为中奥陶统顶部，岩性为灰岩，局部有白云化现象，如T416井在5700m左右见白云石沿裂缝充填，测井解释5696～5701m为白云岩。

差别较大的岩性界面也是岩溶发育的重要领域，如上奥陶统与中奥陶统之间的界面，有可能形成沿此界面层状分布的岩溶洞穴。S60井证实沿此面附近岩溶发育。

2)构造因素

构造是控制古岩溶发育最重要的外在因素之一。其作用主要表现在：

A. 构造背景是古岩溶发育的基础

阿克库勒凸起是一个自加里东期中期就开始发育的大型由北向南倾伏的鼻状古凸起，海西早期构造运动使鼻状凸起上形成北东向的断裂和褶皱，并且使大部分地区剥蚀缺失志留－泥盆系、上奥陶统及部分中奥陶统，从而使中下奥陶统碳酸盐岩普遍遭受了长期的风化剥蚀及岩溶作用。海西晚期的构造运动形成了以东西向为主的断裂和褶皱，并使工区北部及中部部分地区的石炭统剥蚀缺失，使这些地区在海西早期岩溶的基础上叠加了海西晚期的岩溶作用。

B. 构造格局控制了岩溶地貌分区

前已述及加里东运动使本区形成由北向南倾伏的鼻状凸起雏形，海西早期运动使其进一步加强这种北高南低的构造格局，造就了本区岩溶地貌的基本形态，即北部为岩溶高地，南部(以及西部和东部)为岩溶谷地，而其间则主要为岩溶斜坡。而不同岩溶地貌单元具有各自独特的岩溶发育特征。

C. 断裂和裂缝亦是影响岩溶发育的重要因素

裂缝是地下水运动的重要通道，本区古溶发育的母岩为经历过成岩改造且基质孔、渗性极差的灰岩，地表淡水主要沿早海西期形成的断裂和伴生的裂缝向下运动，发生溶蚀作用。因而海西早期所形成的北东向断裂及伴生的裂缝，对本区古岩溶的发育具有重要的控制作用。

D. 构造的稳定性影响岩溶发育程度

岩溶发育期若构造相对稳定，则岩溶作用充分，且保留下来的孔、洞、缝等岩溶系统相对完整；岩溶发育期构造活动性较强时，构造升降过快，或者因为淡水泊过早枯竭或过快淹没而使代谢淡水的交替作用受制，岩溶作用相对发育不太充分，甚至可以将前期形成的岩溶发育带剥蚀掉。而本区仍属于构造较为稳定区，故岩溶作用尚好。

E. 构造控制古地貌

古地貌控制了古水系的发育程度及展布，古水系大致沿古地形等高线的法线之间延伸，在凸起的周缘斜坡区最为发育。在东南部为水系南东向延伸，水系向西南方向发生汇流，呈收敛形态，水系发育区及其两侧，是岩溶作用最为发育的部位。

3)气候因素

气候是控制古岩溶发育的重要因素。潮湿、炎热的气候条件最有利于岩溶作用，这与大气降水量、气温、CO_2 含量等有关。然而阿克库勒凸起及邻区岩溶发育最主要的地质时期(海西早期末至海西晚期初)的气候条件是以半潮湿半干旱为主，这可以从中泥盆统克兹尔塔格组、下石炭统巴楚组及上泥盆统东河砂岩中生物化石甚至遗迹化石均罕见，以及高角斜层理等反映风成沉积的特征可以看出。而且这种半干旱气候一直持续到早石炭世早期(巴楚期)晚时，这可以从巴楚组下泥岩段分布上万平方千米的膏盐岩区得到证明，同时在巴楚组最顶部的双峰灰岩段中仍普遍见有石膏也表明这一点。这是奥陶系碳酸盐岩岩溶发育的不利因素，也是本区岩溶与潮湿炎热气候条件下形成的岩溶之规模不能相类比的原因。

4)时间因素

碳酸盐岩岩溶作用的强度与暴露、风化淋滤的时间成正比，所经历的风化时间越长，岩溶越发育，同时暴露时间的多期性亦深刻影响岩溶发育的期次和岩溶剖面序列的特点。本区遭受岩溶作用的时间较长，部分地区经历了多期抬升暴露，因此岩溶总体较发育。

3. 岩溶储集体类型

1)储集体岩石学特征

寒武－奥陶系碳酸盐岩储层主要是灰岩和白云岩及其间的过渡型岩石。其中，寒武系及下奥陶统下部以白云岩为主，中奥陶统以灰岩为主，而上奥陶统则为灰岩与碎屑岩互层。

A. 白云岩

(1)白云岩的岩石类型：白云岩储层的岩石类型主要有 3 类，按其结构、构造特征又可进一步划出若干亚类。

①结晶白云岩：结晶白云岩成因复杂，通常为交代之产物，从结构上一般都无法辨认其原始特征，完全呈晶粒结构，按晶粒大小可分为以下 4 种：

a. 中－粗晶或不等晶白云岩：白云岩晶形一般较好，常具雾心亮边特点。

b. 细晶白云岩：白云岩常呈半自形晶，少数为它形或自形晶，晶体直径为 0.1 ~ 0.25mm，晶体表面较浑浊，多呈镶嵌接触。

c. 粉晶白云岩：白云石自形程度差，多为半自形－它形，晶体直径小于 0.1mm，有时含少量泥质(小于 10%)或微量石膏、黄铁矿等自生矿物，常具微波状或水平纹理构造。

d. 泥微晶白云岩：基本特征与粉晶白云岩相似，只是晶粒更细小。

在上述几种结晶白云岩中，以细晶和粉晶白云岩最常见。

②残余颗粒白云岩：残余颗粒白云岩为交代成因，但仍保留或部分保留原岩结构、构造特征。按颗粒类型可分为以下 4 种：

a. 残余砾屑白云岩：具亮晶砾屑灰岩的结构特征，砾屑大于 2mm，多在 0.5 ~ 1.0cm，常为扁平状，且具定向性。垂向上与砂屑或隐藻类白云岩呈递变接触。

b. 残余砂屑白云岩：砂屑多为泥微晶白云岩的碎屑，大小一般在 1 ~ 2mm，砂屑间常有两期粒状白云岩胶结物。其结构特征与亮晶砂屑灰岩非常相似。

c. 残余粉屑白云岩：基本特征类似残余砂屑白云岩，仅碎屑较小，一般小于 1mm。

d. 残余鲕粒白云岩：鲕粒残余结构清晰，其外常保存有较完整的泥晶套，其余特征与砂屑白云岩相似。

③隐藻白云岩：隐藻白云岩包括藻纹层白云岩、藻凝块白云岩、藻黏结白云岩及叠层石等与藻类作用有关的白云岩。隐藻白云岩中的藻类主要是蓝绿藻，通常其微细结构保存较差，仅见其遗迹构造，显微镜下呈暗色、富含有机质、形态各异的条带或团块。

(2)白云岩的成因类型：详细岩石学及地球化学研究表明，塔北地区寒武－奥陶系各种白云岩的成因机制不同。其中藻纹层白云岩、微晶白云岩及颗粒白云岩中的颗粒为近地表准同生白云化的产物。其主要依据是它们保持原始组构特征：氧同位素值接近当时海相碳酸盐岩的原始氧同位素值：微量元素钠、锶含量高，而铁、锰低的特征。结晶白云岩(细晶以上，特别是中粗晶白云岩)及颗粒白云岩中的中粗晶白云石胶结物是深埋成岩环境的产物。中粒晶白云岩深埋成因的主要依据是晶体结晶较大，且多为半自形－它形；具原始沉积组构的残余；晶体切割或包裹裂缝；晶体破坏缝合线或其中有缝合线残余；沿缝合线分布的白云石与中粗晶白云石微量元素的相似性；白云石氧同位素偏负而碳同位素较稳定；白云石微量元素具备钠、锶低，而铁、锰高的特征；两相流体包裹体的均一温度较高(表5－14)。

表5－14　塔北地区寒武－奥陶系白云岩特征及形成环境表

岩石类型		微晶白云岩 藻纹层白云岩	粉晶白云岩	颗粒白云岩	结晶白云岩
岩石学特征		纹层状，藻纹层保持其原始结构，有石膏等蒸发矿物及干裂、帐篷及鸟眼等构造伴生	白云石呈它形－半自形，晶体混浊，具重结晶特征	部分颗粒保持其原始结构(如鲕粒)，粒间主要是细晶－中晶白云石胶结，晶体向孔隙中心增大	晶体粗大，多为半自形－它形，具原始沉积组构残余；晶体切割或包裹裂隙，晶体中见缝合线残余
阴极发光		不发光－昏暗光	昏暗红光	不发光(颗粒)均一暗红光(胶结物)	均一暗红光
微量元素/10^{-6}	Na_2O	243～334	255～331	92～127	55～87
	SrO	192～206	75～184	47～75	0～32
	FeO	558～563	772～1057	920～1552	1663～1792
	MnO	483～557	809～1060	836～1237	1395～1632
同位素(PDB)	$\delta^{18}O$/‰	－5.60～－5.35	－6.74～－5.72	－9.64～－7.60	－10.75～－8.50
	$\delta^{13}O$/‰	0.32～2.77	0.40～2.56	0.25～2.27	0.80～1.48
包裹体均一温度		无包裹体	包裹体极少	>60℃	>75℃
白云石形成环境		海底环境	浅埋藏环境	深埋藏环境	深埋藏环境

B. 灰岩与白云岩过渡型岩石

(1)灰岩的岩石学特征：组成灰岩储层的岩石类型及其特征如下：

①颗粒灰岩：

a. 亮晶内碎屑灰岩：以亮晶砂屑灰岩为主，其次是亮晶砾屑灰岩和亮晶粉屑灰岩。内碎屑含量一般为50%～90%，胶结物主要为两期粒状方解石，偶见纤状方解石。这类灰岩质纯，很少含陆源砂泥，是颗粒灰岩中最常见的一类。

b. 亮晶鲕粒灰岩：鲕粒含量多在50%～80%，有时混有少量内碎屑(尤其是砂屑)，胶结物与亮晶内碎屑灰岩相同。

c. 亮晶生屑灰岩：生屑主要是棘屑，其次是三叶虫、介形虫、腕足、藻类等碎屑，常混有部分砂屑，颗粒含量为50% ~80%，胶结物特征同亮晶鲕粒灰岩。

d. 亮泥晶球粒灰岩：球粒由大小均一的近球状暗色灰泥组成，常呈斑块或团块状局部富集，并与砂屑共生，含量为50% ~70%，填隙物中除亮晶方解石外，常混有部分泥晶基质。

e. 泥晶颗粒灰岩：颗粒多为球粒、生屑和砂屑，其次是鲕粒、核形石等，其中生屑常为三叶虫、海绵骨针、棘屑等；颗粒含量一般为50% ~60%。

f. 礁灰岩：这是寒武－奥陶系碳酸盐岩中的一种特殊类型，组成礁灰岩的主要生物类型有海绵、层孔虫、苔藓虫，它们多呈原地生长状态，含量大于30%，并可细分为骨架型礁灰岩及障积型礁灰岩。

②非颗粒灰岩：

a. 泥微量灰岩：颗粒含量小于10%，主要是生物碎屑，含少量陆源泥质（5% ~10%），并常有重结晶现象。

b. 藻纹层泥微晶灰岩：色暗、富含有机质的隐藻（蓝绿藻），常呈纹层状、波状，并含少许陆源泥质。鸟眼构造较发育，并见帐篷构造，重结晶现象较明显。

③颗粒泥微晶灰岩：

此类岩石属颗粒与非颗粒灰岩的过渡岩石，其基本特征与泥晶颗粒灰岩类似，只是颗粒含量低，一般为20% ~40%。灰泥基质多重结晶为粉晶方解石。

（2）云质灰岩和灰质云岩的岩石学特征：这是灰岩与白云岩之间的一类过渡型储层。主要包括豹斑状灰质云岩或云质灰岩、条带状云质灰岩。它们常由灰岩经白云石化或去白云石化作用形成，白云石常呈斑块状或条带状局部集中，晶形以自形－半自形为主，环带状构造较发育。灰质部分多为泥微晶灰岩或颗粒泥微晶灰岩。鸟眼构造、生物潜穴构造较发育。

除上述各类岩石之外，寒武－奥陶系中还发育一类特殊的岩类，即岩溶岩，它们是碳酸盐岩源岩经风化壳岩溶作用所形成的溶洞，由机械、重力、化学等沉积作用而形成。主要包括各类角砾岩、溶积砂泥岩及溶积灰岩等（表5－15）。

岩溶发育区（白云岩型）等是该类储层的分布区。

C. 灰岩与白云岩储层对比

本地区寒武－奥陶系的白云岩与灰岩在储集性上有明显差异，主要表现在：

（1）孔隙类型的差异：白云岩储集空间的形成与白云石化及溶蚀作用密切相关。白云岩常形成晶粒支撑结构而发育晶间孔，加上与裂缝的配合，为溶蚀作用创造了条件。白云石化后残余的方解石易于溶蚀，而形成各类溶蚀孔隙。因而白云岩的主要孔隙类型是晶间孔、晶间溶孔、粒间溶孔以及不受组构限制的溶蚀扩大的孔、洞、缝等。

区内灰岩有2种主要类型：一类是低能环境沉积的泥微晶灰岩，方解石晶体小、排列紧密，晶间孔属非常小的微孔，孔径仅1 ~3μm，不利于溶蚀性流体的流通。另一类为高能环境的颗粒灰岩，经压实及胶结作用后，也变得致密，残余粒间及晶间孔很小，溶蚀性流体难以通过。因而溶蚀作用主要沿裂缝、缝合线对周围的基质进行溶蚀，S14井、S13井、S11井等均有此现象。所以，其主要孔隙类型为沿裂隙、缝合线的溶蚀扩大孔、晶间微孔。由于这种孔隙的发育受裂缝、缝合线发育的控制，具有明显的选择性，因而孔隙的发育有很大的不均质性和局限性。

表 5－15　塔河地区部分井中奥陶统地层储层段岩石力学参数统计表

井段/m	泊松比	杨氏模量	体积模量	抗压强度	抗张强度	裂缝系数	裂缝发育情况	
							井段/m	结果
5496～5498	0.298	<8	8.76	152	6.7	0.43	5490.0～5501.0	裂缝油气层
5510.5～5515.5	0.29	8.25	8.78	159	7.1	0.435		预测裂缝发育
5521～5523	>0.3	<8	8.72	146	6.5	0.41	5521.0～5523.0	裂缝油气层
5540～5542	0.292	8.19	8.78	157	7	0.415	5530.5～5546.0	裂缝油气层
5586～5587	0.29	8.20	8.77	160	7.1	0.41	5612.0～5680.0	裂缝含油气层
5680.5～5681.5	0.294	8.12	8.76	154	6.9	0.415		预测裂缝发育
5462～5467	>0.29	<8.25	<8.77	<157	<7	0.43	5465.3～5467.0	裂缝发育
5475～5476	0.291	8.22	8.79	159	7.1	0.415	5475.0～5477.0	裂缝较发育
5483～5484	0.283	8.33	8.785	161	7.2	0.42	5478.0～5519.0	裂缝零星分布
5489～5491	0.283	8.33	8.785	161	7.2	0.42		
5499.5～5500.5	0.296	8	8.765	155	6.8	0.42		
5512～5513.5	0.297	8	8.76	154	6.8	0.425		
5518～5519.5	0.3	8.1	8.72	142	6.4	0.45		
5530～5531.5	0.298	8	8.76	152	6.7	0.43	5519.0～5536.0	裂缝零星分布、孔洞相对发育
5532.5～5534	0.292	8.18	8.78	157	7	0.41		预测裂缝发育
5560～5562	0.291	8.2	8.78	158	7.1	0.415	5560.5～5563.0	裂缝发育
5576.5～5578	0.296	8	8.765	155	6.9	0.42	5566.0～5592.0	裂缝发育
5587～5588.5	0.3	8	8.73	148	6.6	0.43		裂缝发育
5622.5～5624	0.3	8	8.75	147	6.7	0.43	5622.0～5628.0	裂缝较发育
5630.5～5632	0.292	8.19	8.78	157	7	0.415		预测裂缝发育
5648～5650	0.291	8.55	8.79	160	7	0.415	5642.0～5657.0	裂缝较发育
5656～5658	0.29	8.23	8.79	160	7.1	0.415	5657.0～5678.0	裂缝发育
5664～5671	0.29	8.3	8.79	160	7.1	0.41		
5683～5685	0.289	8.3	8.79	160	7.1	0.41		预测裂缝发育
5532.5～5534	0.289	8.3	8.76	163	7.2	0.405		预测裂缝发育
5583～5584.5	0.29	8.25	8.79	167	7.1	0.413		预测裂缝发育
5586～5589	0.291	8.23	8.78	164	7.1	0.415		预测裂缝发育
5619～5620	0.289	8.25	8.8	160	7.1	0.405		预测裂缝发育
5628～5629	0.29	8.27	8.79	161	7.1	0.41		预测裂缝发育
5656～5658	0.295	8.02	8.76	156	6.85	0.42		预测裂缝发育
5662～5663.5	0.292	8.18	8.78	156	7	0.41		预测裂缝发育

（2）孔隙结构的差异：据现有压汞分析资料，无论是毛管压力曲线和孔隙结构参数，白云岩与灰岩均有较大差异。选择最大喉道宽度、均值（ϕ）和有效喉道（气）3 个参数进行对比，表明白云岩的孔隙结构比灰岩好。如有效喉道（气）百分数，灰岩全部样品此值均小于 30%，而白云岩有 50% 的样品大于 30%；有近 60% 的灰岩样品最大喉道宽度小于天然气能够通过的下限 0.075μm，而白云岩最大喉道宽度为 0.078～9.375μm，全部大于天然气能够通过的下限值，具备油气储集和产出的条件。

（3）储集类型的差异：白云岩储集类型以裂缝－孔洞型为主（仅少量为孔洞－裂缝型），表明孔洞既是主要储集空间，又是主要渗滤通道。而灰岩的主要储集类型为裂缝型，仅有部分孔洞－裂缝型及裂缝－溶洞型，表明裂缝在储层中起重要作用，既是主要渗透通道，又是主要储集空间之一。

(4)储集物性的差异：据近千件样品统计，白云岩的孔隙较灰岩高，其平均值是灰岩的3.26倍(表5－16)。灰岩中有90.4%的样品其孔隙度小于1.5%，其峰值在0.5%～1%，占样品总数的70%。白云岩孔隙度峰值为1.5%～5%，占样品总数的63.78%。反映出两种岩石物性上的明显差异。

表5－16　塔北地区寒武－奥陶系白云岩与灰岩孔隙度对比表

岩　性	井　数	样品数	孔隙度/%		
			最小值	最大值	平均值
白云岩	6	318	0.25	31.78	3.40
灰　岩	15	665	0.09	6.79	1.03

灰岩与白云岩物性上的差异，除上述溶蚀作用的差异外，在埋藏成岩过程中，白云岩较灰岩有更大的抵抗压实能力，也是主要原因之一。如Schmoder和Halley(1982)研究了佛罗里达台地碳酸盐岩孔隙度的变化，在近地表白云岩的孔隙度较灰岩低；而在深度1700m左右，两者孔隙度相近；大于1700m时，则白云岩孔隙度比灰岩大。因此认为，在地下深处，白云岩孔隙度高，与白云石化过程或白云石形成的成岩环境关系不大，而主要与它们在埋藏成岩过程中抵抗压实能力的差异有关。

综上所述，本地区寒武－奥陶系碳酸盐岩储层的基本特征是：

(1)灰岩与白云岩储层特征有明显区别，是两类性质不同的储集岩。

(2)灰岩储层的基本特征是：①基块孔、渗性极差，难以构成有效的储集空间。据阿克库勒地区数十口井、上千件岩心样品分析，灰岩的基块孔隙度平均在1%左右，渗透率多小于$0.1\times10^{-3}\mu m^2$，充分表明基块孔、渗性差的特征。②次生裂缝和溶蚀孔洞是灰岩储层的主要储集空间，其中溶蚀孔洞主要跟与不整合面有关的古岩溶作用有关。因此，次生缝洞是形成良好储层，获得高产、稳产油气的关键。③储层在纵向上和横向上非均质性极强。由于灰岩基块孔、渗性极差，主要储渗空间为受构造及古岩溶作用所形成的裂缝和溶蚀孔洞，而构造及古岩溶作用对灰岩的改造受多种因素的控制，极不均一，因而所形成的裂缝及溶蚀孔洞的分布极不均一。

(3)白云岩储层的基本特征是：基块孔、渗性相对较好，可构成有效储集空间；裂缝及溶蚀孔洞的改造，进一步改善了其储集性能；储层在纵向上和横向上仍具有明显的非均质性，但远不如灰岩强。

2)古岩溶储集体类型

A. 风化壳岩溶储集体

各时代碳酸盐经过多期构造运动暴露地表，经过很长时间的风化剥蚀、渗滤作用使碳酸盐形成非常发育的缝洞型，储集空间一般厚度为10～300m(图5－16～图5－19)。

B. 礁滩储集体

礁滩具有较好的储集性能，其所形成的油气藏也具有高产的特点。据柯坪、巴楚、阿尔金山、库鲁克塔格、叶城南等地表露头和沙雅隆起、卡塔克隆起、巴楚隆起及麦盖提斜坡等数口钻井揭示，盆地内震旦系－奥陶系、石炭系均有生物礁和生物碎屑滩发育。如塔北地区在早寒武世至早奥陶世均发育有台地边缘礁滩相沉积，其分布于盆地相区与台地相区之间的斜坡带。在碳酸盐台地内部也有礁滩分布，虽其规律较台地边缘礁滩要小，但也是较好的储集类型(图5－20、图5－21)。

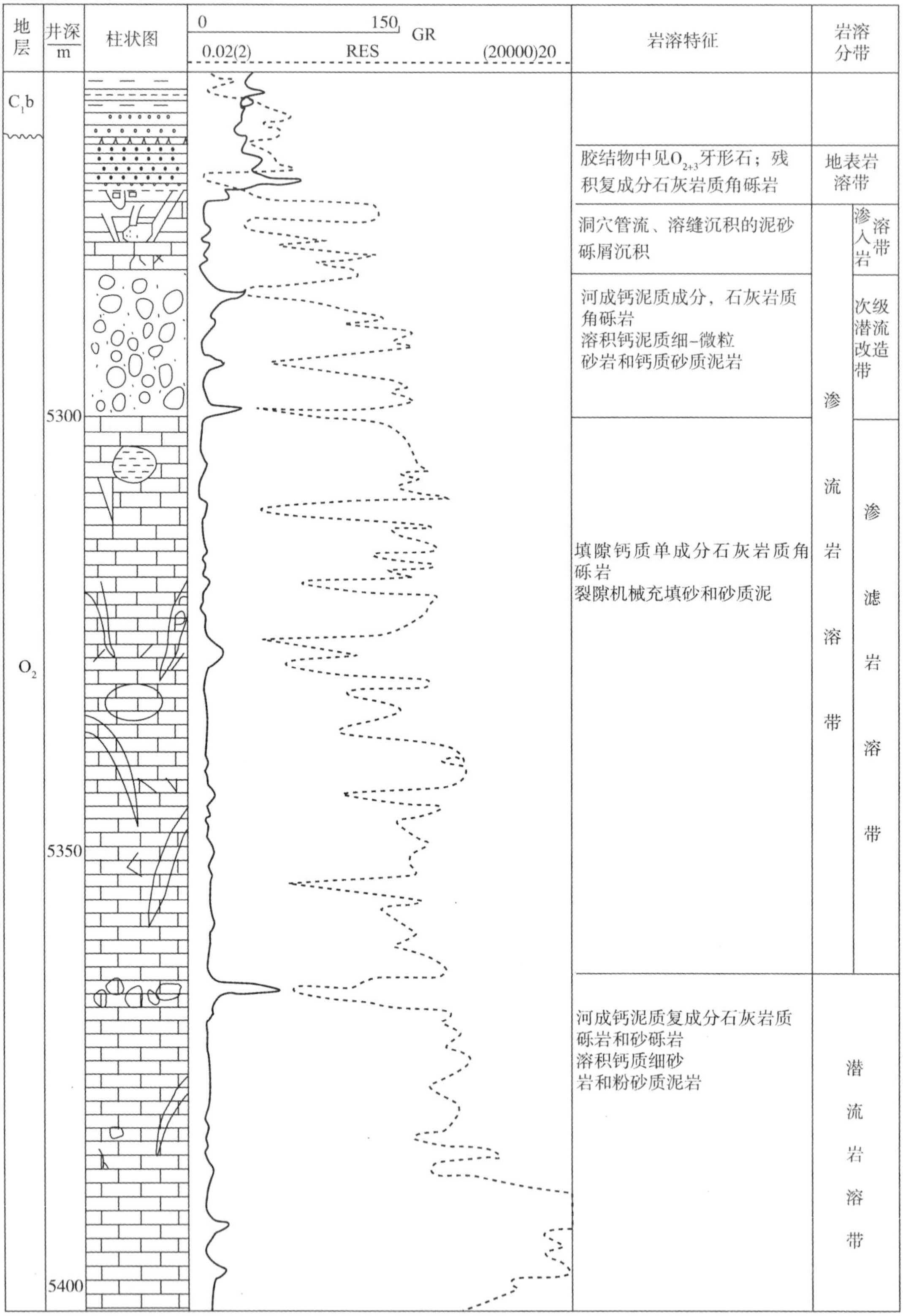

图 5－16　塔里木盆地 S17 井中奥陶统一间房组岩溶剖面柱状图

（a）岩溶角砾岩（T444井，$O_{1\sim2}y$）

（b）岩溶角砾岩（S75井，$O_{1\sim2}y$）

（c）地表残积角砾岩（S78井，$O_{1\sim2}y$）

（d）溶洞充填，浅褐灰色油浸细砂岩，纹层状构造清楚（T615井，$O_{1\sim2}y$）

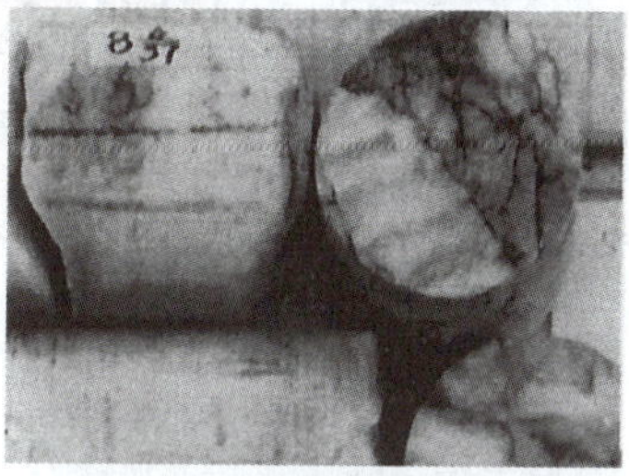

（e）洞穴巨晶方解石充填（S75井，$O_{1\sim2}y$）

（f）洞穴巨晶方解石（S69井，$O_{1\sim2}y$）

图5－17　地表岩溶缝洞及充填特征

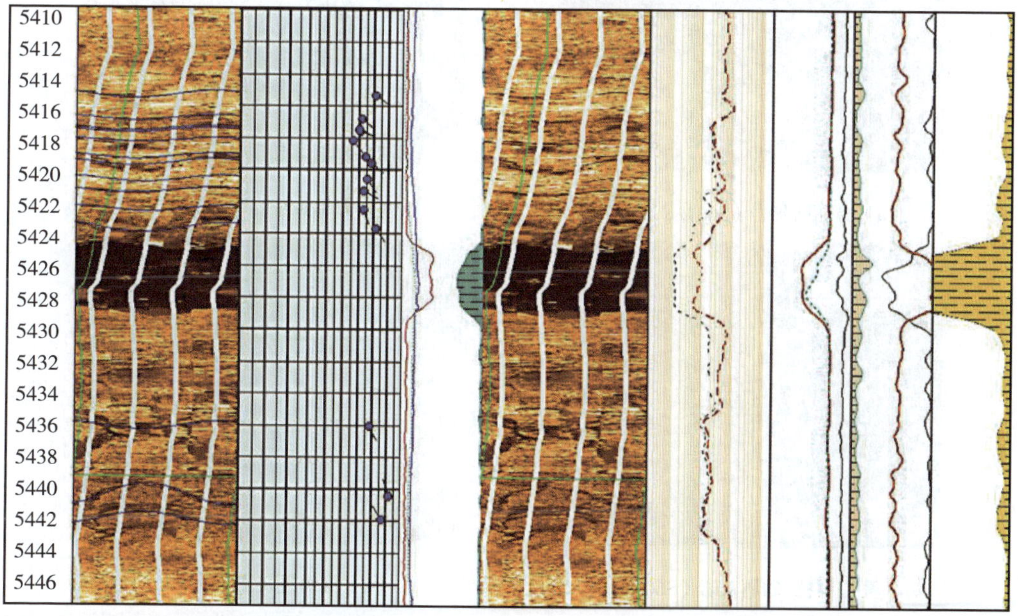

图5－18　TK311井大溶洞及溶洞上下井段的响应特征

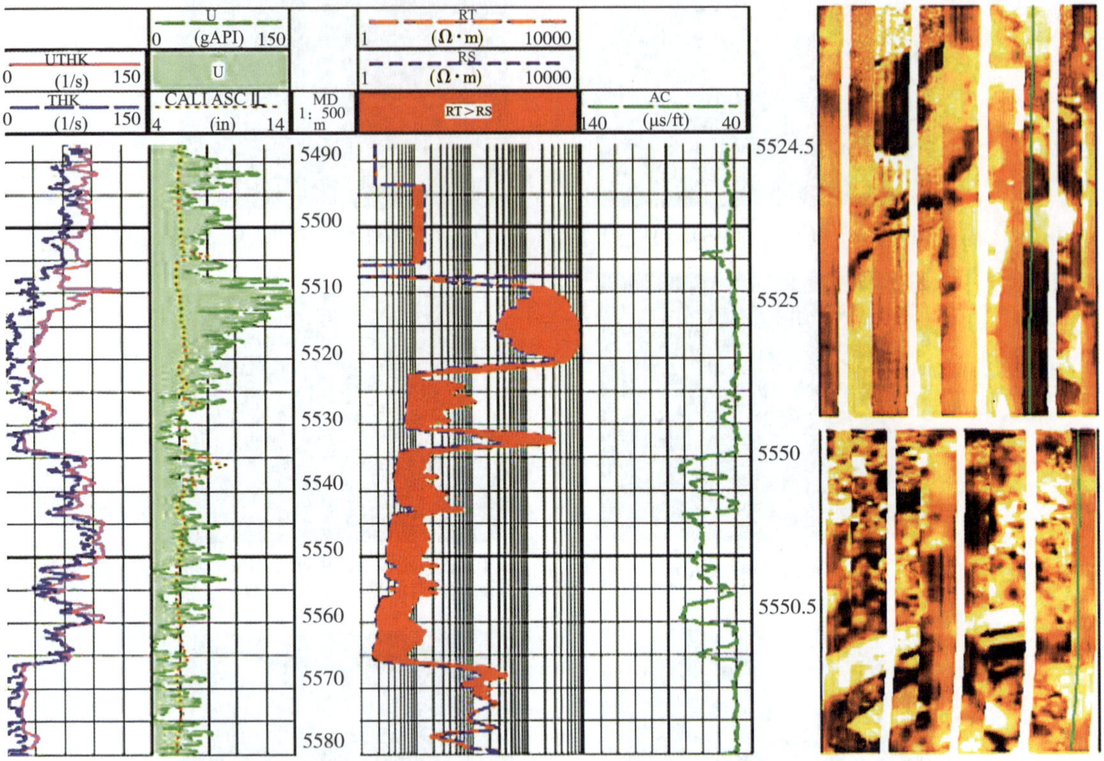

图 5－19　TK60x 井自然伽马能谱测井识别洞缝发育段

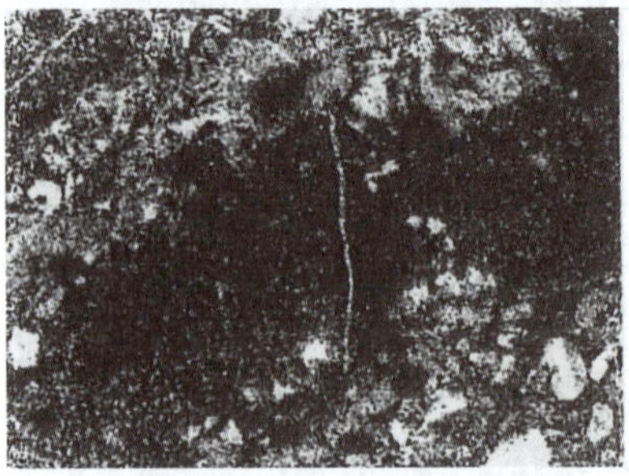

（a）藻黏结灰岩（S60井，O_2yj）

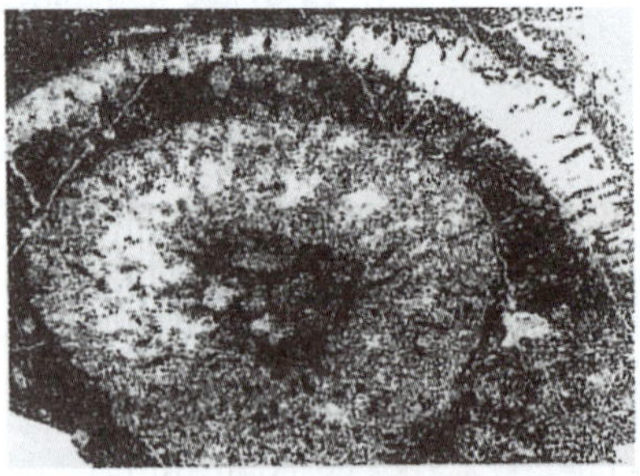

（b）海绵礁灰岩（S60井，O_2yj）

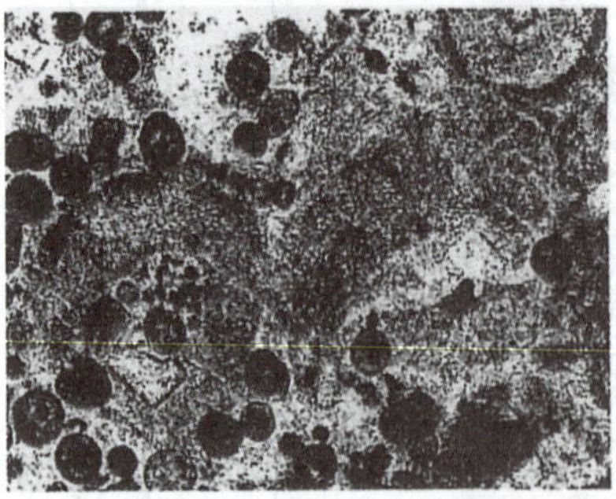

（c）亮晶鲕粒-砂屑灰岩（S60井，O_2yj）

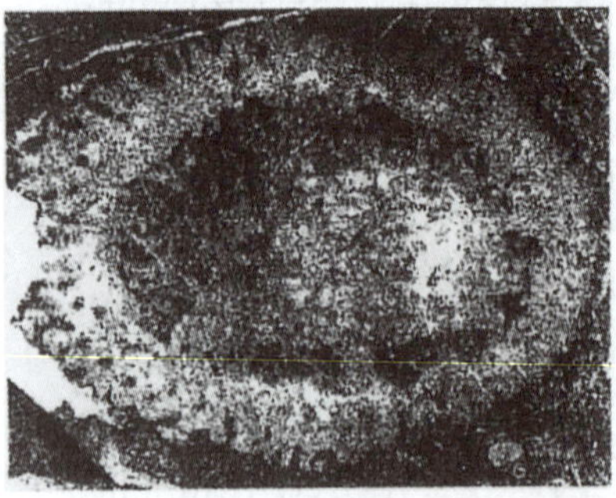

（d）海绵礁灰岩（S60井，O_2yj）

（e）海绵礁灰岩（T443井，O_2yj）

图5－20　塔河油田区一间房组生物礁灰岩溶蚀照片

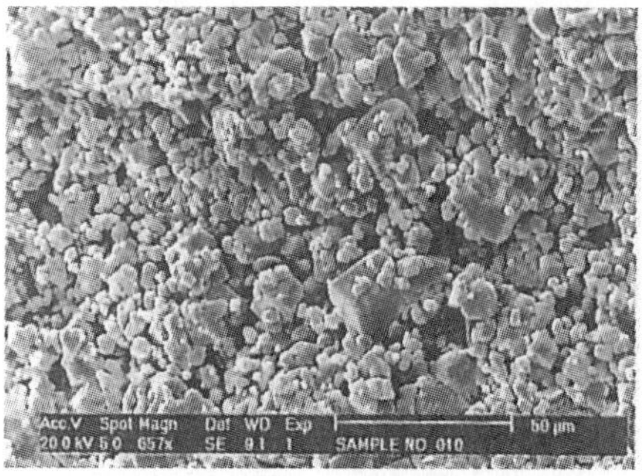

（a）亮晶砂屑-生屑灰岩，粒内溶孔、晶间孔发育（S76井，O_2yj）

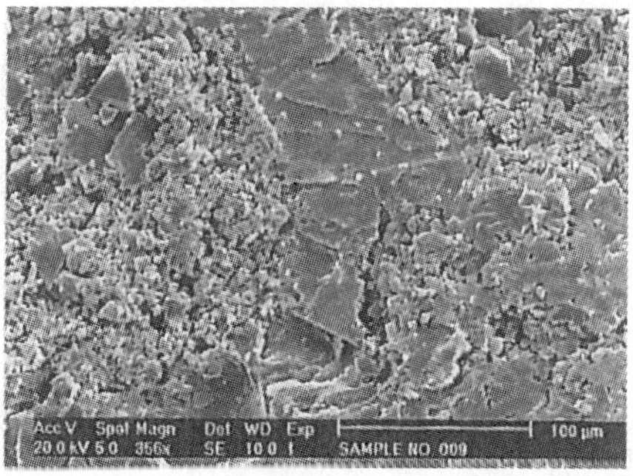

（b）亮晶砂屑-生屑灰岩，粒内、晶内均发育溶蚀孔隙（S76井，O_2yj）

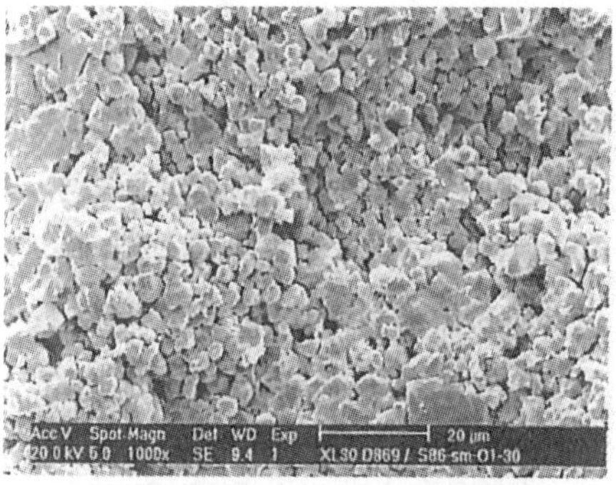

（c）黄灰色砂屑泥晶灰岩，镶嵌致密，见晶间微孔、微隙（S86井，O_2yj）

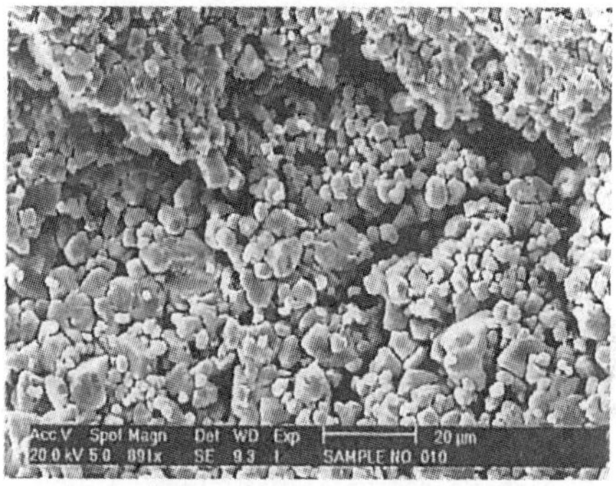

（d）亮晶砂屑-生屑灰岩，溶缝、晶间溶孔及晶间孔发育（S76井，O_2yj）

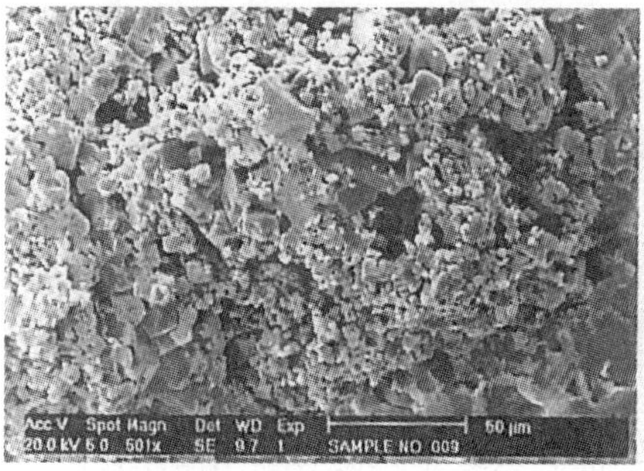

（e）亮晶砂屑-生屑灰岩，粒内溶蚀孔隙发育（S76井，O_2yj）

（f）褐灰色细晶生物灰岩，发育晶间孔隙（S86井，O_2yj）

图5－21　塔河油田区一间房组生物灰岩溶蚀孔洞照片

C. 鲕粒滩(含颗粒滩)储集体

根据地表露头和钻井揭示的资料表明盆内石炭系、奥陶系有较发育的鲕粒滩(含颗粒滩)，如沙雅隆起西部沙1井、英买1井的奥陶系，巴楚－麦盖提地区及柯坪地表等均有发现。它是一类物性较好的储集体(图5－22、图5－23)。

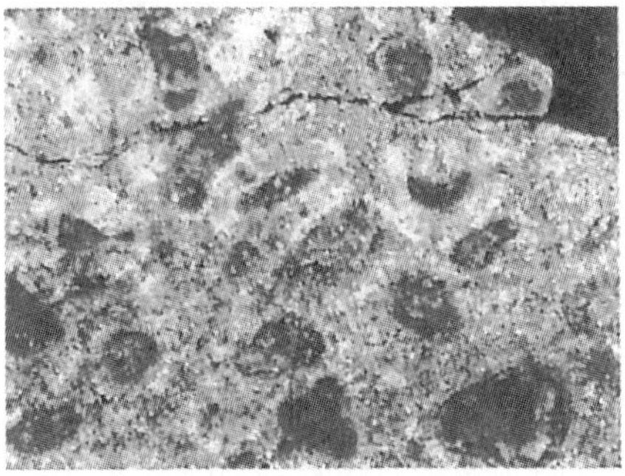

(a) 微晶鲕粒灰岩 (S76井，O_2yj，×40)

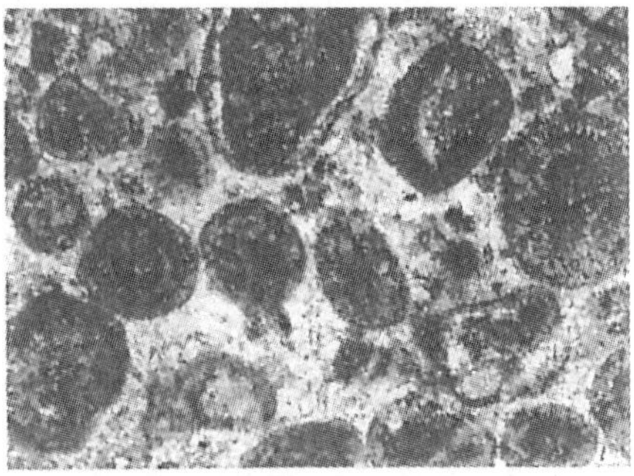

(b) 亮晶(藻)鲕灰岩 (S91井，O_2yj，×40)

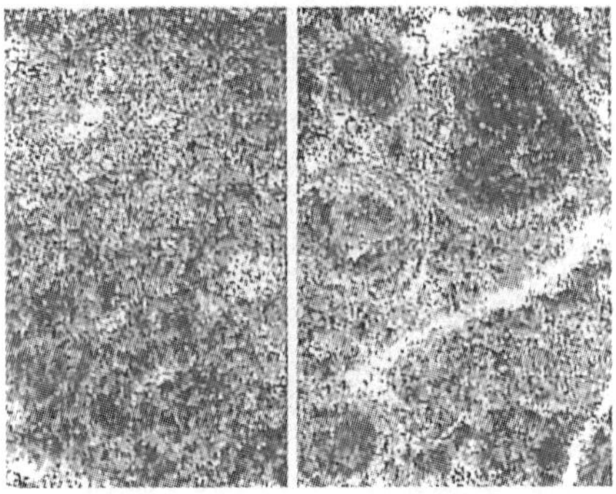

(c) 藻黏结粒屑灰岩。藻间孔、藻间溶孔、粒内溶孔，面孔率2%～3% (S76井，O_2yj，×40)

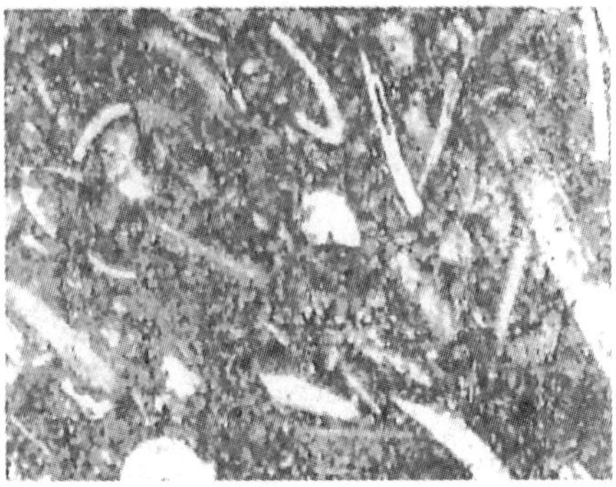

(d) 生物屑微晶灰岩 (S76井，O_2yj，×40)

(e) 砂屑微晶灰岩。图示局部重结晶。(S87井，$O_{1-2}y$，×20)

(f) 微晶粉砂屑灰岩。重结晶斑块，有泥晶基质残留(S85井，(+)×4)

图5－22　塔河油田区一间房组鲕粒灰岩及砂屑灰岩溶蚀孔洞照片

D. 白云岩储集体

这里所指的白云岩储集体，是不整合面以下非古岩溶表生溶蚀作用所致，以晶间孔－晶洞溶孔(系埋藏溶蚀或热水溶蚀之产物)及裂隙为主的白云岩储集体，储集性能好。

目前，钻井揭示的白云岩发育层位及地区主要有：雅克拉断凸的震旦系奇格布拉克组，寒武系及中下奥陶统；各隆起上寒武系及中下奥陶统和阿克库勒凸起的中下奥陶统等。

白云岩的储集性能较古岩溶白云岩储集体差，其以晶间孔－晶洞溶孔及裂隙为主，储集空间类型较为单调，不如古岩溶型白云岩储集空间类型的多样式，因而限制了白云岩储集体的储集性能。

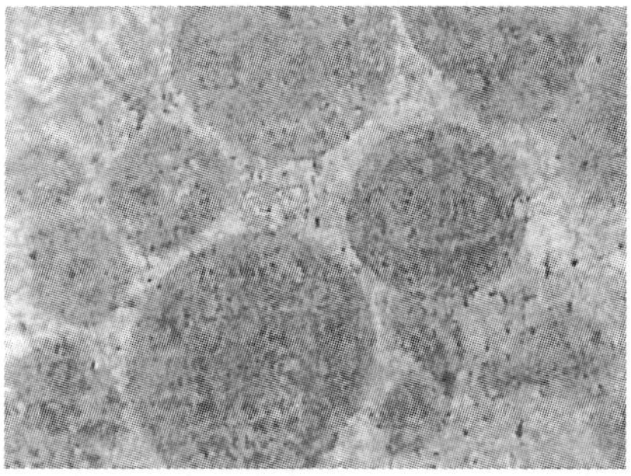
（a）亮晶鲕粒灰岩（S86井，O_2yj，×60）

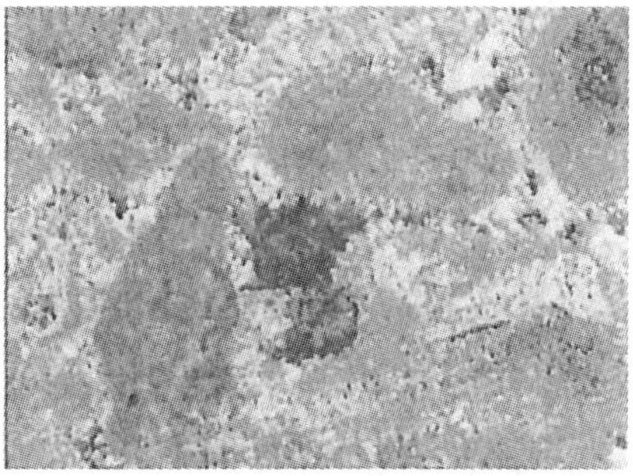
（b）亮晶砂屑灰岩，一、二世代胶结物（S91井，$O_{1-2}y$，正交偏光，×60）

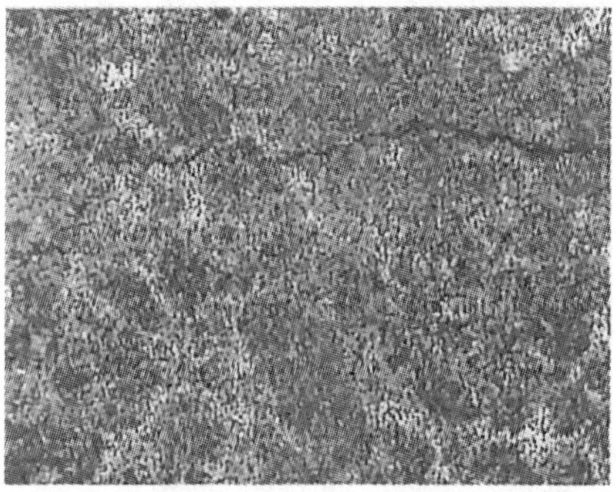
（c）微晶砂屑灰岩（S74井，$O_{1-2}y$，×60）

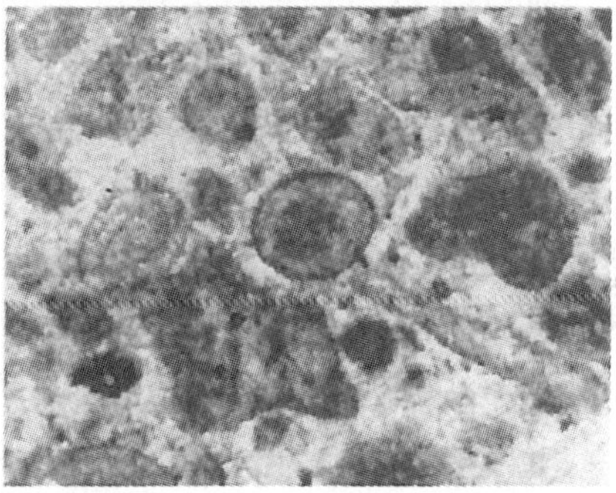
（d）亮晶鲕粒-砂屑灰岩，一、二世代胶结物（S96井，O_2yj，×60）

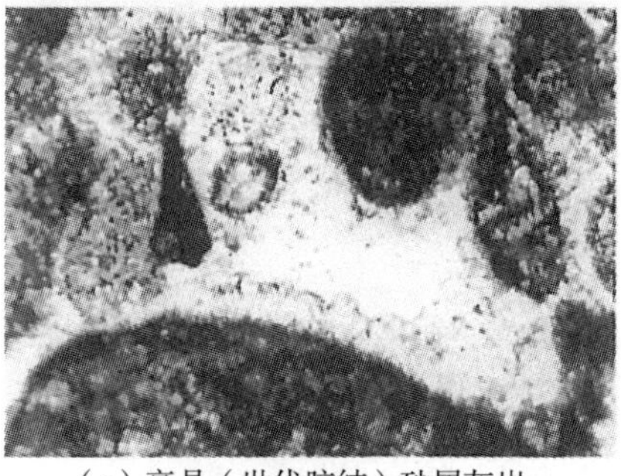
（e）亮晶（世代胶结）砂屑灰岩（S76井，O_2yj，×60）

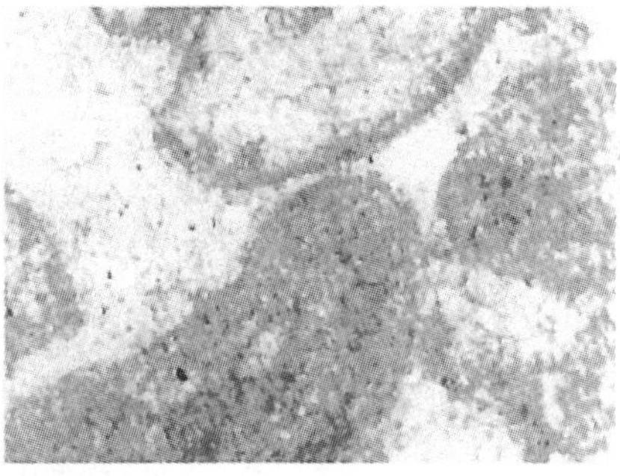
（f）亮晶藻砂屑灰岩(S72井，$O_{1-2}y$，×60)

图5－23 塔河油田区一间房组鲕粒灰岩及砂屑灰岩溶蚀照片

E. 裂缝型储集体

海相碳酸岩及泥页岩成岩后受多期构造运动的作用在地质历史时期发生了多方向的裂缝。由于不同类型的岩性其裂缝发育的程度不同，裂缝对改善岩石的储集性能起重要作用，沟通孔－洞之间的联系，可增加岩石的孔渗性(图5－24)。

本区奥陶系碳酸盐岩经历了多期构造运动，构造裂缝非常发育。通过对阿克库勒凸起构造变形特征、变形期次的研究，结合三维相干体数据分析、振幅属性参数提取等技术以及钻井资料的应用(23口井的岩心裂缝特征见表5－17、表5－18)，本区的裂缝主要表现为两大类，一是构造裂缝；二是非构造裂缝，非构造裂缝又可细分为3类：压溶缝即缝合线、溶蚀缝和成岩收缩微裂缝。

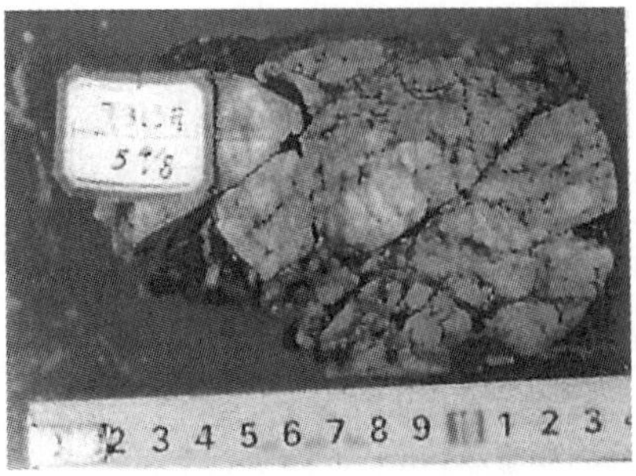

（a）不规则网状裂隙系统（T313井，$O_{1-2}y$）

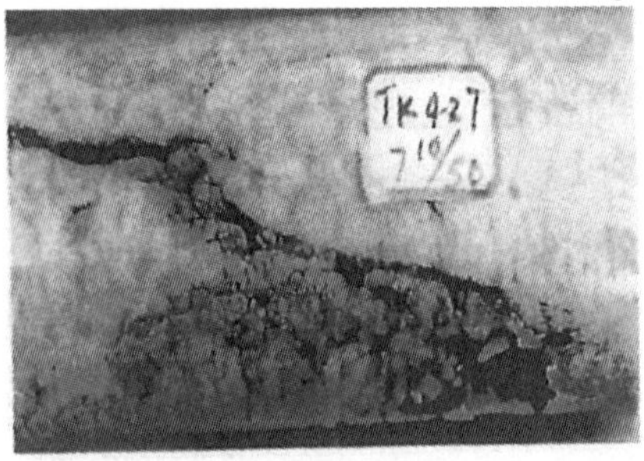

（b）高角度构造裂隙（TK427井，$O_{1-2}y$）

（c）洞穴巨晶方解石充填，保留有剩余空间（S75井，$O_{1-2}y$）

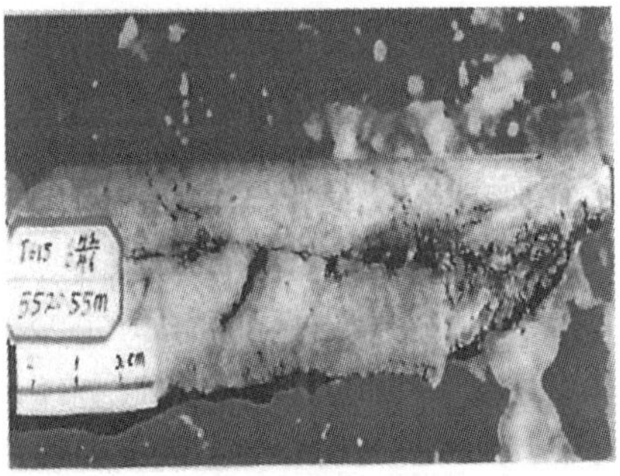

（d）两组裂隙含油（T615井，$O_{1-2}y$）

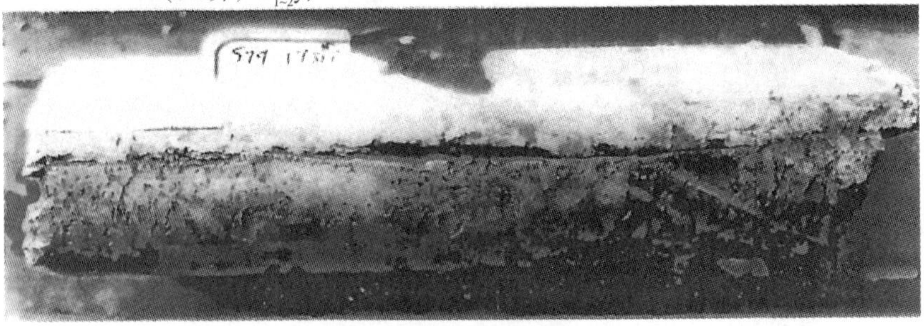

（e）垂直层面未充填构造裂隙（S79井，$O_{1-2}y$）

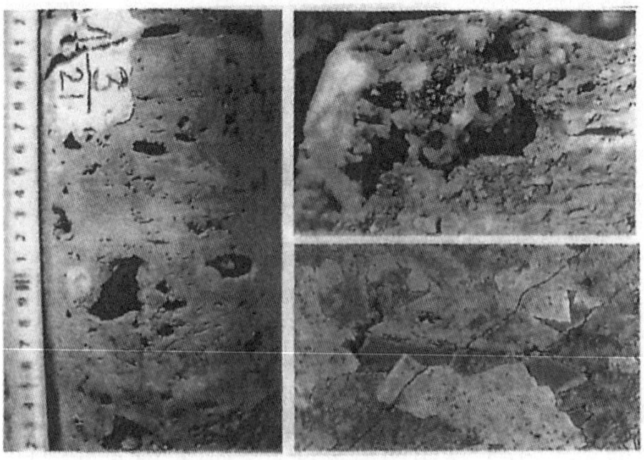

图5－24　塔深1井寒武系岩心溶蚀孔洞和孔隙铸体薄片照片

表 5－17　阿克库勒凸起 S67 井－T302 井奥陶系碳酸盐岩裂缝特征简表

井名		S67	S65	T403	T407	T302
裂缝特征	岩性	微晶砂屑灰岩	微晶灰岩	泥灰岩、微晶灰岩、砂屑灰岩	砾屑灰岩、砂屑灰岩	微－泥晶灰岩
	渗流带上部	发育多组高角度斜缝、立缝，缝宽 1～5mm，缝内充填方解石和原油	发育高角度裂缝，裂缝密度为 0.7～0.8 条/cm，缝宽 0.5～10mm，缝内充填方解石。水平缝合线十分发育，密度为 0.3～0.5 条/cm，缝内充填泥质、方解石	大小裂缝部较发育，形成网状裂缝系统。裂缝密度可达 5 条/m，局部见高角度裂缝。缝合线较发育，缝内为方解石或泥质充填	发育少量高角度裂缝，缝合线十分发育	缝合线较发育
	岩性	微晶灰岩	微晶灰岩、砂屑灰岩	砂屑灰岩		微－泥晶灰岩夹粉屑灰岩
	渗流带下部	发育高角度裂缝，缝宽 1～3mm，缝内充填细晶方解石和泥质。有少量立缝。水平缝合线十分发育，并见溶蚀现象，缝内见沥青	裂缝较发育，缝内部分充填方解石、沥青、泥质	发育高角度裂缝，并切割水平缝合线。缝内充填方解石和沥青		水平缝合线较发育，缝内充填沥青和泥质。见部分微裂缝

表 5－18　阿克库勒凸起 T301 井－S69 井奥陶系碳酸盐岩裂缝特征简表

井名		T301	S70	S68	S60	S69
裂缝特征	岩性	微晶灰岩、微晶砂屑灰岩	砾屑灰岩、砂屑灰岩	灰色微晶灰岩	泥灰岩、灰岩、微晶灰岩	泥晶灰岩
	渗流带上部	发育高角度斜缝、立缝，缝内见方解石、泥质半充填	裂缝较发育，有高角度裂缝存在，缝面平整。两组斜缝，缝面不平直，缝内充填泥质	中小裂缝比较发育。见缝合线，沿缝合线有溶蚀孔洞	裂缝不发育。缝合线较发育，缝内充填泥质	裂缝十分发育，缝中为方解石、泥质充填或半充填。溶蚀孔洞也十分发育
	岩性	微晶灰岩、微晶砂屑灰岩	微－泥晶灰岩	微－泥晶灰岩	微晶灰岩、砾屑灰岩	灰色泥晶灰岩
	渗流带下部	发育高角度立缝、低角度缝、水平缝。立缝面较平直，缝内充填方解石、灰绿色泥质	见少量缝合线及微裂缝，缝内见沥青	多为微裂缝，缝中为泥质充填	裂缝、缝合线都不发育	裂缝不发育，只见少量微裂缝

构造裂缝是受构造应力作用而产生的裂缝，是本区最主要的裂缝类型。根据裂缝的宽度，主要表现为中、小、微裂缝。缝度一般小于 5mm。裂缝性质主要表现为剪切性缝，其次为张性缝。裂缝产状，以高角度斜缝最为发育，其次为立缝、水平缝。其中，早期形成的各种裂缝，多数已被方解石、泥质或沥青充填或半充填，晚期形成的裂缝为半充填或未充填。多期不同产状的裂缝相互连通形成网状裂缝系统，如 T403 井，发育的裂缝形成网状系统使岩石破碎，大大提高了岩石孔渗性（表 5－19～表 5－21）。

表 5-19 阿克库勒凸起 S66 井-S73 井奥陶系碳酸盐岩裂缝特征简表

井名		S66	T417	S78	S76
裂缝特征	岩性	泥晶灰岩	泥灰岩、微晶灰岩	灰色砾屑灰岩、泥晶灰岩	黄灰色微晶灰岩
	渗流带上部	裂缝十分发育，有斜缝、立缝、平缝，以斜缝为主，裂缝密度大于 10 条/m，缝内主要充填方解石	裂缝较发育，缝内方解石或泥质充填	微裂缝十分发育，裂缝宽小于 0.3mm，其中以斜缝为主，其次为缝合线、立缝、水平缝，缝中部分被沥青、方解石充填	裂缝较发育
	岩性	微晶灰岩、砂屑灰岩	泥微晶灰岩、泥晶灰岩	微-泥晶灰岩	灰色微晶灰岩
	渗流带下部	缝合线十分发育，密度每米几十条，缝内充填暗色物质。裂缝不发育	裂缝较发育，缝内见方解石	裂缝不发育	裂缝、缝合线都不发育

表 5-20 阿克库勒凸起 TK407-T417 井奥陶系碳酸盐岩裂缝特征简表

井名		TK407	T401	T402	T417
裂缝特征	岩性	砾屑灰岩、砂屑灰岩	黄灰色砂屑灰岩	黄灰色砂屑微晶灰岩	泥灰岩、微晶灰岩
	渗流带上部	发育高角度裂缝，缝合线十分发育	裂缝、缝合线较发育，多为垂直裂缝	裂缝非常发育，有立缝、斜缝、水平缝。在裂缝内有少量方解石充填。沿缝合线见溶蚀孔洞	裂缝较发育，缝内为方解石或泥质充填
	岩性		黄灰色微晶灰岩	浅灰色泥微晶灰岩	泥微晶灰岩、泥晶灰岩
	渗流带下部		局部发育微裂缝。水平缝合线较发育，多数被暗色物质充填	裂缝较发育	裂缝较发育，缝内见方解石充填

表 5-21 阿克库勒凸起 S46-S73 井奥陶系碳酸盐岩裂缝特征简表

井名		S46	T301	S61	S62	S73
裂缝特征	岩性	微泥晶灰岩夹砂屑灰岩	微晶灰岩、微晶砂屑灰岩	深灰色泥晶灰岩	灰色泥微晶灰岩	
	渗流带上部	发育少量斜缝，缝内残留沥青	发育高角度斜缝、立缝，缝内见方解石、泥质半充填	微裂缝十分发育，主要以水平缝为主。缝合线也十分发育，和裂缝构成网状系统；裂缝中局部被方解石不完全充填	缝合线比较发育，沿缝合线有白云化作用，部分缝合线被沥青充填	裂缝较发育
	岩性		微晶灰岩、微晶砂屑灰岩	微-泥晶灰岩	灰色泥微晶灰岩	灰色微晶灰岩
	渗流带下部		发育高角度立缝、低角度缝、水平缝。立缝面较平直，缝内充填方解石、灰绿色泥质	多为微裂缝，缝中为泥质充填	局部发育缝合线，部分被沥青、泥质充填。见少量立缝	裂缝、缝合线都不发育

岩中压溶作用及缝合线的发育特点具体如下：

①往往表现为三期三类缝合线发育。

第一类：是微缝合线，这类缝合线在岩石中往往密集成群发育，可斜交或垂直层纹，形态不规则，齿状起伏不明显，缝内铁泥质富集，习惯上称为初期缝合线。它是灰泥沉积后埋藏到一定深度，完成从软泥状态到固结状态所进行的一次失水、排水过程的结果。

第二类：是平行层面展布的缝合线，该类缝合线齿状起伏明显，幅度从毫米级到厘米级不等，缝内往往富集铁泥质，导致粉－细晶白云石的斑状富集。通常认为它与碳酸盐沉积物的持续埋藏，在上覆地层压力作用下的溶蚀有关，对应的埋藏深度通常为浅－中埋藏。

第三类：是垂直或斜交层面展布的缝合线，镜下见其显城墙状形态，起伏幅度大，缝内富集黄铁矿，一般不见白云石呈斑状富集等，而与第二期缝合线明显区别，通常认为它与构造应力作用下的溶蚀有关，并可出现与相关的构造裂缝及其方解石充填组成伴生成岩现象。

第二类平行于层面缝合线和第三类斜交及垂直层面缝合线在各盆地各碳酸盐岩中均有普遍发育的特征。

②致密碳酸盐岩中压溶缝合线更为发育。无论是塔里木盆地寒武系－奥陶系、鄂尔多斯盆地寒武系－奥陶系，还是华南地区泥盆系－三叠系、四川盆地石炭系－三叠系碳酸盐岩剖面，有关观察显示出，缝合线总是优先选择岩性致密的岩石发生，如微晶灰岩中缝合线最为发育；颗粒灰岩中缝合线亦发生在岩石经历广泛的胶结作用成为致密岩石之后；白云岩段，早期成岩作用造成孔洞发育，缝合线相对缺乏；孔隙性灰岩层段，缝合线欠发育。

③不同岩性接触部位是岩石内部压溶缝合线发育的优选位置。有关观察和研究揭示出，两种岩性的接触部位，如不同结构类型的灰岩部位、灰岩与白云岩接触部位、硅化结核与灰岩的接触部位往往是缝合线特别发育的部位。

④原岩性质影响缝合线内赋存物质。含泥碳酸盐岩剖面上，缝合线内往往为泥质赋存，纯净的碳酸盐岩剖面上，缝合线内往往缺乏泥质残余物，转为有机质或沥青赋存。这在塔里木盆地奥陶系剖面上表现得非常清楚，下－中奥陶统为一套纯净致密的碳酸盐岩，缝合线内主要为有机质或沥青赋存，上奥陶统碳酸盐岩中泥质含量较高，各类缝合线内亦主要为泥质赋存。

⑤压溶缝合线与裂缝或构造裂缝方解石充填构成伴生成岩现象。物质不灭或物质平衡是自然界的一个普遍规律，有释放，就有富集。那么缝合线形成过程中释放的物质又归于何处？中国碳酸盐岩剖面上缝合线的发育特征表明，压溶作用为缝合线附近粒间胶结作用提供物源之说并不具普遍意义。从缝合线发生时的应力场及流体的流动机制分析，虽然压溶接触点是一个应力高值点，但比较而言，压溶面是一个应力薄弱带，缝合线形成过程中，溶解了围岩物质的溶液更可能沿着压溶面这个开启通道运移排泄，而不是直接进入难渗透的缝合线两侧岩石中。由自然界缝合线与构造裂缝充填分布的联系性得到启示：压溶缝合线的形成需要外加应力的作用，构造作用既满足了缝合线形成的要求，又造成了大量的裂缝，很自然，当成岩溶液通过压溶面运移排泄时，同期的破裂缝成为接收它的理想场所，亦即压溶缝合线为同期形成的裂缝或构造裂缝的充填提供物源。对鄂尔多斯盆地奥陶系马家沟组灰岩的研究表明，与斜交、垂直层面缝合线同期的构造裂隙为方解石充填，盆地广大地区该期裂缝方解石的 Na_2O、MgO、SrO、K_2O、MnO、NiO 含量与微晶灰岩基质极其类似，由裂隙方解石 $\delta^{18}O$值推算的成岩溶液 $\delta^{18}O_{SMOW}$值都在 4.0‰~5.5‰，证实了压溶作用为该期裂缝方解石提供了物质来源。

⑥压溶缝合线存在两种转化过程。压溶缝合线是否能构成储渗油气的有效空间，一直备受争议，部分学者依据缝合线内有沥青和荧光现象，有缝合线孔隙等的发育，认为缝合线内存在油气运移进入过程，可构成储渗油气的有效空间；部分学者从缝合线的形成机制认为缝合线在地下是处于闭合状态，缝合线本身不具备储渗意义。但缝合线可存在两种转化过程是不争的事实，其一是在构造应力作用下，破裂沿缝合线或追踪缝合线发育，形成追踪缝合线发育的裂缝；其二是由于地壳运动，地层由地下深处进入地表或近地表环境，剥蚀作用致负荷减轻。压力的释放，可致缝合线由闭合转为开启状态，缝合线可成为流体渗流的通道，为岩溶流体的流动提供通道条件，产生岩溶缝洞、缝合线孔隙、沿缝合线的溶蚀孔洞。这在塔河油田奥陶系岩溶剖面上非常典型。

F. 裂缝的空间展布特征

(1)裂缝纵向分布特征：本区钻井提示奥陶系碳酸盐岩的厚度一般在不整合面下200m左右，有些井较少，根据取心的情况，主要分为上下两部分取心。一部分是在上100m左右，属于风化壳，即地表岩溶带；一部分是在下100m左右，属于渗流岩溶带。

从取出的23口井的岩心特征看，裂缝在纵向上的变化，总体上有以下几方面的特征：

①构造裂缝：岩溶带的岩心，构造裂缝十分发育，多为高角度裂缝，其次为斜缝、水平缝，裂缝的长度和缝宽都较大。多组不同方向的裂缝相互切割，形成网状裂缝系统。渗流带岩心的构造裂缝，以微小裂缝为主，在规模和发育程度上不及岩溶带。

②溶蚀缝洞：岩溶带形成的溶蚀缝洞十分普遍，大部分的裂缝都遭受一定程度的溶蚀，形成溶蚀扩大缝，产状以高角度为主。沿缝壁上常见发育成串珠状溶蚀孔洞。渗流带溶蚀缝洞的规模较小，水平溶蚀缝较岩溶带发育。

③缝合线：以水平缝合线发育为主。渗流带的缝合线较为发育，这可能和岩溶带的缝合线受溶蚀改造成溶蚀缝有关。

④充填：岩溶带裂缝的充填程度较渗流带低。岩溶带的充填物为方解石和泥质，渗流带的充填物以方解石为主。

(2)地应力剖面预测中奥陶统地层裂缝层段：地应力剖面较系统地反映了地层岩石力学参数、工程力学参数和地应力参数等，其中裂缝系数直接反映岩层内纵、横波速度的相互变化关系，能直观地反映岩层内裂缝发育层段。从S66、S67和S71三口井裂缝系数曲线可知，裂缝系数变化较小，一般均在0.4左右，可能反映了该区O_2灰岩层段，岩性较均一、物性差异较小的特点。通过与S66、S67井已知裂缝发育层段的对比分析表明，用裂缝系数0.41作为区分裂缝发育与否的界限，同已知裂缝发育层段吻合较好。当裂缝系数大于0.41时，裂缝较发育；反之，当裂缝系数小于0.41时，裂缝不发育。按此标准，在S66、S67井O_1灰岩层段中，除利用测井解释出的裂缝层段外，我们认为在S66井中还存在5510.5～5515.5m及5586～5587m两个裂缝发育段；在S67井中，存在5630.5～5632m及5683～5685m两个裂缝发育层段；在S71井中，按地层地应力剖面中的裂缝系统大小，我们也划分出了7个裂缝发育段。

以上分析表明，利用常规测井资料绘制地应力剖面的方法来预测裂缝发育层段，是行之有效的，也是十分经济的。

(3)裂缝的平面展布特征：裂缝的发育程度与许多地质因素密切相关，其关系十分复杂。这些地质因素包括构造应力、构造位置、岩石密度和岩性、地层厚度以及水动力条件等。其中构造应力是最重要的因素，构造应力的大小、方向和所处的构造位置，决定构造裂缝的发育程度和空间展布。构造应力集中的地方，如背斜的轴部，主要发育高角度裂缝，延伸也较远。构造应力的性质也决定裂缝的性质，一般挤压应力产生张性缝、剪性缝，压扭应力产生剪性缝为主。剪性缝常形成共轭。从本区 23 口井奥陶系碳酸盐岩岩心观察表明，构造裂缝、缝合线十分发育，构造裂缝以高角度为主。这是本区经历多期构造应力作用的结果。

从本区奥陶系顶面三维相干体切片可以看出，在下奥陶统顶面发育多组不同方向的裂缝系统，其发育的优势方位主要有北东向、东西向及南北向，不同方向的裂缝系统反映了多期次不同方向构造应力场挤压所形成的共轭剪性缝及在构造轴部形成的张裂缝。据斯伦贝谢公司对 S66、S67 和 TK408 三口井“四开”段做的全井眼微电阻率成像测井（FMI）分析报告，其中对钻井过程中产生的钻井诱导缝（诱导缝的走向即表明现今主应力场的方向）的走向、倾向和倾角进行了分析，3 口井诱导缝走向主要为北东 - 南西向，其次还有一些南北、东、西走向的诱导缝，这表明塔河油区的局部应力场以北东向为主，但变化较大。这与现今应力场以垂向应力为主，而水平主应力差异不大的特征相一致，诱导缝的倾向差异较大，倾角都在 60°以上，大多数属于 70° ~80°的高角度裂缝，这与多数井的岩心特征一致。

该区大部分井奥陶系碳酸盐岩裂缝都十分发育，但因这些井所处的构造位置不同，裂缝的发育程度也存在一些差异。23 口井的岩心特征表明，在凸起轴线部位和凸起的高部位分布的井，裂缝都相对比较发育，如 S67、S65、T401、S76 和 S73 井。在凸起翼部的一些井，如 S70、S68 和 S60 井，裂缝的发育程度相对较低。

4. 岩溶储集体空间类型

碳酸盐岩储集空间类型繁多，且成因复杂。但据其储渗性质，可以归纳为孔、洞及缝 3 种基本类型。所谓储集体类型，即是这 3 种基本储集空间类型在碳酸盐岩中的组合特征。随着碳酸盐岩油气勘探、开发的不断深入，我们逐渐认识到，了解某一地区碳酸盐岩储集层的类型、性质与特征对储层评价、预测及油气田的合理开发，都具有十分重要的意义。

据研究，塔里木盆地寒武系 - 奥陶系碳酸盐岩的储层类型主要有 5 种类型：即裂缝型、孔隙 - 裂缝型、孔洞 - 裂缝型、裂缝 - 孔洞型及裂缝 - 溶洞型等，下面分别论述。

（1）裂缝型：裂缝型是奥陶系灰岩的主要储集类型之一，其特征是岩块（基质）孔隙度及渗透率均极低，但裂缝发育，裂缝既是主要的渗滤通道，又是主要储集空间。

根据阿克库勒地区中奥陶统灰岩产层岩心常规物性分析资料统计，构成裂缝型灰岩储层的孔隙度一般均 <2%，主要分布于 0.5% ~1.5%；渗透率大多小于 $0.01 \times 10^{-3} \mu m^2$。由于常规物性分析所作样品的局限性，其结果在很大程度上只能代表岩石基质部分的孔、渗特征。不同产能的井，其储集岩的常规物性分析孔隙度值差别不大，某些低产井的常规物性分析的孔隙度甚至大于高产井。这表明，岩石基质部分的物性条件虽然很差，并且对储层或产层影响甚小，但是由于宏观上裂缝系统的发育，使之成为具有一定储渗能力的储层或产层。储层的储渗性能主要受裂缝发育程度的控制。

位于阿克库勒凸起中部的沙 14 井下奥陶统灰岩，是典型的裂缝型储层，常规物性分析孔隙度平均值仅为 0.95%，渗透率一般均小于 $0.01 \times 10^{-3} \mu m^2$，但该井裂缝极发育。

据统计，无裂缝样品的渗透率（岩块渗透率）与具裂缝样品的渗透率相差甚大，后者为前者的 12 ~658 倍。这充分表明裂缝的有效性，是储集岩最主要的渗滤通道。

本地区裂缝型储层在层位上主要分布于奥陶系灰岩中，在平面上主要分布于风化壳型岩溶不发育的地区，如沙西地区南部，中下奥陶统灰岩为上奥陶统及志留系砂泥岩覆盖，下奥陶统岩溶不发育；又如阿克库勒地区东部及南部中奥陶统灰岩被下石炭统覆盖，但为岩溶谷地，有岩溶发育，溶蚀缝洞多被沙泥质充填（如沙14井）。中奥陶统灰岩被上奥陶统覆盖，岩溶欠发育。但它们处于有利于裂缝发育的构造部位，因此，裂缝较发育，并构成储层的主要储、渗空间。

此类储层油气产出特点是：初产量一般较高，但产量递减快，在较短时间内甚至可能停喷。

（2）孔隙－裂缝型：孔隙－裂缝型储层的特征是孔隙较发育，是主要储集空间，裂缝也较发育，是主要渗滤通道。两者均对储层有相当贡献。

雅克拉断凸上的沙7井寒武统产量是此类型储层的典型实例。其岩性主要为微－粉晶白云岩、泥质白云岩，夹砾屑白云岩及白云质泥岩。储集空间主要为晶间孔及晶间溶孔，溶孔直径为0.02～0.06 mm，岩心见少量＞1mm的溶蚀孔洞。微裂缝发育，缝宽多为0.01～0.02mm，被方解石及白云石充填或半充填。据49件样品分析（其中7个为岩屑样），其孔隙度为1.25%～25.04%，平均为5.79%。孔、渗配套分析数据较少，在少量配套样品中出现孔隙度大者渗透率小，孔隙度小者渗透率反而高的现象。孔隙度与渗透率的这种异常关系，在一定程度上反映了尽管岩块孔隙度较高，但孔隙直径小，连通性差，并反映其储集性受微裂缝的控制。

在本地区，孔隙－裂缝型储层所见较少，主要分布于溶蚀洞不发育（即岩溶不发育），但孔隙较发育，且裂缝也较发育的白云岩中，如雅克拉地区中寒武统阿瓦塔格组、沙西地区中部下奥陶统下部及寒武系等。

该储层类型油气产出的特点是：初产量一般中等－较高，产量递减仍较快，生产时间一般较裂缝型储层稍长。

（3）孔洞－裂缝型：孔洞－裂缝型储层中的孔洞和裂缝均较发育，两者对油气的储集和渗滤都有相当贡献（表5－22～表5－24）。

表5－22　S14井下奥陶统灰岩储层物性参数统计表

井深/m	岩　性	样品数	岩块孔隙/%	岩块渗透率/$10^{-3}\mu m^2$	裂缝渗透率/$10^{-3}\mu m^2$	$\frac{裂缝渗透率}{岩块渗透率}$
5405.00～5412.72	微晶灰岩	34	$\frac{0.48\sim1.45}{0.79}$	$\frac{0.01\sim0.36}{0.13}$	3.82～85.41	30～658
5414.20～5415.14	角砾灰岩	6	$\frac{1.47\sim5.24}{3.41}$	$\frac{0.07\sim0.71}{0.26}$	14.59	12～16
5416.00～5424.35	角砾灰岩	30	$\frac{0.63\sim1.57}{1.23}$	$\frac{0.02\sim0.66}{0.27}$	3.31	
5424.00～5425.38	微晶灰岩	3	$\frac{0.87\sim0.91}{0.89}$	$\frac{0.04\sim0.14}{0.09}$	1.26	14
5427.40～5428.65	微晶灰岩	15	$\frac{0.62\sim2.75}{1.04}$	$\frac{<0.01\sim0.22}{0.082}$	1.37～1.54	17.19

表5－23　S7井中寒武统阿瓦塔格组孔隙度与渗透率的关系表

井段/m	岩　性	孔隙度/%	渗透率/$10^{-3}\mu m^2$
5423.29	泥质白云岩	13.80	0.20
5425.29	粉晶白云岩	5.60	187.50
5426.39～5427.19	砾屑白云岩	4.37	0.76
5428.53	微晶白云岩	2.19	21.67

表 5-24　塔北地区寒武-奥陶系碳酸盐岩岩溶数据表

地　区	井　号	层　位	岩　性	井段/m	放空/m	泥浆漏失量/m^3
雅克拉	SC2	O_1	白云岩	5380.00~5388.40		547.0
				5387.25~5388.00	0.75	
	S5	O_1	白云岩	5756.00~5760.00		300.0
				5817.00		113.0
				5851.00		100.0
				5898.46		>2500.0
	S6	O_1	白云岩	5477.96		110.0
				5548.56~5549.11	0.55	
				5549.46~5550.21	0.75	
				5548.56~5551.51		2264.7
阿克库勒	S9	O_1	灰　岩	5171.50~5178.50		105.3
				5198.50~5200.00		100.7
	S47	O_1	灰　岩	5368.00~5368.50	0.50	
				5367.75~5497.00		1345.7
	S48	O_1	灰　岩	5364.26~5365.80	1.54	
				5364.24~5370.00		2381.0
	T301	O_1	灰　岩	5545.66~5546.86	1.20	320.0
	T401	O_1	灰　岩	5409.60~5575.00		103.1
	T402	O_1	灰　岩	5395.50~5418.00		1098.5
				5546.00~5587.00		
	S61	O_1	灰　岩	5665.90~5666.19	1.29	
				5665.90~5701.50		386.0
	LN8	O_1	灰　岩	5225.00~5266.00		317.5
				5239.40~5240.00	0.60	
				5256.20~5258.70	2.50	
	LN11	O_1	灰　岩	5283.71~5284.56	0.85	
	LN14	O_1	灰　岩	5360.00~5368.00		94.2
	LN15	O_1	灰　岩	5544.30~5546.30	2.00	
	LN17	O_1	灰　岩	5532.04		493.5
	LN19	O_1	灰　岩	5342.70		52.5
				5487.10		14.5
沙　西	S13	O_1	灰　岩	4990.60~5164.93		1799.0
				4997.00~4999.50	2.50	
				5017.00~5018.00	1.00	
	YM1	O_1	灰　岩	5370.70~5371.98		67.7
	YM4	$\in - O_1$	灰　岩	5088.00~5230.90		2000.0

该类型储层以塔河 T302 井中下奥陶统较为典型。该井中奥陶统储层以泥微晶灰岩为主，占总厚的 60% 以上，其次为亮晶砂屑灰岩及粒屑灰岩，粒屑以砂屑为主，并有少量介屑及腕足类碎屑等。常规物性分析所测出的基质孔隙度差，平均值在 1% 左右，渗透率多小于 $0.01 \times 10^{-3} \mu m^2$。但分布不均的溶蚀孔洞发育，在 5524~5682m 井段漏失泥浆 439.9m^3，表

明可能有中 - 大型溶洞存在；同时据岩心观察，小型溶蚀孔洞较为发育，如 5463.0 ~ 5467.0m 井段有小型孔洞 110 个，密度达 27.5 个/m，5467.08 ~ 5471.60m 井段有小型孔洞 60 个，密度近 15 个/m，这些小型溶蚀孔洞多未充填，为有效储集空间，同时，以构造缝为主的裂缝也相当发育，尽管部分裂缝已被方解石或泥质全充填或半充填，但仍有相当部分(60% 以上)裂缝未充填，为有效缝，其中多含油。上述特征表明，该井奥陶系小型溶蚀孔洞发育，并可能有大 - 中型溶洞，同时，裂缝也较发育，两者对油气的储集和渗滤均有相当贡献，为孔洞 - 裂缝型储层。

这类储层起主要作用的是裂缝和溶蚀孔洞，因此，其分布与裂缝及古岩溶发育带密切相关。如阿克库勒地区下奥陶统岩溶斜坡的部分地区(塔河 3 号油田及邻近地区)及岩溶高地的部分地区(特别是岩溶高地的边缘，如轮南 8 井区等)，裂缝和溶孔洞均较发育，是该类储层的分布区。

该类储层油气产出的特点是初产量较高—高，产量相对较稳定，除上述 T302 井外，T301 井、轮南 8 井等均属此类储层。

(4)裂缝 - 孔洞型：储集空间既有孔洞，又有裂缝，两者对油气的储集和渗滤均有相当贡献，但孔洞的作用更重要。其中孔洞主要由孔和中小洞组成，无大型溶洞，此类储层储集性能较好，产量较高且较稳定。

裂缝 - 孔洞型灰岩储层以塔河奥陶系油气藏 4 号区块的沙 47 井为代表，该井 5360.5 ~ 5367.5m 井面，平均裂缝孔隙度为 0.39% ~1.81%，平均孔洞孔隙度达 2.05% ~5.52%，其中基块孔隙度为 2.02% ~2.93%。岩心中溶蚀小孔洞、构造溶缝及缝合线较发育，部分孔洞被泥质等所充填，部分充注原油。

裂缝 - 孔洞型白云岩储层以雅克拉地区的沙 15 井较为典型，该井下奥陶统白云岩主要有结晶白云岩、残余砂屑白云岩及藻白云岩等。据 112 件样品测定，其孔隙度范围为 0.17% ~13.11%，平均为 2.36%。需要说明的是，该值未反映溶蚀孔洞，因为溶蚀孔洞较发育的样品均是用蜡封后测孔隙度的(44 件样，约占总数的 40%)。岩心观察表明，溶蚀孔洞及裂缝均发育。裂缝均为构造缝，缝宽 0.2 ~3mm，多被溶蚀加大。裂缝有 5 组以上，相互多交错、无定向。裂缝将岩石切割，致使岩心破碎成边长 0.2 ~8cm 形状不规则的多面体，因而裂缝密度多无法统计。溶蚀孔洞直径一般为 9 ~10mm，个别可达 50mm，部分充填或未充填，充填物多为白云岩，局部为石英晶族和沥青。溶蚀孔洞的面孔率一般为 5% ~10%，最高达 30%，上述特征表明，该井段孔隙、溶蚀孔洞及裂缝发育，为裂缝 - 孔洞型储层。

由于此类储层起主要作用的是溶蚀孔洞，因此其分布与古岩溶发育带密切相关。如阿克库勒发育区(白云岩型)等是该类储层的分布区。

(5)裂缝 - 溶洞型：裂缝 - 溶洞型储层是该区寒武系 - 奥陶系碳酸盐岩中又一类重要的储层类型，主要发育于灰岩储层中，其储集空间主要为次生的溶蚀孔洞，以大型洞穴为特征，是油气储集的良好空间，裂缝在这类储层中主要起渗滤通道和连通孔洞的作用。中裂缝 - 溶洞型储层以塔河 4 号油田上的 T402 井较为典型，该井提示了中奥陶统 242m 处岩性主要为砂屑灰岩及泥微晶灰岩，基质孔隙度低(平均小于 1%)，主要储渗空间为孔洞和裂缝。该井在 5370.0 ~5394.0m 及 5549.0 ~5587.0m 井段严重漏失，分别漏失泥浆 997.19m^3

和940.6m³，且在5373.0～5375.5m、5599.0～5560.5m及5566.0～5568.5m井段，钻时明显加快并严重扩径，表明可能有大型溶洞存在（洞径分别为2.5m、1.5m和2.5m）。同时，该井中－小型孔洞也较发育，孔洞密度达8～23个/m。此外，该井裂缝亦发育，据岩心上的显裂缝统计，裂缝密度达5～16条/m，且均为未充填的有效缝。由此可见，该井主要储集空间为大型溶洞及中小型孔洞，它们对储集空间的贡献率达68%，裂缝主要起渗滤和连通孔洞的作用，应属裂缝－溶洞型储层。

（二）古生界碳酸盐岩岩溶充填特征

古生界碳酸盐岩古岩溶充填与现代地表岩溶充填相比，包括充填的类型、性质、状态等，目前古生界碳酸盐岩古岩溶充填特征如下述：

1. 碳酸盐岩充填岩溶类型

（1）物理充填：岩溶洞穴形成后，首先经地下水溶融及构造运动作用，岩溶顶常出现岩层垮塌，并堆至洞穴底部形成机械物性堆积或为角砾岩块。其次岩溶洞穴由于地表水和地下水作用，常形成沿洞穴流动的地下河。地下河长期流动可形成地下河流沉积物，砂泥岩、砂砾岩砂岩等等并具明显层现（图5－25～图5－28）。

（a）垮塌角砾岩（AD8井，$O_{1\sim2}y$）

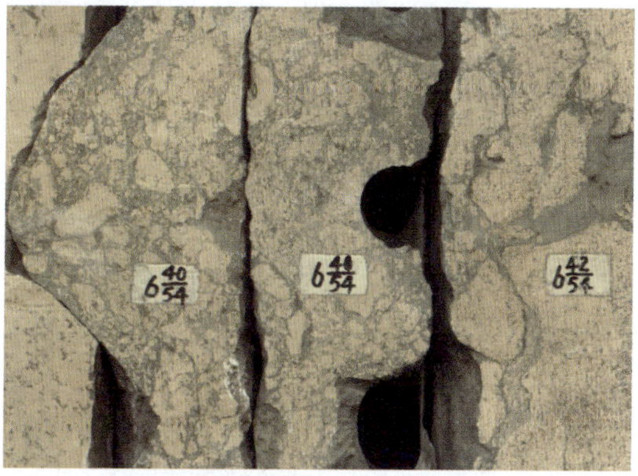

（b）岩溶角砾岩（S75井，$O_{1\sim2}y$）

（c）溶洞充填，浅褐灰色油浸细砂岩，纹层状构造清楚（T615井，$O_{1\sim2}y$）

（d）溶洞巨晶方解石充填（S75井，$O_{1\sim2}y$）

图5－25　塔古生盆地塔河油田古岩溶垮塌及残积物充填照片

（a）洞穴内地下暗河沉积（T702井，$O_{1\sim2}y$，×2.5）

（b）洞穴内地下暗河沉积，纹层状构造清楚（T702井，$O_{1\sim2}y$，×2.5）

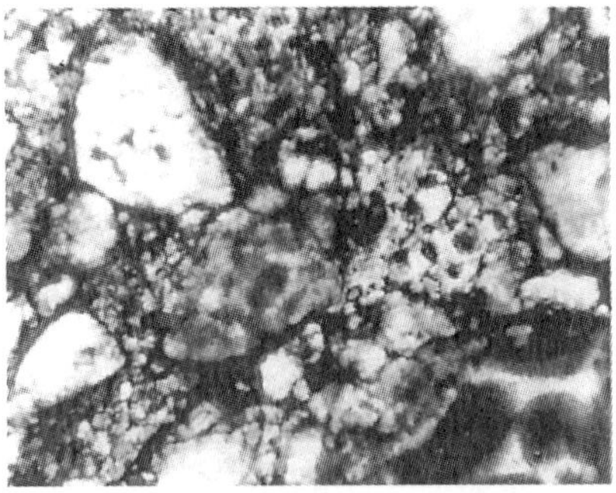

（c）岩洞穴角砾岩（T705井，$O_{1\sim2}y$，×2.5）

（d）洞穴内地下暗河沉积（S75井，$O_{1\sim2}y$，×2.5）

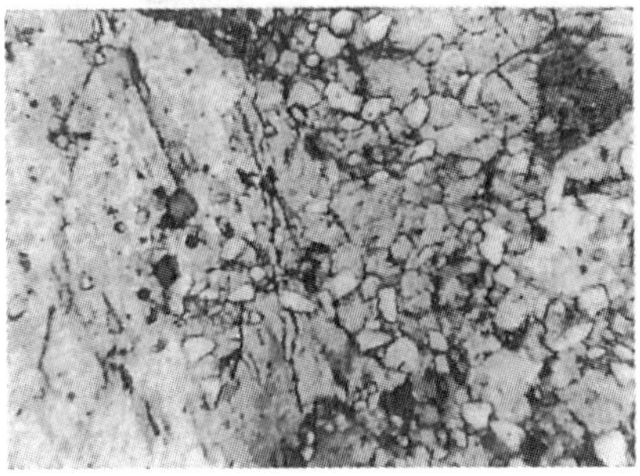

（e）洞穴内碳酸盐砂泥质，陆源石英砂填积及方解石充填，方解石晶体中常包裹陆源石英砂（S75井，$O_{1\sim2}y$，×2.5）

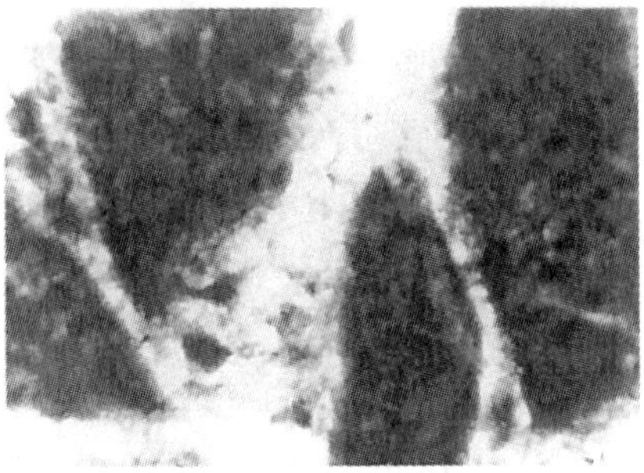

（f）岩洞穴角砾岩，角砾间碳酸盐岩砂泥质及粒状亮晶方解石充填（T314井，$O_{1\sim2}y$，×2.5）

图5－26　塔古生盆地塔河油田奥陶系古岩溶地下河沉积充填照片

(2)化学充填：在洞穴内由于地下水或地表水向下渗流，溶解碳酸盐岩形成钟乳石等各类方解石，经长期再生作用充填洞穴。

(3)热液充填：碳酸盐岩经深埋后，由于深部热液作用在溶孔、细、缝内充填形成方解石、白云石、营石等。

2. 缝洞充填程度

充填程度据多盆地碳酸盐岩充填状况分析，可分为3种，即全充填、半充填和未充填。

3. 缝洞充填的期次：以塔里木盆地和四川盆地为例至少有3期充填，第一期早华力西期，第二期为晚华力西期，第三期为印支－喜马拉雅期。在钻井岩心上，可以看出早期缝洞充填被后期充填的裂缝切断现象十分明显。

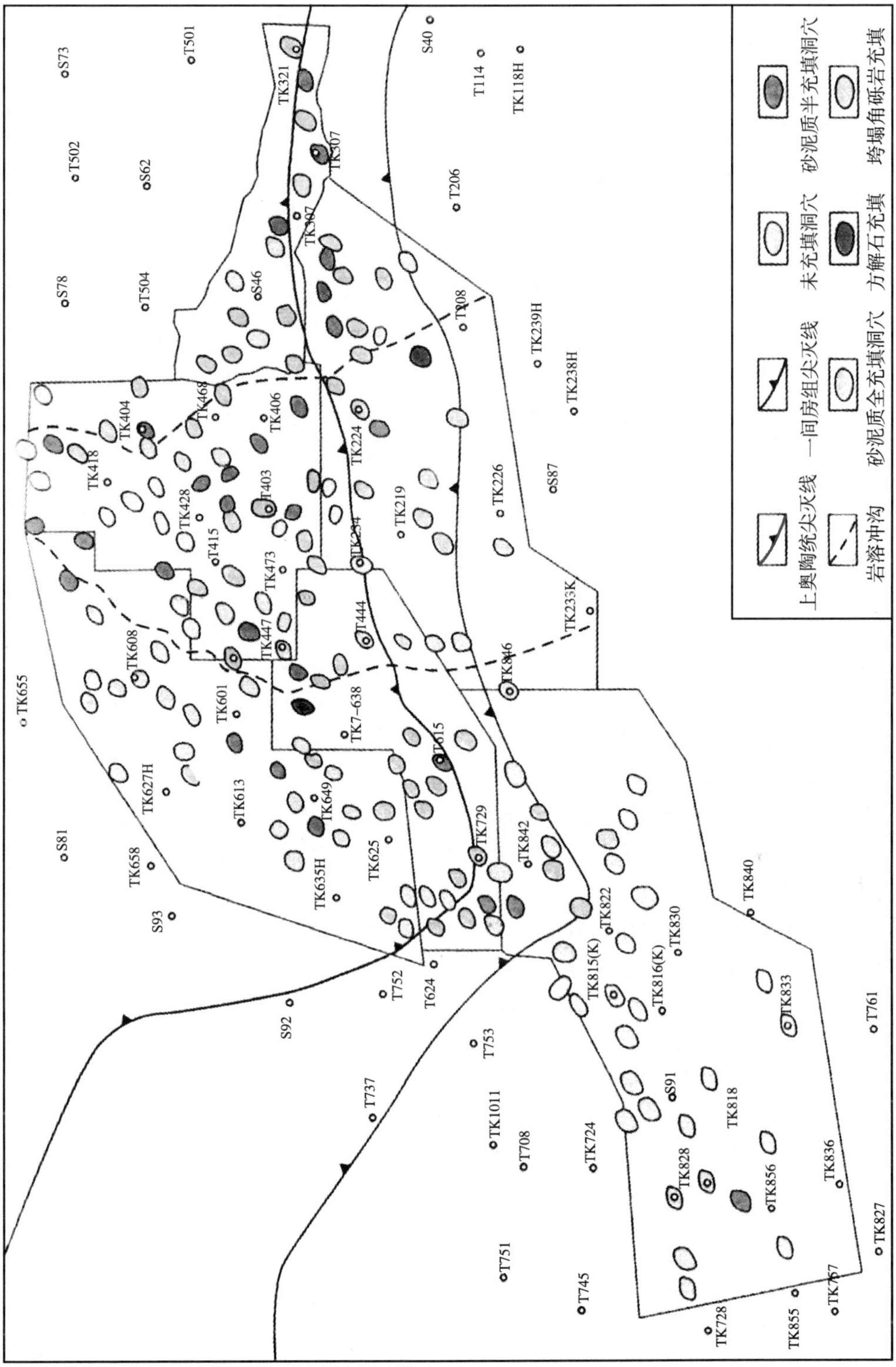

图5-27 塔河油田奥陶系（5300～6100m）岩溶洞穴及充填情况平面分布图

在油气勘探实践中，必须认真研究碳酸岩缝洞充填的难题。充填的时间和程度，直接影响油气藏的发现和产能。如塔里木盆地塔河油田北部于奇地区先部署的于奇1～于奇4井，均未出工业油气田，发现奥陶系灰岩缝洞充填十分严重，但在附近又钻于奇5井奥陶系获高产油气流。这一实例充分说明这一程度对岩溶集体性能及油气产量有直接影响。

另外，四川盆地海相碳酸盐岩不同地区和不同时代均发现各类充填物。

(三)碳酸盐岩储层评价

碳酸盐岩储层最大的特点是具有很强的非均质性，其发育受多种因素控制，因此对碳酸盐岩储层进行评价，要充分考虑各种控制因素的影响，为此选择物性参数、古岩溶的发育程度、钻井录井特征、储集类型、裂隙(缝)发育程度及含油气情况等进行综合评价。

(1)从储集岩岩性看，白云岩储层储集性能明显好于灰岩，除中寒武统阿瓦塔格组外，所有白云岩储层均为Ⅰ类储层，而在灰岩储层中，储集性最好的也仅为Ⅰ～Ⅱ型，大部分为Ⅱ～Ⅲ类，较白云岩储层低1～2个评价级别(表5－25)。

表5－25　塔河油田南部奥陶系岩心物性分析统计数据表

项目	孔隙度/%				渗透率/$10^3\mu m^2$			
	块数	最小值	最大值	均值	块数	最小值	最大值	均值
良里塔格组	927	0.005	8.3	1.186	852	0.001	250	1.2
中－下奥陶统	1599	0.1	6.7	1.15	1468	0.002	380	3.4
全区全直径	655	0.2	9.4	2.25	638	0.01	821	4.9

(2)从储集类型看，裂缝－孔洞型储集体储集性能最优，全部为Ⅰ类储层：其次为孔洞－裂缝型储集体，以Ⅱ类储层为主，最差的为裂缝型储集体，全部为Ⅱ～Ⅲ类储层。表明孔隙和溶蚀孔洞仍然是重要的储集空间类型。

(3)从古岩溶及裂隙发育程度来看，不论是白云岩还是灰岩储层，只要古岩溶和裂隙发育程度较高，其储集性一般较好，反之亦然，表明在碳酸盐储层中，古岩溶和裂缝对储集性能的控制是十分重要的。

(4)从区域分布看，古隆起的高部位以上分布的储层多为Ⅰ类储层，其斜坡则以Ⅰ～Ⅱ类储层为主。坳陷区可能主要是Ⅲ类储层区区。

评价结果见表5－26。Ⅰ级区有阿克库木地区LN1～LN11井区、LN4～LN10井区、平台区就、阿克库勒中－西段，塔河3、4区块。

表5－26　阿克库勒地区中奥陶统储集体综合评价表

地　区		岩溶地貌位置	古水流体系发育程度	暴露(或岩溶)时期长短	断裂发育情况	地震预测岩溶裂缝带发育	油气层垂向分布范围	含油气情况	总分	级别
阿克库木地区	LN1～LN11井区	9	8	10	20	20	9	20	96	Ⅰ
	LN2～LN26井区	9	6	10	20	20	6	6	77	Ⅲ
	LN4～LN10井区	10	6	9	20	20	9.5	18	92.5	Ⅰ
平台区	西区	9	8	10	20	18	9	20	94	Ⅰ
	东区	10	6	9	16	20	9	20	90	Ⅰ
阿克库勒(中－东段)		10	6	9	20	20	10	20	95	Ⅰ

续表

地　区		岩溶地貌位置	古水流体系发育程度	暴露(或岩溶)时期长短	断裂发育情况	地震预测岩溶裂缝带发育	油气层垂向分布范围	含油气情况	总分	级别
南斜坡		10	10	9	16	12	10	20	87	Ⅱ
		10	10	9	16	16	10	20	91	Ⅰ
		10	10	9	16	18	10	20	93	Ⅰ
		10	10	9	14	16	10	20	89	Ⅱ
北斜坡		10	6	10	12	20	6	12	76	Ⅲ
上奥陶统覆盖区		8	7	8	12	14	9.5	20	78.5	Ⅲ

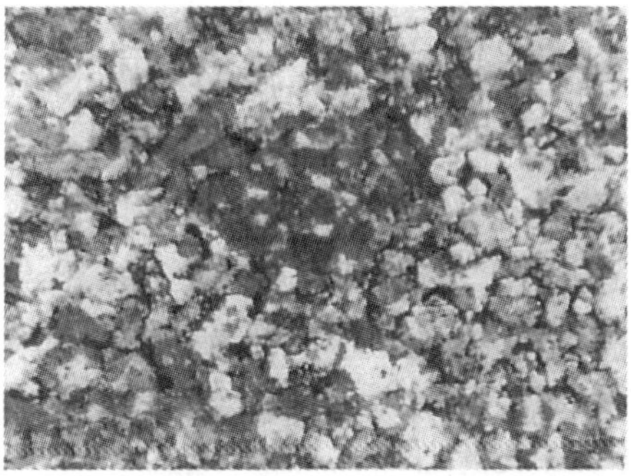

(a) 地表残积带钙屑砂岩内的粒间孔和粒间溶孔（S75井，$O_{1\sim2}y$，×2.5）

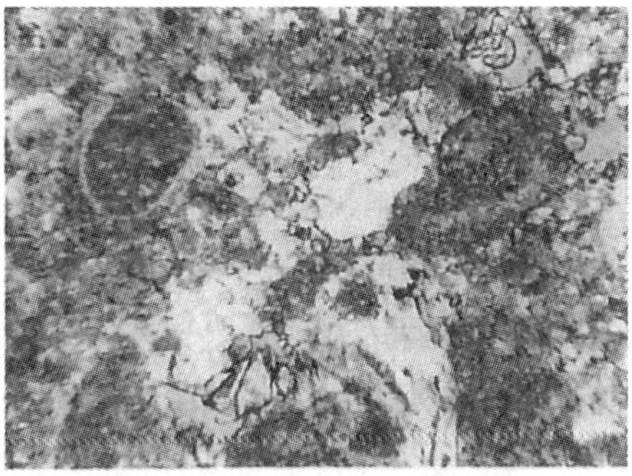

(b) 地表残积带角砾岩内的角砾间孔洞和溶蚀孔洞（S72井，$O_{1\sim2}y$，×2.5）

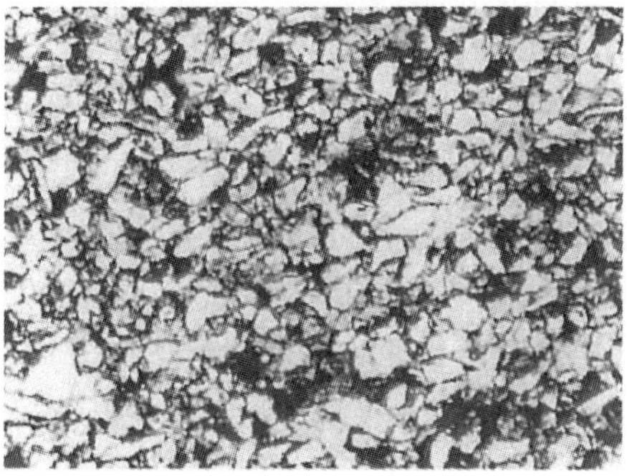

(c) 伸入洞穴海岸砂岩沉积物的粒间孔隙（T615井，$O_{1\sim2}y$，×2.5）

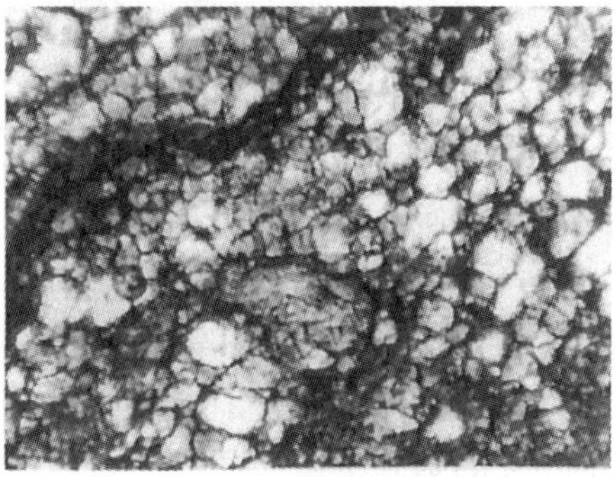

(d) 水平洞穴内砂泥质填积（S76井，$O_{1\sim2}y$，×2.5）

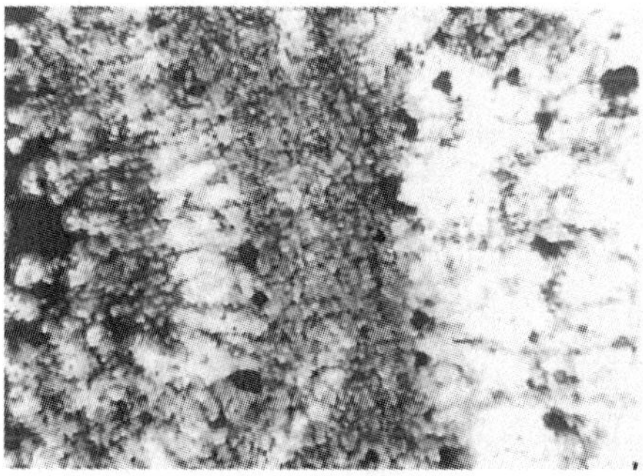

(e) 岩溶缝洞壁柱状方解石生长与碳酸盐砂泥质间互，显钟乳石构造（T416井，$O_{1\sim2}y$，×2.5）

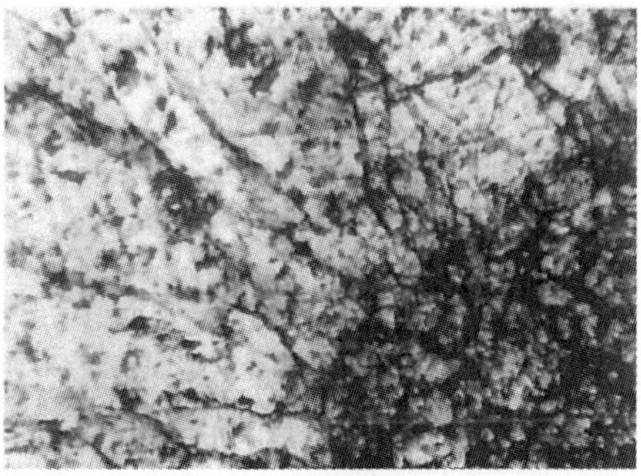

(f) 岩溶缝洞壁柱状方解石生长与碳酸盐砂泥质填积，显钟乳石构造（T615井，$O_{1\sim2}y$，×2.5）

图5－28　塔古生盆地塔河油田岩溶地下流充填照片

(四)缝洞单元的划分及评价

1. 缝洞单元的概念

Hearn(1984)认为流动单元是一个横向和垂向连续的储层，在该单元的各部位岩性特点相似，影响流体流动的岩石物理性质也相似。目前，国内外的研究者由于研究的角度和对象不同，对流动单元概念和研究方法还有不同的理解。概括起来，流动单元可以定义为相对独立控制油水运动的储层单元，可以是一个岩相单元，也可以是一个岩相单元的组成部分，若干个流动单元可以组成一个岩相单元。

塔河油田奥陶系油藏为裂缝、溶洞型碳酸盐岩油藏，油藏类型十分特殊，它既不同于裂缝-孔隙型碳酸盐岩油藏，更不同于常规孔隙性砂岩油藏。油藏的主要储集空间以构造变形产生的构造裂缝和岩溶作用形成的溶蚀孔、洞、缝为主，其中大型洞穴是最主要的储集空间，裂缝既是次要的储集空间，也是主要的连通通道。储渗空间形态多样、大小悬殊、分布不均，储集空间尺度从几微米到几十米，空间上具有强烈的非均质性，储层描述的难度大，故此与碎屑岩岩相单元、流动单元的地质概念相对应地提出了缝洞系统、缝洞单元的概念。

缝洞系统是指在缝洞型碳酸盐岩内，在同一岩溶背景条件下，由相关联的孔、缝、洞构成的岩溶缝洞发育带或缝洞集合体。缝洞系统的空间展布受断裂、裂缝、古地貌和古水系的控制，常表现为树枝状管道溶洞、网络状缝洞体等复杂结构。系统与系统之间有连续的致密体分隔，缝洞系统边界代表了岩溶作用和与之关联的裂缝边界。

缝洞单元是指由一个或若干个由裂缝网络沟通的溶洞所组成的具有统一的压力系统的流体动力单元；也可以定义为相对独立控制油水运动的缝洞储集体。一个缝洞系统可以由一个或多个缝洞单元组成。

缝洞单元的概念是随着油田开发不断出现新的矛盾，需要有新的储层描述手段来解决这些矛盾而提出来的，是油藏动态管理与静态储层非均质描述紧密结合的产物。因此，它是一个交叉学科，需要地质、物探、测井、油藏工程、采油工程等的相互渗透综合来实现。在这些种类庞大的一系列工程研究中，从油田开发中需要解决的实际矛盾出发，将复杂问题简单化，突出实用性，以解决矛盾为目的，提出缝洞型碳酸盐岩油藏开发中后期缝洞单元研究采用如图5-29所示的工作流程和技术思路。

2. 缝洞单元的划分

1)缝洞单元的划分原则及方法

在缝洞单元概念及对缝洞系统研究的基础上，综合利用各类动静态资料，提出如下缝洞单元的划分原则(图5-29)。

(1)纵向上单井生产层段(产液剖面的出液段)间存在厚度较大的致密隔挡层，出液性质和生产特征在纵向不同层段具有明显差异，则为不同的缝洞单元。

(2)位于同一岩溶残丘构造，地震振幅变化率或地震波形特征相似、具有同一流体动力系统的区域为同一缝洞单元。不同缝洞单元之间相互分隔或储渗分布差异明显。

(3)适应油田开发调整的需要。缝洞单元是依据水动力条件和储集体特征，在缝洞系统划分的基础上对储集体进行的次一级划分。单元内储集体性质具有关联性，具有相同流体动力条件，而与单元外储集体无关联性。缝洞单元是通过边界处储集体性质的突变来描述的，缝洞单元的发育分布主要受构造、断裂、裂缝和岩溶作用的控制。缝洞单元的具体划分依据如下：

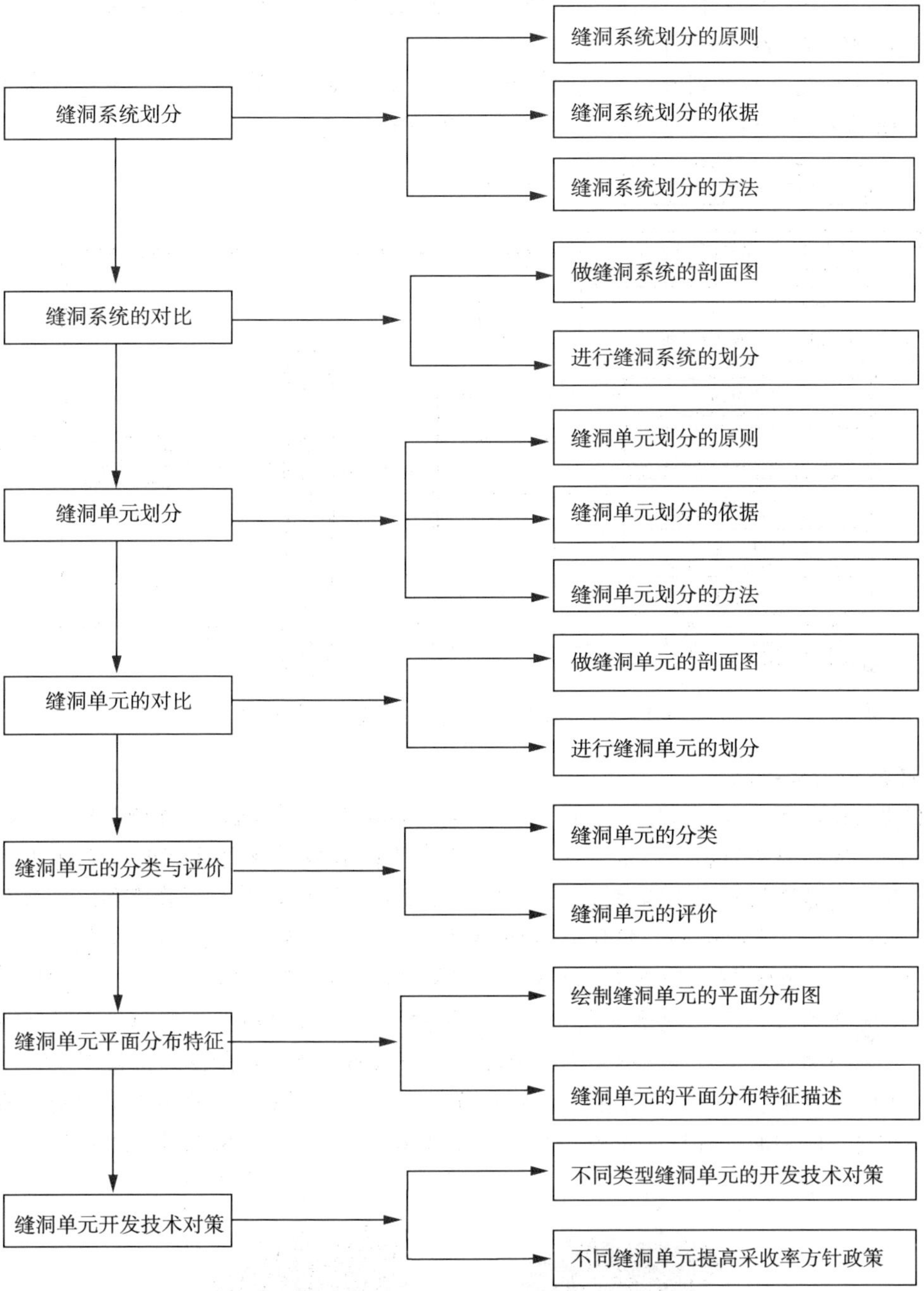

图 5－29 缝洞研究工作流程图

①不同缝洞单元具有不同的流体动力系统，缝洞系统内具有同一流体动力特征的储集体即为同一类缝洞单元。

②缝洞单元内部与不同缝洞单元之间的连通性有很大差异，在连通性分析研究的基础上，确定缝洞单元的空间分布。

③缝洞系统与缝洞单元的异同：缝洞系统为缝洞型碳酸盐岩内，同一岩溶背景条件下，由相关联的孔、缝、洞构成的岩溶缝洞发育带或缝洞集合体。而缝洞单元是缝洞系统内储集体的

进一步细分，强调了储集体、流体的连通性。二者都具有多期构造、岩溶叠加的穿时现象。

2)缝洞单元的划分指标体系

在缝洞系统划分的基础上，充分利用动静态资料，动、静结合进行井间连通性分析以及缝洞单元的划分。缝洞单元划分的技术方法思路见图5-30。

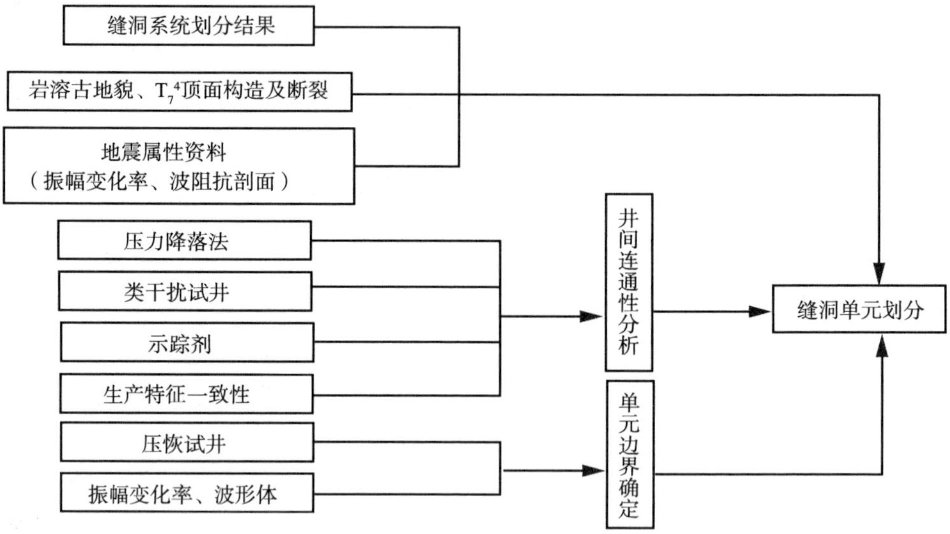

图5-30　缝洞单元的划分方法技术思路图

A. 油藏压力降落法

所谓油气藏压力系统，实质上是同一油气藏范围内任一点处的压力扰动在理论上能波及到油气藏的任一处。也就是说，该油气藏内的多孔介质或裂缝是相互连通的，流体流动是连续的，压力分布也是连续的。当油藏投入开发后，如果井间连通，那么该油藏单元的各井处于同一压力系统内，在一定时间后，各井的压降趋势一致(图5~31、图5~32)。假设有一连通的油藏单元，在t_1时刻钻探a井发现该油藏，此时测得原始地层压力为p_1；在t_2时刻钻井b，此时测得地层压力为p_2；在t_3时刻又钻c井，此时测得地层压力为p_3。对同一连通油藏单元的井，随着开采时间的延长，油藏单元内越来越多的原油被采出，压降漏斗逐渐扩大，该单元的地层压力值应该越来越低，故后钻的井其地层压力应低于早期的井，并呈下降趋势。即同一缝洞单元的油井，如果油气藏是连通的，其压力可以相互传递，其压降规律也就相同。

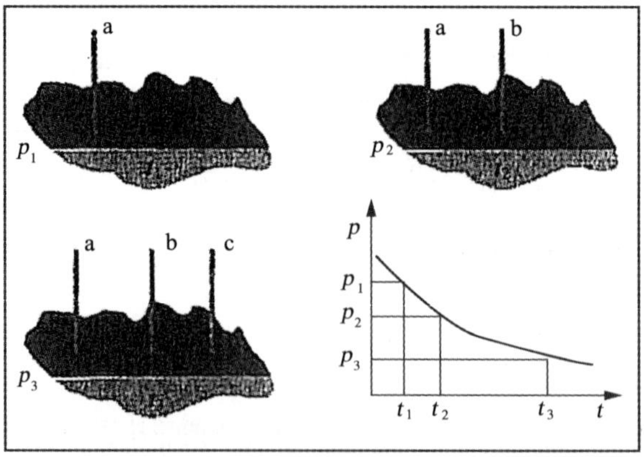

图5-31　地层压力特征分析法原理示意图

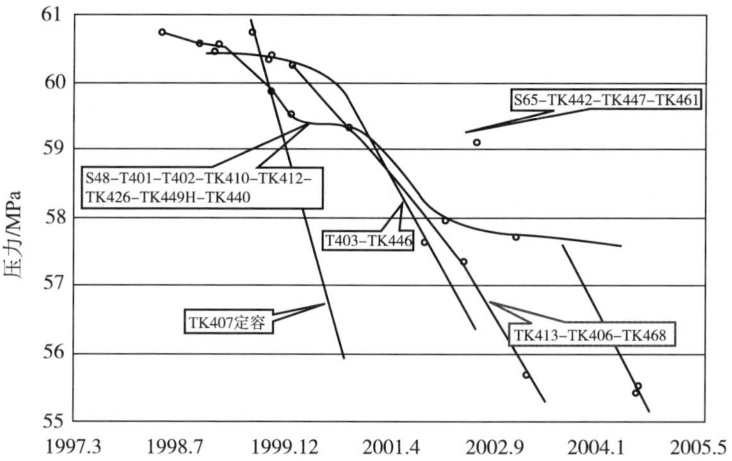

图 5－32　塔河油田 4 区地层压力井组连通图

B. 类干扰试井法

利用开发过程中的井间干扰现象，如新井酸压投产、老井注水、堵水等对邻井的激动干扰信息。如果存在井间干扰现象，说明井间是连通的，为同一个缝洞单元；否则，无井间干扰现象，说明井间是不连通的，可能不是同一个缝洞单元。如 T402 井分别在 2002 年 7 月 9 日和 2002 年 12 月 9 日堵水，邻井 TK449H 井都出现了产量上升；T402 井开井生产，TK449H 井出现了产量下降。表明两口井之间可能连通(图 5－33)。

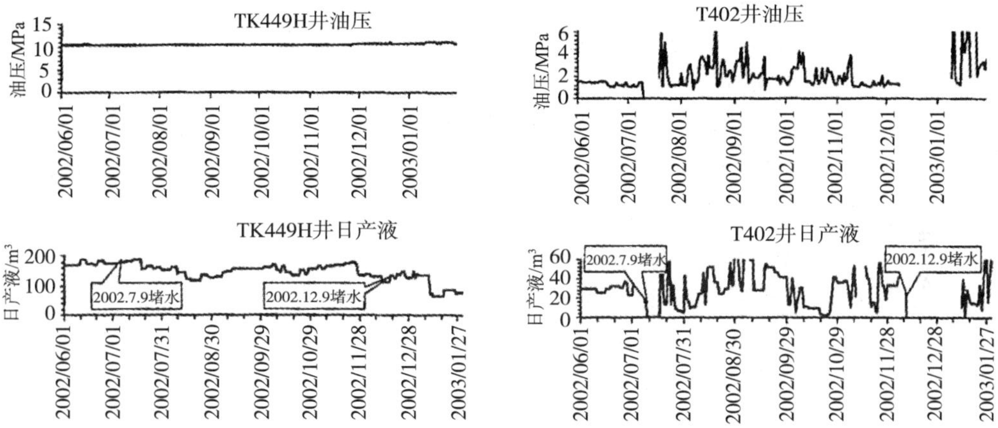

图 5－33　T402 井与 TK449H 井干扰曲线

C. 示踪剂监测判定法

示踪剂井间监测技术就是在注水井中注入水溶性示踪剂(图 5－34、图 5－35)，在周围监测井中取水样，分析样品中示踪剂浓度，并绘制出邻井示踪剂浓度随时间变化的曲线，通过对示踪剂产出曲线进行分析，就可以确定油藏是否连通，连通井组则为同一个缝洞单元。

D. 生产特征一致性判定法

同一缝洞单元内具有相同的流体动力系统，单元内井组的生产动态具有相似的特征。充分利用开发过程中的单井生产动态特征，是邻井间判断是否存在连通性的依据之一，如果相邻井组生产特征存在一致性，则说明井组处于同一水动力系统，是同一个缝洞单元。反之，则为不同的缝洞单元。

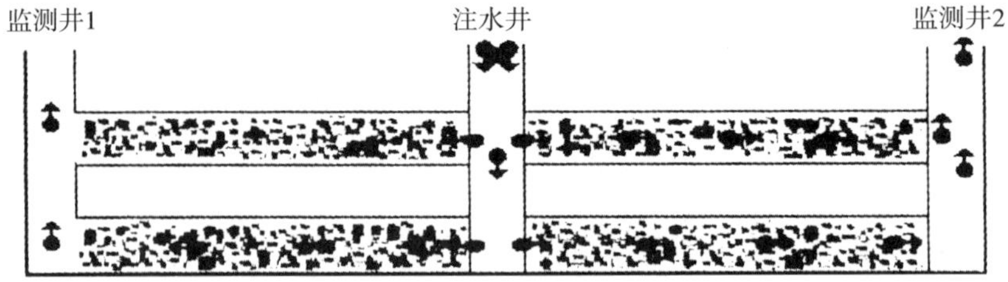

图 5-34　井间示踪注采示意图

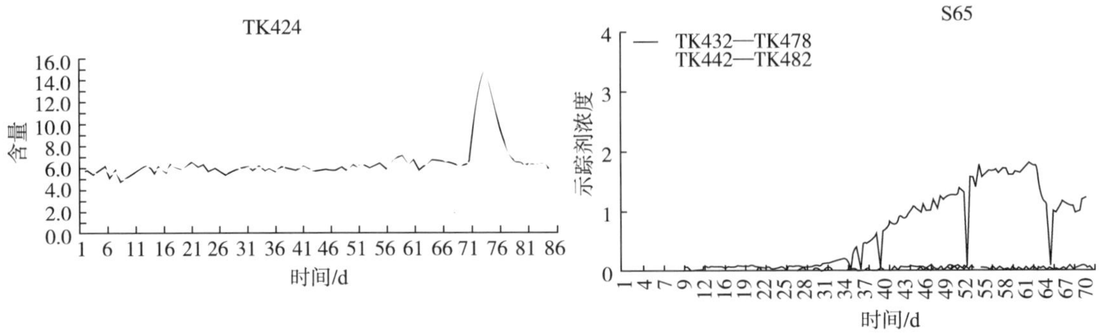

图 5-35　TK440、S65 井组示踪剂监测曲线图

E. 定容体的划分方法

定容体就是一个单独的缝洞油藏，储集体体积有限，定容体划分的主要依据是：地层压力、产油量快速下降(月递减率大于 8%)，一般累计产液量较低。

F. 缝洞单元边界的确定

缝洞单元边界的确定原则：①现今岩溶地貌的岩溶冲沟、断崖、岩溶洼地等自然边界；②试井解释的全封闭油藏的供油半径或不渗透边界；③振幅变化率图上表现为“椭圆形、串珠状、条带状振幅变化率异常”范围；④波形、三维可视化雕刻出现变化的界限可以作为缝洞单元的边界(图 5-36、图 5-37)。

3)塔河碳酸盐岩油藏缝洞单元的划分

依据缝洞单元的划分原则、依据和划分方法，采用动、静态结合的方法对塔河油田主体区块进行了缝洞单元的划分，共划分了 152 个缝洞单元。

总体上看，塔河油田北部中-上奥陶统剥失区，受多期岩溶作用，缝洞单元规模大，连通性好；南部中-上奥陶统覆盖区，岩溶作用及油气充注能量较北部弱，造成缝洞单元规模偏小，孤立的、不连通的缝洞单元则形成各类定容体。结合缝洞单元的特征、展布方向，可分为五个区块(图 5-38)，具体特征如下：

A. 中部北北西向缝洞系统

位于塔河油田奥陶系油藏 4 区中部、2 区北部，包括 S48-T402、TK439-TK409、TK404-TK477 等各类单元 35 个。

该系统的缝洞单元主要呈北北西向的条带状展布，位于继承性发育的古岩溶高地，单元的连通方向与古残丘的主轴方向一致，单元主轴方向延伸规模为 500~5000m，宽度在 500~1500m。试采资料证实单元的连通性好，储层规模大，已采出水油体积比高(0.35)，水体能量较充足，以溶洞型储集体为主。

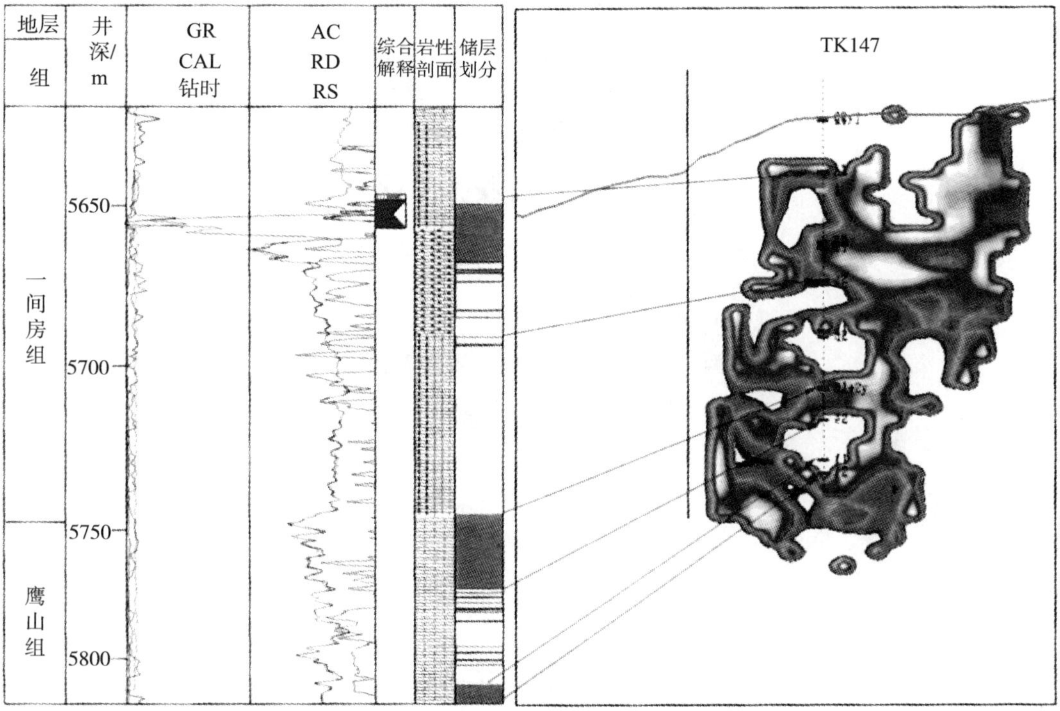

图 5－36　TK741 井缝洞体三维可视化雕刻图

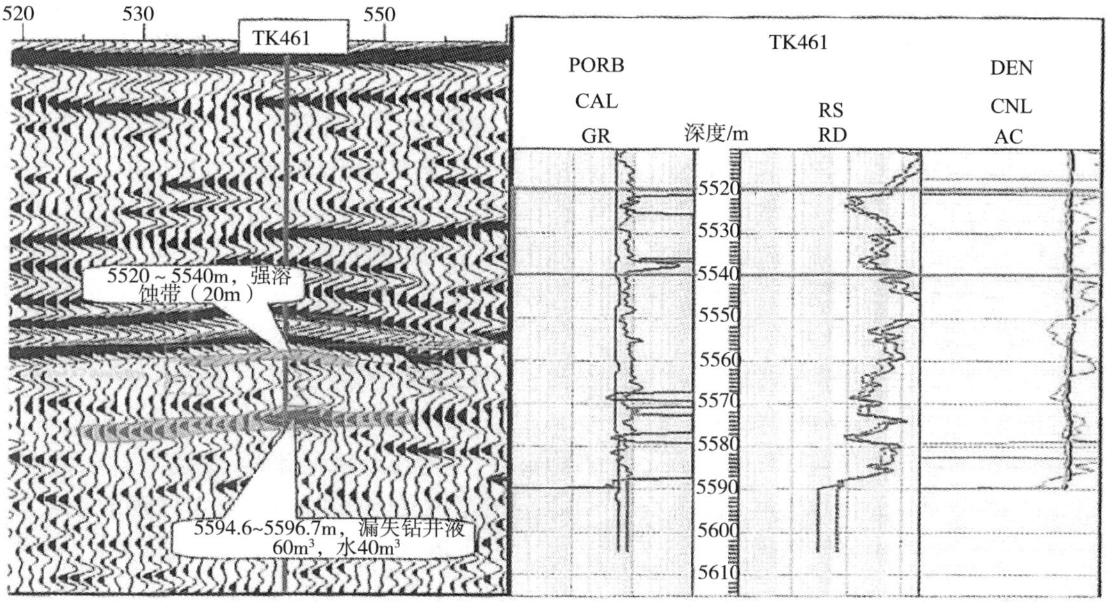

图 5－37　TK461 井缝洞储层发育带的波形、测井响应特征

B. 东南部近东西向缝洞系统

位于 3 区东部、2 区东南部，包括 TK307 － TK316、S77 － TK242、TK237 － T204、S79c－TK214等各类缝洞单元 14 个。

该系统的缝洞单元呈近东西向条带状展布，主要位于继承性发育的古岩溶次一级岩溶残

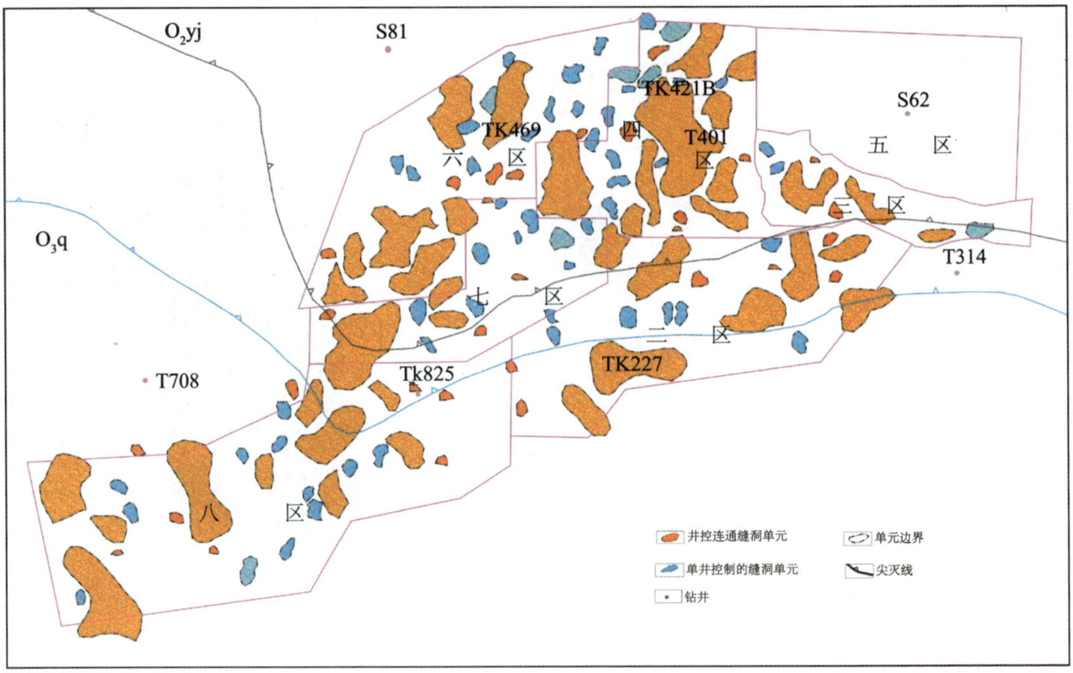

图 5－38　塔河油困奥陶系油藏缝洞单元分布图

丘部位，主要连通方向为东西方向，单元主轴延伸规模一般为 500～3500m，宽度在 500～1000m。单元的连通性较差，缝洞单元的规模较小，已采出水油体积比小(0.16)，天然能量偏弱，储层以裂缝－溶蚀孔洞为主。

C. 中部南北向缝洞系统

位于塔河油田奥陶系油藏 4 区西部、7 区东部和 2 区西部。包括 S65 － TK442、T444－TK714、T403－TK428 和 TK232－TK236 等各类缝洞单元 31 个。

该系统的缝洞单元位于继承性发育的南北向次级古岩溶构造和断裂带上，连通性与古构造主轴一致，单元沿主轴方向延伸规模为 500～3500m，宽度在 500～1000m。单元的连通性和规模一般，水体规模较小，天然能量偏弱，主要是缝洞型储层。

D. 西部北东向缝洞系统

位于塔河油田奥陶系油藏 6 区、7 区西部和 8 区东北部。包括 S74－TK609、S66－TK604、S67－TK602、T606－TK611、S80－TK635H、TK634－TK648 等各类缝洞单元 44 个。

该系统的单元位于继承性发育的北东向古岩溶残丘上，其展布特征与岩溶残丘的延伸方向极为一致。单元的延伸规模一般为 500～4000m，宽度在 500～2000m。单元连通性较好，规模较大，已采出水油体积比在 0.24 左右，具有一定的水体规模，天然能量一般，以溶洞型储层为主。

E. 西南部北北西向缝洞系统

位于北北西向 S99－S86 井构造带与阿克库勒凸起北东向轴部交会部位，包括S86－TK835、TK719－T705、S91－TK725、S76－TK823X 和 T810X(K)－TK837 等各类缝洞单元 28 个。

该缝洞系统发育的局部构造(残丘)大都呈北北西向、北东向展布，缝洞的连通方向与局部构造(残丘)走向一致，单元主轴方向延伸规模一般在 500～4000m，宽度在 500～1500m。单元的连通性一般，连通规模较小，水体规模较小，天然能量偏弱，主要是缝洞型储层。

(五)石炭系储层

据地层发育和岩性组合特征，较完整的石炭系可分为7个岩性段。工区内石炭系上部的第一岩性段(灰岩段)，下部的第六岩性段、第七岩性段缺失，仅存第二～第五岩性段。自上而下分为卡拉沙依组(第二岩性段：砂泥岩互层段、第三岩性段：上泥岩段)及巴楚组(第四、五、六段)。其中第二岩性段(砂泥岩互层段)顶部在本区遭受剥蚀，第六岩性段(角砾岩段)在本区大部分范围内亦缺失，仅在S17井等局部地区残留。本区石炭系储层主要分布于卡拉沙依组砂泥岩互层段的砂岩中，砂砾岩累计厚度40～195m。东河塘组砂砾岩段主要分布于塔河油田的东部和西部地区。

1. 储层沉积相

石炭纪时，为海陆交互相的浅水沉积盆地，主要为潮坪、泻湖、碳酸盐局限台地、开阔台地及近岸的河流相。本区下石炭统卡拉沙依组储层主要发育于潮坪沉积体系的砂坪微相和潮道微相及辫状河三角洲体系的分流河道微相和河口沙坝微相。

1)分流河道微相

岩性一般为杂砾岩、砂砾岩、含砾砂岩，往往发育多个正韵律，韵律层底部具侵蚀面。砾石成分杂、分选差。常含有泥砾，一般呈大小不等的块状，具棱角或次棱角，分布于砂岩或韵律层下部含砾砂岩之中。发育平行层理、斜层理、交错层理等沉积构造。多见于上部Ⅰ、Ⅱ油砂组。

2)河口沙坝微相

岩性一般为细－中细粒砂岩、砂质砾岩，往往发育多个向上变粗的正韵律，韵律层底部具侵蚀面。砂岩分选一般－较差。磨圆度中等－较好，多为次棱角状。分布于砂岩或韵律层下部含砾砂岩之中。沉积构造发育平行层理、斜层理，多见于上部Ⅰ、Ⅱ油砂组。

3)砂坪微组

主要发育于平均低潮线附近的潮间带下部及潮下带，由于该带水动力条件较强，故以砂质岩沉积为主体，一般以分选较好的粉、细砂岩沉积为主，泥岩夹层较少或较薄，沉积构造发育有平行层理、单斜层理、交错层理、波状层理等，厚度一般在3～5m。

4)泥坪微相

发育于平均高潮线附近的潮上与潮间带中上部，因水动力条件相对较弱而以泥质岩沉积为主，且泥岩多具氧化色，并含暴露标志的钙质团块。卡拉沙依组砂泥岩段泥岩大多属此类微相，广泛发育于Ⅳ、Ⅴ油砂组。

5)潮道微相

由于潮间带原始沉积的滩面不平而往往沿低洼部位形成垂直于海岸线的支状沟槽。该微相总体为一套粗碎屑沉积，呈正韵律，下部一般为细砾岩、含砾砂岩，上部为细－粗砂岩，韵律层底部具侵蚀面，并含有准同生的泥砾，为下伏半固结或塑性状态下的泥岩受潮流冲刷而成。沉积构造有平行层理、斜层理等。区内Ⅲ、Ⅳ、Ⅴ油砂组见有较多的该微相砂体分布，砂体厚度一般在3～15m，具有横向变化快的特点。

2. 储层岩石学特征

从卡拉沙依组砂泥岩互层段砂岩百分比图可以看出，储层总体呈北北西和北北东向展布；砂砾岩占地层总厚度的10%～35%(表5－27)；泥岩占地层总厚度的65%～90%；灰岩占地层总厚度的0.2%左右。

表5-27 石炭系卡拉沙依组砂泥岩互层段砂岩厚度表

井 号	地层厚度/m	单层最厚/m	砂岩厚度/m	砂岩比	井号	地层厚度/m	单层最厚/m	砂岩厚度/m	砂岩比
TK203	475	46	100	0.21	TK406	341.5	8	74	0.22
S23	382.5	13	128	0.38	TK407	355	9	101	0.28
S46	356.5	18	81	0.23	TK408	291	7	72	0.24
S47	337.5	7.5	54	0.17	TK409	236.5	7.5	93	0.31
S61	390.5	15.5	81	0.21	S48	307	14	72	0.23
S62	281	5.5	76.5	0.28	TK425	338	12	82	0.24
S70	415	11	121	0.29	TK412	268	12	62	0.23
T301	345	13	81	0.23	TK414	446	28.5	98	0.21
T302	352	10	71	0.2	S60	430.5	11	68	0.16
TK303	352	13.5	62	0.18	S68	449.5	11.5	82	0.18
TK304	438	10.5	86	0.2	S69	429.5	8.5	39	0.09
TK305	391.5	14	88	0.22	S66	303	12	74	0.2
TK309	393	9.5	79.5	0.21	S67	367	8	101	0.17
S64	391	14.5	76.5	0.19	S71	263.5	12	80	0.33
S65	337		69	0.21	S14	242.5	15.5	92.5	0.38
T401	290	7	52	0.18	S17	268	13	95.5	0.25
T402	227		109	0.48	S18	264	6.5	58	0.21
T403	320.5	6	86	0.27	LN27	325	10.5	73	0.3
TK404	288.5	18	97	0.34	LN11	140	22	61	0.23
TK405	329.8	11	66	0.2					

储层以砂岩为主，少量砾岩及含砾砂岩，以浅灰、灰白色调为主。砾岩单层厚度一般在0.05~0.2m，最大厚度一般不超过5m，普遍为灰质胶结，成分成熟度和结构成熟度较低。砂岩单层厚度一般在1.5~6m，最大一般不超过20m，岩性主要为岩屑长石砂岩、岩屑石英砂岩、长石石英砂岩及长石石英岩屑砂岩。石英含量一般大于40%，长石含量一般10%~30%，有正长石、斜长石、微斜长石等。岩屑含量变化范围大，一般10%~30%，最高达50%。岩屑成分杂，通常为酸性喷出岩、安山岩、千枚岩、白云岩、灰岩、白云母、黑云母。砂岩中常见的重矿物为白钛石、石榴石，自生矿物以黄铁矿为主。该段砂质岩总体上以含丰富的岩屑为特征。颗粒以次棱角状为主，次圆状次之。根据粒度可分为细粒、中-细粒、细-中粒、中粒及中-粗粒。储层为细粒级以上砂岩，以中粒、细粒砂岩和中-粗砂岩为主，分选中等。填隙物以灰质、泥质为主，含量范围一般5%~20%，最高可达28%。其中泥质含量一般3%~7%。灰质含量范围变化较大，一般在5%~25%，最高可达28%。

3. 储层成岩作用

本区石炭系主要经历了压实、胶结和溶蚀作用。据对下石炭统成岩演化分析，石炭系现今埋深4500~5400m，地温109~126℃，处于中成岩期成熟阶段A亚段。

下石炭统沉积后经历了长期浅埋藏，至上新世末以来才急剧深埋藏，进入强成岩作用带。虽然压实程度不高，但由于以潮坪沉积为主的下石炭统储层原始孔隙本身发育较差，随着埋深的增加使得岩石颗粒之间较为紧密。镜下观察表明，颗粒间常呈点—线或线接触。同时下石炭统沉积后经历了早期浅埋藏后，随后又受晚海西运动的影响，抬升变浅，局部地区遭受剥蚀。如在塔河油区北部的阿克库勒断凸顶部，石炭系被剥蚀殆尽，使下石炭统储层进入了短暂的表生成岩环境，在下石炭统储层的浅埋藏过程中，受大气淡水的影响，孔隙水的成分发生变化。现代沉积研究表明，当孔隙水中有大量的 HCO_3^- 时会产生碳酸盐沉淀，形成“成岩碳酸盐”。由于地层处于较浅部位，因此温度低，由此产生的“成岩方解石”具轻碳同位素特征，而氧同位素值较高。据有关文献，塔北地区海相灰岩中碳酸盐胶结物 $\delta^{13}C$ 值为 $-3\%\sim0$；淡水的碳酸盐胶结物 $\delta^{13}C$ 值为 $-15‰\sim-1‰$。本区下石炭统碳酸盐胶结物 $\delta^{13}C$ 分布范围为 $-5‰\sim0$，分布范围与灰岩 $\delta^{13}C$ 值较为接近，表明其来源可能与灰岩有关。同时，碳酸盐胶结物 $\delta^{13}C$ 值相对较高，表明它形成于大量有机酸产生之前，主要与无机来源的二氧化碳有关。因此石炭系砂岩中的碳酸盐胶结物主要在淡水环境下形成，也可以认为是在浅埋成岩过程中形成。本区石炭系的氧同位素($\delta^{18}O$)分布范围 $-14‰\sim-5‰$，一般大于 $-10‰$，而晚期与油气一起进入储层沉淀下来的碳酸盐胶结物 $\delta^{18}O$ 值较低，一般为 $-15‰\sim-10‰$。从氧同位素值较高分析，碳酸盐胶结物亦是早期所形成。因此，本区下石炭统碳酸盐胶结物为成岩早期形成，在进入了有利于次生孔隙发育的强成岩作用带后，溶蚀作用才普遍发生，碳酸盐胶结物或颗粒被溶解是形成以溶蚀成因为主的次生孔隙的主要原因。从被溶矿物分析，被溶矿物主要为方解石胶结物，其次为岩屑、长石等。

4. 储层物性

本区石炭系卡拉沙依组储层总体上以中－中低孔隙度为特征，据817个样品分析，平均孔隙度11%，最大23.6%，最小1.63%，主要分布于10%～15%，其次分布于5%～10%，大于20%的孔隙度较少。本区石炭系卡拉沙依组储层的渗透率相对较低，一般小于 $10\times10^{-3}\mu m^2$，最大 $1268\times10^{-3}\mu m^2$，最小 $0.01\times10^{-3}\mu m^2$，平均 $15\times10^{-3}\mu m^2$，总体上属中容积、低－中渗透性储层。局部地区相对较好，如T301和S23井，平均孔隙度分别达14.36%和11.16%，渗透率分别达 $170.3\times10^{-3}\mu m^2$ 和 $44\times10^{-3}\mu m^2$，属中容积、中等渗透性储层(表5－28)。孔隙度与渗透率具有明显的正相关。平面上塔河3区块卡拉沙依组储层的物性最好。纵向上，卡拉沙依组5个油组中储层物性以Ⅳ油组最好。Ⅰ油组孔隙度8%～20.4%，平均15.6%；渗透率 $(2.3\sim483)\times10^{-3}\mu m^2$，平均 $127.7\times10^{-3}\mu m^2$。Ⅱ油组孔隙度9.2%～19.6%，平均14.7%；渗透率 $(1.24\sim518)\times10^{-3}\mu m^2$，平均 $148.8\times10^{-3}\mu m^2$。Ⅲ油组孔隙度9.8%～16.8%，平均13.4%；渗透率 $(1.72\sim104)\times10^{-3}\mu m^2$，平均 $60.1\times10^{-3}\mu m^2$。Ⅳ油组孔隙度9.4%～21.4%，平均15.4%；渗透率 $(1.38\sim2269)\times10^{-3}\mu m^2$，平均 $142.4\times10^{-3}\mu m^2$。Ⅴ油组孔隙度分布于9.4%～184%，平均13.8%；渗透率 $(0.34\sim89.7)\times10^{-3}\mu m^2$，平均 $25.6\times10^{-3}\mu m^2$。

表5－28 石炭系卡拉沙依组储层物性表

井号	样品数	深度/m	孔隙度/%			渗透率/$10^{-3}\mu m^2$		
			最小	最大	平均	最小	最大	平均
T301	208	4984～8163	1.8	21.1	14.36	0.1	1268	170.8
T302	258	4930～5143	1.7	19.6	12.81	0.02	601	83.11
T401	39	5024～5117	2.6	16.8	8.77	0.27	178	28.06

续表

井　号	样品数	深度/m	孔隙度/%			渗透率/$10^{-3}\mu m^2$		
			最小	最大	平均	最小	最大	平均
S48	76	5004 ~ 5235	2.5	18.4	12.02	2.5	184	12.02
S47	46		2.0	21.4	12.76	0.01	567	71.78
S46	4	4992 ~ 4994	4.2	14.6	9.6	0.12	91.8	24.02
S61	2	4950 ~ 4951	9	14.2	11.6	3.89	27.3	15.05
S23	81	4955 ~ 5107	27	23.6	11.16	0.06	888.9	43.96
S18	23	5012 ~ 5034	2.68	11.93	5.76	0.01	23.21	2.23
S14	2		3.61	10.48	7.05	2.05	2.05	2.05
S17	2		4.06	4.24	4.14	0.01	0.06	0.04
S31	13		2.27	18.67	8.05	0.01	10.8	2.28
LN14	62		1.63	16.63	6.99	0.01	631.3	31.76
S65	164	5042 ~ 5254	2.6	23	12.7	0.02	1261	115.5
S66	262	5100 ~ 5373	1.4	15.7	7.09	0.01	302	6.39

5. 储集空间类型及孔隙结构

1）储集空间类型

本区石炭系储层的储集空间以溶蚀成因的次生孔隙为主，残余粒间孔隙次之，其他孔隙类型少见。据岩石薄片、铸体薄片和扫描电镜分析，大致可分为以下几种类型：

（1）残余粒间孔隙：是成岩作用后，碎屑颗粒间仍残留的孔隙，受后期成岩作用的影响而形成。由于本区方解石胶结物含量较高，因此该类孔隙相对较少，其发育程度主要受控于胶结物含量。孔径大小一般在 40 ~ 100μm。

（2）粒间溶蚀孔隙：由颗粒间的碳酸盐胶结物或杂基被溶蚀而形成，是本区石炭系储层最为发育的一种孔隙类型，占总孔隙的 85% 以上。该类孔隙的孔径一般在 40 ~ 400μm，孔隙形态各异，可见大量的港湾状溶蚀孔隙，局部见长条溶蚀孔隙、特大型溶蚀孔隙及铸模孔。在不同的层位由于溶蚀作用的强弱程度不一，而导致孔隙大小差异较大。

（3）粒内溶蚀孔隙：该类孔隙多见于长石颗粒、岩屑颗粒之上，是由长石、岩屑颗粒内部成分被溶蚀后形成的孔隙。此类孔隙在各层段发育较普遍，但数量较少，且孔径比粒间溶蚀要小，一般在 20 ~ 150μm。

（4）铸模孔：为碎屑颗粒被完全溶蚀后形成的孔隙，此类孔隙的形态仍保留碎屑颗粒被溶蚀前的孔隙形态。

（5）微裂缝：本区少见，为砂岩中内部的微裂缝，仅见于 S23 井Ⅱ油组的部分样品，裂缝一般宽 4 ~ 24μm，长 1 ~ 3mm，个别长达 22.5mm。

2）孔隙结构

孔隙结构是影响储集体储集能力和渗透力的主要因素。根据张凤玖等（1999）对塔河 3 区块卡拉沙依组储层压汞资料统计分析，储层喉道直径的分布范围在 0.014 ~ 36μm。粗、中细、微喉均有，具有喉道直径平均值的分布范围宽的特征。孔隙直径区间值为 0.01 ~ 1.0mm，主要集中在 0.05 ~ 0.15mm。孔隙直径平均值接近正态分布。

6. 储层的平面展布

塔河油区卡拉沙依组厚度一般在 317.5 ~ 494m，总体上南厚北薄。辫状河河道砂体、辫状河三角洲前缘砂体和潮坪沉积体系的砂坪微相、潮道微相沉积砂体是本区石炭系的主要储层。该套砂岩储集体累计厚度一般 60 ~ 100m。塔河 3 区块最厚，累计厚度一般在 65 ~ 115m，S23 井最厚达 128m，4 区块厚度次之。最薄处为 1 区块，且砂岩层数也最少，砂岩累计厚度仅 30 ~ 68m。总体上，砂泥岩互层段的储层特征具砂岩层数多(一般在 15 ~ 25 层)、单层厚度薄(一般在 1 ~ 7m)的特点，砂体横向延伸一般不超过 2km，各砂体上下交互、互不连通，常呈透镜状产出。

卡拉沙依组砂泥岩互层段油气丰富，据本区沉积旋回、岩性组合和电性特征，自上而下可分为 5 个油组，各油组间有稳定的泥岩隔层，各油砂组又可分为 0 ~ 5 个砂层。其中Ⅱ和Ⅳ油组砂岩储集体最为发育，且单层厚度较大，砂岩累计厚度一般在 16 ~ 30m。Ⅰ、Ⅴ油组砂岩储集体单层小，累计厚度一般小于 10m。5 个油组中，油气层主要分布于Ⅱ、Ⅳ、Ⅴ油组的薄层砂体中。其中以Ⅳ油组含油性最好，Ⅲ油组含油性最差。各油组特征分述如下：

1) Ⅴ油组

区内地层厚度较小，最厚 76.5m，最薄 30m，一般在 45 ~ 60m，为棕褐色泥岩与灰白色、黄灰色细 - 中砂岩、粉砂岩不等厚互层。储层为细 - 中砂岩、粉砂岩，单层最厚 11.8m，最薄 1.5m。平面上，Ⅴ油组以塔河 1 区块地层厚度最大，且砂岩层数最多。主要为潮坪沉积相带的砂泥坪微相和砂坪微相沉积。而在塔河 4 区块及塔河 6 区块的北部地层厚度较薄，主要为潮坪沉积相带的砂泥坪微相和潮道微相沉积夹泻湖相沉积。Ⅴ油组含油性以塔河 1 区块的 S60 井(3 层油气层)、S68 井和塔河 3 区块的 TK305、S46、S47、S70 井含油性最好，油气层厚度一般在 1.5 ~ 7m。

2) Ⅳ油组

区内地层厚度变化不大，一般在 50 ~ 60m，S61 井最厚，达 67.5m，T402 最薄，仅 30m 厚。为深灰色泥与灰白色、黄灰色不等粒砂岩互层。储层以不等粒砂岩为主，Ⅳ油组地层厚度不大，但砂岩累计厚度大，砂泥比相对较高，以塔河 3 区块、塔河 1 区块砂层最为发育，砂岩百分比在 30% 以上，塔河 4 区块次之。塔河 1 区块，Ⅳ油组上部以泻湖相沉积为主，中下部以潮坪沉积相带的砂泥坪微相沉积夹潮道微相沉积为主。塔河 3 区块主要为砂坪微相和砂泥坪微相沉积，上部夹潮道微相沉积，砂层较为发育。塔河 4 区块为砂坪微相和砂泥坪微相沉积，S65 井Ⅳ油组为砂泥坪微相及泻湖相沉积，仅发育 1 个砂层，可 6 区块岩性相对较细。在塔河油区，Ⅳ油组是卡拉沙依组砂泥岩互层段含油性最好的层段，本油组的含油性又以塔河 1 区块 S60 井及塔河 4 区块的 T402、TK401、TK409 井最好。

3) Ⅲ油组

该油组以地层普遍较厚为特征，一般厚 100m 左右，为紫色、棕褐色、灰色泥岩夹浅灰、褐色细 - 中粒砂岩。砂岩单层厚度较大，岩性较粗，砂岩百分比一般 20% 左右，但该油组地层物性相对较差。塔河 1 区块下部为砂泥坪微相沉积，上部以泻湖相沉积为主夹砂泥坪微相沉积，泥质岩发育，岩性普遍较细。塔河 3 区块中上部以砂泥坪微相沉积，下部为砂坪微相沉积夹泻湖相沉积。塔河 4 区块主要为砂泥坪微相沉积，下部以潮道微相沉积为主，砂体较为发育。本区Ⅲ油组是卡拉沙依组砂泥岩互层段含油气最差的层段，仅塔河 4 区块 T402、T403、T407、S46 井及塔河 1 区块 S60 井含油性相对较好。

4) Ⅱ油组

地层厚度范围变化大，砂层多，一般厚 8 ~ 100m，为灰色、紫色、棕褐色，泥岩与浅灰色、黄灰色细 - 中粒砂岩、砾状砂岩不等厚互层及白色细粒长石岩屑砂岩、含砾砂岩及黄褐色中粒长石岩屑砂岩。塔河 3 区块及塔河 4 区块厚度最大。该套地层在油区北部普遍遭受剥蚀，S62、T402 等井剥蚀较多，其中 T402 井仅残余约 20m。该油组除地层厚度变化较大外，砂岩百分比亦变化较大，塔河 1 区块 S60 井 120m 厚的地层大多为泥质岩，仅局部层段夹粉砂岩，砂岩百分比极小，为泻湖相夹泥坪微相沉积。而塔河 3 区块和塔河 4 区块，则以辫状河三角洲沉积和砂泥坪微相互层沉积为主，砂层较多，但砂层厚度较薄。总体上，Ⅱ油组含油性较好，油气显示以塔河 3 区块的 TK303、S23、S48 井及塔河 4 区块的 TK407 井最好。

5）Ⅰ油组

该油组地层整体遭受剥蚀，在塔河 3 区块、塔河 4 区块北部大部分钻井缺失该套地层，油区厚度变化范围较大，总体上南厚北薄，一般厚 40～60m。储层为浅灰色、白色细粒长石岩屑砂岩、含砾砂岩及黄褐色中粒长石岩屑砂岩。砂岩层数较少，但单层厚度普遍较大，且岩性较粗。砂岩发育较好的地区为塔河 3 区块及塔河 4 区块，主要为砂泥坪微相互层沉积夹辫状河三角洲沉积。塔河 1 区块为泻湖相的泥岩沉积。塔河 4 区块的 T402 井、S65 井及塔河 3 区块北部的 S62 等井该层剥蚀殆尽。含油性以塔河 3 区块最好，塔河 4 区块次之。T303 井在该油组获高产工业油气流。

据目前区内多口钻井显示，油气层数以 S46、S47、T301、T302、S60 井最多。塔河油区卡拉沙依组砂泥岩互层段油组特征（表 5－29）。

表 5－29　塔河油区卡拉沙依组砂泥岩互层段油组特征表

油组	孔隙度/%	渗透率/$10^{-3}\mu m^2$	砂岩单层厚/m	油组总厚/m	井号（油层数）
$C_Ⅰ$	13.6	104.3	1.5～14	0～100	T301（1）、T302（1）、TK303（1）
$C_Ⅱ$	11.3	78.6	1.5～10	15～120	S23（1）、S46（1）、S47（1）、TK303（1）
$C_Ⅲ$	11.7	46	1.0～7.5	90～115	S46（1）、S47（1）
$C_Ⅳ$	13.4	112.7	1.0～18.5	40～65	S60（1）、S46（2）、S47（3）、TK407（1）、TK409（1）
$C_Ⅴ$	10.1	15.2	1.5～7	45～75	S60（3）、S68（1）、S46（1）、S47（1）、S70（1）、T305（1）

7. 控制储层发育的因素

（1）沉积环境是控制卡拉沙依组（C_1k）储层发育的首要因素。沉积环境与物源控制了储层的形态、规模和分布状况，由于水动力条件的不同，形成了不同的沉积环境中砂体储集性能的差异。辫状河三角洲相沉积属强水动力条件下沉积，而以潮坪、潮渠总体为相对较强的水动力条件下的沉积。下石炭统卡拉沙依组储层主要发育于辫状河三角洲和潮道砂体中，因此砂体常呈透镜状出现，横向分布局限，形成以砂岩层数多、单层厚度薄、横向上相变快、砂体互不连通的沉积特征。在辫状河三角洲和潮道沉积环境中砂岩岩性较杂，砂砾岩中常含泥砾、灰岩砾，砾石成分杂，且杂基含量高，因而储集层的总体发育程度相对较差。

（2）盐胶结物含量是影响卡拉沙依组（C_1k）储层发育的因素。本区石炭系经历了长期的压实、胶结作用，导致岩石颗粒胶结紧密，孔隙空间小，颗粒常呈点－线、线－线接触。同时，由于早期胶结作用强烈，大量的碳酸盐胶结物，使得原生孔隙较少，有效孔隙主要为后期溶蚀作用所形成的次生溶蚀孔隙。统计资料表明，本区下石炭统卡拉沙依组储层中方解石胶结物含量普遍较高，一般在 5%～28%。储层中碳酸盐胶结物的含量和孔隙度、渗透率之间呈明显的负相关。当碳酸盐胶结物的含量大于 10% 时，储层的孔隙度和渗透率明显变差；当岩石中碳酸盐胶结物的含量小于 7% 时，孔隙度一般大于 10%，渗透率亦明显变好。本区下石炭统卡拉沙依组储层中泥质杂基含量一般在1%～7%，虽然泥质杂基含量的增加会影响孔隙的发育，但泥岩杂基的含量与孔隙的发育程度没有明显的相互联系。因此碳酸盐胶结物的成分和含量是影响下石炭统卡拉沙依组储层的主要因素。

8. 储层综合评价

塔河油区下石炭统卡拉沙依组的展布和储集性能主要受沉积环境的控制，并受成岩作用的改造。因此，储层的评价主要从储集砂体的成因类型、厚度、展布特征以及储层物性特征和储集空间类型进行评价。评价标准见表5－30。

表5－30 碎屑岩储层分类评价表 （据叶德胜等，1995）

类别	亚类	孔隙度/%	渗透率/$10^{-3}\mu m^2$	排驱压力/MPa	饱和度中值毛管压力/MPa	最小非饱和孔隙体积百分数/%	评价
Ⅰ	$Ⅰ_A$	>20	>500	<0.05	<0.3	<15	极好
	$Ⅰ_B$	>20	100～500	0.02～0.1	0.1～0.6	<15	很好
Ⅱ	$Ⅱ_A$	15～20	>50	0.1～0.5	0.5～4	<20	好
	$Ⅱ_B$	15～20	10～50	0.1～0.5	0.5～4	<20	较好
Ⅲ	$Ⅲ_A$	10～15	>10	0.1～1	0.6～6	<30	中等
	$Ⅲ_B$	10～15	1～10	0.3～2.5	1～6	<30	中下等
Ⅳ	$Ⅳ_A$	5～10	>1	0.5～2.5	1～10	<30	差
	$Ⅳ_B$	5～10	<1	1～5	1～10	<30	很差

就塔河油区下石炭统卡拉沙依组沉积体系而言，中－低潮坪是最有利于砂质岩沉积的环境，区内Ⅳ、Ⅴ油砂组频繁的砂、泥岩互层沉积即为该环境的产物。Ⅲ油组总体处于中－高潮坪沉积环境，以泥质岩沉积为主，岩性普遍较细，储层薄。辫状三角洲体系的分流河道和河口沙坝沉积则主要分布于本区Ⅰ、Ⅱ油砂组，沉积有较多的粗粒砂质岩，且在纵横向上的分布与沉积旋回特点具有相对的稳定性和广泛性，但下石炭统卡拉沙依组储层碳酸盐胶结物的含量相对较高。从目前5个油砂组的储层物性特征分析：储层物性具有由下向上变好的特征，其中Ⅰ、Ⅱ、Ⅳ油砂组储层的物性特征较好，平均孔隙度一般大于10%，渗透率的分布范围一般在$(10～50)\times10^{-3}\mu m^2$，但孔隙度大于20%的较少。总体上属中容积、低－中渗透性储层。

1）Ⅴ油组

储层主要分布于塔河1区块、塔河3区块和塔河4区块。以塔河1区块砂岩层数最多，平面上以塔河1区块的S60井区及S68井和塔河3区块、塔河4区块的TK305井、S46井、S47井、S710井物性最好。孔隙度一般在10%～15%，渗透率一般大于$10\times10^{-3}\mu m^2$，为$Ⅲ_A$－$Ⅲ_B$类储层。同时，Ⅴ油组由于处于下石炭统卡拉沙依组储层的最底部，在有断裂沟通的部位能优先捕获油气，因此含油性较好。

2）Ⅳ油组

储层的砂岩累计厚度大，砂泥比相对较高，以塔河3区块砂层最为发育，砂岩百分比在22%～30%。在塔河1区块中下部以潮道微相沉积为主，砂岩百分比在18%～22%。塔河3区块主要以砂坪微相和潮道微相沉积的砂层较为发育。平面上储层以塔河4区块、塔河1区块的S60井及塔河4区块的T402井、TK401井、TK409井区储层最好，为$Ⅱ_A$－$Ⅲ_B$类储层。

3）Ⅲ油组

砂岩单层厚度较大，岩性较粗，砂岩百分比一般在20%左右，塔河3区块Ⅲ油组中上部为砂泥坪微相沉积，下部为砂坪微相沉积夹泻湖相沉积。塔河4区块主要为砂泥坪微相沉积，其中下部以潮道微相沉积为主，砂体较为发育。储层以塔河4区块T402井、T403井、T407井、S46井及塔河1区块S60井区储层较为发育，且物性较好，为$Ⅲ_A-Ⅲ_B$类储层。其他地区较差。

4）Ⅱ油组

该油组除地层厚度变化较大外，砂岩百分比亦变化较大。塔河1区块、塔河2区块储层不发育，储层物性亦较差，为$Ⅲ_B$类储层。塔河3区块和塔河4区块储层较为发育，物性较好，但砂层厚度较薄，以辫状河三角洲沉积和砂泥坪微相沉积的砂岩储层物性较好，为$Ⅱ_A-Ⅲ_B$类储层。

5）Ⅰ油组

该油组地层整体遭受剥蚀，在塔河3区块、塔河4区块北部的大部分钻井缺失该套地层，砂岩总体上南厚北薄，但单层厚度普遍较大，且岩性较粗。砂岩发育较好的地区为塔河3区块及4区块。S62－T421－S71井以南至S68－TK203－S76井一线以北辫状河三角洲沉积的砂岩储层物性较好，为Ⅲ类储层。其中塔河4区块S46井及塔河3区块S23、TK305、TK306井储层物性最好，孔隙度平均10%～15%，渗透率一般大于$50\times10^{-3}\mu m^2$，为$Ⅱ_B$类储层。

根据卡拉沙依组砂质岩储层的砂泥比、储层物性及沉积相分析，平面上，储层最发育的地区为塔河3区块的TK302－S70井及塔河4区块TK420－TK414井一带，砂泥比值高，一般在20%～28%，孔隙度和渗透率较好，为较好－中等（$Ⅱ_B-Ⅲ_A$）的储集体发育区；其次为塔河1、塔河2及塔河6区块中等－中下等（$Ⅲ_A-Ⅲ_B$）储集体发育区。工区西部、南部及东北部砂质岩含量虽然较高，但是由于储层物性较差，如S18井孔隙度为2.68%～11.9%，平均5.76%，渗透率为$(0.01\sim23.2)\times10^{-3}\mu m^2$，平均$2.23\times10^{-3}\mu m^2$；S30井孔隙度为2.27%～18.6%，平均8.05%，渗透率为$(0.01\sim10.8)\times10^{-3}\mu m^2$，平均$2.28\times10^{-3}\mu m^2$。S50井孔隙度2.7%～4.8%，平均3.83%，渗透率$(0.02\sim2.51)\times10^{-3}\mu m^2$，平均$0.45\times10^{-3}\mu m^2$，为Ⅳ类储集体发育区。

（六）三叠系储层

三叠系是塔河地区主要油气储层之一，分布广泛，厚400～500m，由北向南、由西向东变厚。该套储层在区域上相对稳定，性质变化不大。区内三叠系主要为辫状河三角洲与湖泊相，上三叠系以辫状河三角洲前缘与滨浅湖亚相为主，中三叠统以辫状河三角洲平原与滨浅湖亚相为主，下三叠统则以滨浅湖亚相及半深湖亚相为主。储层发育于中三叠统阿克库勒组和上三叠统哈拉哈塘组，自下而上分为3个储集层段：下油组（T－Ⅲ）、中油组（T－Ⅱ）、上油组（T－Ⅰ）。其中塔河油田Ⅰ区块在中油组和下油组发现工业油气流，塔河2区块在上油组和中油组发现工业油气流，塔河南S50井在三叠系发现油气。另外艾协克1号构造东南端S70井在下油组，艾协克北5号构造S73井在上、下油组发现油气，表明塔河地区三叠系储层砂体具较好的油气勘探前景。

1. 岩石学特征

1）上油组（T－Ⅰ）

钻井资料表明，本区三叠系上油组（T－Ⅰ）储层的砂岩类型主要为长石岩屑砂岩。砂岩矿物成熟度低，岩屑和石英含量主要分布在30%～50%范围内，长石主要分布在10%～30%。颗粒磨圆以次棱角状为主，分选较好，胶结物一般小于15%。胶结类型以孔隙式胶结为主，基底式胶结极少。砂岩颗粒间的接触类型以点接触为主。

2)中油组(T－Ⅱ)

中油组(T－Ⅱ)砂岩类型与上油组(T－Ⅰ)相似，主要为长石岩屑砂岩，其次为岩屑长石砂岩。中油组粒度均值主要分布在$2\phi \sim 3\phi$，其次分布在$1\phi \sim 2\phi$，即主要为细砂岩，其次为中砂岩。矿物成熟度低，石英和岩屑含量一般分布于30%～50%，主要分布于30%～40%，长石含量主要分布于10%～30%。颗粒分选好，磨圆度主要为次棱角—次圆状。胶结物含量一般小于10%，胶结物主要为绿泥石、高岭石，其次为方解石和方沸石。胶结类型与上油组(T－Ⅰ)相似，以孔隙式胶结为主，基底式胶结极少。碎屑颗粒之间的接触类型以点接触为主，极少为线接触。砂岩中自生矿物主要为石英、方解石、方沸石、黄铁矿、菱铁矿和磷灰石等。

3)下油组(T－Ⅲ)

下油组(T－Ⅲ)岩性主要为长石岩屑砂岩，以细砂岩为主，碎屑颗粒比上、中油组细。石英主要分布在40%～50%，长石分布在20%～30%，而岩屑分布在30%～40%。颗粒分选以中等占优势，磨圆以次棱角状为主，与上油组(T－Ⅰ)相似，但略比中油组差。胶结物含量主要分布在5%～15%，比上油组(T－Ⅰ)胶结物含量高，胶结类型和颗粒接触类型与上、中油组相同。

2. 储层成岩作用

三叠系埋深4300～4800m，经历了早期埋藏成岩作用，现处于中成岩期成熟阶段A亚段。由于塔北地区中新生代地温梯度低，三叠系长期处于浅埋藏环境，成岩演化缓慢，因而压实、压溶、胶结作用较弱，有利于原生孔隙的保存。同时，现处于强成岩作用带，溶蚀作用广泛发育，有利于储集物性的改善。通过薄片、扫描电镜和X－衍射资料研究表明，塔河地区三叠系砂岩储层经历了下列成岩作用：

1)压实作用

压实作用主要为机械压实作用，化学压实作用不明显。三叠系上、中、下3个油组成岩作用无明显差别，总体特征是压实作用不强烈，砂岩较松散，碎屑颗粒间多呈点接触，以孔隙式胶结为主，偶见基底式胶结，残余原生粒间孔较好。

2)胶结作用

本区三叠系3个油组砂岩中胶结作用发育，与压实作用相似，三叠系上、中、下3个油组的胶结作用无明显差别。胶结物主要有高岭石、绿泥石、重晶石、方解石、方沸石、黄铁矿，偶见硬石膏。

3)交代作用

分析表明，本区三叠系3个油组交代作用较发育，方解石和高岭石交代碎屑现象常见，其次为交代绿泥石环边。此外，本区的交代作用还有菱铁矿交代碎屑、杂基。

4)溶蚀作用

溶蚀作用强而普遍是本区三叠系孔隙较发育的重要因素之一。溶蚀孔隙主要为粒间溶孔和粒内溶孔。由于溶蚀作用，长石碎屑颗粒在镜下呈不规则状、港湾状，部分长石和岩屑颗粒边缘被溶蚀而使颗粒呈漂浮状，孔隙形态呈弯曲不规则状。另外，溶蚀作用使岩屑、长石等颗粒被溶蚀，溶孔形态呈浸染状、蜂窝状、不规则状，有的全部颗粒被溶蚀形成印模溶孔。

5）自生矿物的形成与充填作用

本区三叠系砂岩自生矿物主要有自生黏土矿物、自生石英和自生长石等。自生自形石英和长石小晶体量少，产状为充填式，自生绿泥石呈叶片状小晶体分布于颗粒表面。

3. 储集空间类型及孔隙结构

1）储集空间类型

大量岩石薄片、铸体薄片和扫描电镜研究表明三叠系储集岩以原生孔隙为主，次生溶孔次之。原生孔隙中以粒间孔为主，少量杂基间微孔，其中粒间孔呈多角状，不规则，连通性好，是三叠系最主要的孔隙类型；次生孔隙中以粒间溶孔为主，粒内溶孔次之，少量高岭石晶间微孔。储集空间类型为以原生孔隙为主的次生－原生孔隙复合类型。

2）储层孔隙结构特征

铸体薄片和扫描电镜表明，本区三叠系上、中、下 3 个油组砂岩所见喉道主要以缩颈喉道为主，片状和管束喉道较少。缩颈喉道类型的孔喉粗大，多发育于颗粒支撑的储层中，孔渗高。片状管束喉道细小，孔渗低。

根据铸体薄片资料，本区三叠系上、下油组平均孔隙半径和分选系数均分布在好级别的储层范围内；相反，上述两油组的偏态和峰态分布在差级别的储层范围内，面孔率却分布在中等级别的储层范围内。综合上述各项参数看，上、下油组应为较好的储层。中油组仅分选系数指示为好储层，而面孔率和平均孔隙半径都表现为中等级别的储层，偏态和峰态都指示为差储层，综合判断中油组为中等级别的储层。

据压汞资料，三叠系上油组（T－Ⅰ）属较好的储层，中油组（T－Ⅱ）的各项压汞参数和曲线与上油组（T－Ⅰ）相似，反映出该油组为较好的储层。

综合铸体、压汞和扫描电镜的各项指标，三叠系上、中、下油组的储集性能无显著的差别，均为中等－较好的储层。

4. 储层展布及物性特征

1）储层厚度及展布

（1）上油组（T－Ⅰ）：三叠系上油组（T－Ⅰ）厚度变化较大，厚 50～100m，其中 T402、TK408、TK410、S55、S66 井厚度均超过 115m，最大厚度达 129m，而 S68 井仅有 27m。上油组（T－Ⅰ）储集岩横向上大面积分布，砂岩单层厚一般为 1.5～10m，累计厚 30～80m，总体上有向南西增厚的趋势。泥质隔层和夹层较多，自上而下可分为 4 个小砂层，即 T－Ⅰ①、T－Ⅰ②、T－Ⅰ③、T－Ⅰ④。

T－Ⅰ①：砂体紧贴于高伽马泥岩标志层之下，分布不稳定，主要分布在 S67－S47－S40－S50－TK1 井一线以北及工区西部，厚度多在 10～15m，砂岩粒级主要为中－细粒，是一套辫状河三角洲前缘亚相产物，是较有利的储集相带。从钻遇该砂体的井视厚度变化及测井资料岩性识别情况看，该砂体有自西北向东南增厚之趋势。

T－Ⅰ②：砂体分布广泛，横向较稳定，厚度变化不大，一般为 20～40m，在 S56 井附近厚度最大，达到 53m。该砂体总的变化趋势是自南向北、自东向西厚度逐渐增大。工区西部及 S40、S29、S60、S41 和 S51 井一带主要为辫状河三角洲平原沉积，工区北部和东部主要为辫状河三角洲前缘沉积。

T－Ⅰ③：砂体区域上变化稳定，厚度较小，一般为 10～20m，在 S40、S29、S41 和 S51 井附近因河道下切直接覆盖在下部砂体上，主要属辫状河三角洲前缘亚相。

T－Ⅰ④：砂体主要分布在 S47、S40、S41－S22 井以南，厚度依次增大，最厚处在 S59

井附近，厚达38.5m，属辫状河三角洲平原和前缘亚相。

（2）中油组（T－Ⅱ）：三叠系油组（T－Ⅱ）厚度较小，一般30～40m，TH1井最厚达45m，S59井仅8m。据砂层对比，工区北部S62－S69－LN29井一线以北的阿克库勒背斜核部和南部S63、乡1、S10井一带无该套砂体发育，对应以大套泥岩沉积为主。砂体主要为辫状河三角洲平原分支河道和三角洲前缘水下分支河道沉积，而砂体内部分支间湾沉积的泥岩夹层分布相对较少，且厚度较薄（多在1m左右）。该套砂体可分主砂和次砂2小层。

T－Ⅱ次砂体：多数为厚度小于10m的分流河道透镜状砂体，横向延伸仅数十至数百米，井间互不连接，仅在S41、S58及LN46井见10～25m的较厚砂体，与中油组主砂体相比，分布非常局限。

T－Ⅱ主砂体：除在乡1、S63、S10井滨浅湖相区和阿克库勒背斜核部相变尖灭外均有分布。厚度一般20～35m，TK1井最厚为45.5m。中油组（T－Ⅱ）主砂体在工区南缘厚度无明显变化，但在西南方向由于零星分布的分流间湾有所增多，使其横向连通性变差。该砂体属辫状河三角洲前缘亚相产物，是较好的储集相带。该砂体在本区粒度有自西向东由粗变细的趋势。

（3）下油组（T－Ⅲ）：从揭穿整个三叠系的钻井看，三叠系下油组（T－Ⅲ）最厚，厚度一般80～110m，S68井最厚为142.5m，S59井仅有26.5m，总体呈由东北向西南减薄的趋势，工区中部相对厚度较大且稳定，大多在120～150m。下油组储集岩较上油组、中油组稍粗，普遍含少量砾岩，主要是一套辫状河三角洲平原亚相产物，仅在工区西南和东南部局部地区为辫状河三角洲前缘亚相产物，属较有利储集相带。

2）储层物性

（1）上油组（T－Ⅰ）：据塔河地区7口井300件样品统计表（表5－31），三叠系上油组（T－Ⅰ）孔隙度为2.2%～26.4%，平均20.81%；渗透率为（0.03～1568）$\times10^{-3}\mu m^2$，平均267.00$\times10^{-3}\mu m^2$（340件）。其中桑塔木地区72件样品统计，孔隙度为2.2%～22.8%，平均16.90%；渗透率（0.03～958）$\times10^{-3}\mu m^2$，平均62.75$\times10^{-3}\mu m^2$（64件）。艾南地区197件样品统计，孔隙度为3.4%～26.4%，平均22.13%；渗透率为（0.03～1568）$\times10^{-3}\mu m^2$，平均332.5$\times10^{-3}\mu m^2$（247件）。艾协克油区6件样品统计，孔隙度为20.43%～23.48%，平均22.09%；渗透率为（25.46～1337）$\times10^{-3}\mu m^2$，平均534.84$\times10^{-3}\mu m^2$（6件）。塔河南地区25件样品统计，孔隙度为8.44%～28.09%。平均21.42%；渗透率为（0.1～295.39）$\times10^{-3}\mu m^2$，平均62.61$\times10^{-3}\mu m^2$（23件）。4个区中以艾南区的物性最好，艾协克和塔河南地区次之，桑塔木区最差。

（2）中油组（T－Ⅱ）：据塔河地区10口井693件样品统计表（表5－31），三叠系中油组（T－Ⅱ）的孔隙度为3.7%～29.5%，平均22.65%；渗透率为（0.1～5416.64）$\times10^{-3}\mu m^2$，平均557.77$\times10^{-3}\mu m^2$（647件）。其中桑塔木油区381件样品统计，孔隙度为3.7%～29.5%，平均23.39%；渗透率为（0.18～5416.64）$\times10^{-3}\mu m^2$，平均617.1 4$\times10^{-3}\mu m^2$（352件）。艾南地区215件样品统计，孔隙度8.0%～28.3%，平均24.0%；渗透率（0.18～4088）$\times10^{-3}\mu m^2$，平均926.76$\times10^{-3}\mu m^2$（201件）。艾协克地区70件样品统计，孔隙度为14.59%～25.22%，平均22.10%；渗透率为（2.46～4491）$\times10^{-3}\mu m^2$，平均818.92$\times10^{-3}\mu m^2$（67件）。塔河南地区27件样品统计，孔隙度为8.63%～28.97%，平均20.34%；渗透率为（0.1～597.23）$\times10^{-3}\mu m^2$，平均62.48$\times10^{-3}\mu m^2$（27件）。4个区中桑塔木、艾南

和艾协克区物性都较好，变化不大，而塔河南地区物性孔隙度较好，但渗透率比较差。

表 5－31　塔河地区三叠系储层物性统计表

构　造	钻　井	层　位	孔隙度砂 ϕ/%	渗透率 $K/10^{-3}\mu m^2$
桑塔木	TK101	T－Ⅰ	2.2～22.8 16.02(52)	0.03～958 81.74(46)
	TK102	T－Ⅱ	3.7～29.5 22.85(162)	0.18～3 911 620.03(137)
	S29	T－Ⅱ	13.00～26.48 24.82(155)	8.15～5 416.64 726.72(152)
		T－Ⅲ	6.48～25.05 22.28(147)	0.34～5 245.52 1 199.47(142)
	S40	T－Ⅰ	4.41～22.04 19.17(20)	0.04～27.65 13.58(18)
		T－Ⅱ	7.40～25.65 21.28(64)	1.69～1 229.24 346.72(63)
		T－Ⅲ	18.96～22.46 20.712.	15.79～268.7 142.252.
艾　南	AN1	T－Ⅰ	4.4～23.6 21.39(36)	0.16～448 146.66(89)
		T－Ⅱ	23.6～28.3 25.98(105)	463～4 088 1 549.06(92)
	AN2	T－Ⅰ	3.4～26.4 23.00(107)	0.03～1 485 560.44(115)
		T－Ⅱ	20.8～23.8 26.67(14)	43.4～825 301.7(14)
	S56	T－Ⅰ	4.9～27.2 20.4(44)	0.04～1 568 488.1(43)
		T－Ⅱ	8.0～24.4 21.43(96)	0.18～1 728 416.23(95)
		T－Ⅲ	17.1～23.4 20.84(193)	5.66～658 162.67(193)
艾协克	S23	T－Ⅰ	20.43～23.48 22.096.	25.46～1 337 534.846.
		T－Ⅱ	14.59～25.22 22.86(34)	4.26～4 491 1 361(32)
	S48	T－Ⅱ	16.5～23.9 21.39(36)	2.46～1 345 323.28(35)
塔河南	TH1	T－Ⅰ	8.44～28.09 21.38(16)	0.1～295.39 52.27(16)
		T－Ⅱ	8.63～28.97 19.08(17)	0.1～597.23 44.49(17)
		T－Ⅲ	17.54～28.75 25.36(11)	5.69～481.66 132.1(11)
	S50	T－Ⅰ	13.4～25.9 21.50(9)	1.17～269.0 86.257.
		T－Ⅱ	12.0～25.2 22.48(10)	0.4～234.0 93.07(10)
		T－Ⅲ	20.4～27.1 24.73(27)	12.8～1 244.0 468.33(27)

(3)下油组(T－Ⅲ)：据塔河地区5口井380件样品统计，三叠系下油组(T－Ⅲ)的孔隙度为6.48%～28.75%，平均22.78%；渗透率为(0.34～5245)×10^{-3} μm^2，平均420.96×10^{-3} μm^2(375件)。其中桑塔木油区149件样品统计，孔隙度为6.48%～22.46%，平均22.26%；渗透率为(0.34～5245.52)×10^{-3} μm^2，平均670.88×10^{-3} μm^2(144件)。艾南油区193件样品统计，孔隙度为17.1%～23.46%，平均20.84%；渗透率为(5.66～658)×10^{-3} μm^2，平均162.67×10^{-3} μm^2(193件)。塔河南地区38件样品统计，孔隙度为17.54%～28.75%，平均24.91%；渗透率为(5.69～1244.00)×10^{-3} μm^2，平均371.00×10^{-3} μm^2(38件)。3个区的物性差异较大，其中以塔河南和桑塔木较好，艾南较差。

综上所述，我们可以看出三叠系上油组(T－Ⅰ)为中－大容积、中等－低渗透性储层，中油组(T－Ⅱ)、下油组(T－Ⅲ)为大容积、渗透性好的储层。本区三叠系储层孔隙度都很高，而渗透率却差异很大，因此储层物性的好坏主要取决于渗透率。纵向上看，尽管平面上三叠系储层砂本呈席状分布，但由于其内部各构型单元的类型组合不同，其内部砂体并非是一个均一体，受其影响，砂体内部的储集物性变化较大。纵向上，中油组(T－Ⅱ)物性最好，下油组(T－Ⅲ)次之，上油组(T－Ⅰ)略差。平面上，本区三叠系由北向南埋深变浅，在其他因素不变的情况下，储层物性有向南变好的趋势。

5. 储层发育的主要因素

1)沉积环境

沉积环境控制着储集砂体的形成和分布。不同环境发育的沉积体系，由于水动力条件及其岩石粒度、成分、分选等不同，决定了储集性能的巨大差异。辫状河三角洲砂体一般储集物性好－较好，尤其以平原亚相最佳，次为前缘亚相。塔河地区三叠系辫状河三角洲砂体的储集性能较好，表现为：

(1)辫状河三角洲以辫状河道砂体及水下分流河道砂体为主，沉积物主要为中粗砂及含砾砂，泥质杂基含量极少，原生孔隙发育，储集性能好－较好。

(2)水下分流河道砂体厚度大，一般达数十米，部分百米以上。

(3)水下分流河道砂体总体呈层状，水动力强，砂体横向稳定，分布面积大。目前，塔北地区三叠系的主力采油层皆为辫状河道及水下分流河道砂体亦充分证明了这一点。

2)成岩作用

成岩作用也是影响塔河地区砂岩储集性能的主要因素，尤其是溶蚀作用。溶蚀作用对储层孔隙度的增加有较大的贡献，对渗透率的影响也起了积极的作用，如S7井T－Ⅲ储层强烈溶蚀类岩石平均渗透率为890.04×10^{-3} μm^2，弱溶蚀类岩石平均渗透率为27.30×10^{-3} μm^2,两者相差30多倍。然而当溶蚀矿物为杂基和绿泥石胶结物时，溶蚀作用对孔隙度的增加贡献较大，而对渗透率影响较小，这是因为常被溶物杂基、绿泥石残余堵塞喉道，难以使渗透率有较大的改变。这种情况在三叠系T－Ⅰ储层中常见，如S40井T－Ⅰ储层平均孔隙度与T－Ⅱ、T－Ⅲ储层相近，但前者的平均渗透率比后者低1个数量级，岩石学研究证实，这种结果主要是由被溶物的差异造成的。

影响三叠系储层发育的诸因素归结起来，主要是受沉积和成岩作用的控制。储集岩结构、杂基含量的变化，取决于沉积作用，压实、溶蚀作用的影响是成岩作用结果。总体来看，由于三叠系储层具有胶结作用弱、压实中等，仍以原生孔隙为主的特点，因此成岩作用对三叠系储层仅起局部改造作用，而沉积作用对三叠系储层的控制占主导地位，这就为我们根据沉积特征对储层区域展布的预测提供了依据。

6. 三叠系储层评价

本区三叠系储层的展布和储集性能主要受沉积作用的控制，并受成岩作用的改造。因此，在储层评价时，在充分利用现有物性资料的基础上，着重考虑了砂体成因类型、厚度及其展布以及储层的成岩特征和埋藏史。

1）上油组（T－Ⅰ）

本区三叠系上油组（T－Ⅰ）储层泥质隔层较多，砂体被分隔为4个小砂层，累计厚度一般为30～80m。塔河油田2区块砂体厚度最大，超过80m，在2区块北部和3区块南部，储集岩平均孔隙度大于20%，平均渗透率大于$500\times10^{-3}\mu m^2$，综合评价为极好的储集岩（$Ⅰ_A$）。塔河油田Ⅰ区块储集岩平均孔隙度为16.9%，平均渗透率为$62.57\times10^{-3}\mu m^2$，属好－较好的储集岩（$Ⅱ_A$－$Ⅱ_B$）。其余大部分地区储集岩平均孔隙度大于20%，平均渗透率大于$100\times10^{-3}\mu m^2$，属很好的储集岩（$Ⅰ_B$）。工区东南部的塔河南和东北部的阿克库勒地区储集岩评价为好－很好（$Ⅰ_B$－$Ⅱ_A$），其平均孔隙度大于15%，平均渗透率大于$50\times10^{-3}\mu m^2$。艾丁北部地区储集岩评价为中等－中下等（$Ⅲ_A$－$Ⅲ_B$），其平均孔隙度小于15%，平均渗透率小于$50\times10^{-3}\mu m^2$。

2）中油组（T－Ⅱ）

工区中油组主砂层一般厚20～35m，其储集物性是整个工区三叠系中最好的，单井平均孔隙度大于20%，平均渗透率大于$100\times10^{-3}\mu m^2$，属很好的储集岩（$Ⅰ_B$），其中在塔河油田3、4区块南部地区及1区块东北部地区，平均孔隙度大于25%，渗透率大于$500\times10^{-3}\mu m^2$，属极好的储集岩（$Ⅰ_A$）。工区东南角的TH1井及以东向半深湖－深湖过渡，砂层厚度减薄，储层物性变差，砂体孔隙度小于20%，渗透率小于$50\times10^{-3}\mu m^2$，为较好的储集岩（$Ⅱ_B$）。另外，由于中油组砂体尖灭，工区东北部的阿克库勒背斜核部及S 10、S63、乡1井地区为非储层发育区（Ⅳ）。

3）下油组（T－Ⅲ）

工区下油组厚度大，砂体厚度也大，一般在100m左右。工区最北部单井平均孔隙度在18.83%～19.91%，渗透率变化较大，但平均值大于$100\times10^{-3}\mu m^2$，为好－很好储集岩分布区（$Ⅰ_B$－$Ⅱ_A$）。工区南部绝大部分地区孔隙度大于20%，渗透率大于$100\times10^{-3}\mu m^2$，为极好的储集岩分布区（$Ⅰ_A$），平均孔隙度大于20%，平均渗透率大于$500\times10^{-3}\mu m^2$。

三、盖层特征

本区发育各时代盖层，除中新统吉迪克组泥岩为区域性盖层外，按地层岩性可划分为2类6套地区性盖层或局部盖层：一是泥质岩盖层，是本区构成油气封盖层的主要岩石类型，包括三叠系上统哈拉哈塘组泥岩、三叠系中统阿克库勒组泥岩、三叠系下统柯吐尔组泥岩、石炭系下统卡拉沙依组泥岩及巴楚组泥岩、膏盐岩；二是致密灰岩或泥灰岩，为巴楚组顶部的2套灰岩夹1层泥岩沉积的“双峰灰岩”、中下奥陶系统泥－微晶灰岩盖层及上奥陶统泥灰岩。

（一）奥陶系

本区中下奥陶统碳酸盐岩岩性主要为泥晶灰岩、微晶灰岩，根据本区近千个碳酸盐岩物性分析样品统计资料，灰岩基质孔隙度为0.04%～5.24%，平均1.04%，其中小于1%的占样品总数的80%以上。渗透率一般小于$1\times10^{-3}\mu m^2$，其中小于$0.1\times10^{-3}\mu m^2$的样品占样品总数的77%。孔隙度、渗透率极差。裂缝和岩溶不发育的致密灰岩可成为油气的封盖层。如S61井下奥陶统井深5473～5519m(厚49m)、5529～5589m(厚60m)、5605～5654m(厚49m)3层为致密灰岩，可视为盖层。

上奥陶统下部恰尔巴克组泥灰岩及灰质泥岩展布区，如塔河1区块S60井泥灰岩、灰质泥岩厚度18.43m，S68井厚11.0m，S69井厚9.03m，可以作为中下奥陶统的盖层。

(二)石炭系

本区石炭系盖层可分为2套，卡拉沙依组泻湖－潮坪相沉积的泥质岩主要为石炭系油气的封盖层；巴楚组下泥岩段泻湖相沉积的膏盐岩、泥质岩，巴楚组顶部的“双峰灰岩”，巴楚组底部的角砾岩则主要是下覆下奥陶统碳酸盐岩储集体的封盖层。

卡拉沙依组盖层主要为泻湖－潮坪相沉积的泥岩。该套泥岩分布广，厚度大。局部夹泥灰岩或灰薄层。泥岩在工区范围内累计厚270～330m(表5－32)。S60井厚度最大，达417m，最薄为S14井，仅厚92m。

表5－32　石炭系卡拉沙依组、巴楚组泥岩厚度表

井号	卡拉沙依组				巴楚组			
	单层最厚/m	平均厚度/m	总厚度/m	占地层/%	单层最厚/m	平均厚度/m	总厚度/m	占地层/%
S60	39	5.2	296	65.3	24.8	1.5	144	62.8
S10	22.5	5.53	338	70.3	23	5.2	203	88.4
S23	51.5	10.1	345	70	55	2.8	62	81.6
S48	40	15.15	258	56.1	11	7.5	22.5	54.9
S47	86	26	364	87.1	23.5	11.13	29.5	64.9
S60	50	13	417	86	29	10.9	69	70
S61	82	10.4	374	79.24	40.5	15.3	45	75
S62	31.5	8.206	279	74.2	12.5	7.88	18	56
S64	29.5	13	377	80.5	24.5	11.3	56.5	79.6
S67	19	8.9	321	75.71	16	8	32	82
S32	50	6.8	365	63	26.4	3.9	51.5	47.1
S14	4	1.7	92	29.6	4	4.6	37	32.5
S17	215	5.8	198	63.8	17.5	15	78	55.5
S22	25.2	7.3	291	60.5	8.2	9.3	68.5	65.2
LN11	57	11.3	147	65	8.5	8.5	8.5	100
LN27		10.2	304	69.1	17	17	17	100
LN54	57	16	385	86.13	53	18.1	59.5	85
JN1	76.4	5.4	352	65.1	54		181	85.2
TH1	67	13.3	491	81.7	59		248	70.5
T301	45.5	16.1	337	78.58	30	13.1	36.5	68.8
T302	59	17.5	368	76.1	25	11.38	31.5	70

续表

井　号	卡拉沙依组				巴楚组			
	单层最厚/m	平均厚度/m	总厚度/m	占地层/%	单层最厚/m	平均厚度/m	总厚度/m	占地层/%
T401	61	21.53	312	85.2	14.5	7.3	20	70
T403	47	25.7	334	76.1	13	5.1	36	57.5
T404	40	9.7	282	74.4	22.5	11.13	34.5	69
T407	43	8.7	314	73.5	9	6.7	25	64
TK408	26.5	9.1	308	80.4	11	7.8	35	72
TK409	24	9.1	283	75.2	9.5	6.9	28	67
TK406	23.5	8.1	349	82.5	15	8.2	24	70.8

巴楚组顶部“双峰灰岩”段以2套灰岩夹1层泥岩沉积为标志，是区域性标志层，碳酸盐岩岩性致密，在本区亦有一定的封盖性。LN27井奥陶系风化壳顶部获工业油气流，其上就为巴楚组顶部岩性致密的“双峰灰岩”所覆盖，该套碳酸盐岩一般厚20m左右。

巴楚组下泥岩段为泻湖相沉积为主的泥质岩，分布广，厚度稳定，工区内一般厚20～60m，塔河3区块相对较厚，以S23井厚度最大，厚达76m。塔河4区块较薄，S78井最薄，泥质岩厚仅3m，总体上呈由南向北变薄的趋势，部分地区相变为膏盐岩。膏岩主要分布于S41～S56井一线以南地区。

巴楚组底部(第六段)的角砾岩，厚度变化大，一般厚5～55m，塔河3、4、6区块均缺失该套地层，主要分布于工区周边，即S17井以东，LN27井以西，塔河1、2区块以南地区，该套地层封盖性能较差。除S14井该套角砾岩下伏下奥陶统碳酸盐岩见含油层段外，其他钻井显示该套角砾岩下伏下奥陶统碳酸盐岩岩溶储集体仅见油气显示，均未获工业油气。

据岩石封闭性演化分析，塔河油区南侧的下石炭统的膏盐岩封闭性好。泥质岩在印支期－燕山晚期进入中成岩期($R_0>0.4\%$)，厚度稳定，分布广，由于其普遍含膏可使裂缝闭合，因此具有极好的封闭性。同时，喜马拉雅期上覆地层的快速沉积，使以砂泥岩互层为主的石炭系沉积形成相对高压带，更大地提高了石炭系的封闭性能，因此，是本区较好的区域性油气盖层。

(三)三叠系

三叠系盖层以湖相泥岩为主，辫状河三角洲间湾泥岩次之。前者在区内分布广泛，横向稳定，贯穿全区，岩性为深灰色泥岩为主，质地较纯；后者分布局限，横向变化大。区内及邻区各井泥质岩盖层厚度(表5－33)。

表5－33　塔河地区三叠系泥质岩盖层统计表

钻井	上三叠统 T_3				中三叠统 T_2				下三叠统 T_1			
	累计厚/m	单层厚/m	最大连续厚/m	占地层/%	累计厚/m	单层厚/m	最大连续厚/m	占地层/%	累计厚/m	单层厚/m	最大连续厚/m	占地层/%
S10	48	>1	22.5	32.4	157	2～4	15	54.9	87	>5	27.5	72.5
TK102	65.5	>1		62.1	95.5	>1		66.6				
S18	111.8	1～3	67	80.7	64.6	1～3	19	35.9	23	>5	56	100
S23	60	3～7	43	5.6	88.5	4～15	36.6	36.5	47.5	5～7	11	88.8

续表

钻井	上三叠统 T_3				中三叠统 T_2				下三叠统 T_1			
	累计厚/m	单层厚/m	最大连续厚/m	占地层/%	累计厚/m	单层厚/m	最大连续厚/m	占地层/%	累计厚/m	单层厚/m	最大连续厚/m	占地层/%
S29	54	2~34	34	64.1	83.5	13~26	26	42.6				
S14	68	1~3	13.8	77.3	94.3	1~3	10	39.4	14.25	1~3	3	20.2
S40	80.5	1.5~60	60	61	78.5	10~24	24	44.6				
S47	50.8	2~31	31	50.8	77.5	1.5~18	41.5	37.3	51	1~14	37	94.4
S56	73.5	>1	44.5	45.7	80	>1	23.5	32.8	53	>1	35	82.8
S60	76.5	1~41	41	66.2	138.5	1~22.5	22.5	52.1	57.5	1~5	57.5	95.8
S61	73.5	1.5~15.5	15.5	66.2	100.5	1~24	24	42	51.5	4.5~27	27	88
S62	47	2.5~21.5	21.5	39.2	113.5	1~31.5	31.5	49.7	58.5	3~23	23	94.4
T302	62.5	1~33	33	57.9	84.5	1~26	26	37.3	63.5	25~38.5	38.5	97.7

据成岩演化分析，三叠系泥质岩在喜马拉雅期进入中成岩期，开始具有封闭能力，喜马拉雅期进入中成岩期成熟-半成熟阶段，封闭能力最好。本区三叠系共发育4套地区性盖层：

1）上三叠统上部泥岩

厚度30~100m，厚度较稳定，总的趋势是由南往北增大，在工区西北部厚度最大，位于T-Ⅰ油组之上，分布广泛，是上油组（T-Ⅰ）的地区性盖层。

2）中三叠统阿克库勒组顶部泥岩

位于T-Ⅱ油组之上，厚60~90m，在横向上分布不太稳定，变化较大，部分夹砂岩，是中油组的地区性盖层。

3）中三叠统阿克库勒组中部泥岩

位于T-Ⅲ油组之上、T-Ⅱ油组之下，是下油组的盖层，厚度大部分地区30~80m，在乡1和S10井一带最厚，超过140m，往西南偶见薄层砂岩夹层。该泥岩横向上稳定分布，是地区性盖层。

4）下三叠统柯吐尔组泥岩

厚度大于50m，在区内稳定，不含砂岩夹层，是地区性盖层。在本区主要封盖T_5^0不整合面下的地层圈闭和紧邻该不整合面下的石炭系砂层的构造圈闭。在北部阿克库木构造带直接覆盖于下奥陶统之上，形成对奥陶系储层的地区性封盖。

总之，塔河地区三叠系4套泥岩盖层厚度大，纵横向稳定性好，是良好的地区性盖层。

（四）中新统

中新统吉迪克组主要是一套浅湖相的、以泥质岩类为主的砂泥岩互层夹石膏薄层沉积，具有厚度大、连续性好、分布稳定的特征。有较好的封闭性，是本区封盖能力中-好的区域性油气封盖层。据本区几十口钻井资料分析，本区中新统吉迪克组一般厚350~500m。以S68井区厚度最大，中新统吉迪克组厚达638m。T301井、T302井处最薄，仅厚369.5m。塔河油田3区块平均厚490m，4区块平均厚520m，1区块平均厚370m余。在塔河油区砂泥比一般小于0.5~1.0，泥岩类单层厚度多为5~15m，连续厚度一般10~60m，最大110m。

综上所述，中新统吉迪克组泥岩分布广泛，厚度大，连续性好，具有中－好的封闭性，是构成塔北全区封盖能力中－好的区域性油气盖层。

(五)盖层评价

根据本区泥质岩微孔隙结构特征，选用反映岩石微孔隙结构的突破压力 P_A(MPa)、中值半径 R_m(nm)及孔隙分布作为主要指标对盖层进行了评价，评价标准(表5－34)

表5－34　盖层微孔隙分类表

级　别	突破压力 P_A/MPa	中值半径 R_m/nm	孔隙分布/%		评　价
			0.8～3.2nm	6.3～20nm	
Ⅰ	>15	2.5	60～80	20	最好盖层
Ⅱ	12～15	2.5～3.5	45～60	20～30	好盖层
Ⅲ	10～12	3.5～6.0	35～50	30～40	中等盖层
Ⅳ	<10	>60	<35	>40	差盖层

1. 中下奥陶统上覆盖层

阿克库勒地区中下奥陶统上覆有2类4套盖层：一类是泥质岩，以下石炭统巴楚组下泥岩段为主要盖层，局部地区为下石炭统卡拉沙依组上泥岩段或三叠系柯吐尔组泥岩：另一类为巴楚组上部“双峰灰岩”段的致密灰岩。

按照目前勘探表明，中下奥陶统顶部岩溶储集体的最好盖层是下石炭统巴楚组泥岩。该套泥岩一般厚30～50m，岩性为厚层块状泥岩，质纯致密，属中成岩期成熟段A，突破压力大于10MPa，封闭性好。下奥陶统顶部岩溶储集体均为巴楚组泥岩所覆盖的地区，许多钻井均获工业油气流，如T402、T401、TK407、S48、S64、TK302、S47、S46、T301、LN54、LN30、JF123、LN44等井。其中在T402井，巴楚组泥岩仅厚9m，仍在下奥陶统顶部(5358.5～5383.5m井段)获工业油气流，说明该套泥岩具有极强的封盖能力。而S78井下奥陶统顶部储集性能较好的储层未获工业油气流，其主要原因可能距巴楚组下泥岩段尖灭线近，巴楚组下泥岩段泥岩厚度太薄所致。

巴楚组下泥岩段盖层样品微孔隙结构分析表明，泥岩突破压力大多在10.88～14MPa，个别高达16MPa，中值半径一般2.5～5.0nm。0.8～3.2nm的小孔隙含量为36.3%～64%，属Ⅰ－Ⅱ类盖层。

在阿克库木及阿克库勒断凸的顶部，如LG3井和LN26井，下奥陶统顶部岩溶储集体上分别为卡拉沙依组和三叠系砂砾岩所覆盖，因缺乏盖层，无油气显示。而在阿克库木断凸之南的LN8井，下奥陶统之上为卡拉沙依组上泥岩段泥岩所覆盖，在下奥陶统顶部获良好的油气显示。

除巴楚组下泥岩段和卡拉沙依组上泥岩段泥质岩具极好的封盖能力外，该区巴楚组的“双峰灰岩”段的灰岩孔、渗极差，厚20m左右，岩性较脆，为非渗透层。在裂隙不太发育的地区，如LN11井，下奥陶统顶部岩溶储集体之上缺失巴楚组下泥岩段，为巴楚组“双峰”灰岩直接覆盖(且为单峰，仅一层灰岩)，但仍在下奥陶统顶部见良好的油气显示，表明其同样具较好的封盖性能。

此外，塔河油区沿中－上奥陶统尖灭线附近的部分地区发育有巴楚组灰质角砾岩或砾岩夹砂质泥岩，该套地层同样具有一定的封盖能力，如S14井在下奥陶统顶部5280.5m

以下至5518.4m均获良好油气显示，并获工业油气流，其上就为砂砾岩夹砂质泥岩所覆盖。

统计表明，在本区巴楚组下泥岩段泥岩是下奥陶统岩溶储集体之上的最好盖层。卡拉沙依组上泥岩段次之。巴楚组“双峰”灰岩段和角砾岩段在局部地区仍具一定的封盖能力。

2. 石炭系

从本区卡拉沙依组泥岩样品微孔隙结构分析表明，其突破压力大多在9.6～14.13MPa，中值半径一般2.5～4.2nm；0.8～3.2nm的小孔隙含量为40.6%～60.2%，属Ⅱ－Ⅲ类储层。

3. 三叠系

塔河地区三叠系4套泥岩盖层厚度大，横向连续性好，单层厚度及横向连续性好，是良好的地区性盖层，有利于三叠系油气藏的聚集和保存。

从13口井的泥岩统计结果和泥质岩盖层性能参数（表5－35）可见，上三叠统泥岩厚度大，微孔结构特征：突破压力11.1～11.89MPa，中值半径4.0～4.05nm；0.8～3.2nm孔隙含量为42.1%～45.2%，属封闭能力中等（Ⅲ类）盖层。中三叠统泥岩厚度较大，分布广，微孔结构：突破压力11.2～14.79MPa，中值半径2.9～4.9nm；0.8～3.2nm孔隙含量为42.7%～52.8%，属封闭能力好－中等（Ⅱ～Ⅲ类）盖层。下三叠统累计厚度一般40～80m，微孔结构特征：突破压力13.28MPa，中值半径2.9nm，0.8～3.2nm孔隙含量为53.6%，属封闭能力好（Ⅱ类）盖层。

表5－35　三叠系泥质岩盖层性能参数表

层位	井号	井深/m	岩性	突破压力/MPa	中值半径/nm	孔隙含量/%		级别
						0.8～3.2nm	6.3～20nm	
T_3	S36	4262.10～4262.15	深灰色泥岩	11.89	4	45.3	31.6	Ⅲ
	S9	4714.8	泥　岩	11.1	4.5	42.1	37	Ⅲ
T_2	S17	4688.09～4688.11	粉砂质泥岩	14.79	2.9	54.8	21	Ⅱ
	S31	4512.94～4513.13	深灰色粉砂质泥岩	11.24	4.9	49.6	31.3	Ⅲ
	S33	4360	灰黑色泥岩	11.2	4.5	42.7	35.2	Ⅲ
	S9	4858.8	灰绿色灰质、泥质粉砂岩	14	3.5	43.1	22.6	Ⅱ
T_1	S23	4836.28～4836.31	深灰色泥岩	13.23	2.9	53.6	28.9	Ⅱ

4. 中新统

中新统吉迪克组泥岩类在上新世以后进入中成岩期，开始具备封闭能力。现今吉迪克组埋深大多在2500～4500m，封闭性好。岩石样品微孔隙结构分析，突破压力大于10MPa，中值半径1.9～6.2nm，半径大于6.5nm的孔隙含量小于50%。Ⅰ、Ⅱ、Ⅲ、Ⅳ类均有，以Ⅱ、Ⅲ类为主。另外，吉迪克组沉积厚度大，其上覆的康村组（N_1k）和库车组（N_2k）厚度巨大，沉积速率大，快速堆积可能造成吉迪克组的欠压实，形成异常流体压力封盖，从而构成塔北全区封盖能力中–好的区域性油气盖层。

四、主要储盖组合

本区最主要含油层系为三叠系砂岩储层、下石炭统卡拉沙依组(砂泥岩互层段)和中下奥陶统碳酸盐岩储层，次为上奥陶统灰岩及砂岩。根据塔河油区主要产油层段的储、盖组合特征分析，本区可分为3个主要的含油层系和多套储盖组合。

(一)奥陶系

中下奥陶统碳酸盐岩储集体储集类型主要为次生的裂缝和古岩溶孔、洞，储集空间可沿层分布，也可上、下隔层分布，在裂缝和古岩溶带发育段孔渗性好，这种由孔、洞、缝及断裂构成的储集空间成为本区下奥陶统碳酸盐岩地层极好岩溶储集体。裂缝和岩溶不发育的致密灰岩可成为油气的封盖层，从而组成奥陶系碳酸盐岩内部储盖组合。

上奥陶统泥灰岩、灰质泥岩/盖–中奥陶统一间房组礁滩相灰岩/储的储盖组合，分布于S60–LN14井一带，已在LN14井中奥陶统5585~5610m层段获气$0.1177\times10^4m^3/d$，塔河1区块S60井在进入中奥陶统5527.74m以下，测试结果折算产液$296.65m^3/d$、气$4.07\times10^4m^3/d$。

(二)奥陶系与上覆地层

阿克库勒凸起奥陶系储盖组合主要有以下几种类型：

(1)石炭系巴楚组泥岩、“双峰灰岩”/盖–中下奥陶统岩溶储集体/储。

(2)石炭系卡拉沙依组下泥岩段/盖–奥陶系岩溶储集体储。

(3)三叠系泥岩/盖–奥陶系岩溶储集体/储。

在本区缺失上奥陶统和志留系地区，中下奥陶统碳酸盐岩古岩溶储集体之上主要覆盖下石炭统巴楚组第五岩性段的泥岩，阿克库勒凸起仅阿克库木、阿克库勒断凸缺失下石炭统。根据目前钻井资料显示，中下奥陶统碳酸盐岩古岩溶储集体中获得工业油气流的钻井，其中中奥陶统碳酸盐岩古岩溶储集体之上均为下石炭统巴楚组岩所覆盖。而在缺失下石炭统巴楚组泥岩的阿克库木断凸之上的LN2井、LN3井，中奥陶统碳酸盐岩古岩溶储集体中见油气显示而未获工业油气流。同时，在塔河油区的周缘，中奥陶统碳酸盐岩古岩溶储集体之上的上奥陶统、志留系或下石炭统巴楚组角砾岩，其封盖性能较差，且厚度变化范围大。而在下石炭统巴楚组角砾岩所覆盖的下奥陶统碳酸盐岩岩溶储集体中亦仅见油气显示，未获工业油气流。同时，碳酸盐岩岩溶储集体本身所形成的孔、洞、缝在后期被充填之后也可形成局部的封盖条件。因此，中奥陶统碳酸盐岩岩溶储集体的盖层，有石炭系巴楚组的泥岩及“双峰灰岩”段和卡拉沙依组的下泥岩段盖层、上泥岩段盖层及局部的三叠系柯吐尔组的泥岩盖层，就封盖能力分析，下奥陶统碳酸盐岩古岩溶储集体与巴楚组泥岩构成了本区最主要的储盖组合，其次是为卡拉沙依组下泥岩段的泥岩盖层。

(三)石炭系

本区石炭系内部发育了3套储盖组合：

(1)第一套组合。以下三叠统泥岩及下石炭统卡拉沙依组砂泥岩互层段的泥岩为盖层，下石炭统卡拉沙依组砂泥岩互层段的砂岩为储层构成储盖组合。下三叠统柯吐尔组为一套50m左右的泥岩，横向连续性好，岩性质纯致密，据微孔隙结构分析，突破压力13.22MPa，微孔半径0.8～3.2μm的小孔隙占53.6%，有较强的封盖性，可形成对石炭系储层的地区性封盖，其盖层性能中－较好。下石炭统卡拉沙依组砂泥岩互层段砂岩的储层物性中等，以中－中低孔隙度为特征。孔隙度分布范围为10%～15%，渗透率相对较低，平均$15\times10^{-3}\mu m^2$，总体上属中容积、低－中渗透性储层，为中－较差储盖组合。

（2）第二套组合。下石炭统卡拉沙依组下泥岩段的泥岩盖层与4段“双峰灰岩”储盖组合，盖层性能较好，储层物性极差，主要为裂缝性储层，为较差储盖组合。

（3）第三套组合。盖层为巴楚组第五岩性段的泥岩或膏盐岩，储层为巴楚组六、七段砂岩，该套储盖组合主要分布于工区西部，其中膏盐岩盖层性能极好，泥岩盖层性能中等－好（Ⅰ－Ⅲ）。储层为下石炭统六段和七段砂岩，尤以七段（上泥盆统东河砂岩）为好，储层性能中等，是石炭系中最好的储集岩，因此该组合为较好的储盖组合。但本区大部分地区缺失，仅在西南部有分布。

（四）三叠系

通过钻井及地震资料，三叠系砂岩储层与其上覆三叠系泥岩盖层形成3套主要的储盖组合，即T_3上部/盖－T_3下部（储）组合、T_2^2上部/盖－T_2^2下部/储、T_2^1上部/盖－T_2^1下部储的储盖组合（表5－36）。

表5－36　塔河地区三叠系主要储盖组合表

组合	盖层			储层			储盖组合评价
	层位	岩性	微孔结构级别	层位	岩性	物性级别	
T_3上部－T_3下部	T_3上部	泥岩	Ⅲ	T_3下部	砂、砾岩	较好－好	较好
T_2^2上部－T_2^2下部	T_2^2上部	泥岩	Ⅱ－Ⅲ	T_2^2下部	砂、砾岩	好	好
T_2^1上部－T_2^1下部	T_2^1上部	泥岩	Ⅱ－Ⅲ	T_2^1下部	砂、砾岩	好	好

T_3上部/盖－/T_3下部/储组合，横向分布稳定，储层物性较好－好，盖层封闭能力中等，为本区较好储盖组合。T_2^2上部/盖－T_2^2下部/储组合，横向分布稳定，储层物性好，盖层封闭能力中等－好，为本区好储盖组合。T_2^1上部/盖－T_2^1下部/储组合，横向分布稳定，储层物性好，盖层封闭能力中等－好，为本区好储盖组合。

五、储层敏感性评价

（一）实验方法

1. 实验方法

敏感性实验在岩心流动试验仪上进行，实验方法采用《砂岩储层敏感性评价实验方法》（SY /T5358—94）中的方法。

2. 实验岩心及编号

实验用岩心取自塔河油田的天然岩心，具体情况见表5－37。

表 5-37　塔河油田奥陶系油藏实验岩心编号一览表

井　号	岩心编号	深　度/m
S65	6-1	5444.14~5465.88
	6-2	5466.14~5466.37
T402	8	5364.00~5364.08
	9-1	5374.43~5374.51
	9-2	5374.82~5374.92
	10	5521.66~5521.86

(二)敏感性评价实验及结果

1. 速度敏感性评价实验

速度敏感性是指因流体流动速度变化而引起地层微粒运移，堵塞喉道，导致渗透率下降的现象。速敏性评价实验的目的，在于了解储层岩样在不同流速条件下渗透率的变化规律，如果储层有速敏性，则要找出其临界流速 V_c 或临界流量 Q_c，并评价速敏性的程度，为室内及现场选择合适的注入速度提供依据。

实验中流体流速在0.5~6.0mL/min范围内，按一定规律递增。选用标准盐水作为流动介质。实验从最低流速开始，依次逐渐提高流速，测定流动状态稳定后每一流速对应的渗透率值，实验结果(表5-38、图5-39)。

表 5-38　塔河油田奥陶系油藏储层速敏实验数据简表　(单位：$10^{-3}\mu m^2$)

岩心号	$K_{0.5}$	$K_{1.0}$	$K_{2.0}$	$K_{3.0}$	$K_{4.0}$	$K_{5.0}$	$K_{6.0}$
6-1-1	13.43	13.57	13.37	11.92	13.35	23.28	23.27
6-1-2	19.31	19.55	21.38	23.09	26.81	29.07	31.68

注：$K_{0.5}$~$K_{6.0}$为系列流量对应的渗透率。

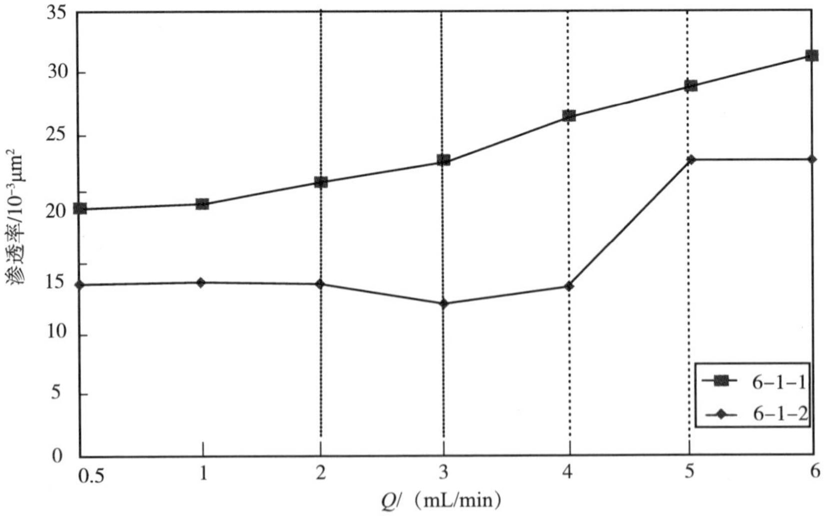

图 5-39　塔河油田4区块奥陶系油藏储层速敏评价实验曲线图

从实验结果可以看出：随着注入流体流速的增加，渗透率基本呈上升趋势，故储层不存在速敏性。

2. 水敏感性评价实验

水敏性是指与地层不配套的外来流体进入地层后引起黏土膨胀、分散、运移，导致渗透率下降的现象。实验在稳定流速内，先用标准盐水流过岩心，再用次标准盐水流过岩心，最后用蒸馏水流过岩心，测定这 3 种不同矿化度的介质对岩心渗透率的影响。实验结果见表 5-39。从实验结果可以看出，油层具有弱水敏性。

表 5-39　塔河油田奥陶系油藏储层水敏实验数据简表

岩心号	$K_s/10^{-3}\mu m^2$	$K_{0.5}/10^{-3}\mu m^2$	$K_w/10^{-3}\mu m^2$	$I_w/10^{-3}\mu m^2$	水敏程度
6-2-1	4.82	4.08	3.39	0.298	弱
6-2-2	17.82	16.63	15.07	0.154	弱

注：K_s 为用标准盐水测定的岩样渗透率；$K_{0.5}$ 为用次标准盐水测定的岩样渗透率；K_w 为用蒸馏水测定的岩样渗透率；I_w 为水敏指数。

3. 盐敏感性评价实验

盐敏性是指储层在盐度不断下降的条件中，由于储层矿物在结构和表面性质上的变化而导致渗透率下降的现象。盐敏感性评价实验可以了解储层随注入水矿化度逐步下降而引起渗透率变化的情况，并以此确定临界矿化度，为现场选择合适的入井液矿化度提供依据。实验结果(表 5-40、图 5-40)。

表 5-40　塔河油田奥陶系油藏储层盐敏实验数据简表

岩心号	$K_0/10^{-3}\mu m^2$	$K_{1/2}/10^{-3}\mu m^2$	$K_{1/4}/10^{-3}\mu m^2$	$K_{1/8}/10^{-3}\mu m^2$	$K_{1/16}/10^{-3}\mu m^2$	$K_w/10^{-3}\mu m^2$	C_c/(mg/L)
6-3-2	8.37	8.05	7.82	7.61	7.14	7.16	80000

注：K_0 为标准盐水渗透率；$K_{1/2}$ ~ $K_{1/6}$ 为一系列盐水对应的渗透率；K_w 为去离子水渗透率。

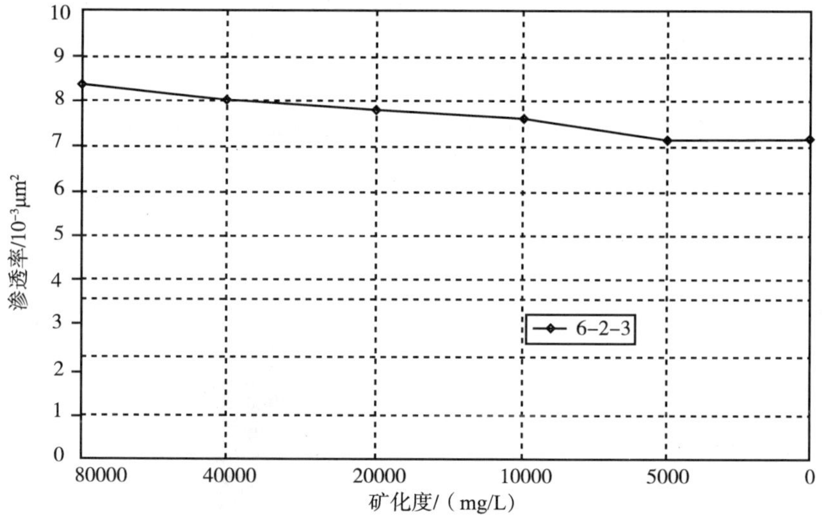

图 5-40　塔河油田 4 区块奥陶系油藏储层盐敏评价实验曲线图

由试验结果可以看出：试验岩心的渗透率在矿化度递减的系列盐水中呈下降趋势，岩心的临界矿化度不太明显，为 80000mg/L 左右。

4. 酸敏感性评价实验

酸敏性指酸液进入地层后与地层中的酸敏性矿化物发生反应，产生沉淀或释放出颗粒，导致渗透率下降的现象。酸敏感性评价实验的目的，在于了解盐酸和土酸是否会对地层产生伤害及伤害的程度，以指导优选酸液配方。储层的酸敏感性评价实验包括盐酸敏感性评价实验和土酸敏感性评价实验。

实验在稳定流速下用标准盐水测定岩样初始渗透率后，反向注入1.0倍孔隙体积的酸液，模拟酸反应1h，然后再用标准盐水正向测定通酸后的岩样渗透率，并计算酸敏指数。实验结果(表5-41、图5-41和表5-42、图5-42)。

表5-41　塔河油田奥陶系油藏储层盐酸敏感性实验数据简表

岩心号	$K_s/10^{-3}\mu m^2$	$K_{is}/10^{-3}\mu m^2$	I_a	酸敏程度
6-2-4	41.81	167.2	-2.99	无酸敏

注：K_s 为用标准盐水测定的岩样渗透率；K_{is} 为通酸后用标准盐水测定的岩样渗透率；I_a 为酸敏指数。

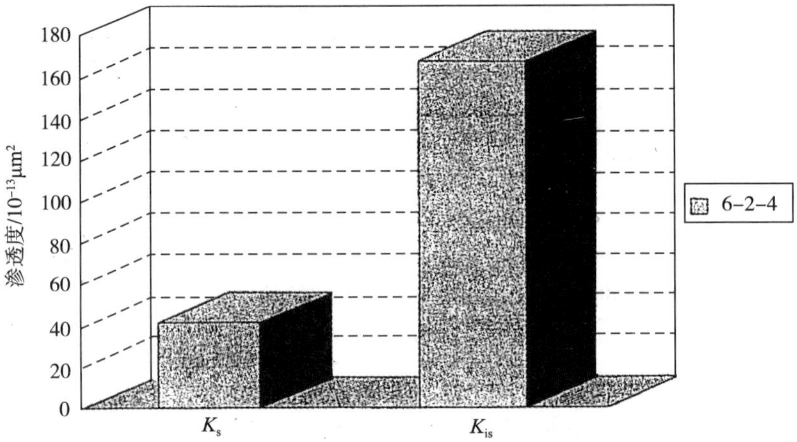

图5-41　塔河油田4区块奥陶系油藏储层盐酸酸敏评价实验图

从实验结果可以看出：岩心在通入盐酸后，渗透率明显提高，故该储层不存在盐酸敏感性。

表5-42　塔河油田奥陶系油藏储层土酸敏感性实验数据简表

岩心号	$K_s/10^{-3}\mu m^2$	$K_{is}/10^{-3}\mu m^2$	I_a	酸敏程度
9-2-1	6.52	80.25	-11.84	无酸敏

注：K_s 为用标准盐水测定的岩样渗透率；K_{is} 为通酸后用标准盐水测定的岩样渗透率；I_a 为酸敏指数。

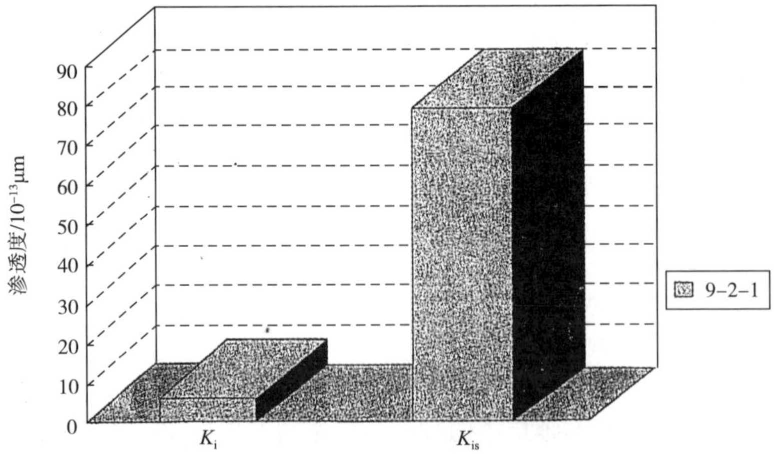

图5-42　塔河油田4块区奥陶系油藏储层土酸酸敏评价实验图

实验结果可以看出：岩心在通入土酸后，渗透率明显提高，故该储层亦不存在土酸敏感性。

5. 碱敏感性评价实验

实验采用 80000mg/L 的 KCl 溶液作为基液，然后加入 NaOH，分别配制出 pH = 8.5、pH = 10、pH = 11.5 的溶液，以 pH 值从低到高的顺序依次注入岩心，通过注水前后渗透率的变化来评价储层的碱敏性，实验结果(表 5－43、图 5－43)。

表 5－43　塔河油田奥陶系油藏储层碱敏性实验数据简表

岩心号	$K_s/10^{-3}\mu m^2$ (pH = 7.0)	$K_{sb}/10^{-3}\mu m^2$		
		pH = 8.5	pH = 10	pH = 11.5
9－2－2	2.27	2.36	4.81	7.52

注：K_s 为用 80000mg/L 盐水测定的岩样渗透率；K_{sb} 为通不同 pH 值的碱水测定的岩样渗透率；I_b 为碱敏指数。

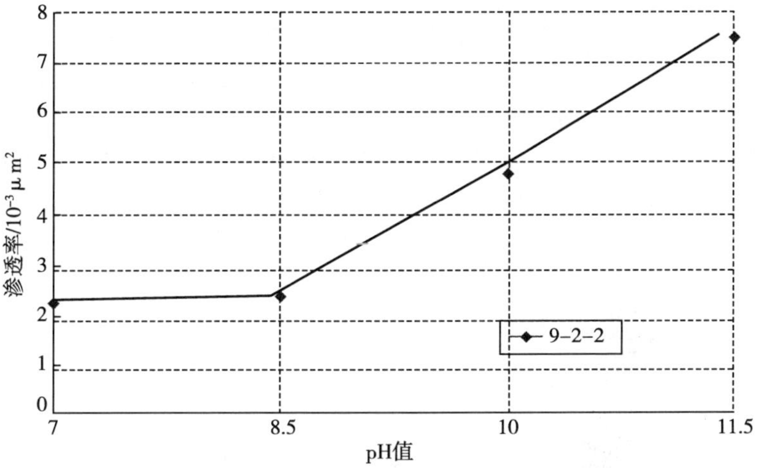

图 5－43　塔河油田 4 区块奥陶系油藏储层碱敏评价实验图

从实验结果可以看出：储层渗透率随着流体 pH 值增大，呈上升趋势，故该储层不存在碱敏性。

通过储层敏感性试验可知：塔河奥陶系油藏无速敏，弱水敏，临界矿化度 80000mg/L，无酸敏，无碱敏。

第六章　塔河油田特征

塔河油田是发育在塔北沙雅隆起上，油田主要受阿克库勒旋回构造体系控制，是以奥陶系碳酸盐岩为主的多时代、多类型复合型油藏组合而成的特大油田，多期成藏油气相态齐全。以下阐述该油田流体特征。

一、天然气性质及分布

总体来说，塔河油田主体区奥陶系天然气均为湿气，甲烷含量68.93%～81.11%，平均75.18%；重烃含量(C_{2^+})介于12.36%～25.99%，平均19.80%；干燥系数$C_1/(C_2+C_3)$介于4.20～11.70，平均5.74；甲烷系数(C_1/C_{2^+})介于2.65～7.91，平均4.06；氮气含量0～3.76%，平均2.37%；二氧化碳含量0.23%～8.39%，平均2.51%(表6－1)，从甲烷、重烃含量及干燥系数反映属成熟－高成熟油田气(图6－1)。

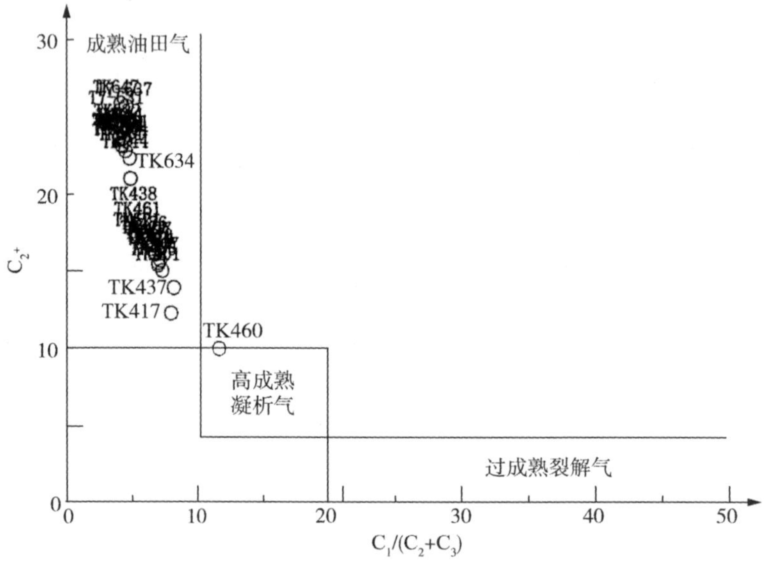

图6－1　塔河油田主体区天然气常规组成成因类型判别图

其中东部区块天然气甲烷含量分布于77.84%～81.11%，平均79.15%；重烃含量(C_{2^+})介于10.05%～18.42%，平均15.49%；干燥系数$C_1/(C_2+C_3)$介于5.92～11.70，平均7.25；CH_4/N_2比值24.90～41.39，平均35.09。中部区块天然气甲烷含量分布于70.85%～76.46%，平均73.29%；重烃含量(C_{2^+})介于17.39%～23.54%，平均20.55%；干燥系数$C_1/(C_2+C_3)$介于4.29～5.80，平均5.11；CH_4/N_2比值18.83%～30.50%，平均26.05。西部区块天然气甲烷含量分布于68.93%～73.86%，平均71.76%；重烃含量(C_{2^+})介于21.11%～25.99%，平均23.89%；干燥系数$C_1/(C_2+C_3)$介于4.01～4.92，平均4.41；CH_4/N_2比值24.54～42.53，平均29.63(表6－1)。

表 6－1　塔河油田 4、6、7 区天然气组分特征数据表

井号	CH_4	C_2H_6	C_3H_8	iC_4H_{10}	nC_4H_{12}	iC_5H_{12}	nC_5H_{12}	C_6^+	N_2	CO_2	C_2^+	C_1/C_2^+	$C_1(C_2+C_3)$	iC_4/nC_4	CH_4/N_2
TK471	77.88	7.23	5.04	0.97	1.96	0.46	0.58	0.56	3.13	2.11	16.88	4.61	6.30	0.50	24.90
TK417	81.11	6.76	3.41	0.52	0.94	0.20	0.24	0.28	2.96	3.57	12.36	6.56	7.97	0.55	27.37
TK460	79.49	4.21	2.59	0.56	1.21	0.37	0.49	0.64	2.43	8.39	10.05	7.91	11.70	0.46	32.65
TK437	80.17	5.88	3.90	0.78	1.61	0.46	0.61	0.77	1.94	3.88	14.02	5.72	8.19	0.49	41.39
TK427	78.94	7.18	4.76	0.94	1.91	0.53	0.70	0.76	2.11	2.17	16.79	4.70	6.61	0.49	37.50
TK474	79.29	7.03	4.66	0.90	1.84	0.49	0.63	0.64	2.41	2.11	16.19	4.90	6.78	0.49	32.89
TK421	79.18	7.20	4.75	0.92	1.86	0.50	0.64	0.68	2.18	2.09	16.55	4.78	6.62	0.50	36.33
TK424	77.96	6.69	4.44	0.85	1.74	0.48	0.64	0.80	2.45	3.94	15.64	4.98	7.01	0.49	31.78
T401	80.45	6.84	4.17	0.77	1.55	0.42	0.57	0.80	2.02	2.41	15.12	5.32	7.31	0.50	39.82
TK476	78.49	7.56	4.98	0.93	1.81	0.47	0.61	0.80	2.12	2.24	17.15	4.58	6.26	0.51	37.10
TK405	77.84	6.80	4.34	0.82	1.66	0.46	0.62	0.78	2.07	4.60	15.49	5.03	6.99	0.49	37.63
TK410	79.18	7.15	4.66	0.90	1.80	0.49	0.64	0.73	2.14	2.32	16.36	4.84	6.70	0.50	36.98
TK461	76.46	7.92	5.26	0.98	1.94	0.52	0.67	0.77	2.51	2.97	18.06	4.23	5.80	0.51	30.50
TK407	80.20	6.85	4.36	0.85	1.71	0.48	0.63	0.93	2.00	1.99	15.80	5.08	7.16	0.50	40.08
TK438	77.89	7.82	5.34	1.02	2.04	0.55	0.72	0.94	2.24	1.45	18.42	4.23	5.92	0.50	34.83
TK621	73.69	7.65	5.12	0.95	1.88	0.49	0.63	0.67	2.85	6.07	17.39	4.24	5.77	0.51	25.82
TK630	71.63	9.58	6.98	1.37	2.85	0.76	0.99	1.12	2.56	0.71	23.66	3.03	4.33	0.48	28.00
TK614	70.95	9.21	6.74	1.38	2.92	0.89	1.22	1.81	2.62	2.26	24.17	2.94	4.45	0.47	27.07
TK611	72.87	9.30	6.69	1.34	2.74	0.76	0.99	1.09	2.63	1.60	22.91	3.18	4.56	0.49	27.71
TK634	73.86	8.88	6.14	1.18	2.41	0.65	0.86	0.98	2.58	2.44	21.11	3.50	4.92	0.49	28.60
S67	72.14	9.71	7.05	1.38	2.82	0.78	1.03	1.26	2.24	1.59	24.03	3.00	4.30	0.49	32.24
S80	71.98	9.32	6.89	1.40	2.90	0.83	1.09	1.30	2.34	1.96	23.72	3.03	4.44	0.48	30.70
TK647	68.93	9.08	7.36	1.65	3.46	1.09	1.47	1.90	2.43	2.65	25.99	2.65	4.20	0.48	28.42
TK7－639	71.89	10.02	7.02	1.32	2.62	0.65	0.82	0.84	2.40	0.23	23.29	3.09	4.22	0.50	29.92
TK7－622	71.23	9.53	7.12	1.45	3.07	0.87	1.16	1.23	2.41	1.90	24.42	2.92	4.28	0.47	29.53
TK714	70.85	8.77	6.75	1.45	3.10	0.96	1.25	1.27	3.76	0.63	23.54	3.01	4.57	0.47	18.83
T7－444	72.14	9.84	6.97	1.34	2.68	0.68	0.86	0.82	2.48	2.14	23.21	3.11	4.29	0.50	29.04
TK7－631	70.04	9.93	7.51	1.52	3.15	0.85	1.10	1.21	2.45	2.21	25.28	2.77	4.01	0.48	28.56
T7－637	72.76	8.11	7.63	2.05	4.20	1.24	1.47	1.13	0.00	1.38	25.82	2.82	4.64	0.49	#DIV/0!
TK－711	72.92	9.74	6.76	1.33	2.64	0.78	1.03	1.44	1.71	1.63	23.71	3.08	4.42	0.50	42.53
TK745	71.13	10.22	7.11	1.35	2.72	0.70	0.89	0.86	0.60	2.40	23.85	2.98	4.10	0.50	27.39
TK744	72.25	8.31	6.57	1.43	2.92	0.86	1.12	1.23	2.94	2.34	22.43	3.22	4.86	0.49	24.54

从塔河油田主体区奥陶系天然气组成平面分布看（图6－2），甲烷含量东部区块→中部区块→西部区块，由东向西逐渐减少（79.15%→73.29%→71.76%）重烃含量逐渐增加（15.49%→20.55%→23.89%），氮含量也有逐渐增加的趋势（2.31%→2.53%→2.60%），天然气干燥系数则逐渐减小（7.25→5.11→4.41），整体表现出东干西湿，东部成熟度高于西部。

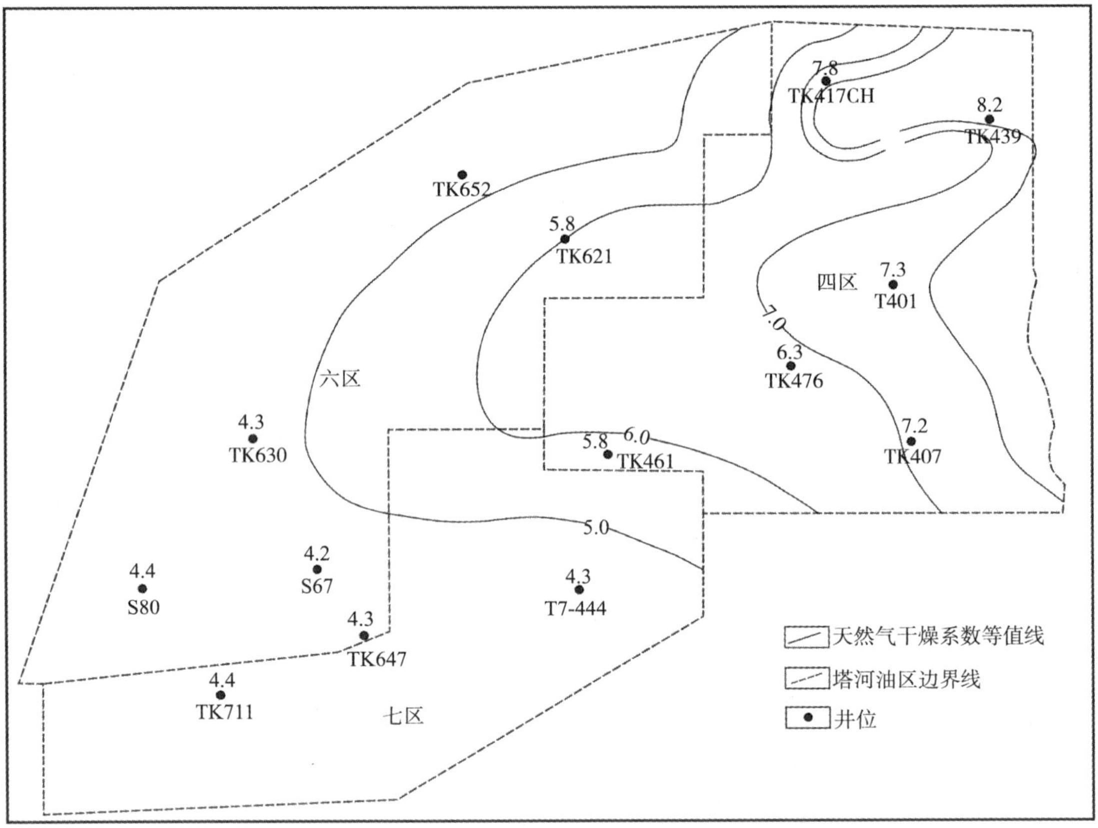

图6－2　塔河油田主体区天然气干燥系数分布图

纵向上东部区块奥陶系天然气存在着由下往上成熟度逐渐变高的趋势（表6－2），奥陶系风化面之下120～180m产层产出的天然气干燥系数介于5.8～6.6；而60～120m产层产出的天然气干燥系数则主要介于6.3～7.0；0～60m产层产出的天然气干燥系数则主要介于6.3～8.0，是天然气纵向运移分异的结果。但此规律在中部区块及西部区块均不明显，可能是中西部天然气湿度相对东部区块大，纵向分异弱。

二、地面原油性质及分布

1. 原油密度的平面变化特征

原油物性特征与油气生成、运移、成藏及后生变化密不可分。从原油地面性质分布图分析，塔河油田奥陶系油藏的原油性质具有从东南向西北渐变的格局，各项参数均反映出油气运移主方向是自南向北、自南西向北东，油气主要来源于南部的满加尔坳陷及其围斜地区的寒武系、中－下奥陶统海相烃源岩，油气生成、演化及供油期是一致的；其次是油气自东向西、由南东向北北向方向的运移聚集，这与以往对东部草湖烃源区的研究认识是一致的。草湖烃源区的主要供油气期是在海西晚期以后，因此可以认为自东向西的油气聚集主要发生在海西晚期以后，也就是晚期油气。

根据原油密度的平面变化特征，结合前人对原油充注路径研究，认为塔河油田的油气充注有以下3条主要路径：①由塔河油田十区、八区南部沿北东向经十区中部、八区到达七区、六区中南部的充注；②油区南部由南(二区、八区南部，七区东缘)向北、北东(四区主体)的充注；③位于油田东部(九区、三区、五区)由东至西的充注。由于塔河油田具有统一的烃源，越到后期，油的成熟度越高，距油源较远、缺少后期烃类注入(西北部)区域的井原油密度较高。因此，原油密度由东南向西北、从南向北、从东向西由轻质油渐变到重质油，这充分反映了油气的三个充注方向，且靠近烃源，接受的充注期次越多，受后期改造程度越小，油质也就越轻。

(1)原油密度高达1.0g/cm^{3}以上的超重质原油主要位于10区的TK655－TK656－TK657－S81－S92－T738－T751－T754－TK724－T708－T753井区及10区西北部S99－T728井区；8区中部的T819(k)－TK725－S91－T817(k)－T804X(k)井区以及6区西北部的TK654－T433－S71井区。该区由于加里东中晚期－海西早期充注的原油经过后期构造抬升，遭到次生氧化降解，成为重质油。据前人从烃类组分分析结果，该区的S99等井中－下奥陶统一些样品的族组分沥青质高达35.99%～41.83%，饱和烃中正构烷烃很少。相应荧光薄片观察显示海西早期岩溶缝洞和构造缝中基本为沥青质沥青，缺少后期烃类注入。样品的甾萜在组成方面，尤其是甾烷分布和$T_s/(T_s+T_m)$(0.21～0.27)值，一致代表了海西晚期成熟度相对较低的原油注入，从烃包裹体分析，该区西北边缘S94、S99井相对丰度也很低，推断充注期次只有2期，加入东中晚期－海西早期和海西晚期的充注。

(2)原油密度在0.93～1g/cm^{3}的重质油区主要位于沿S109－T709－T707－T702B－T615－TK619－TK451－TK454－TK230－T208－TK237－S64－T503井一线西北部区域，即10区南部的T740－T710－TK854－TK1007－T709－TK723井区；10区中部的T737－TK1009－T752－T707－T624－TK731CH井区；8区的TK719－T803(k)－TK826－TK829－TK832－TK836－TK841－T704－TK821－T801(k)－TK813(k)－T806(k)－T702B－TK830－TK741－T816(k)－TK742－T703等井区；7区的TK712－TK716－TK7－639－TK745－TK729－T607－TK744－TK711－TK631－TK632－T615－TK456－T444－TK733－TK454等井区；4区、6区；2区除西南角和东北角以外的其他井区。如前所述，该区海西早期充注的成熟度较低的油气遭到次生氧化降解，但受到后期充注的成熟较高的正常原油的混合作用比较明显。从烃类组分分析，该区的T624、T704等井中－下奥陶统部分样品在荧光薄片观察中，除见到明显的沥青质沥青外，还晚期的黄、蓝色荧光油气沥青，相应在样品的饱和烃色谱中出现了以C_{25}～C_{27}为主峰的正构烷烃后峰型分布，相应C_{21^-}/C_{22^+}较低(0.26～1.59)。由于加里东－海西期原油遭到次生氧化降解已使得正构烷烃(尤其是高碳数的)丧失贻尽，而喜马拉雅期高成熟烃类又由于C—C键裂解而不可能出现大量高碳数数正构烷烃。因此推测是由于印支－燕山期新的正常原油输入，只是后期随着其中轻组分逸出，而逐渐剩下高碳数正构烷烃。这也是塔河油田出现部分高蜡原油的可能原因之一。随着新的印支－燕山期正常原油的注入而提高了混合后原油的成熟度，T624、T704等井一些样品的$T_s/(T_s+T_m)$值达0.35～0.36。需要指出的是，后期发生这种烃类分异并非普遍，加之更晚期轻质油的广泛注入混合，致使印支－燕山的正常原油几乎是无法辨认了。据烃类组分分析结果，从位于8区南部的T704井开始，沿北东方向，沿T704－T705－T707－T702－T607井区，各井烃类包裹体丰富，平均测温烃类包裹体数达5～11，烃类包裹体类型数3～4，推断充注期次3～4期。向北至10区的T624井、6区南的S80井丰度有所减小，平均测温烃类包裹体数4～6，烃类包裹体类型数2～2.5，到了6区北部S88－S93－S66井区，相对丰度明显减少。

(3)原油密度在0.87～0.93g/cm^{3}的中质油区分布于塔河油田沿TK1004－T820(k)－TK836－TK842－TK735－TK222－TK237－T218井一线以南的区域，围绕塔河油田主体构造的狭长条带上，主要包括10区南部的TK1004－TK1002－T809(k)－T739－T812(k)－T727及外围的S108等井区；8区西南角的TK718－T820(k)－TK835等井区；8区东南部的TK833－S76－TK845－T701－TK846等井区；7区的TK637H－TK734－TK633C－TK735等井区；2区东部的TK218－TK315－S77－TK320－TK242等井区；3区西部的TK317－S47－TK311－TK319C－S46、T301等井区。位于中质油区的S108、S76等井的一些样品族组分中沥青质很少(6.33%～17.01%)，总烃很高(63.92%～69.7%)饱和烃中环烷烃很少，正构烷烃呈以低碳数(分别为C_{16}和C_{19})为主峰的前峰型分布，C_{21}^{-}/C_{22}^{+}达1.61～1.69。相应的在荧光薄片观察中，除部分褐色沥青质沥青外，还出现大量蓝白色油质沥青，充填于新的网状微裂缝、粒屑和压溶缝中。其甾萜类组成与其他样品无异，显示油源相同，因此代表了塔河油区新的一次油气充注和混合。由于后期大量轻质油的充注，使得混合后的原油成熟度大大提高[$T_s/(T_s+T_m)$为0.38～0.46]。烃类组分分析结果，位于该区的S87井的烃类包裹体亦很丰富，向北至4区北部(T417井等)相对丰度明显减少。

(4)原油密度小于0.87g/cm^{3}的轻质油区分布于主体块的南部，沿S102－T727－T802(K)－TK743－T706－TK823－TK839－TK824－T701－T453－T204井一线以南的区域。主要在10区南部的T802(k)－TK855－TK827等井区；8区西南角的TK720－S86－TK722C－TK743－TK721等井区；8区东南部的T706－TK823X－TK829－TK810等井区；2区西南角的TK236－T453等井区；3区的TK308井及3区的东部。从烃类组分分析，位于轻质油区的T706等井的一些样品族组分中沥青质更少了(1.37%)，总烃含量更高了(71.39%)，饱和烃中环烷烃也很少，正构烷烃仍然呈以低碳数(C_{19})为主峰的前峰型分布，C_{21}^{-}/C_{22}^{+}为2.88。荧光薄片观察中，在新的网状微裂缝、粒屑和压溶缝中出现了更多的蓝白色油质沥青。由于主要是受到后期大量轻质油的充注，使得混合后的原油成熟度更高[$T_s/(T_s+T_m)$达0.48]。此外，烃类组分分析结果，位于油区南翼的T706井、T453井的烃类包裹体亦很丰富，也充分显示了由南至北的油气充注方向，且该区主要是后期充注的高成熟度原油。位于研究区东部的3区主要受到喜马拉雅期大量轻质油－天然气的充注，沿T204－TK310－S46－T302－TK317－TK303以东及东南原油密度小于0.87g/cm^3，属轻质油，TK308、S23井原油密度甚至小于0.83g/cm^3，从烃类包裹体分析，T314井、S70井等均属相对高丰度地区，向西至T313－S77井区，烃类包裹体丰度减少，显示了由东向西的油气充注方向。

2. 原油密度的纵向变化特征

塔河油田奥陶系油藏原油密度与深度的关系总体上规律性不是很强，个别井区(如3区西部的S47井区，4区的TK409－TK407井区，6区的TK603－S80井区、S74－TK604井区，4、7区的TK447－TK454井区等)内原油密度与浓度有很好的线性关系，从上到下凝析气到重质油均有；其他大多数井都处于这些线性关系之间，基本为这些区的混合带。变化大的井区基本上位于平面上的轻质油区。在生产过程中原油性质也有很大变化，如S47井生产一段时间后原油密度、黏度逐渐增大，到最后接近重质油的密度和黏度，而 T301 井的情况正好相反，初期为重质油，而生产一段时间后产出的又是轻质油，其他的如 TK305、S77 等多口井的一产实践都显示塔河油田奥陶系油藏重质油与轻质油甚至凝析油之间存在一定的联系。另外在钻井过程中也发现这种流体性质纵向性质差异的特点，尤其在研究区的南部，存在上部被黑色干沥青充填及渗出黑色稠油、裂缝含轻质油等。

3. 原油含硫量和含蜡量变化特征

(1)塔河油田奥陶系油藏原油含蜡量分布图与原油密度度图反映的规律基本一致，蜡的化学成分是 C_{21} 以上的高碳数正构烷烃。据前人研究，含蜡量与生油母质有关，陆相生油母质为高含蜡、低含硫，而海相生油母质为高含硫、低含蜡。但塔河油田为海相生油母质，蜡的含量依然较高，这与中－下奥陶统－寒武系烃源岩具有腐泥型或偏腐泥型特征、富含藻类有关。从油气运移角度分析，同源油藏无论是横向上还是纵向上，均是距油源越近含蜡量越高，无论是初次运移还是二次运移，随着油气运移距离的增加含蜡量逐渐减少。这是由于轻质成分比重质成分更容易运移，运移得更快，因此，油气在运移过程中，重质成分先沉淀下来，而每次运移无论是横向上还是纵向上均是轻质成分运移的距离更远，因此，含蜡量也是油气充注方向的佐证。塔河油田油源位于南部，所以含蜡量分布图上表现为含蜡量由北西到南东逐渐升高，与前面分析的油气充注方向是一致的。

(2)含硫量也与生油母质和后生变化有着密切的关系，由于碳酸盐岩软泥中缺少可与 H_2S、S 结合形成 FeS_2 的金属 Fe，因此在成岩阶段硫多与残余的有机质组分结合形成有机硫化物，提高了生油母质的含硫量。从密度分布图和含硫量分布图上可以看出，塔河油田原油含硫量与原油密度相关性很好，二者相关变化按轻质油－中质油－重质油顺序，随着密度增加，原油含硫量也增加，这与硫元素主要富集在极性组分中直接相关。由于研究区西北部原油遭到了严重的大气水洗氧化作用，使得原油含硫量、密度正相关增加，因此图中含硫量由西北到南东逐渐减少。

4. 地层原油高压物性

塔河油田奥陶系油藏2、3、4、6、7、8 区块共有 17 口油井做了 PVT 分析，具体数据见表 6－2。通过对单井原油物性进行分段统计显示，原油相对密度随油藏埋深的增加而增大；平面上原油物理性质变化较大，随密度增加原油黏度呈指数增长。西北部原油密度大，东南部原油密度小。

2 区：地层原油密度由南到北逐渐增加，由 T453 井的 $0.7583g/cm^3$ 到 T443 的 $0.8637g/cm^3$，平均 $0.81g/cm^3$；由东向西逐渐增加，由 T313 井的 $0.7811g/cm^3$ 到 T443 井 $0.8637g/cm^3$；饱和压力南北差异小，东西差异大，东部的 T313 井饱和压力已达 40.69MPa，与 3 区接近。平均地层压力为 57.64MPa，地层压力高于饱和压力，说明地下仅以液相原油状态存在，原油黏度是南部和东部低，西北部高，其变化范围是 0.78～10.24mPa·s。临界温度为 394.3～468.1℃，平均为 424.65℃；地层温度为 125.4～126.9℃，平均为 125.7℃；属低饱和黑油油藏。从原油高压物性资料看，油藏具有较高的饱和压力、较高体积系数、较高单脱气油比、较高收缩率、较低地层原油密度、较低黏度的低饱和油藏的特点。具体到各井的 PVT 特征来说还是有较大差别，反映出各采样井间流体性质有较大差别。

3 区：3 区只有 T302 井的 PVT 样，其地层原油密度只有 $0.5493g/cm^3$，饱和压力为 59.67MPa，地层压力为 57.93MPa，略小于饱和压力，说明该区块存在凝析气顶(地露压差小、凝析油含量高、凝析油属于挥发性油)，地层中有游离凝析气。所以，塔河油田奥陶系

表 6-2　塔河油田奥陶系油藏 2、3、4、6、7、8 区原油 PVT 分析成果表

油区	井号	井段/m	地层温度/℃	临界压力/MPa	临界温度/℃	临界凝析（蒸发）温度/℃	饱和压力（体积系数）	收缩率/%	地层原油密度/（g/cm³）	地层压力/MPa	饱和压力/MPa	临界凝析（蒸发）压力/MPa	地层原油体积系数	地层原油黏度/mPa·s	单脱气油比/（m³/m³）	压缩系数（10^4/MPa）	地面原油密度/（g/cm³）
2 区	T313	5468～5494	126.9			461.3	1.373	25.04	0.7811	57.23	40.69	12.9	1.334	1.85	111.12	17.656	0.9503
	T443	5593～5579.5	126			455.15	1.165	13.46	0.8637	58.11	17.52	5.6	1.1223	10.24	47.92	15.981	0.9578
	T453		125.4			394.15	1.32	19.37	0.7583	57.17	20.69	8.1	1.2403	0.78	92.07	17.69	0.7829
	平均		125.7			424.65	1.243	16.42	0.811	57.64	19.11	6.85	1.1813	5.51	70	16.836	0.8704
3 区	T302	5370～5660	127	57.01	180.5	425.9	2.7301	62.69	0.5493	57.93	59.67	61.08	2.6998	0.69	763		0.8344
	平均		127	57.01	180.5	425.9	2.7301	62.69	0.5493	57.93	59.67	61.08	2.6998	0.69	763		0.8344
4 区	S48	5357.44～5364.26	124.1	6.44	470.6	474.4	1.228	13.98	0.8604	59.4	20.2	20.4	1.1625	21.7	66	11.06	0.9482
	TK404	5428～5432 5416～5420	120	6.71	509.7	513	1.22	15.2	0.8635	59.46	19.55	20.41	1.1793	24.09	58	10.64	0.9611
	TK407	5383.81～5480.0	120	6.36	515.6	518.9	1.213	15.15	0.8674	59.46	19.15	19.82	1.1786	15.05	57	10.56	0.9771
	S65	5460.5～5520	120	5.14	529.6	531.8	1.179	11.22	0.8951	59.46	14.25	15.03	1.1264	36.2	40	7.51	0.9647
	平均		121.025	6.163	506.4	509.53	1.209	13.89	0.8716	59.445	18.29	18.92	1.1617	24.26	55.25	9.943	0.96278
6 区	S67	5662～5674	129.7	5.7	484.8	487.8	1.24	15.02	0.8603	61.74	17	17.36	1.1767	11.71	53	10.64	0.9618
	S74	5475.5～5496	125.9	4.53	497.7	499.3	1.148	8	0.9332	58.72	14.4	14.6	1.0869	80.72	35	9.24	0.983
	平均		127.8	5.12	491.3	493.55	1.194	11.51	0.89675	60.23	15.7	15.98	1.1318	46.21	44	9.94	0.9724
7 区	T444	5500～5641	122.1	4.82	524.1		1.1356	8.34	0.9315	56.79	14.82	15.63	1.091	80.84	36	9.17	0.9835
	T607	5583～5598.15	128.7	6.27	539.1		1.3094	19.33	0.8185	60.51	13.2	15.67	1.2396	12.28	56	7.03	0.9611
	平均		125.4	5.545	531.6		1.2225	13.835	0.875	58.65	14.01	15.65	1.1653	46.56	46	8.1	0.9723
8 区	S86	5780～5820	130.5	12.04	378.9	421.9	1.523	29.09	0.6935	62.4	20.24	20.74	1.4102	0.65	132	12.18	0.8468
	T705	5627.25～5878	127.4	4.87	479.8	482.2	1.169	9.31	0.8887	61.02	13.56	14.45	1.1026	14.34	41	10.03	0.9423
	T702B	5502.83～5587	122.5	6.24	372.5		1.168	10.31	0.8322	59.1	15.59	15.86	1.1149	20.64	59.77	9.098	0.8743
	T816(k)	5608.61～5700	133.42	5.95	741.2			18.63	0.807	60.51	18.72		1.229	5.457	75.33	13	
	平均		128.455	7.275	493.1	452.05	1.287	16.835	0.8054	60.76	17.03	17.03	1.214175	10.27	77.03	11.077	0.8878

油藏区为凝析气顶油藏，试采资料也证实了这一点。临界温度为 425.9℃，地层温度为127℃凝析气主要分布在该区西北部，内部原油性质变化较大，东南部的原油性质较好，上部原油好于下部原油。

4 区：4 区有 4 口井取到了 PVT 样(S48、S65、TK404、TK407 井)。从平面上看，该区地层原油密度南北向差别很小，由 TK404 井的 0.8635g/cm³ 到 TK407 井的 0.8674g/cm³；东西向差别略大一些，由 S48 井的 0.8604g/cm³ 渐变到 S65 井的 0.8951g/cm³。饱和压力南北向基本一样，东部略小于西部，平均为 18.29MPa，平均地层压力为 59.46MPa，地层压力远高于饱和压力，说明地下仅以液相原油状态存在。地层原油黏度是由北→南、由西→东逐渐减小，即西北部高，东南部低，平均黏度为 24.26mPa·s。临界温度平均为 509.53℃，地层温度平均为 120℃，属“高度未饱和”油藏。高压物性分析表明，总体上塔河油田 4 区奥陶系油藏地下原油呈单相液态，随深度增加存在重力分异现象，产层越深，地层原油密度越大、原油溶解气越少、原油饱和压力也越低，油藏顶部油质相对较好，底部和边部油质相对较差。

6 区：6 区奥陶系只取到 2 口井的 PVT 样(S74、S67 井)，但颇具代表性。从地层原油密度分析，位于北部的 S74 井为 0.9332g/cm³，明显高于位于南部的 S67 井(0.8603g/cm³)。饱和压力为 14.4～17MPa，呈北低南高分布；地层压力平均为 60.23MPa，远高于饱和压力，说明地下仅以液相原油状态存在。地层原油黏度南北差别较大，呈北高南低分布。临界温度平均为 493.55℃，地层温度平均为 127.8℃。由塔河油田 6 区奥陶系油藏 PVT 分析可知，6 区地层原油的饱和压力远低于地层压力，比 4 区的也低，油藏具有典型重质油藏的特点，与 4 区相比油品性质明显变差。地饱压差超过 40MPa，表明地层原油处于高度未饱和状态。由此认为，塔河油田 6 区奥陶系油藏油气相态为高度未饱和黑油油藏。S71－S74 井一线西北区域和部分井区原油属于重质稠油，其他区域则属于普通重油。

7 区：7 区奥陶系在东北部和西南部各取到一口井的 PVT 样(T607、T444 井)，中部低密度区没有取样。已取到的 2 口井地层原油密度呈东北高、西南低分布，T444 井为 0.9315g/cm³，而 T607 井为 0.8185g/cm³，饱和压力相近，平均为 14.01MPa，地层压力平均为 59.65MPa，地层原油黏度差别较大，也呈东北高、西南低分布。从塔河油田 7 区奥陶系油藏地层原油高压物性分析，地饱压差高大 45.64MPa，属于“高度未饱和”油藏。临界温度平均为 531.6℃，地层温度平均为 125.4℃。

8 区：目前塔河油田 8 区奥陶系油藏只有 T705、T702B、S86、T816(k)四口井有 PVT 分析资料。四口井的取样点压力均大于饱和压力，达到了取样要求。S86 为轻质油、T705、T702B、T816(k)为重质油。但地面原油密度大于 1g/cm³ 的 S91 井区未取样，所取的四口井涵盖了该区其他部分不同物理性质的原油。四口井 PVT 分析均反映出未饱和油藏特征。地层原油密度总表现为南低北高，北西油质最重。T705 井地层原油密度为 0.8887g/cm³，北东部次之，T816(k)、T702B 井地层原油密度分别为 0.807g/cm³、0.8322g/cm³，南西油质最轻，S86 井地层原油密度为 0.6935g/cm³。饱和压力相差不大，平均值为 17.03MPa，地层压力平均为 60.03MPa，地层原油黏度也呈北高南低分布，最低黏度值为 0.65mPa·s。与邻区井 PVT 井流物组成对比见表 6－2。可以看出 T705 井井流物组成特征与 4、6、7 区接近，而 S86 井井流物组成介于 3 区与 4、6 区之间。

三、地层水性质及分布

塔河奥陶系油田经过多期次构造运动和水文地质旋回，形成了各区块、各井区地层水性质的复杂平面变化特征。由于流体的分布完全受缝洞体系的控制，缝洞系统发育程度和连通性对油田水的分布和化学组分的均一化程度有明显的控制作用，加之不同烃类多期注入的差异较大，各个缝洞单元也就继承了这种差异性的油藏烃类组成变化，在经历了“继承性”组分的变化和最终的热动力学变化后，流体将在各个隔的缝洞单元内通过密度驱动的对流和分子扩散的作用，实现趋于力学和成分平衡状态方向的混合。

1. 总体描述

从地层水矿化度、氯根、水密度分布看，水的矿化度、氯根含量和水密度的分布具有较好的一致性，呈现为块状、分条带的变化特征。北西－南东向展布的低（相对）矿化度条带将研究区的高矿化度区域分割成两大片，高矿化度区域所占的面积相对较大，而低矿化度区呈相对较窄的条带状分布。高矿化度、高密度的 $CaCl_2$ 型水主要分布在阿克库勒突起轴部及南斜坡地区（塔河2区、4区、6区中部、8区中部及10区南部），约占总样品数的67%，矿化度平均为220g/L，平均氯根含量为135g/L，水密度平均为1.147g/cm^3，此类水在塔河油田地层水中占大多数。造成研究区高矿化度的主要原因有：①首先塔河奥陶系油田是海相成因，富存高盐度古海水；②高矿化度区均位于阿克库勒凸起的高部位，该区直到海西晚期一直处于越流泄水区，蒸发浓缩程度大；③海西晚期，大规模的油气充注后，油气首先占据在高部位缝洞单元内，达到一定油气饱和度后，将早期缝洞单元里的水驱替出来。此后随着上覆地层的不断沉积，储盖条件优越，油田水则处于水交替停滞带，随着埋藏时间的增加，以及地层水与围岩进行离子交换作用的加深，矿化度也越来越高。

2. 分区描述

根据研究区地层水性质平面分布，以总矿化度190g/L的等值线为界，将研究区的地层水划分为7个区块。

A区：矿化度在140～190g/L，氯根含量在90～100g/L，地层水密度约1.1g/cm^3，位于5区的T503井区，由水的性质推测，该区与4区、3区的地层水属于不同的体系。

B区：矿化度在190～230g/L，氯根含量在120～140g/L，地层水密度为1.124～1.159g/cm^3，该区分布面积较大，整体呈片状分布，位于4区主体、5区的S61－S73－T501等井区、3区、2区、6区中部以及7区的TK619－TK638－TK733－TK450井区、10区的TK656－TK658－S93等井区。

C区：6区西北部的TK641井区、TK652－TK608等井区、10区北部的TK657井区形成一东西向展布矿化度相对较低的区域，该区面积较小，总矿化度为160～190g/L，氯根含量在100～120g/L，地层水密度在1.104～1.139g/cm^3。

D区：在7区的TK729井区、8区的T702－TK824－T813（K）－TK732C－T815（K）－T816（K）－S76－TK823－T819（K）－T705－TK832－T704－TK833－T706等井区、10区中部的TK725等井区、10区南部的T809（K）－T727－T812（K）－T802（K）等井区形成了一个呈“X”形展面的高矿化度水区，总矿化度为190～230g/L，氯根含量在115～145g/L，地层水密度为1.12～1.16g/cm^3。

E区：7区T615井区、8区的TK846－T810（K）－T701等井区形成一个南北向展面的矿化度相对较低的条带，其矿化度为 140 ~ 190g/L，氯根含量在 90 ~ 120g/L，地层水密度为 1.104 ~ 1.124g/cm^3。

F 区：8 区的 T808(K)井区、10 区的 T707 - T624 - T753 - T737 等井区的矿化度相对较低，呈北西 - 南东向展布，其总矿化度为 168 ~ 190g/L，氯根含量在 100 ~ 120g/L，地层水密度为 1.114 ~ 1.124g/cm^3。

G 区：在 10 区的西部，存在一个低矿化度的区域，包括 T739 - TK856 - TK1004 - TK854 - T710 - T755 等井区，其总矿化度为 135 ~ 190g/L，氯根含量在 80 ~ 105g/L，地层水密度为 1.09 ~ 1.119g/cm^3。该井区队 T755、TK1004 水层分布在一间房组储层中外，其余井的水层均在鹰山组，从水的性质看，该井区与东南部 8 区水体分属于不同的水系统。

从整体上看，高矿化度地层水的井区多处于岩溶高地、岩溶丘丛，早期的孔洞、裂缝较发育，随着开采和地层压力的变化，早期赋存水体的单元通过裂缝逐渐沟通，水体能量也不断增加，例如，位于高矿化度的塔河四区 S48 单元为底水活跃的油藏。因此塔河油区较高矿化度油田水分布的地区，大多为产能相对较高的区域，而较低矿化度或过渡区的油气发现就不尽如人意。

3. 塔河油田奥陶系地层水主要化学组分描述

由于塔河油田奥陶系为海相沉积，因此，地层水中有一定量以溴化物的形式存在的 Br^- 和 I^-，与 Cl^- 同族都易溶于水，也容易被有机质和矿物吸附剂吸附。地层水中 Br^- 的富集多少主要与原始沉积环境有关，I^- 主要来源于海藻及其他海相有机物，浓度的高低反映了该地层古代海水中海藻及其他海相有机物的丰度。

影响奥陶系油田水中溴与碘的变化原因主要有：①围岩的性质，离子交换及吸附作用的强弱决定了 Br^- 与 I^- 在液相和固相中的分配情况；②矿化度大小的影响，Br^- 与总矿化度的变化规律基本一致；③运移效应，I^- 则与矿化度的变化趋势相反，主要受油气运移的影响，越靠近油源 I^- 含量越高。因此，原油或油田水中的 Br^- 和 I^- 的含量可作为油气富集和油气运移的标志。

(1) Br^- 含量分布分析：溴的分布主要与有机物含量和原始沉积环境有关，塔河奥陶系地层水溴含量的平面展布显示溴的浓度变化范围较大，平面分布上有强烈的不均一性，总体表现为东高西低、南东高北西低的变化特征。从东西向看，TK309 - TK312 - TK428C 井区是 Br^- 含量高值区；4 区的 TK412 - S48 - T407 井区、S65 井区等主缝洞带，为东西向展布的 Br^- 含量高值区，往北西逐渐呈下降趋势。其次南部 2 区的的 TK236 井(600mg/L)、TK225 - TK221 - TK228 等井区溴含量也较大。与塔河奥陶系油田水矿化度的平面分布图对照，除 TK421C - TK641 - TK478 一带为溴的零值区外，溴含量与总矿化度基本呈正相关。这是因为油田水中的溴含量受沉积环境和海水蒸发浓缩引起的盐度变化等多因素控制。油田水的矿化度、溴含量的区域展布，基本上反映了塔河油田油气聚集的特点。

(2) I^- 含量分布分析：油田水中 I^- 的含量主要是受油气运移的影响，塔河奥陶系地层水碘含量的平面展布整体看有一定规律，即自东向西、自南向北逐渐降低。与塔河油田水的矿化度平面分布图对照，I^- 含量分布与矿化度分布特征基本相反，分析认为 I^- 含量主要受控于油气的充注、运移及油气的成熟度，与油田水的矿化度相关性较差。东部的 S61 - TK503 - TK320 - TK319(I^- 含量均超过 11mg/L)等井一线以东存在一个 I^- 离子含量明显高的区域，向西至 4 区的 TK412 - S48 - TK413 井一带及 6 区东部有逐步降低的趋势。其原因主要是受喜马拉雅期较成熟油气是由东部充注的影响。10 区南部、T701 - T615 - T707 等南部井区为I^-含量高值区，向北I^-含量逐渐降低，这与油气由南向北、由东向西的充注方向和运称路径相符。

四、油田流体的非均质性及控制因素

常规油藏描述只着眼于储层的非均质性，主要研究储层的空间分布规律及其对油藏连通性的影响。油藏地球化学研究表明，砂层连通体并不一定等于流体连通性，因为油层内部可以存在多种原因形成的各种有机隔层如沥青垫，从而导致油藏内部实际是分隔的，出现“储层连通，油层分隔”的现象。奥陶系油藏缝洞储集体的严重非均质性，可以有效地研究油藏内部流体的非均性，直接研究流体的连通性。研究表明，对于储集体连通性良好的油层而言，由油源因素引起的组分不同将不同程度地被混合。但如果油藏内部存在流动屏障，流体成分差异将保留下来。若垂向上的流体柱存在明显变化，则表明油藏在垂向上是相互分隔的。

许多资料(比如气油比、凝析油/气以及储层条件下的泡点压力和密度等PVT资料)都可用来指示流体组分变化。研究中主要应用原油密度差异研究油藏的横向分隔性，应用油田水组成的变化研究油藏内流体流动屏障、研究流体非均质性特征与分布规律、划分流体(分隔单元)，探讨油藏流体非均性和充注机制。

1. 原油地面性质与油藏分隔性

(1)在10区中部的TK854－TK1007井区以及8区西南部的TK718－TK832井区流体性质分异变化明显，TK718、TK832井的原油密度分别为0.879g/cm^3、0.9352g/cm^3，开发动态显示TK718井为高产井，酸压鹰山组建产，初产油140m^3/d，不含水，目前产油57m^3/d，仍然不含水。而TK832井酸压一间房组为水层。与TK718井相邻的TK836井也明显表现为不同的缝洞单元，TK836产层为鹰山组，为油水同洞，在开发动态上表现为定容特征。此外，研究区的TK645(0.9399g/cm^3)、TK651(0.962g/cm^3)、TK613(0.91g/cm^3)、T707、T811(K)等井均表现为原油密度的局部异常区，均与油气多期充注时储层的非均质性有关。密度异常的存在说明这些井区储层与周围的缝洞体之间连通性不好，存在流体流动的屏障，从而形成相邻井区在开发动态上都呈现截然不同的开发动态特征。例如T811(K)钻遇放空漏失段，试油头两天产原油分别194m^3/d、116m^3/d，一个月后试油产量降为17m^3/d，含水少量，由于供液不足，间歇机抽生产，后因产能太低侧钻，表现为定容体的特征。而与之相邻的TK742、T702B两口井均为高产井。

(2)在研究区的南部沿S76－T811(K)－TK842－TK730－TK647－TK735－TK451－TK640－TK714－TK231－TK452－TK222等井以南形成了一个较大的指峰状向北突进，指峰向北的顶端止于TK735井的中－低密度(小于0.93g/cm^3)、含硫量相对较低、含蜡较高区域。密度由指峰南部的0.85g/cm^{3}渐变到顶端的0.93g/cm^3，含蜡量由11.16%降到4.4%，含硫量由0.8%升至1.9%。分析可能是油气沿不整合面由南向北和后期由南西向北东充注的路线，形成向北突进的指峰状。该区域由于断裂、裂缝发育程度低，储集体纵横向连通程度差，分隔性强，位于古地貌图上的较低部位，后期充填严重。多表现为单井控制的孤立缝洞单元，产能相对较低，建产率低。

(3)研究区东部沿T314－T310－S23－TK209－TK305－T301－TK308－TK317(S47)等井的密度分布由东到西形成了一个呈指峰状低密度区，指峰尖端止于3区的TK317井，与5区相比由指峰中部的S23井向北东到T501井密度由0.84g/cm³渐变到0.9g/cm³，含蜡量由8.7%到9.2%，含硫量由0.5%渐变到1%；与2区相比密度由北东S23井0.84g/cm³到南西TK215井0.95g/cm³，含蜡量由8.7%到7.3%，含硫量由0.5%渐变到2.3%。2004年末累计产气量分布图显示沿TK310－TK315－T301－S46－S47一线及周围产气量高，因此推断是喜马拉雅期过成熟油气充注路线，这与前人研究结果很一致，此次充注也对4区TK412－TK408－TK401－S48－TK410－TK407井区也产生了一定的影响，4区原油密度由东向西(如TK468－TK426－T401－TK424井一线)由0.93g/cm³渐变到0.97g/cm³，显然也是受到东部喜马拉雅期轻质油－天然气的充注混合作用的结果。位于4区东部的岩溶冲沟对此次充注也起到了一定的隔挡作用，使得其东西两侧的油气性质存在明显差异，其东部主要是喜马拉雅期成藏，而其西部主要成藏期是海西晚期。

(4)在8区西南部的T819(K)－T804(K)－TK828－TK725－T817(K)－T805(k)－TK841－T704等井区形成了一个由北西向东南延伸的指峰状凸起，指峰止于T704井。该凸起位于古残丘的斜面坡部位，主体对应于T804X(K)－TK841缝洞单元，围绕着该单元的东西两侧的井，多表现为定容封闭的孤立单元，流体的平面分隔性较强。指峰区所有井的原油密度均高于0.99g/cm³，T817(K)、T804X(K)、T819(K)3口井的原油密度均大于1.1g/cm³。含蜡量最低值为1.38%，含硫量最高为3.37%。从密度、含蜡量及含硫量分布图可以看出，该区主要是早期充注的原油并已遭受水洗氧化，而晚期充注绕过该区，在其东西两侧形成向北方向的充注路线。这一点可以从前人分析的地球化学特征参数中找到依据，T804X(K)、T817(K)两口井的$T_s/(T_s+T_m)$值分别为0.18和0.21，说明其原油成熟度较低。

2. 地层水性质与储集体分隔性

对油藏的缝洞单元研究及水化学性质的平面非均质性分析表明，阿克库功凸起奥陶系不存在区域性底水，油田水并非整体连片分布，水呈不规则的孤立流动体系分布。在高矿化度的B区依然存在像TK424井相对更高矿化度的井点和像与其相邻的TK440井相对较低矿化度的井区。局部异常性质水的存在，显示水体的连通与储集体的非均质性关系密切，水性质的异常区，可能分属于不同的水系统。

(1)T701－T810(K)－TK846－T615井构成的矿化度相对较低水区。其中T701井(154g/L)、T810(K)井(181g/L)、TK846井(187g/L)水层分布在一间房组储层中，而T615井(142g/L)水层分布在鹰山组。这些井产能较低，开井即见水，与相邻的高矿化度地层水区相比处于构造相对较低部位，发育局部的压实排水离心流，指向邻近的高矿化度带，矿化度、氯离子含量及水密度也向两侧逐渐增加；该区受定容的缝洞储集体的影响，水的某些地面性质虽然相似，但水体连片的可能性较小，由奥陶系地层Br^-和I^-含量分布可以推断T701、T810(K)、TK846、T615井均为互不连通的水体，如该区的T810(K)和TK846井，矿化度值相近，但Br^-的含量却相差很大。

(2)T707－T808(K)－TK624－TK712井区的低矿化度地层水区。这些井的水层均分布在鹰山组，钻井中都出现放空漏失现象，均为单井控制的缝洞单元。其中TK808井(169g/L)实钻证实为一孤立的水洞；TK624井在测试时即见水，平均矿化度在162g/L；T707是自然投产后见水，平均矿化度为167g/L；TK712井为酸压投产即见水，平均矿化度为168g/L，后两口井都是油水同出，水体能量不强。分析认为，该井区的地层水矿化度相近，但Br^-和I^-含量均不相同，表现为封存水的特点，在油气充注时期，由于以孤立的不连通的缝洞体存在，使得油气充注丰度较低，形成了目前平面上互不连通的水体分布特征。但该区水性质与其东西侧各具不同变化趋势，分属于不同的地层水体系。

(3)从地层水的纵向分布来看，一间房组灭线以北的水层均分布在鹰山组，尖灭线以南的井直接钻遇水层的井段仍然多在鹰山组，如2区的TK221、TK226、TK227、TK231等井和8区的T808(K)、TK732、TK833、TK836、TK844等井均在鹰山组直接钻遇水层或水洞，同时一间房组的水层明显增多，如T815(K)、TK226等井直接在一间房组钻遇水层。这些并不分布于矿化度较高的区域[T808(K)除外]，其共同特点是位于古构造的低部位，从已取到水样的井的化验分析结果看，多位于 Br^- 和 I^- 含量相对较低的区域。南部盐下水层主要分布在在山组储层，少数分布在一间房组储层中，表现出“上油下水”的分布特征，如S106井在一间房组测试产油，而在其下部的的山组中测试为常压水层，S116井在一间房组中测试为含油水层，而在其下部鹰山组中测试为水层。除S118井、S113井、S110井在一间房组中钻遇水层外，其余井进入鹰山组即见水。与塔河油田主体区相比，另外一个显著特征是油气异常普遍较薄，油井见水较快，含水率较高。

综合上述三点异常分析发现，油田水呈不规则、孤立的流体体系分布。从油田水化学组分上看，相对4区、6区矿化度略低(除TK226、TK231)，推测认为这些井分属不同的水系，可以是因为8区埋藏较深、断裂-裂缝较4区和6区发育少、没能沟通孤立的水体、封存时间不同、蒸发浓缩程度弱等原因造成的。

五、不同类型、性质流体分布状态的控制因素

塔河油田奥陶系油藏受多期次构造-岩溶作用的叠加改造，平面及纵向上的分布具有极强的非均质性。在多期成藏演化过程中，由于梯次充注作用，造就了油田流体复杂的分布格局，既有孤立的水洞，又有底水能量强且连通规模较大的缝洞油藏以及局部封闭的孤立定容油藏。

(1)多期油气充注成藏和后期改造是形成原油性质复杂格局的基础。塔河油区油气藏的形成是始于加里东晚期、延续至喜马拉雅期的持续过程，按构造期可分为加里东晚-海西早期、海西晚期、印支-燕山期、喜马拉雅早-中期及喜马拉雅晚期5个阶段。其中海西晚期油气排-聚规模最大，与其时烃源岩处于生油高峰、油原特别丰富有关。海西期之后较高成熟度油气的充注则持续至今。由于从烃源岩中生成的、具有不同成熟度的石油不断的油藏注入，造成油藏内石油密度在纵向上和横向上均存在差异。此外，后生作用中的次生氧化降解和混合作用对流体的性质影响极大，从油田范围内，由北西→南东，次生氧化降解程度降低，后期充注的期次及油气丰度增大，尤其是东部大量喜马拉雅期轻质油和天然气充注表现为从东南向西北递增的趋势，而原油含蜡量则表现为由东南向西北缩小的趋势。由于晚期大量油气叠加充注，不仅提高了塔河油田奥陶系油藏的含油气丰度，而且晚期轻质油-天然气和早期重质油的“混合”，也不同程度地甚至极大地改造了早期的残余重质油藏。由于这种混合的差异，致使奥陶系储层内油气组成变化很大，出现了重质油-天然气、凝析气的油气系列。

(2)后期油气充注量、充注方向对油田水分布有重要影响。海西晚期是塔河油田最主要的油气充注成藏期，海西晚期油气充注能量充足，且油气充注过程中首先占据最大空隙储集空间及构造较高部位，加上后期多期充注叠加，使得凸起轴部油层厚度大，含油丰度高。其

后虽仍有高－过成熟的油气充注，但由于油气充注的能量和油气规模依次大幅度降低，造成后期成藏供烃严重不足，密度图上显示往南油气运移距离越来越近油源，油气驱替储层中地层水的能量也不断降低，在塔河油田南部油气只能部分驱替储层中的地层水，造成塔河油田南部，特别是下部鹰山组地层水分布较广，钻探多口井见水。

（3）油气充注时期缝洞系统的连通性对油水的分布具有明显控制作用。作为流体的主要储集场所，缝洞系统的发育规模、连通及连通程度对油藏的流体性质及分布具有明显的控制作用。在油气充注时期，连通的缝洞系统可以充注油气，而孤立的、不连通的缝洞系统则无油气充注成为定容孤立水洞，如T808（K）井区。此外，由于孤立缝洞体的存在，形成了一些异常的原油密度分布区，发育为封闭孤立油藏[TK645、TK651、TK613、T707、T811（K）等井]，例如，TK640井原油密度只有0.667～0.795g/cm^3，是研究区内从来没有过的，该井的原油密度甚至低于3区带凝析气顶的密度，生产气油比高达1600m^3/m^3以上。由于塔河油田经历了多期构造运动，每期构造运动都可能对已有的油藏造成破坏或形成新的储集空间，改变原有的油气分布格局，前一期充注时连通的储集体在经历构造运动后被封闭，使其无法接受后一期的油气充注，因此形成了原油性质的非均质分布特性。

（4）区域构造背景及缝洞系统的发育控制了流体性质及产出深度。奥陶系油藏经历了多期构造运动和多期油气充注成藏，不同后生破坏改造及储集空间非均质性严重，造成油气运移聚集成藏差异较大。加里东中晚期－海西早期的区域性挤压降升过程，在整个凸起带发育了早期岩溶，形成岩溶高地、斜坡、谷地及地下溶蚀缝洞，以及一系列北东向褶皱及断裂系统，褶皱、断裂及裂缝，洞穴系统的形成，初步确立了油气水的分布格架。海西晚期构造运动使塔河油田再次抬升而暴露地表，遭受风化剥蚀，局部地区缺失下石炭统，中－下奥陶统碳酸盐暴露地表，发育大气水下渗向心流向南推进，一方面原油被水洗氧化，另一方面主体区块地层水通过越流－泄水，再次蒸发浓缩。早期的古岩溶系统经过后期叠加更加复杂化。另外，此期运动又是主要的成藏期，满加尔、草湖凹陷沉积压实水流向塔河油田，同时大量的油气在塔河地区得以保存，这一成藏与改造并存的过程一直延续到印支期。此外，岩溶与构造形成的缝洞系统在各区域发育的深度不同，相应在油气运移聚集过程中水体沟通或残留的深度就不同，从而不同区域不同层位见水。

综上所述，在塔河油田油藏剖面上，无论是纵向上还是横向上，流体化学组分都存在着不同程度的差异性和非均质性。造成成藏流体非均质性的因素有很多，研究认为塔河油田原油侧向上的组分差异与原油注入油田的途径或渐进式烃源岩成熟效应及多期充注非均质性储层中聚集成藏有关；垂向上的组分差异是由快速扩散作用和重力分异作用所决定；在靠近开启断层高部位，生物降解和水洗作用参与了对流体的改造。

第七章　塔河油田油(气)分布规律

一、油气纵向分布

据前资料研究，该油田含油气层系有寒武系、奥陶系、志留系、泥盆纪、石炭系、三叠系、侏罗-白垩系及第三系。但以奥陶系为主。既有碳酸盐岩含油，也有砂质岩含油。含油气深度从第三系3000m到中下奥陶统6900m。塔深1井于8408m取心岩心缝洞内见液态烃，表明深层仍有好的油气前景(表7-1)。

表7-1　塔河油田奥陶系碳酸盐岩油气层分布深度与古岩溶发育段的关系表

地区	井　号	层　位	上覆地层	不整合面深度(H_1)/m	油气层或显示层底界深度(H_2)/m	H_2-H_1/m	古岩溶发育段厚度/m
阿克库勒凸起	LN1	O_2	T	5039.0	5085.0	46.5	129.0
	S14	O_2	C_1	5289.0	5380.0	91.0	140.5
	S17	O_2	C_1	5274.0	5385.0	111.0	152.0
	LN4	O_2	C_1	5094.0	5166.0	72.0	>93.5
	LN8	O_2	C_1	5179.0	5266.0	87.0	>87.0
	LN10	O_2	C_1	5273.0	5381.0	108.0	>116.0
	LN11	O_2	C_1	5264.0	5309.0	45.0	192.0
	LN14	O_2	C_1	5329.0	5502.0	173.0	231.0
	S47	O_2	C_1	5345.5	5497.0	151.5	>151.5
	T3012	O_2	C_1	5357.5	5557.0	199.5	>199.5
	T302	O_2	C_1	5377.5	5602.5	225.0	272.5
	S64	O_2	C_1	5470.0	5600.0	130.0	155.0
	S61	O_2	C_1	5469.0	5640.0	171.0	232.0
	T401	O_2	C_1	5367.5	5575.0	207.5	>207.5
	T402	O_2	C_1	5358.5	5598.0	239.5	>239.5
	T403	O_2	C_1	5405	5446.5	41.5	137
	S65	O_2	C_1	5450	5632.5	182.5	>182.5
	S66	O_2	C_1	4590	5546	56	113
	S67	O_2	C_1	5459	5675	216	>216
	JF123	O_2	C_1	5264.5	5360.7	96.2	>96.2
	JF126	O_2	C_1	5181.0	5275.0	94.0	189.0
	JF127	O_2	C_1	5301.0	5489.0	188.0	177.0

二、油气平面分布

油气勘探及研究成果表明，本区奥陶系碳酸盐岩油气具大面积、连片分布的特征，可划分为油区、气区、油+气区、油+水区及水区。

1. 油区

主要分布于艾协克2号、牧场北-阿克库木断垒带西部，代表井有S48、S67、S66、LN11、LN1等井。其特征为气相比很低，LN11井不产气，LN1、S48、S67井气油比分别为31、33.4、18.55；相应的原油密度大，该5口井原油密度均大于0.95，表现出明显的重质油特征。该带呈北东-近南北向展布，各项成藏条件良好，是寻找以油为主的大中型油气田的良好场所。

2. 气区

主要分布于中平台区北东部-阿克库木断垒带东段及南部斜坡区中北部，代表井有LN18、LN54等井。该区内以产气为主，气产量(初产)15000~425000m^3/d，气油比大于3000；油产能相对较低，油密度偏低，为0.7396~0.8067g/cm^3，黏度0.2~80mPa·s，属典型的凝析油特征。该带油气成藏条件良好，地处断垒带及邻近地区，构造变形强度大，裂缝相对发育，同时石炭系下泥岩段保存完好，封盖条件优越，是寻找天然气、凝析油的良好地区。

3. 油+气区

主要分布于中部平台区、阿克库木断垒带东段及南部斜坡带的大部分地区，该带有较高的油产量，气产量也不低，气油比多在100~1000，原油物性一般为正常原油特征。LG1、LG2、S46、S47、S70、S60、S69井等属于该区块，该区成藏地质条件好-较好，是寻找正常原油最有利的地区。

4. 油+水区

主要分布于南部、东部边缘，如LN16、LN51等井，为低产油井，但以产水为主，原油密度0.8364~0.8909g/cm^3，黏度为7.71~51.97mPa·s，基本属正常范畴。

在阿克库木断垒带中段有一个无油区，该段内虽多井见油气显示，但无一口井获工业油气流或低产油气流，而以产水为主。如LN2、LN5、LN3等井均产水，产水量40~145m^3/d。该区虽处于阿克库木断垒带，但不产油气，其原因主要是奥陶系碳酸盐岩之上缺乏碳酸盐岩良好盖层，保存条件变差所致。

5. 油气相态差异大、分布关系复杂

阿克库勒地区奥陶系碳酸盐岩所产油气相态差异大，既有相对密度大于0.9的重质原油，又有常规原油、轻质油或凝析油；既有常规原油的伴生气，又有凝析气，甚至干气。同时，油气相态分布关系十分复杂，同一油气藏的纵向上油气性质明显不同，例如塔河油田3区块奥陶系油气藏，其顶部为常规原油+凝析气，下部为重质原油。甚至，有油气倒置分布的情况，如阿克莫奇(桑1号)奥陶系油气藏，其顶部(中奥陶统)为相对密度0.8439的常规油藏；其下(下奥陶统)较为复杂，底部为相对密度为0.8518的常规原油，中部为相对密度0.7964的凝析油，上部为甲烷平均含量96.69%(最高为98.62%)的干气。因而，阿克库勒地区总体具备上油下气的特点。油气相态分布的这种特点，与主要烃源岩(∈-O_2)多期生、排烃，即不同成藏期密切相关。油气相态在平面上的分布，则总体具有“东气西油”的特点，西部主要为油藏：东部(如LN10井区、LN30井区及阿克莫奇等)以凝析气藏为主，并有部分干气。油气相态的这种分布，亦与主要烃源岩($\in -O_2$)热演化有关，满加尔坳陷是烃源岩($\in -O_2$)热演化程度最高的地区，向西演化程度相对降低(图7-1)。

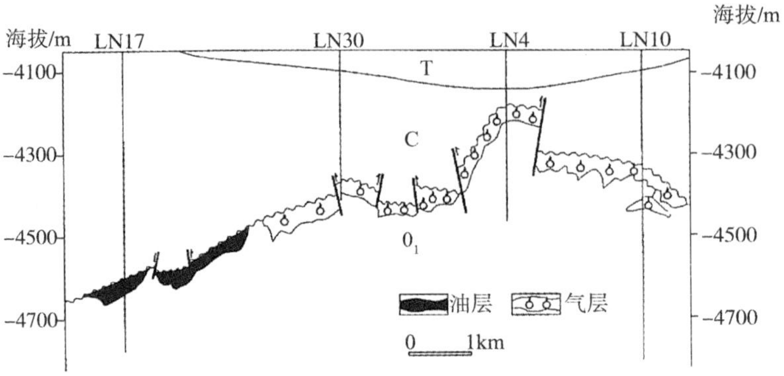

图7-1 塔河油田中部油气藏剖面示意图

三、油气成藏的受控因素

据上述油气分布特征，可将阿克库勒地区寒武-奥陶系碳酸盐岩油气成藏的受控因素归纳如下：

1. 油气源区及区域构造格架控制油气的区域分布

阿克库勒凸起是长期发育的古隆起，自加里东中期开始发育，持续至海西晚期，奥陶系顶面为一向北东方向的鼻状凸起，喜马拉雅期由于北部急剧沉降，才形成现今的凸起。这一构造格架有利于其南侧油气源区的油气沿奥陶系及其上地层不整合面自加里东期开始持续向凸起上运移，具备了形成大型油气田的区域背景(图7-2)。

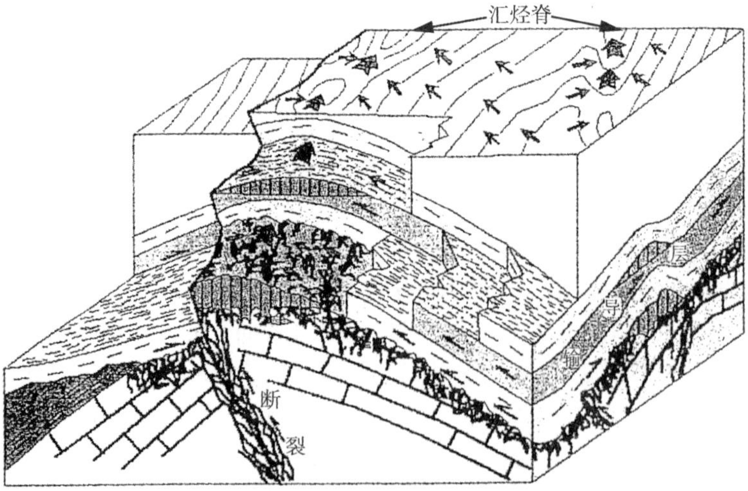

图7-2 阿克库勒凸起油气运移网络模型图

阿克库勒凸起奥陶系碳酸盐岩中的油气主要源于其南侧坳陷区(特别是坳陷与隆起的过

渡地区)的寒武系－中奥陶统烃源岩，因此，油气主要分布于距油气源区较近的南部斜坡带及中部断垒加平台区，而远离油气源区的北部斜坡带则无油气分布。

因此，区域构造格架及油气源区控制了阿克库勒凸起奥陶系碳酸盐岩油气的区域分布。

2. 岩溶缝洞储集体的发育程度控制油气的富集

本区奥陶系碳酸盐岩为储集物性极不均一的、受岩溶和构造作用控制的缝洞型储集体。因此，在油气区域分布范围内油气富集于孔缝洞型储集体发育的部位，而缝洞型储集体不发育的部位则不含油气，或少含油气。储集物性良好的缝洞型储集体本身就是奥陶系碳酸盐岩的最主要的圈闭类型，当然在某些地区，这种圈闭可与潜山圈闭基本吻合或部分叠合。因此，在油气区域分布范围内，缝洞型储集体的发育程度是控制油气富集成藏最主要的因素。

3. 盖层等保存条件亦是控制油气分布的重要因素

盖层等保存条件亦是控制油气藏形成的基本条件之一，对本区的奥陶系碳酸盐岩也不例外。本区所发现的油气藏均具有良好的保存条件，而有的地区则主要因为缺乏盖层条件而未能形成油气藏。例如，阿克库勒凸起南部的塔河 3、4 区块等中奥陶统油气藏，在中奥陶统储层之上有下石炭统下泥岩段数十米的泥岩盖层，保存条件良好，在其他成藏条件具备时，油气富集成藏。

目前北部斜坡带油气显示不好，除可能是由于距油气源区远外，盖层等保存条件差也是重要原因。

第八章　塔河油田油气前景展望及勘探方向

一、油气前景展望

(一)丰富的油气资源

塔河油田的烃源岩为海相寒武－奥陶系。油田内烃源岩较发育，且处于满加尔生油坳陷的西北缘，为油气运移的指向区，故油气资源十分丰富。据计算海西早期可供资源量 77.9×10^{8}t，海西晚期可供资源量 53.2×10^{8}t，喜马拉雅晚期可供资源量为 35.8×10^{8}t。尽管早期油气藏由于构造运动遭到一定程度的破坏，但海西晚期和喜马拉雅油气资源保存较好，这两期的巨大资源约 80×10^{8}t，为形成塔河大型油气田提供了资源保证。

(二)优越的构造条件

塔河油田位于沙雅隆起阿克库勒凸起上。阿克库勒凸起是以寒武－奥陶系为主体的长期发育的大型古凸起。该凸起于加里东晚期形成雏形，海西早期受区域性挤压抬升形成向西南倾伏的北东向展布的大型鼻凸，凸起主体缺失志留－泥盆系及中上奥陶统，下奥陶统也受到不同程度的剥蚀；海西晚期运动使该区再次抬升、暴露，形成了一系列近东西向的褶皱和断裂，大部分地区仅保留下石炭统，缺失上石炭统及二叠系，局部地区下石炭统亦被剥蚀殆尽；印支－燕山期该区构造运动相对微弱，主要表现为整体升降，使该区缺失中上侏罗统；喜马拉雅期(特别是喜马拉雅晚期)受库车前陆盆地的影响，该区北部强烈沉降，阿克库勒凸起最终定型。因此，该凸起是处于沙雅隆起上的凸起，是长期油气运聚的指向区，是形成大油气田的重要条件。

(三)多储盖组合

该区具多层段、多类型储盖组合。如中上奥陶统储盖组合，下奥陶统－寒武系地表岩溶、渗流岩溶和潜流岩溶储盖组合，以及下部白云岩含油组合和以下石炭统泥岩为盖层的石炭－奥陶系组合。

区内奥陶－寒武系碳酸盐岩的储集类型丰富：主要有裂缝型、孔洞－裂缝型、裂缝－孔洞型及裂缝－溶洞型。特别是裂缝－溶洞型储层发育大型洞穴和裂缝，前者储集空间巨大，后者对沟通洞穴和改善渗流性能有重要作用。此类储层油气产出的特点是初产量高、稳产期长，因而是本区最有价值的储层。S48 井中奥陶统即是此类储层的典型实例，该井自1997 年10 月投产至2000 年10 月已累积产油 50×10^{4}t，平均日产在 400t 以上，是塔里木盆地乃至全国奥陶系碳酸盐岩油气井中累积产量最多、稳产期最长、平均日产量最高的“王牌井”。

综上所述，塔河油田奥陶系油气藏碳酸盐岩的主要特征是：

(1)溶蚀孔洞和裂缝是储层的有效储集空间。

(2)储集性能在纵、横向的非均质性强，但形成多个缝洞单元。

(3)储集类型多样，以裂缝－孔洞型及裂缝－溶洞型最重要。

（四）多油藏圈闭类型

1. 地层不整合圈闭

本区许多钻井在奥陶系顶部不整合面附近获高产油气流（如 S47、S48 等井）或良好油气显示，因此是塔河油田重要的圈闭类型，奥陶系上覆地层也存在这类圈闭。

2. 古潜山（潜丘）圈闭

这种类型实际上属于地层不整合圈闭中的一种。在塔河 3、4、5 及 6 区的探井部署中，奥陶系顶面（T_7^0）凸起（潜山或潜丘）是重要的决定因素，而且在其上的探井多获高产工业油气流，因而认为塔河奥陶系油气藏属潜山（或残丘、潜丘）型油气藏。

3. 背斜型圈闭

在奥陶系内幕背斜也发现油气藏，如 S46 井、S47 井在中奥陶统顶部风化岩之下 120m 内幕背斜中发现高产油气流。另外，从志留系－第三系存在多个低幅度构造圈闭。

4. 岩溶缝洞型圈闭

本区属奥陶系储层缝洞储集体，具有强烈的非均质性，储集体周围的非渗透性碳酸盐岩基质可起封堵作用。此外，本区北部亦存在沥青封堵的可能。因此，该油藏的主要圈闭类型应属岩溶缝洞型圈闭。

5. 碎屑岩岩性型圈闭

塔河油田区从志留系－第三系发育丰富的岩性圈闭，如砂体尖灭型、透镜型砂体等圈闭。

综上所述，塔河油田是一个典型的复合型油气田。

（五）多期成藏

根据油气成藏史研究，结合区域构造演化史、生烃史等，可将塔河奥陶系油气藏的形成、演化归纳如下：

加里东中晚期至海西早期，满加尔坳陷寒武系－中奥陶统烃源岩已进入生油阶段，大量油气排出并向阿克库勒凸起运移，在本区下奥陶统中形成相当规模的油气聚集。由于泥盆纪末的海西早期运动，使本区志留－泥盆系及上奥陶统大部被剥蚀，中下奥陶统也受到部分剥蚀和暴露地表而被破坏。在缝合线及裂缝中含烃类的水溶液中包裹体便是该期油气藏残留的痕迹。

海西晚期，满加尔坳陷及其斜坡地区寒武系－中奥陶统烃源岩已进入生油高峰，所生成的大量油气沿不整合面、断裂及裂缝向阿克库勒凸起运移，并在本区下奥陶统岩溶缝洞系统中聚集成藏，由于中下奥陶统之上有较厚的石炭－二叠系盖层而形成良好封堵。因而，该期是塔河油田奥陶系油气藏最主要的成藏期。二叠纪末的海西晚期运动，使石炭－二叠系普遍受到剥蚀，但本区仍保留有 500～600m 的下石炭统，使海西晚期形成的油气藏得以保存。只是由于本区之北的阿克库木断裂构造带西段海西晚期运动强烈，石炭－二叠系被剥蚀殆尽，下奥陶统裸露地表，使该区奥陶系油藏严重破坏，并且受大气淡水的强烈影响，因而使邻区该区的塔河 4 区及塔河 6 区油藏受到较严重的氧化水洗、生物降解（在其原油中普遍检测到的 25－降藿烷系列），使油藏受到轻度破坏，油质变差，成为低凝固点、高黏度的重质稠油。

燕山期－喜马拉雅早中期，寒武系－中奥陶统烃源岩主体已进入高成熟至过成熟阶段，以生气为主；在沙雅隆起区成熟度相对较低，可生成一定数量的原油。高成熟的油气仍沿不整合面及断裂运移，充注到已在海西晚期形成的油气藏中。

喜马拉雅晚期，寒武系－中奥陶统烃源岩均已进入高成熟－过成熟阶段，所生成的气沿不整合及断裂、裂缝运移，充注到先期形成的油气藏中。

（六）开发前景

从塔河油田目前油气勘探实践分析认为，其油气开发的前景十分乐观。

（1）近几年来含油气面积迅速扩大，现含油气面积已扩大至2000km^2，勘探潜力大。

（2）纵向的含油层位不断增加，如中下奥陶统上部、中部和下部，都发现了含油层；上奥陶统亦钻获高产油层：储层岩石类型丰富，为石灰岩、白云岩、生物礁（滩）、砂岩等。又在石炭系盐下打出高产井，在上泥盆统、下二叠统、下白垩统、第三系均发现油气藏。

（3）塔河油田受阿克库勒凸起控制，目前塔河地区可能整体为统一底水的巨大型块状油藏，总体底水深度在1998年初为5700m左右，2001年底水降至5900m左右（塔河4区奥陶系油藏），表明含油深度又增加200m，且已在6280m见油流，含油厚度从原来的300m余增加到600m左右。

（4）塔河油田探井和开发井命中率不断提高，由1996～1998年的65%提高到2001年的85%左右。这主要是勘探技术创新、工艺方法创新的结果，如三维地震可视化技术、相干体技术、反演技术、频率差异分析技术、迭前技术、烃类检测技术、测井成像技术、深井钻井技术、储层改造技术及测试技术等的应用。

（5）该油田从2003年开始储量快速增加，平均每年探明储量以（1～1.2）$\times10^8$t的速度增长。从2001年以来年产油，每年以50×10^4t速度增长。

（6）该油田油气资源转化率低，仅为25%。油田采收率亦较低，仅为18%。因此勘探开发潜力大。

二、油气勘探方向

据现有资料，提出塔河油田当前和今后油气勘探方向。

（一）岩溶斜坡区

从阿克库勒凸起古岩溶地貌图看，古地形起伏较大，总体上表现为北高南低，受整个阿克库勒凸起形态的控制，东、西、南三面均为岩溶谷地或凹地，岩溶斜坡介于高地与谷地之间。岩溶斜坡区岩溶纵向分带明显，渗流、潜流岩溶带，尤其是潜流岩溶带发育，尽管溶蚀孔洞被泥砂质充填的现象较为普遍，但未被充填的概率也高于其他岩溶地貌单元，尤其是岩溶斜坡上的岩溶残丘，多期岩溶互相改造、叠加，次级潜流岩溶带更为发育，大型缝洞相当发育。目前已发现的下奥陶统碳酸盐岩油气藏主要集中在岩溶缓坡及其上的岩溶残丘带，其最显著的特点是产能高、稳产时间长，油气层不完全受构造控制，以岩溶缝洞为主要储集体。

1. 储集特征

阿克库勒凸起下奥陶统碳酸盐岩储集体属于岩溶缝洞型储集层体，以构造缝、溶蚀孔、洞、缝等次生孔隙为主，而基质孔隙贡献基本可以忽略不计。储集空间几何形态多样，大小悬殊，分布不均，各向异性特征明显。

塔河6、4、3、1区块位于岩溶斜坡，且大部分地区石炭系巴楚组直接覆盖在中奥陶统灰岩之上，厚45～80m，二者之间普遍存在本区残丘及岩溶高地风化剥蚀的灰岩砾石及砂砾经短途搬运沉积的古地表坡积层。这一方面说明，这些坡积物对地表溶蚀洼坑及浅层溶蚀孔洞进行充填，对已形成的岩溶储集体有一定的破坏作用；另一方面，反映当时风化剥蚀及地表水动力条件十分强烈，产生岩溶作用的水动力条件充分，有利于在较高地貌单元更进一步扩大岩溶规模。而在岩溶高地，主要在阿克库木断裂带及其以北阿克墩地区，由于处于古地形高，成为风化剥蚀的近物源区，地表岩溶带和渗流岩溶带已基本被剥蚀破坏，如S9井－LN1井一带，渗流岩溶带剥蚀明显。因此，由古地表坡积层的存在及岩溶高地相比较而言，岩溶斜坡垂向岩溶分带明显，海西期岩溶保存完整，岩溶发育范围大，风化面以下250m仍有岩溶发育，储集性能良好。

岩溶斜坡位于阿克库勒凸起轴部的西南倾没部位，受多期构造应力变形影响，中奥陶统碳酸盐岩裂缝发育，类型丰富，主要为构造裂缝、裂隙及缝合线等，以高角度构造裂缝为主，是构成该区下奥陶统储集空间的重要组成部分。其形成受构造运动和复杂的成岩历史控制，海西早期及以前所形成的构造裂缝、断裂是溶蚀缝和岩溶作用发育的基础，对岩溶发育起着重要的控制作用，但被方解石和泥砂质充填者较多，未被充填者形成油气的有效储集空间，以高角度近东西向裂缝为主，并将早期未充填或半充填的裂缝、溶蚀孔洞沟通。这种多期构造应力变形的叠加，形成了岩溶斜坡区特殊的断裂、裂缝网络系统，尤其是多种走向构造裂缝线交会处，裂缝网络更为发育，进一步加强了碳酸盐岩储集性能。在钻井岩心中裂缝及微裂缝密集发育，且大部分裂缝面有原油。TK408井5408～5525m、5570～5600m井段FMI成像测井资料表明，裂缝及微裂缝密集，且倾角多在60°～90°，应力分析结果显示裂缝走向以北北东－南南西和近东西向为主，与海西早期末至海西晚期构造应力场一致。

纵向上，有效裂缝最发育的部位是奥陶系顶部不整合面之下250m以内，尤其是不整合面以下150m以内为Ⅰ、Ⅱ级裂缝发育的主要层段。

该区带储层起主要作用的另一类储集空间，其分布与古岩溶发育带密切相关，尤其在古岩溶缓坡及其上的岩溶残丘，溶蚀孔洞及大型溶洞最为发育。

塔河4区块T402较为典型，该井揭示下奥陶统242m，岩性主要为砂屑灰岩及泥微晶灰岩，基质孔隙度平均小于1%，主要储集空间为溶蚀孔洞和裂缝。该井在5370.0～5394.0m及5549.0～5587.0m严重漏失，分别漏失泥浆997.19m^3和940.6m^3；且在5373.0～5375.5m、5559.0～5560.5m及5566.0～5568.5m井段钻时明显加快，并严重扩径，表明可能有大型溶洞存在。同时该井中－小型孔洞也较发育，孔洞密度达8～23个/m。此外，密度达5～16条/m的未充填裂缝连通了孔洞，增大了渗透性。

塔河3区块T302井常规分析基质孔渗极差，但分布不均的溶蚀孔洞发育，在5524～5682m井段漏失泥浆439.9m^3，表明可能有较大溶洞存在，岩心观察也表明小型溶蚀孔洞较发育；5463.0～5467.0m井段有小型孔洞110个，密度达27.5个/m；5467.08～5471.60m井段密度近15个/m。这些小型溶蚀孔洞多未充填，且有未充填或半充填的裂缝沟通，共同构成了有效的储集空间。

溶蚀孔洞特别是大中型溶洞发育的储层油气产出的特点是：初产量高且产量稳定或较稳定，稳产期长，除上述T402、T302外，S48、T401、TK407等井也是如此。因此该储集类型是岩溶斜坡带最重要的储集类型，多个洞穴或塌陷储集复合体是重要的勘探目标。如S48井投产后高产稳产，是塔里木盆地乃至全国奥陶系碳酸盐岩油气井中的“王牌井”。

2. 成藏特征

目前阿克库勒凸起已发现多个奥陶系油气藏，其中塔河3、4、6区块和桑塔木3区块奥陶系油气藏位于前述岩溶斜坡储集区带。如前所述，该区带油气供给充足，断裂、不整合面等运移通道发育，奥陶系圈闭以缝洞型和复合型圈闭为主，前者包括裂缝型、孔洞－裂缝型及裂缝－孔洞型，后者以潜丘－缝洞型圈闭为主，圈闭类型多，成藏条件优越。

与阿克库勒凸起其他区带相比，岩溶斜坡具有更有利的成藏条件，主要表现在以下两个方面：

(1)岩溶储集体更为发育：如前所述，该区加里东中晚期挤压构造运动，在阿克库勒凸起轴部形成密集的微裂缝网络，为后期岩溶创造了良好的先决条件。海西早期，该区带上奥陶统、志留－泥盆系被快速剥蚀，中奥陶统充分暴露，加之地表径流、地下暗河发育，垂向岩溶带发育深度大、面积广，各期构造运动形成的裂缝相互交会、沟通，潜流岩溶作用发育，大、中型溶洞分布密集，尤其是其上的岩溶残丘，保存有更多的大中型溶洞，为海西晚期及以后油气成藏提供了充分的储集空间。

(2)保存条件好：尽管海西早期运动使该区遭受大量剥蚀，使加里东晚期及海西早期形成的油气藏遭受破坏，并在中奥陶统碳酸盐岩中普遍见硬沥青，但海西晚期石炭纪海进沉积，尤其是石炭系巴楚组泥岩段的超覆，为海西晚期该区油气成藏创造了较好的封盖条件。与其他区带比，该区下石炭统巴楚组泥岩段封盖条件好(45～80m)，同时海西晚期的进一步岩溶使得原有裂缝中的油气遭受水洗氧化变成硬沥青，形成新的封挡条件，对深部油气保存创造了条件。而岩溶高地下三叠统直接覆盖在中奥陶统碳酸盐岩之上，其厚度小，封挡效果差，保存条件远不如岩溶斜坡，如LX4、LN2、S9井区，尽管在中奥陶统碳酸盐岩中见有油气显示，但不能富集成藏。

综上，岩溶斜坡渗流岩溶带、潜流岩溶带，尤其是潜流岩溶带发育，多期构造运动产生的裂缝交织叠加，为形成大中型溶洞创造了良好条件；厚度适中的石炭系巴楚组泥岩段的覆盖，保证了海西晚期及以后各期成藏具有较好的封盖条件。因此该区带是阿克库勒凸起奥陶系碳酸盐岩最有利的勘探领域。只是岩溶发育的不均匀性、随机性给勘探带来的风险应引起足够的重视。

(二)上奥陶统尖灭线附近勘探领域

塔河油田以南上奥陶统尖灭线附近中奥陶统勘探领域，主要分布在S76－TK203－S68－S60－S69井一线，中奥陶统顶面发育北东向展布的潜山构造群，包括桑东3号、桑塔木1号、桑塔木2号、艾协克南、牧场、艾丁1号、塔里木乡1号、塔里木乡2号、塔里木乡3号等。目前已钻各井资料揭示了一套层位比塔河3、4区块更新的中奥陶统生物碎屑灰岩、礁灰岩及颗粒灰岩段，其原生孔隙发育，裂缝、溶蚀孔、洞、缝发育，钻遇油柱高度不受潜山－残丘幅度控制。说明这一勘探领域成藏条件与塔河油田类似，但其岩溶特征与岩溶斜坡不同。该潜山构造带南部为岩溶洼地，北缘为相对低洼带，由于这一特殊的地貌，海西早期石炭系巴楚组沉积初期及以前，该区对南流地表径流起隔挡作用，使其转向西南；巴楚组膏盐岩沉积时，该带南部为半封闭泻湖相膏盐蒸发沉积区，为海水波及带，而北部为地表淡水系统。因此处于淡咸水混合岩溶带，对改善储层较为有利，另外，从下奥陶统顶面构造图看，该构造带曾是阿克库勒凸起寒武－下奥陶统褶皱较强烈的地区，构造裂缝相对较为发育，有利于晚期岩溶作用。

S69井位于桑塔木2号构造东高点，完钻井深5700m。该井钻遇上奥陶统64.52m，巴楚组(C_1b)/中奥陶统(O_2)5454.62m，上奥陶统(O_3)/中奥陶统(O_2)5519.4m；揭开下奥陶统180.86m。该井在5534～5535m段荧光干照亮黄色，槽面有大量针尖气泡，约50%，发生轻微井涌，槽面上涨5cm；井深5537.58m下钻取心时后效反映较强，槽面上涨2.4m，井口有涌势；井深5544.98m，中测结束后气浸较严重。油气显示持续至井底。

S60井是位于桑塔木2号构造上的深井，完钻井深5542.95m。完钻层位为中奥陶统。该井钻遇中奥陶系59m，巴楚组(C_1b)/中奥陶统5433m，上奥陶统/中奥陶统5492m，揭开中奥陶统碳酸盐岩50.95m、该井在奥陶系钻遇53.56m裂隙油气层，于井深5527.74m时发生井漏，泥浆有进无出，泥浆密度1.15g/cm^3，50min后发生溢流0.4m^3。关井点火，白黄色火焰高3m左右，泥浆密度由1.15g/cm^{3}下降至1.10g/cm^3。关井配浆过程中出黄绿色原油约10m^3，循环加重时发生井喷，随后进行压井、强行钻进至井深5542.95m完钻，共耗入泥浆1064.1m^3。完井对奥陶系系统测试折算产液(初)596.65m^3/d，气4.07×10^{4}m^3/d，含水量为14%。

S68井位于桑塔木2号构造西高点，钻达井深5660.5m完钻，C_1b/O_{2+3}5460.5m，$O_{2+3}/O_1$5504m。揭开中奥陶统156.5m。该井中奥陶统取心在5529.72~5530.76m发现一层油迹，该层发育中、小裂缝17条，溶蚀孔洞11个，4条中缝和所有溶蚀孔洞均被黑褐色原油所浸染，部分裂缝面荧光干照黄色，发光面积5%，加试剂浸泡液无色，荧光下为浅乳白色，对比级别为3~4级。

塔河油田2区块TK203井于1月24日完钻，完钻井深5450m。本井上奥陶统发现含油气层2层，厚25m，中奥陶统发现油气层3层，累计厚37m；四开负压钻遇过程中在5649~5651.24m出现放空，槽面被原油覆盖，点火，火焰高4~5m；完钻测试(奥陶系裸眼井段5485.02~5750m)，折算日产油6.99m^3，原油相对密度0.9033。

S76井位于塔里木乡3号构造，于井深5482m揭开中奥陶统，未见油气显示，于井深5541.00m钻入中奥陶统，完钻井深5749m，在中奥陶统发现油迹以上油气显示层6层，尤其在井深5590.44~5 595.38m，厚4.94m，生物礁(滩)灰岩，海绵、海百合茎发育。岩心表面溶蚀孔洞也较发育并见3条直缝，晶间孔或晶间溶孔发育，具孔隙型储层的特征。岩心出筒时油味浓，发光面积70%~100%，入水见串珠状气泡，沿裂缝见原油渗出，并见溶孔、洞及生物体腔孔，内含原油，取心后下钻到底见较强的气测后效，全烃0.0541，上升24.4993%，槽面气泡60%，并可见10%的棕褐色油流。5595.38~5595.86m，厚0.48m，黄灰色砂屑灰岩，含双壳类(?)化石碎片，荧光显示微弱。5595.86~5598.01m，生物礁(滩)灰岩，海绵、海百合茎等生物体极为发育，裂缝及孔洞中充填原油，含油气性略逊于上部生物礁(滩)灰岩。从过S76井的三维地震剖面可以看出，S76井中奥陶统具备礁反射特征：在平的(水平或单斜的)下部反射背景下，出现局部隆起，其幅度较小，上凸下平，内部反射杂乱或空白，明显不同于其两侧反射。在向南或西南下倾方向，可见其尖灭点，向北或东北上倾方向界限不明显。利用过S76井的不同方向剖面，大致勾绘出礁体分布面积约38km^2。

本区海西早期为靠近北部洼地的奥陶系残丘，上奥陶统残留厚度0~54m。中奥陶统，相当于一间房组，据S60井第14~16回次岩心观察，为近浅海台缘礁滩相碳酸盐岩沉积，相对泥微晶灰岩更易于发生溶蚀，又处淡咸水混合溶蚀带上，对储层的改善较为有利。目前所钻井，呈与上奥陶统尖灭线近平行的北东东向排列。S60、S68井靠近断层，其中2条断裂向下断到T_7^4以下，向上断到T_5^0以上；断裂的存在为下伏的上奥陶统、寒武-中奥陶统油源向上运移提供了良好的通道，相对而言S69井离断层较远，含油气性较差。从地质录井、取心资料来看，储集空间主要是裂缝，奥陶系油藏为碳酸盐岩裂缝型或溶蚀孔洞、礁滩型带凝析气顶的轻质油藏，并有可能带底水。

S60 井所钻中奥陶统岩性为微－细晶生物灰岩、亮晶生屑、砂屑灰岩、亮晶粒屑灰岩。岩心实物观察和薄片鉴定都发现较多造礁生物——层孔虫、海绵、藻类(见蓝绿藻丝体黏附生物屑现象)等，其含量最高可达 40% ~50%；薄片鉴定生物屑含量可达 25%，主要为棘屑、少量三叶虫、腕足、介形虫、海绵骨针、单体珊瑚、藻等。为浅海台缘沉积，相当于一间房组上部，与巴楚勒牙依里塔格剖面生物礁可以对比。从该井第 14 ~16 回次取心可见层孔虫、海绵等组成的小型礁(丘)体，与亮晶粒屑灰岩(粒屑以藻鲕及砂屑为主)构造的粒屑滩组成多个旋回。S69 井亦在奥陶统 5521.46 ~5539.25m 井段发现造礁海绵、角石等生物及生物扰动构造。此外，S60 井中奥陶统局部层段也发现大量生物屑，薄片鉴定生物屑最高含量达 30%，以棘屑为主，少量介形虫，偶见腕足、海绵骨针、瓣鳃、苔藓等。从区域上看中奥陶统是生物礁(丘)发育的层位，如巴楚勒牙依里塔格露头剖面及 LN46 井等均有生物礁(丘)发现。

S60 井中奥陶统重结晶作用强，可形成晶间孔，有利于储集性能的改善，加之自身岩性，尤其是礁旋回段易于发生溶蚀作用，可形成较大储集空间，在实钻和测试过程中漏失泥浆、清水、油田水 1694.1m^3，钻时小到几近放空即是证明。S69 井局部层段缝、洞发育，其中 5522.8 ~5524.4m 发育 57 条水平缝，18 条未充填，发育溶蚀孔洞 47 个，未充填或充填方解石，储集空间发育。与上覆中上奥陶统下部的泥岩段可形成良好的储盖组合。上奥陶统上部灰岩虽然含泥质，但 S60、S69 两口钻遇较好油气显示，其中 S69 井含油气层累计厚度 55.98m(O_{2+3}钻厚为 64.52m)，可与上覆巴楚组(C_1b)泥岩段形成良好的储盖组合。目前 S60 井已经获得油气突破，S69 井上部层段中测获 300 ~500m^3/d(折算)的气产量(测试不完善，待进一步采取措施)，S68 井获 1.04m(5529.72 ~5530.76m)含油岩心。区域上 LN46 井在 6119 ~6129.5m 井段取得 6.1m 含油岩心，且缝、洞发育，地震解释 LN46 井区奥陶系具有丘形反射特征，S30 井上奥陶统岩心具藻黏结造礁苔藓虫，地震反射呈丘形，可能是生物礁的反映，且钻遇较好的油气显示。预示着处于台地边缘相的地区，奥陶系生物礁(丘)及粒屑滩发育，同时又处于上奥陶统尖线附近，勘探前景较好，是油气勘探的重要领域。

根据 S69、S60、S68、S76、TK203 井下奥陶统地层沉积微相研究，中奥陶统与上奥陶统沉积间断是中奥陶统古岩溶作用主要形成时期，并经后期海西晚期改造，中奥陶统在 S69－S76一线其层位明显高于塔河 4 区块，其地层由南向北逐渐变化，颗粒灰岩、生物礁屑灰岩、障壁型礁岩发育，为新的油气勘探领域。

(三)盐下奥陶系勘探领域

石炭系盐下奥陶系勘探领域，分布于上奥陶统尖灭线附近勘探领域以南，油源供给充足，发育 T_7^4、T_7^0、T_6^0 等不整合面和多套疏导层共同构成油气运移通道，奥陶系内部致密碳酸盐岩封挡层、志留－泥盆系灰泥岩段封盖条件良好。但由于上覆巨厚膏盐岩，勘探难度较大，目前勘探程度很低。

该区奥陶系储层一般认为储集性能较差，中奥陶统东部地区库南 1 井至满参 1 井一线以东为半深海深海浊积盆地相的细粒陆源碎屑沉积，西部主要为混积陆棚沉积，岩性以碎屑岩为主，夹碳酸盐岩，后生成岩作用微弱，构造裂缝不发育。中奥陶统由于暴露时间短，岩溶作用较差，加之处于阿克库勒凸起到满加尔之间的过渡斜坡，构造变形弱，岩溶与构造裂缝均不太发育。

目前该领域仅有 LN46 井 1 口钻井揭示奥陶系。该井钻入奥陶系 769.5m，根据岩性及古生物判断，全部为上奥陶统。其中顶部为碎屑岩，以灰质粉砂岩、泥质粉砂岩、粉砂质泥岩和泥岩为主，在5529.5～5534.0m见微弱油气显示。中部仍以碎屑岩为主，在顶部和底部见含泥质粉晶灰岩，在5541～5542m、5896.5～5901m、5986.5～6001m井段见油气显示，其中5986.5～6001m井段在碎屑岩和灰岩中均有油气显示，获含油气岩心14.04m。缝洞比较发育，见4条大缝（大于3mm），13条小缝（小于1mm），1个大洞（大于10mm），9个中洞，10个小洞（小于5mm），岩心原油沿孔、隙、缝、洞外渗并伴有天然气。下部以灰岩为主，夹角砾状灰岩，底部见中厚薄层灰质泥岩，在6119～6129.5m井段细晶灰岩上部发育缝洞，且互相连通，见长10～58cm、宽3～11mm的大缝3条，长9～23cm的中缝3条，微细缝发育：测井解释为Ⅱ类裂缝发育段，取心获6m含油岩心。大洞2个，中洞74个，针孔密度0～7个/cm^3，缝洞为方解石、黄铁矿半－全充填。

从该井揭示的奥陶系地层看，上部碎屑岩缝洞不发育，且岩性较致密，但测获14.01m的含油岩心，大井段中测获0.1m^3/d水、1.51m^3/d原油，说明储集性能中下偏差；而下部灰岩段发育一定程度的缝洞系统，充填并不非常严重，含油岩心达6.1m，说明具有一定的储集性能。

地震勘探解释发现，盐下奥陶系存在较丰富的构造圈闭，较可靠的有塔里木乡1号、可果、塔里木乡5号、桑塔木3号。据兰尕、塔里木乡等三维地震资料，塔里木乡1号为潜山，在奥陶系顶和下奥陶统顶面都有显示；可果构造为断背斜：塔里木乡5号为潜山，奥陶系顶面和下奥陶统顶面均有构造显示；桑塔木3号为上奥陶统剥蚀残丘，中奥陶统顶面无构造显示。

2003年10月在塔河油田南部设计的S106井于石炭系盐下中奥陶统灰岩石中试获高产油气流，日产油270m^3、天然气2.3×10^4m^3，实现领域的重大突破。

综上，该领域可能发育的储集圈闭为潜山（残丘）－岩溶型储集体圈闭，包括上奥陶统（盖）与中奥陶统表层风化溶蚀（储）、上奥陶统泥岩（盖）与下部溶蚀裂缝灰岩（储）T_7^0不整合面地层以及奥陶系潜山、断背斜、残丘等圈闭，其储集类型仍主要是构造裂缝和溶蚀孔、洞、缝。因此，该领域的勘探一方面应重点解决盐下构造成像问题，另一方面要针对奥陶系构造高部位进行勘探，这些地区褶皱相对强烈，构造裂缝较为发育，溶蚀作用也较强，易形成较好的储集体，是重要勘探领域。

（四）塔河油田外围区

从已勘探开发的地区成果看：认为无论是岩溶斜坡、岩溶高地，还是岩溶凹地，碳酸盐岩岩溶储集体均有发育，只是发育程度不同和缝洞晚期充填程度不同。因此，加强现有含油范围的外围地区勘探，扩大含油气面积，增加储量十分重要，如塔河北部于奇地区，东部到塔里木地区，西部直到哈拉哈塘凹陷，南部到塔河南方大地区等。

除上述四方面外，塔河油田的勘探方向要进一步加强中浅部志留系－第三系各层系低幅度构造地层－岩性型油气田的勘探；进一步缝洞储集体预测及油气水识别，寻找缝洞发育区（带），尤其在缝洞未充填或充填程度低的地区，发现新的含油区，增加新的储量。

第九章　从塔河油田展望塔里木盆地

一、塔里木盆地奥陶系近期油气勘探的重大成果

(1)1990~1997年，发现和探明超亿吨级塔河大油田后，已在塔里木盆地的3个隆起(沙雅隆起、卡塔克隆起、巴楚隆起)共发现16个油气田。其中大型油气田6个。

(2)发现了和田河大气田，探明天然气储量$620\times10^8m^3$。

(3)近年来，轮南地区哈拉哈塘凹陷、沙西凸起、哈法逊等均在奥陶系获高产油气流，使该区储量不断扩大。

(4)塔中1号断裂带发现塔中大油田。

(5)2009年在麦普提斜坡南部发现玉北奥陶系大型油田。

目前，在该盆地古生界获得的探明油气储量为4.3×10^8t，占全盆地探明储量39%。

二、具有形成大油气田的地质条件

(一)良好的沉积条件

从塔里木演化历史分析，奥陶系是处于古克拉通坳陷演化阶段，沉积一套浅海-较深海碳酸盐岩、泥页岩夹硅质岩、砂岩等(图9-1)。

自上而上划分5个组：

(1)上统-桑塔木组及良里塔格组：岩性为砂、泥岩互层，属泥岩及灰岩，总厚度100~950m。

(2)中上统-恰尔巴克组($O_{2-3}qr$)：该组大部分地区缺失，在柯坪和塘参1井为一套泥岩与粉砂岩、灰岩互层，厚度104~260m。

(3)中统-间房组(O_2y)：纯灰岩，厚度214~884m。

(4)中下统-鹰山组($O_{1-2}ys$)：灰岩、白云岩互层，厚度210~1085m。

(5)下统-蓬莱镇组(O_1p_1)：白云岩，厚度240~574m。

综上所述，塔里木盆地奥陶系沉积环境和特征表明有利的生、储油条件是形成大油气田的物质基础。

(二)优越的构造特征

塔里木古生代具有多期构造运动，故形成多个区域性不整合(O_{3-2}/O_1、S/O_3、C/D)和多个大型隆起和斜坡；并造就了多期、多组断裂带，为形成大油气田提供了空间和场所(图9-2、图9-3)。

(三)丰富的油气资源

塔里木寒武-奥陶系主要烃源岩为泥页岩和灰岩，次为云质灰岩等，烃源岩厚度300~1400m，有机质丰度较高，有机质成熟度R_0为0.93%~3%，一般为1%~1.5%，而且具有

多期生油特征。

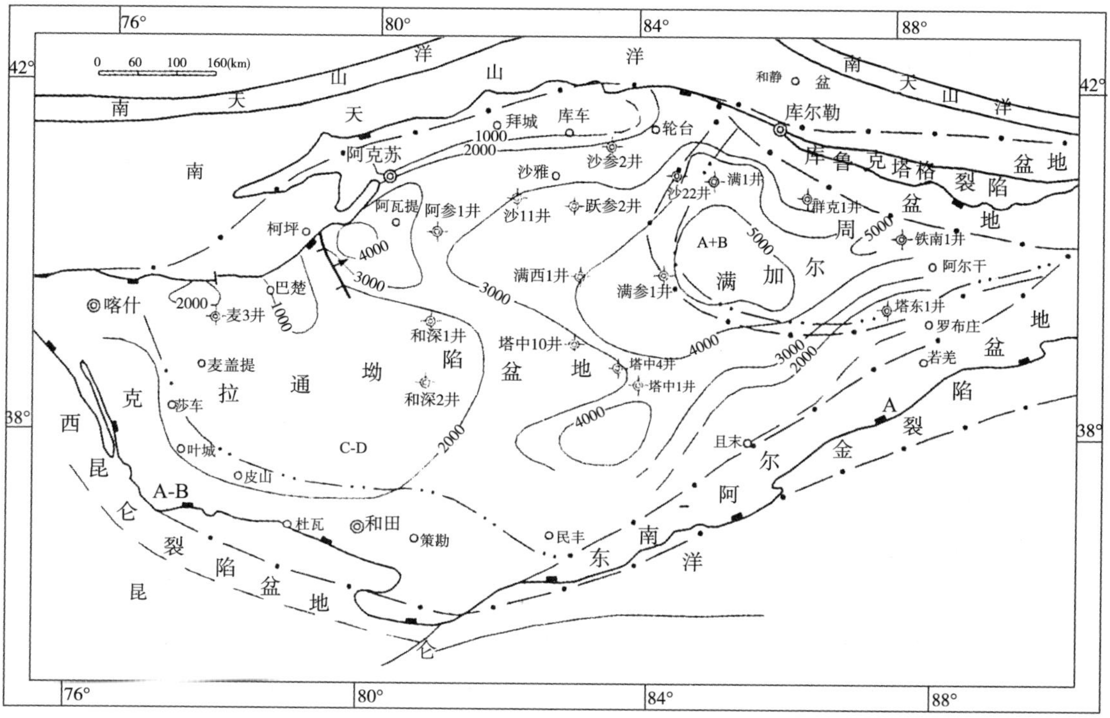

图 9－1　塔里木盆地寒武－奥陶纪古构造和岩相图

1—现今盆地界线；2—古剥蚀区；3—残留厚度等值线；4—推测厚度等值线；5—原型盆地界线；6—岩相区界线；7—扩张区；A—深海槽盆地相区；B—斜坡相区；C－D—浅海陆棚－台地相区

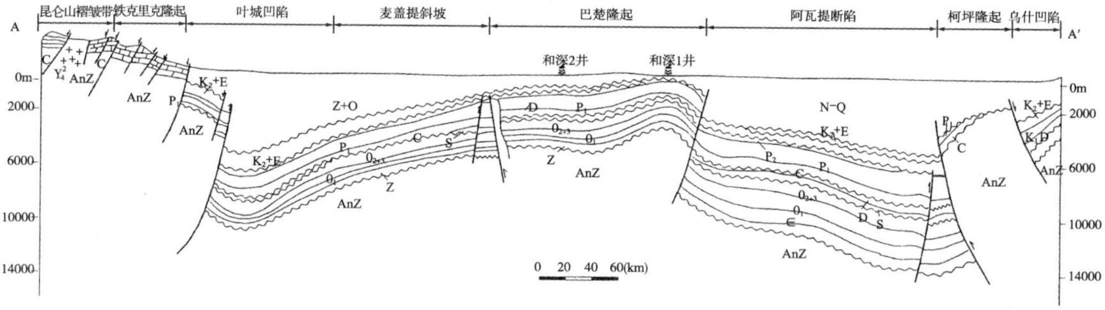

图 9－2　西昆仑山褶皱带－铁克里克隆起－和深 1 井－柯坪隆起－南天山褶皱带地质剖面图

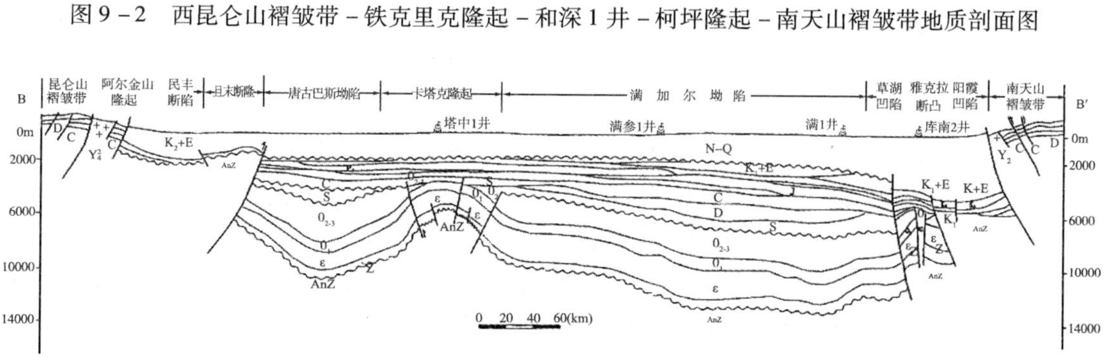

图 9－3　昆仑山褶皱带－阿尔金山隆起－塔中 1 井－满 1 井－南天山褶皱带地质剖面图

经研究认为，寒武－奥陶系是塔里木盆地主要烃源岩。初算油气资源总量达 140×10^8t 油当量，占全盆地油气资源量的67%。因此，油气资源十分丰富。

(四)多储盖组合

1. 储层

寒武－奥陶系主要为碳酸盐岩，其次为砂岩和泥岩裂缝，本文重点阐述碳酸盐岩储层特征。

1)储集空间类型

区内中下奥陶统碳酸盐岩的储集空间包括孔、洞、缝三大类。

(1)孔：是下奥陶统碳酸盐岩储层中普遍分布的储集空间，其类型有晶间孔、粒间孔、晶间溶孔、粒间溶孔等，以各类溶蚀孔为主。它们与微裂缝组合即构成基质孔隙，本区基质孔隙度一般0.04%～2.00%，渗透率一般小于 $1\times10^{-3}\mu m^2$，反映基质孔渗性能总体较差。

(2)洞：是本区奥陶系重要的储集空间，主要由古岩溶作用形成。主要根据钻井放空、严重漏失等现象及测井解释确定。盆内钻入奥陶系的钻井放空及泥浆漏失情况较为普遍。

(3)缝：是奥陶系最发育、岩心最常见的储集空间，以构造缝及构造溶缝为主，次为压溶缝(缝合线)。缝是区内油气显示十分活跃的储集空间，荧光薄片统计表明，构造缝和构造溶缝的油气显示率平均为74.8%。

上述3类储集空间对储层储集能力的贡献有所不同，据塔河地区多口井测井解释数据分析表明：基质孔隙对储层储集能力实际贡献的平均值为27.2%，裂缝孔隙实际贡献的平均值为28.2%，大型溶蚀孔洞实际贡献的平均值高达44.6%。由此可见，区内碳酸盐岩储层储集空间以裂缝和大型溶蚀孔洞为主。

2)储集类型

所谓储集类型是指上述3种基本储集空间在碳酸盐岩中的组合特征，其储集类型主要有裂缝型、孔洞－裂缝型、裂缝－孔洞型及裂缝－溶洞型。

(1)裂缝型：裂缝型储层是本区常见的一类储层，其特征是基质孔、渗透性极差，且无大型溶洞；而裂缝发育，它既是主要渗滤通道，又是主要储集空间。这类储层油气产出的特点是初产一般较高。

(2)孔洞－裂缝型：孔洞－裂缝型储层中的孔洞和裂缝较为发育，两者对油气的储集和渗滤均起到相当贡献，但裂缝的作用更重要。T302井5524～5682m井段是该类储层的实例，其油气产出的特点是初产高，产量相对较稳定，稳产期较长。

(3)裂缝－溶洞型：裂缝－溶洞型储层发育大型洞穴和裂缝，前者储集空间巨大，后者对沟通洞穴和改善渗流性能有重要作用。此类储层油气产出的特点是初产量高、稳产期长，因而是本区最有价值的储层。S48井下奥陶统即是此类储层的典型实例。该井自1997年10月26日投产至2000年4月已累计产油 50×10^4t，平均日产在400t以上，是塔里木盆地奥陶系碳酸盐岩油气中累积产量最多、稳产期最长的“王牌井”。

(4)白云岩孔－缝型：广泛发育在中下奥陶－寒武系，形成岩溶孔－缝型储集体。如塔中1中下奥陶统大油田等。

2. 盖层

主要盖层有奥陶系泥岩和致密灰岩，特别是石炭系泥岩作为奥陶系区域优质盖层是形成大油田的重要因素。

(五)多成藏期

根据油气成藏史、区域构造演化史、生烃史等，可将奥陶系油气藏的形成、演化归纳成4个成藏期：

(1)加里东中晚期至海西早期：满加尔坳陷寒武系－下奥陶统烃源岩已进入生油阶段，大量油气排出并向周围隆起运移，并在本区下奥陶统中形成相当规模的油气聚集。但是由于泥盆纪末的海西早期运动，使本区志留系－泥盆系及中上奥陶统大部被剥蚀，下奥陶统也受到部分剥蚀，下奥陶统油藏遭到一定的破坏。在缝合线及裂缝中普遍见到的干沥青以及裂缝方解石中含烃类的水溶液包裹体便是该期油气藏残留的痕迹。

(2)海西晚期：满加尔坳陷及其斜坡地区寒武系－下奥陶统烃源岩已进入生油高峰，所生成的大量油气沿不整合面、断裂及裂缝向隆起运移，并在本区下奥陶统岩溶缝洞系统中聚集成藏。因而，该期是盆内奥陶系油气藏最主要的成藏期。二叠纪末的海西晚期运动，使石炭系－二叠系普遍受到剥蚀，但本区仍保留有500～600m的下石炭统，使海西晚期形成的油气藏得以保存。但隆起高部位，石炭系－二叠系被剥蚀殆尽，下奥陶统裸露地表，使该区奥陶系油藏严重破坏，并且受大气淡水的强烈影响，如塔河4区及塔河6区油藏受到极严重的氧化水洗、生物降解(在其原油中普遍检测到的25—降藿烷系列就是生物降解的依据)，使油藏受到轻度损坏，即油质变差，成为低凝固点、高黏度的重质稠油。

(3)印支－燕山期：寒武系－下奥陶统烃源岩主体已进入高成熟至过成熟阶段，以生气为主；在隆起区成熟度相对较低，可生成一定数量的原油。高成熟的油气仍沿不整合面及断裂运移，充注到已在海西晚期形成的油气藏中。

(4)喜马拉雅期：寒武系－下奥陶统烃源岩均已进入高成熟－过成熟阶段，所生成的气沿不整合面及断裂、裂缝运移，充注到先期形成的油气藏中。目前在塔河3区、5区油藏中所见到的凝析气主要是在该期形成的，凝析气的形成可能有两种方式，一种是烃源岩生成的凝析气直接充注到先期形成的油藏中；另一种可能是烃源岩生成的干气充注到先期形成的油藏中，与原油混合而成。

综上所述，盆内奥陶系油气藏经历了复杂的形成、演化过程，但以海西晚期和喜马拉雅期为主。

(六)多油气藏类型

从目前已发现的奥陶系油气田(藏)分析和预测，塔里木盆地奥陶系油气藏类型有：

(1)古潜山型：①背斜潜山，LN48井等；②单斜潜山，雅克拉油气田；③断块潜山，轮南、和田河油气田。

(2)内幕背斜：如：英买2油气田。

(3)裂隙－洞孔体：如塔河油田。

(4)礁、滩：如塔河S67井等。

实践表明，目前油气储、产量以潜山型为主。

三、油气分布规律及勘探方向

(一)油气分布规律

1. 纵向上分布

奥陶系具多层段分布特点，主要为3个组段(自上而下)：①上奥陶系的砂岩、灰岩含油气(TZ45井、S63井等)；②中奥陶统一间房组的灰岩含油(塔河油田)；③中下奥陶统鹰山组及蓬莱镇组白云岩(雅克拉、塔中1、轮南和田河及塔河油田等)，油气主要分布在地表岩溶带、渗流岩溶带和潜流古溶带中。一般距奥陶系顶风化面0～300m。

2. 横向分布

油气主要分布：各古隆起和古斜坡(区域性不整合及断裂带附近)。

(二)勘探方向

(1)沙雅隆起寒武－奥陶系大面积含油气。

(2)卡塔克隆起。

(3)巴楚隆起及麦盖提斜坡。

(4)孔雀河斜坡。

(5)古城墟隆起等。

(6)和田古凸起，另外还有沙东凸起等。

总之，塔里木盆地古生界特别是奥陶系，勘探潜力巨大，只要勇于开拓创新，定会发现更多大中型油气田，为我国石油工业发展再创辉煌。

第十章　塔河油田勘探技术创新

一、三维地震技术

（一）三维采集概况

塔河油田三维地震勘探从1995年实施，截至目前可分为三个阶段：

第一阶段（1995～2002年）：

由于奥陶系获得油气突破，该期间主要目的层为奥陶系，同时兼顾三叠系。根据三叠系，奥陶系埋藏在4000～6500m的特点，此期三维采集特点如下：

（1）采用8线10炮、6线10炮、8线4炮、8线10炮等束状观测系统，单边激发，满覆盖次数为24～30次，特别是横向覆盖次数达到4～5次。面元为25m×50m，并且适当增大了方位角的分布范围（横纵比在0.17～0.4），缩短了偏移距（偏移距在200～400m）。

（2）仪器采用了较为先进的SN388、TelseisStar和G. DAPS－4型数字地震仪，扩大了接收道数，达到504～960道。同时根据奥陶系埋藏深的特点，适当增加了接收排列的长度（3550～5950m），最大炮检距为3922.37～6439.33m。

（3）检波器组合基距减小，一般不超过25m。采用高密度柱状成型炸药激发，激发井深一般为10～21m。同时为了提高激发能量，增加了药量，达到6kg。

第二阶段（2003年以后）：

随着对塔河油田认识的不断提高，尤其是面对复杂的碳酸盐岩油藏和碎屑岩油藏，要想提高钻井的命中率，准确落实开发区剩余储层分布，提高油田采收率，就迫切需要高品质的地震资料。该期间三维采集特点是：

（1）采用了12线24炮非正交观测系统（中间激发），满覆盖次数达到48次或60次，面元尺寸为25m×25m，并且适当增大了方位角的分布范围（横纵比为0.58）。

（2）仪器采用了更先进的408UL数字地震仪，接收道数达2304道。采样间隔为1ms，同时利用设计软件（KLseis），根据塔河油田碳酸盐岩油藏和碎屑岩油藏埋深特点，通过有针对性的论证选择了可以满足靶区目的层勘探需要的接收排列：4750m，最大炮检距5522.79m。

（3）检波器以“品”字形面积组合，组内距：$D_x = D_y = 3$m，组合基距：$L_x = 21$m、$L_y = 9$m。激发井深根据潜水面而定，一般选择药柱顶面在潜水面下5～7m激发。药量采用高密度柱状成型炸药激发，并根据不同的表层条件，通过试验确定。

1. 技术方法

随着地球物理勘探技术的发展，三维地震勘探作为一种手段，在油气勘探中起着越来越重要的作用，特别是高分辨率勘探的深入，对地震数据采集的精度和质量要求也越来越高，即要求采集数据具有宽频、高保真、高信噪比、高分辨率，以便更好地识别岩性、流体、裂缝油藏，进行油藏描述和提高采收率等。因此，通过有针对性的参数论证，观测系统优化，从而确定最佳的采集方法，是获取高品质地震资料的关键。

1）野外采集参数论证

（1）曲面元大小的选择：面元大小要有利于提高资料的横向分辨率，落实构造、岩性及岩溶缝洞特征。面元的大小必须保证各面元叠加的反射信息具有真实代表性。因此，面元的设计必须考虑以下几个因素。

①地质体的大小。根据经验法则，要分辨出一个小的地质体，在国标范围内至少要有3道的信息，即：

$$面元边长 \leqslant 目标尺度/3$$

②最高无混叠频率。每个倾斜同相轴都有一个偏移前可能的最高无混叠频率F_{max}，它依赖于此同相轴的上一层的地层速度v_{int}、倾角θ和面元边长b，它们满足下列关系：

$$b = v_{int}/(4F_{max}\sin\theta)$$

③横向分辨率。横向分辨率依赖于目的层段反射的最高频率，两个绕射点的距离若小于最高频率的一个空间波长，它们就不能分辨开。由于最高频率在实际工作中很难测出，一般认为在优势频率F_{dom}的波长上取2个样点，就能得到良好横向分辨率的面元边长，即：

$$b = v_{int}/(2F_{dom})$$

如果面元设计过大，可能产生假频。如果面元设计过小，会增加野外采集施工的复杂性、采集成本以及处理难度。

（2）覆盖次数的选择：覆盖次数通常依据获得良好的信噪比而定，如果覆盖次数增加一倍，则信噪比就增加41%。因此，增加覆盖次数是提高地震资料信噪比的关键手段之一。对于目的层埋藏深、干扰波较为发育的地区，中、浅部地层对信号不同程度的衰减，特别是对高频信号的衰减严重，会导致深层资料的信噪比降低，所以通过选择合理的覆盖次数，可以有效地压制噪音以拓宽有效频带，提高资料的信噪比，确保成像效果。

（3）最大炮检距的选择：勘探经验表明，长排列可获得深层的强反射信息，并能保证中、深层具有较高的有效覆盖次数，是提高复杂区采集质量的一种切实可行的方式。最大炮检距的选择主要考虑满足处理方面的要求，即满足动校拉伸和速度分析精度的要求，同时，还得兼顾目的层埋深、干扰波等的影响。

①目标深度：X_{max}应近似等于主要目标深度，即：

$$X_{max} \approx 目标深度$$

②满足动校拉伸要求。动校正拉伸会造成频率畸变，使同相轴向低频方向移动，尤其是大炮检距产生较大畸变，要求动校拉伸不得超出一定的误差范围，该误差范围受最大炮检距的制约，其关系如下式所示：

$$X_{max} \leqslant \sqrt{2t_0^2 v_{RMS}^2 D}$$

式中　t_0——反射时间；

v_{RMS}——均方根速度；

D——拉伸参数。

③满足速度分析精度的要求。在处理时求取较为准确的叠加速度，要求必须有足够的排列长度，速度分析精度与最大炮检距有如下关系：

$$X_{max} \geqslant \sqrt{\frac{2t_0}{f_p\left(\frac{1}{(v_{RMS}-\Delta v)^2}-\frac{1}{v_{RMS}^2}\right)}}$$

式中 f_p——反射波主频。

(4)其他参数

①激发参数。要提高地震资料的分辨率，就要求激发的地震子波波形尖锐且频带要宽，还要保证激发子波具有较高的能量。激发条件对资料分辨率的影响主要体现在激发药量、井深和激发岩性三个方面。

a. 井深的选择。井深的选择应注意两个问题：一是要保证反映目的层有足够的能量；二是要保证反映目的层的信号有足够的分辨率。因此，确定激发井 H 时，要考虑虚反射界面深度 h_0、要保护的地震信号频率（$h \leqslant v/4f_{max}$，h 是药包距虚反射界面的距离，v 是表层速度 h_0、要保护的最高频率）和炸药爆炸半径（$r = 1.5Q^{1/3}$，Q 为药量）的影响，即 $H = h_0 + h$（当 $h > r$ 时）或 $H = h_0 + r$（当 $h < r$ 时）。这样才有利于减少虚反射对地震波子波的影响，保证激发能量和提高激发频率。

b. 药量的选择。药量的选择也要注意两个问题。即：既要保证目的层有足够的反射能量，又要保证目的层有较高的分辨率和信噪比。药量与激发频率、振幅存在如下关系。

药量与激发频率的关系为：

$$Q = (a/f)^3$$

式中 Q——药量，kg；

f——激发频率，Hz；

a——系数。

药量与地震波振幅的关系为：

$$A = \beta Q^m$$

式中 A——振幅；

β——比例系数；

m——指数，通常 $m = 0.2 \sim 1.0$，当 Q 较小时，m 近似于 1。

从上述关系式可知，药量与频率成反比关系，药量小可激发产生丰富的高频成分，但对于塔河地区较深的勘探目的层而言，药量过小势必会降低子波的振幅，影响中深层地震资料信噪比的提高；如果药量大了，频带变窄，主频降低，不利于分辨率的提高。因此，不同工区必须通过试验，选择合适的药量，保证有足够的信噪比和充分有效的频带宽度。

另外，炸药放在井中激发，还要考虑激发岩性与岩石介质的几何耦合与阻抗耦合关系，以保证激发出具有宽带高频的地震子波。为保证良好的几何耦合，钻井下药应进行填井和封井，这是增加能量、减少衰减的重要措施。

②接收因数：在接收条件上，主要是避免和压制高频干扰，拓宽原始资料反射波频带，提高有效波主频，这就要求考虑选择检波器的型号、埋置深度、检波器的组合方式以及改善检波器与表层的耦合条件等。

a. 检波器组合。检波器组合对地震信号相当于一个低通滤波器，组合距越大，组合时差越大，损失的高频成分就越多。因此地震勘探中应该尽量减小组合距，以减小组合时差，最好道内组合时差不要大于 1ms。像面波这样的规则干扰，可以通过室内处理滤除，而不要轻易使用大组合距，以免造成高频信号的损失。试验结果表明，在塔河地区每道采取 24 个或 36 个检波器以“品”字形面积组合的方式，组合基距小于或等于 21m 组合图形，记录的信噪比和分辨率较高，压制噪声的效果也最佳。

b. 检波器的埋置。检波器的埋置主要考虑检波器与大地之间的耦合以及检波器避开干扰的合适埋置深度问题。埋在表土，即使做到“平、稳、正、直、紧”，也不能很好地压制干扰。如果在相同外界条件下，埋在地下40cm处，将检波器插在实土内，不但能保证有较好的接收条件，而且也减小了表土对高频地震波的吸收作用。埋置条件不好，还会产生耦合谐振，减少信号的振幅，使信号频率与谐振频率相混，造成信噪比和频谱宽度降低，从而降低分辨率。

c. 检波器频率的选择。检波器自然频率的高低决定了地震数据采集的有效频带宽度，自然频率越低，接收地震信号的频率范围越宽。虽然高自然频率检波器可以压制面波，但是同时也伤害了有效低频信号，“提高分辨率需要全频段的信息，少哪一段都不行”，因此选择自然频率低的检波器有利于高分辨率勘探，特别是在针对低信噪比的深层目标勘探中，采取低频检波器较好。

2）观测系统分析

观测系统的选择应保证尽量多地接收到深层及断层面反射信息，提高目的层资料的信噪比，同时兼顾对浅层反射信息的接收。观测系统设计得是否合理，应从有效覆盖次数、炮检距、方位角三个方面考虑，图10－1为常规束状（正交式）和非正交式观测系统属性图。

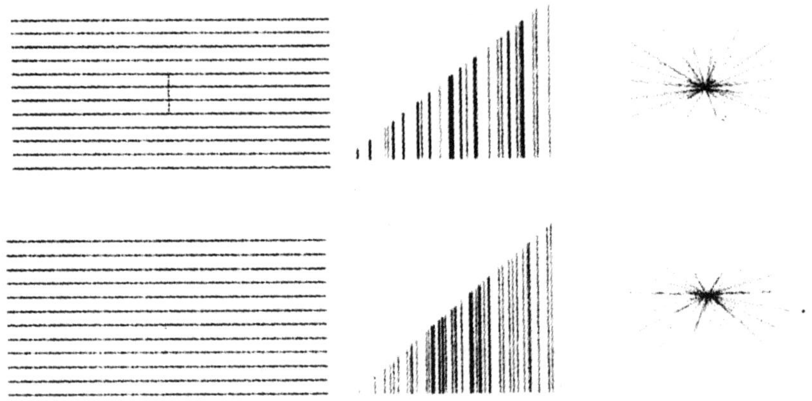

（a）观测系统形式　（b）炮检距分布　（c）方位角分布

图10－1　常规束状、非正交式观测系统属性比较图

通过对观测系统的模拟分析可以看出，常规束状（正交式）观测系统与非正交式观测系统在面元大小、覆盖次数、接收线距以及炮点线距一致的情况下，非正交式观测系统在一个炮检距范围内，在接收线方向上炮检距投影个数是常规束状的数倍，其方位角、炮检距分布也比常规束状观测系统均匀。

束状观测系统形状简单，优点是施工效率高，资料处理容易。缺点是不能保证各个方位角的炮检对分布均匀，对速度分析和静校正求解不利。而非正交式观测系统由于改善了炮检距、方位角的分布，更有利于提高速度分析的精度。因此，在横向速度变化不是很大、目的层较深的塔河地区，采用较宽方位的非正交式观测系统勘探效果较好。

3. 应用效果分析

托甫台工区位于塔河油田的西南，该区主要的勘探目标为东河砂岩低幅度圈闭、复合型圈闭以及奥陶系不整合－岩溶缝洞型圈闭，目的层埋深在5000～6500m。由于前期受设备及工艺装备的影响，塔河油田三维地震采集一般采用4线4炮60道、6线10炮84道、8线4炮80道、8线10炮72道等观测系统，覆盖次数为20～30次，致使中、深层资料信噪比低、品质差、分辨率低，信号主频在20～30Hz左右，影响了塔河油田的后续发展。为了提高托甫台工区中、深层资料信噪比，2003 年对托甫台工区进行了高精度的三维采集。

1）主要方法

（1）观测方式设计。采用 12 线 24 炮 192 道非正交观测系统（图 10－2），覆盖次数为 48 次（8 纵 ×6 横），CMP 面元 25m ×25m，采样间隔 1ms，排列方式为 4775－25－50－25－4775。

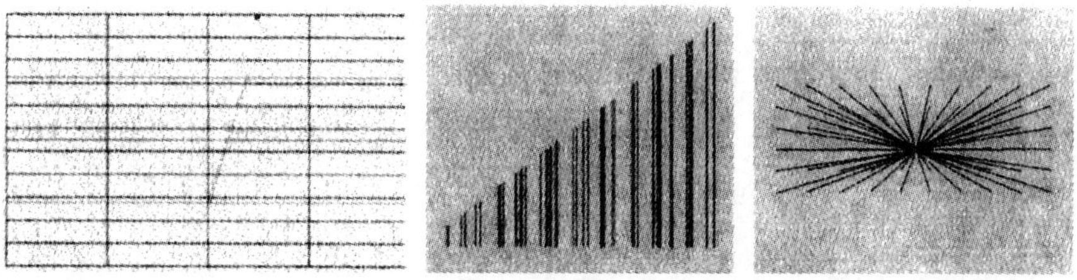

图 10－2　12L24S192P 非正交式观测系统属性图

（2）激发方式。采用单井高密度成型硝胺炸药。

井深：农田、红柳林、胡杨林、水网区和盐碱区潜水面以下（药柱顶面）7m；沙漠残丘区潜水面以下（药柱顶面）5m；水域施工时，当水深小于 1m，井深为药柱顶面在水底下 9m，当水深大于或等于 1m，井深为药柱顶面在水底下 7m。

药量：农田、红柳林、胡杨林、水网区和盐碱区药量为 8kg；沙漠残丘区潜水面 ≤8m 时药量为 16kg，潜水面 >8m 时药量为 18kg。

（3）接收因数。

检波器型号：20DX－10（10Hz）；

组合个数：24 个（挖坑埋置）；

组合图形："品"字形（图 10－3）；

组内距：d_x =3m，d_y =3m；

组合基距：L_x =21m，L_y =9m；

组合高差：<1m。

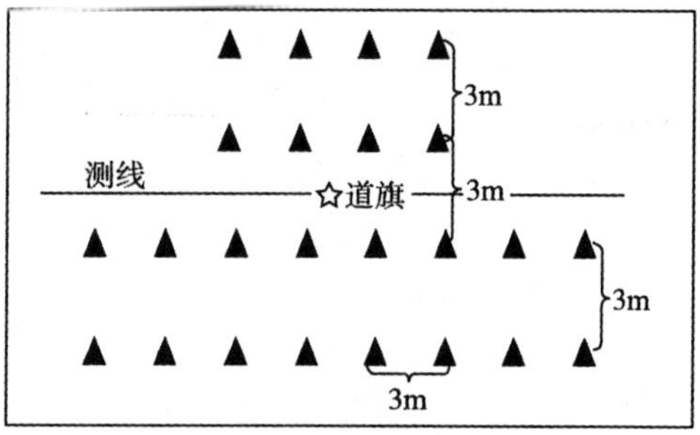

图 10－3　检波器组合图形

2）效果分析

从单炮记录上看（图 10－4），浅、中、深地层反射波组特征较清楚，反射能量较强、分辨率及信噪比高、连续性好。从不同覆盖次数剖面上看（图 10－5），随着覆盖次数逐渐提高，石炭系以上反射信息更丰富，48 次覆盖剖面上泥盆系弱反射轴连续性明显变好，奥陶系顶反射连续，尖灭点位置清晰，奥陶系内幕弱反射信息丰富，反射轴可连续对比追踪。中、深层反射波主频达到 30～40Hz，勘探效果明显。

4. 结论

通过塔河油田多块三维地震实施，总结出了一套获取高品质地震资料的三维地震采集方法技术，其采集特点是：

（1）采用非正交、小面元、高覆盖次数观测系统，尽量提高地震资料的整体信噪比，保护中深层信息。

（2）采用先进的数字地震采集系统（如 408UL 遥测数字地震采集系统），提高仪器使用道数，增加观测系统的纵横比。利用采集设计软件对观测系统进行优化，使之有较均匀的炮检距和较大的方位角来达到提高精度的目的。

（3）采用自然频率低的检波器、小组合基距接收，利于拓宽深层反射波频带，压制干扰，提高有效波主频。

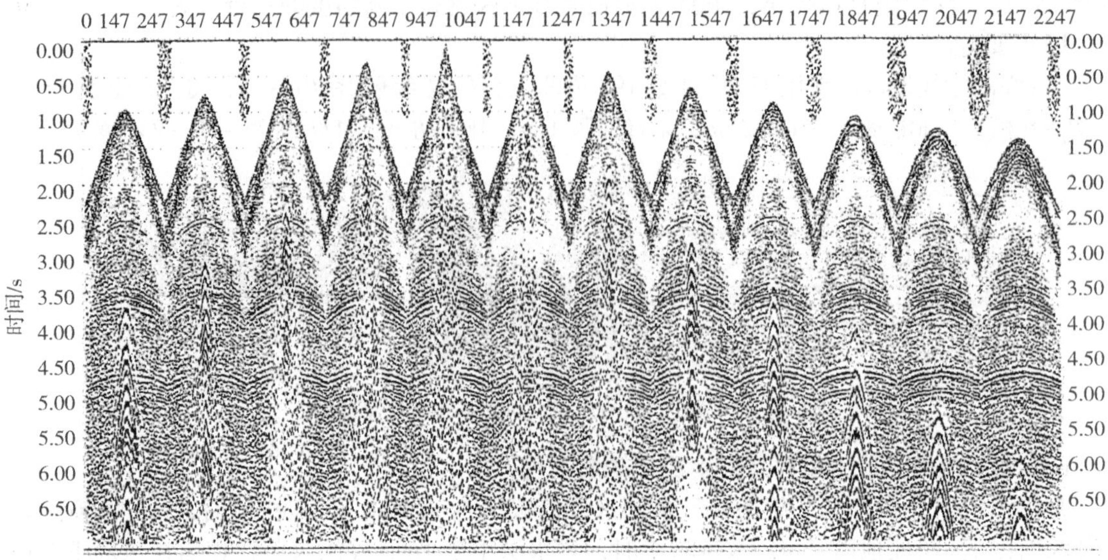

图 10－4　托甫台三维单炮

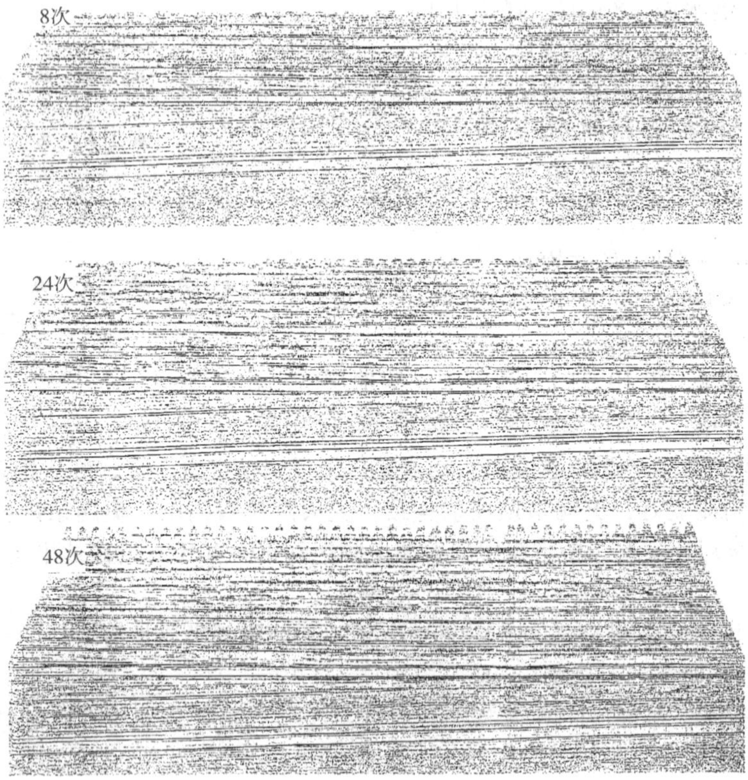

图 10－5　不同覆盖次数初叠剖面

(4)在激发条件上，通过小折射、微测井和潜水面调查等方法，准确地确定工区的表层结构，利用表层结构数据定量化选择激发井深和激发药量，提高向下传播地震波的频率和能量。

（5）加强对干扰源的控制，排除人为干扰。在水网区域，放入水下检波器，避免丢道。同时对下药钻井进行填井和封井，保证良好的激发、接收条件。

近几年国内外各大油田、各大石油公司在老油气田区挖潜和提高现有油气田的采收率上，纷纷通过高精度三维地震勘探，来提升野外采集的资料品质，以达到降低成本、提高钻井命中率，实现油田增产的目的。因此，通过对塔河油田三维采集技术的总结，形成一套高精度采集技术方法，必定会对塔河油田可持续发展起到积极的作用。

（二）三维地震资料联片处理技术

1999 年在塔河油田实施了 5 块三维地震资料联片处理，满叠加面积 527km^2，2003 年在塔河油田又做了 9 块三维地震资料联片处理，满叠加面积 2926km^2。三维联片处理是在无缝拼接的基础上，紧紧围绕“三高一准确”的处理目标，采用多种去噪技术，地表一致性振幅补偿技术，子波一致性处理技术，面元均化技术以及全三维 DMO 叠加、叠后高频扩展技术，全三维串联偏移技术，实现了“五统一”处理，获得了“三高一准确”处理成果，解决了三维地震资料拼接处的边界效应问题，三维联片处理后的剖面在信噪比、分辨率、连续性、反射波能量及波组特征方面比老剖面有较大的改善，较好地解决了由于覆盖次数不均匀而造成的道方向抖动以及道方向剖面在信噪比、连续性等方面的不足，重新处理后剖面成像归位准确、内幕结构、接触关系、断裂、构造显示清楚，刻画细致，为塔河油田的勘探和开发提供了可靠的数据基础。

1. 联片处理技术思路和主要技术

针对地震数据采集中，各块三维存在的网格、观测系统、能量、极性、时差等差异造成的地震波的波形、振幅、相位等差异，联片三维处理的技术思路是：

首先分别对各块三维做折射静校正，计算静校正量；分别做三维速度分析；分别做三维 DMO 叠加；在 DMO 叠加剖面上分析时差。时差分析的方法和校正原则是：在各块三维的拼接处，以网格状抽出若干剖面，对各有效反射波的时间进行多线、多点对比，提取时差，避免单线单点提取时差的偶然性。用互相关时差法，准确确定各区块间的系统时差值，对提取的时差进行校正。在时差分析上要注意各个区块分别做折射静校正，块与块之间拼接处不做平滑。因为时差仅有几毫秒，如果拼接处平滑的话，会影响小幅度构造的准确性，或者造成剖面整体上下移动。对校正后的数据实施统一的全三维处理——统一网格；统一地震波型特征（消除仪器系统时差、统一极性、实现振幅、频带、相位一致性）；统一静校模型；统一速度模型；最终实现统一叠加和偏移的全三维联片处理技术方法。

三维联片处理的主要技术有：CDP 面元网格的统一定义；极性一致性调整；三维联片折射波静校正及近地表模型技术；相关法时差提取和校正技术；地震波能量一致性处理；子波一致性处理；优化面元设计和面元均化技术；全区统一的高精度 DMO 速度分析技术；优选处理流程和优化参数，做好各个环节的质量监控。

2. 三维联片初始化处理

初始化处理包括野外地震数据解编、极性一致性调查、观测系统定义和野外一次静校正量的求取，是整个三维联片处理的基础。主要解决的问题是：统一面元网格、统一地震波极性、用统一方法建立统一的静校正模型并计算静校正量。

统一面元和方位角，这是整个联片处理工作的出发点，由于多块三维的原始面元大小和方位角存在较大的差异，按照处理要求，建立一个特定方位角和面元大小的统一网格，再结合面元均化技术能够解决多块三维空间属性建立难题，塔河 9 联片建立一个面元大小为 25×25，方位角为0(南北向为线方向，东西向为道方向)的统一网格。

由于九块三维在不同时期及不同地表环境下施工，季节变化等引起的表层因素变化都会对勘探带来不同程度的影响，因此，不能在联片统一空间属性下进行初至拾取，必须分块拾取，采用统一的折射波分析技术，建立统一的近地表模型，计算炮点和检波点静校正量，进行长波长和短波长静校正，解决由地表引起的长波长和短波长静校问题，而剩余的短波长校正量通过自动剩余静校正来消除。塔河九联片处理所用折射静校方法是广义线性约束反演方法，约束条件为野外实测的小折射值。首先对输入的野外小折射数据进行严格的质量控制，去掉异常值。然后进行网格化和重采样，得到每一个控制点的低速带厚度、速度值，用这些数据作为折射静校正初始模型的约束条件。广义线性约束反演折射静校正方法的原理是：利用反射地震记录的初至波作折射静校分析，提取表层静校正值。首先形成炮集数据文件和拾取文件，对每炮的初至进行认真的拾取，并反复检查初至拾取的质量，然后建立近地表初始模型，利用射线追踪方法计算模型的初至，比较模型初至和实际地震记录初至的接近程度，不断修改初始模型，经过多次循环迭代得到一个最终的与近地表地震地质条件符合一致的近地表模型，根据最终的近地表模型计算静校正值。

3. 叠前处理

叠前处理主要有：去噪及振幅、频率、相位一致性处理。

叠前去噪的关键是掌握好信噪比、分辨率、保真度三方面的关系，多平台、多方法、多域迭代、逐步去噪的理念已为人们广泛认可，九联片处理中对人工道编辑之后的次一级振幅的随机干扰，采用三维时空域多道统计去噪自动去野值，或者使用均方根振幅统计去噪去除野值(是以不正常道与正常道在振幅与主频存在明显差异为基础自行查找不正常道并实施自动剔除)。为保持较好的剖面背景，尽管九块三维原始资料都不同程度存在面波干扰，但是经过多道脉冲反褶积后，面波得到有效压制，所以没有采用叠前二维滤波去噪。

一致性处理技术，首先对各块三维资料分别做几何扩散补偿和地表一致性能量补偿，目的之一是消除炮点激发或检波点耦合等因素引起的振幅差异，目的之二是用该模块的归一化功能消除各块之能量的量级差异，随后是反褶积处理，反褶积之后面波得到压制，能量关系会发生变化，在此基础上进行整块大三维统一的地表一致性能量补偿，消除各块之间的剩余差异。针对频率、相位的不一致性，采取道集一致性反褶积和地表一致性反褶积。道集一致性反褶积是在一个道集内统计子波；地表一致性反褶积是在共炮点域、共接收点域统计子波，消除由于激发接收条件的不均匀性以及地表低、降速带的影响使子波产生的畸变。

4. 时差分析和校正技术

不同区块之间的系统时差校正是一项耐心细致的工作，塔河九联片处理中进行了两轮时差的分析与校正，第一次是在分块叠加之后，在各自的面元网格内，对九块三维所有的重叠区域进行时差统计分析，确定相邻块间的时差；分析时仍然采用在分块优化叠加数据上对应道的互相关法统计时差。

最后，在统一面元网格、全区速度场统一的基础上，进行第二轮更为精细的时差分析与校正，为联片速度分析和剩余静校正的循环迭代奠定基础。

需要强调的是，利用相关法查找时差时，使用了重叠区内全部数据进行统计分析，确保分析结果更为合理，符合实际情况。对比全区拼接处纵、横向剖面，检查各区块叠加数据拼接处纵、横向剖面，同相轴比较光滑，没有发现系统时差，局部的随机时差可通过速度分析和剩余静校正循环迭代消除。

在处理的整个过程中，对九块三维的重叠部分，反复使用互相关法提取时差并加以分析，合理校正，确保了查找出各类时差，并有效合理地予以消除。

5. 面元均化处理技术

三维联片处理时，各三维之间一般都存在面元大小和方位角的差异。建立联片空间属性，统一网格以后，会出现覆盖次数不均匀现象，甚至会出现有的面元没有反射点，形成空道，有的面元覆盖次数很高，无法直接进行联片处理，必须进行面元均化处理。面元均化的方法原理是把面元扩大，使原来覆盖次数不足的 CDP 点把附近的道借过来，增加覆盖次数，同时对过高的覆盖次数作出限制，使覆盖次数变得均匀，这是目前联片处理最常用的方法。三维面元均化分三步完成：①建立面元均化道头信息表；②将面元均化道头与地震数据合并；③重新分选 CMP 道集。

塔河九联片处理中，由于各块三维之间空间属性的差异过大，已超出了通常意义上的面元均化处理，在方法上必须有所突破，通过对面元均化结果的反复分析、对比，对本区三维资料如兰尕、塔里木乡、艾丁、牧场北、艾协克、桑塔木采用统一的 50×25 的输出网格(图 10-6)，用不同的面元均化参数进行三维联片面元均化处理较为合适；对于艾协克北东西向施工的工区，采用叠后道内插值，由 25×50 的输出网格，叠后道内插成 25×25 的网格，叠后道内插值的剖面比叠前面元均化的剖面背更景好，波形更自然，信噪比更高。

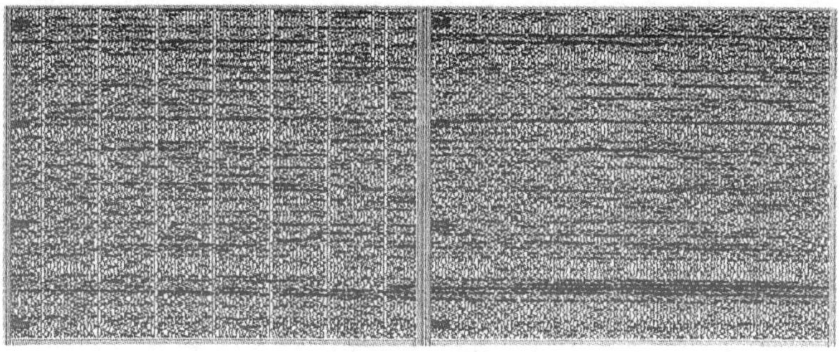

图 10-6 牧场北 50×25 的网格面元均化前(左)后(右)剖面

6. 三维 DMO 叠加及偏移

塔河 9 联片三维 DMO 处理是在全区统一 DMO 叠加速度场和统一剩余静校正及面元均化的基础上进行的。使用勒克希霍夫求和法三维 DMO 叠加技术，它将一个非零偏移距地震道转换为按规定网格分布的若干个零偏移距地震道，这些道分别在对应的每个面元进行叠加，并按样点实现振幅归一化，这种技术特别适用于不同面元尺寸、不同测线方位的多块三维的无缝拼接。DMO 叠加的主要参数为倾角，随着倾角的增大，深部倾斜同相轴能量增强，信噪比提高，浅部由于地层较平，变化微小。当倾角达到一定值后会产生假频，为此，在 DMO 叠加处理时应用了去假频滤波。

三维联片处理的偏移方法选择的是有限差分法串联偏移。串联偏移是一种实现陡倾角一步法偏移的偏移方法。它依据在均匀介质中二步法和一步法等价的原理，将纵向不均匀的介质分成若干可视为均匀的薄层，在每一薄层中间用二步法偏移达到一步法偏移的效果。串联偏移将传统的两步法偏移和剩余偏移理论有机结合起来，通过选取合适的串联次数，可以达到90°精确成像，是一种适合于2D和3D数据体的叠后高保真度的有限差分偏移方法。

7. 处理效果及取得的成果认识

1）联片处理效果评价

通过三维联片精细处理，最终实现了不同块间的无缝拼接，叠加、偏移剖面浅、中、深层有效信息丰富，资料的分辨率、信噪比、保真度高，绕射弧收敛归位准确，实现了“三高一准确”精细联片成像，为储层预测及综合研究提供了可靠的地震基础数据体（图10－7）。

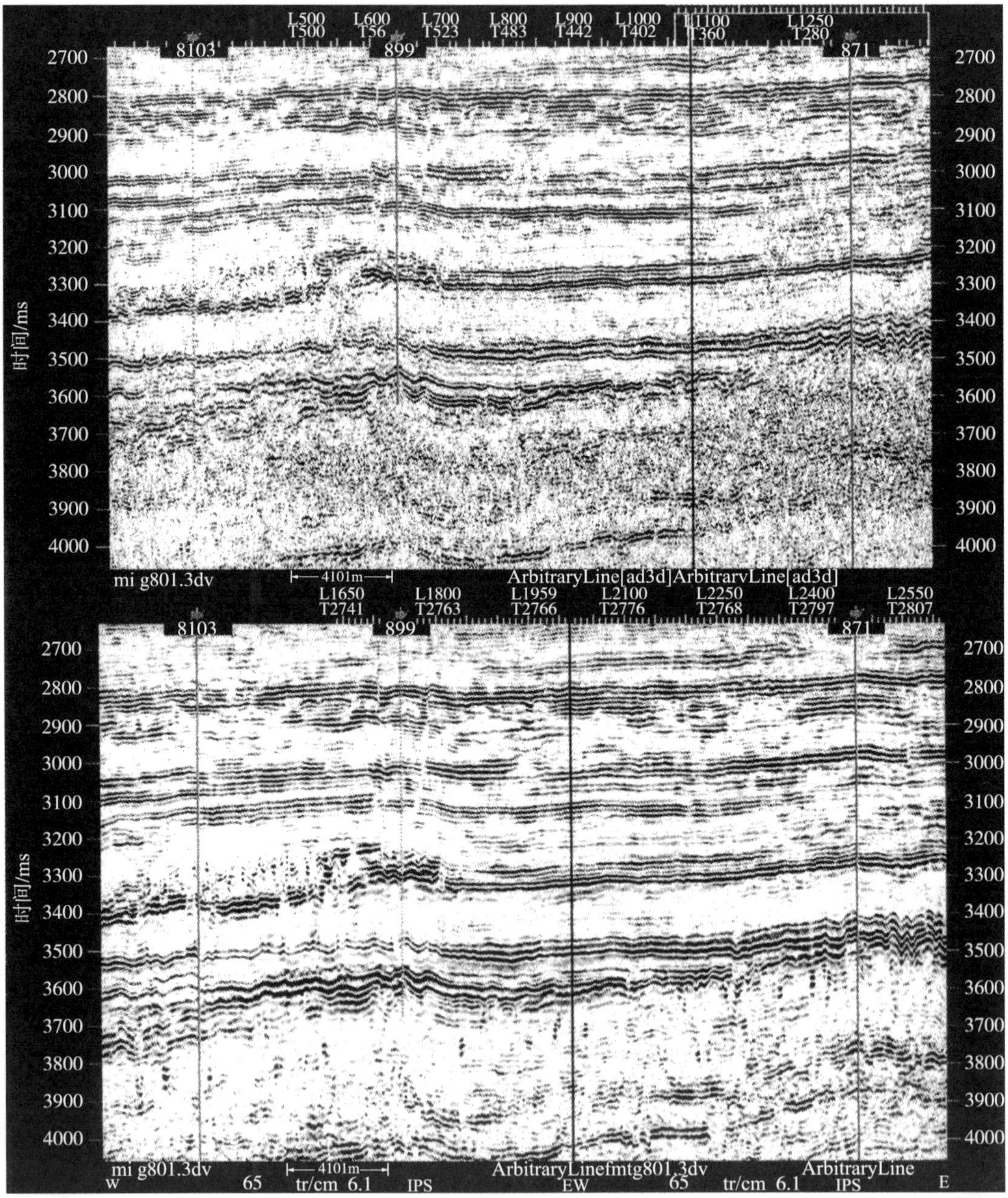

图10－7　新（下）、老（上）剖面对比（过S103、S99、S71井）

2)取得的成果认识

通过首次完成的、国内陆上联片面积最大的塔里木盆地塔河地区九块三维地震资料联片处理，成功实现了地震资料的“五统一”联片处理，为全区整体储层预测、大面积成图(图10－8)和准确解释地质现象奠定了基础，形成一套大面积三维资料联片处理解释的方法技术系列。在对地质、钻井、测井等资料综合研究的基础上，精细刻画了奥陶系等不同层段的整体构造形态，建立、完善了奥陶系储层的地球物理响应模式；深入研究了加里东期—海西早期断裂分布、构造演化及岩溶发育特征，分析了奥陶系成藏主控因素，预测了奥陶系储层发育的有利部位和区带，整体评价了塔河地区奥陶系油气资源展布规律，形成了一套西北分公司针对油气勘探开发的特色技术和核心技术。为完成“十五”期间中石化西北分公司的油气储、产量目标奠定了扎实基础。

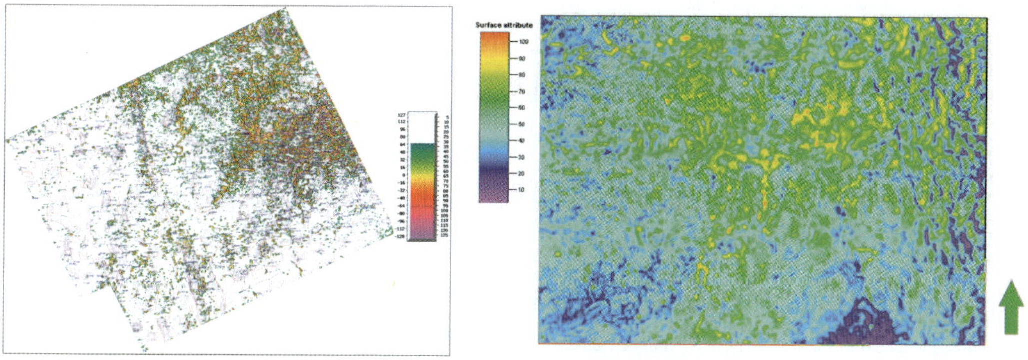

图10－8 艾丁区振幅变化率图

(三)储集体地震属性特征

1. 地震反射结构特征

利用全区三维地震资料，以及300多口井奥陶系洞穴储层的合成记录标定，综合地震、地质、钻、测井、动态等多种信息，总结出本区缝洞型储层地震反射类型共4大类14小类，分类结果如图10－9所示。

下面就14个小类地震反射模式进行具体描述。

1－1－1小类：串珠状－顶部弱反射－内幕多珠谷大于峰。顶部弱振幅、中低频反射，内幕为两个以上短轴状强振幅反射击，一般波谷大于波峰，具串珠状反射特征，洞穴显示清楚。

1－1－2小类：串珠状－顶部弱反射－内幕多珠谷小于峰。顶部弱振幅、中低频反射，内幕为两个以上短轴状强振幅反射，一般波谷小于波峰，具串珠状反射特征，沿穴显示清楚。

1－1－3小类：串珠状－顶部弱反射－内幕单珠。顶部较弱振幅、中低频反射，内幕为一短轴状强振幅反射，一般波谷大于波峰，串珠状反射特征，洞穴显示清楚。

1－2－1小类：串珠状－顶部强连续反射—内幕多珠谷大于峰。顶部强振幅中高频反射；内幕为短轴状强振幅反射，波谷大于波峰，具串珠状反射特征。

1－2－2小类：串珠状－顶部强连续反射—内幕多珠谷小于峰。顶部强振幅、中高频反

类 亚类 小类

- 串珠状反射
  - 顶部弱内幕串珠状反射
    - 多珠谷大于峰 1-1-1
    - 多珠谷小于峰 1-1-2
    - 单珠 1-1-3
  - 顶部强连续内幕串珠状
    - 多珠谷大于峰 1-2-1
    - 多珠谷小于峰 1-2-2
  - 整体串珠状反射
    - 多珠谷大于峰 1-3-1
    - 多珠谷小于峰 1-3-2
- 表层弱反射
  - 表层-内幕均为空白反射 2-1
  - 表层变弱-内幕空白反射 2-2
  - 表层变弱内幕规则较强反射 2-3
- 表层强反射
  - 内幕空白反射 3-1
  - 内幕规则较强反射 3-2
- 不规则反射
  - 斜产状强反射 4-1
  - 块状杂乱强反射 4-2

图 10 - 9　缝洞型储层地震反射结构分类图

射；内幕为短轴状强振幅反射，第一波谷小于第二波峰。具串珠状反射特征。

1 - 3 - 1 小类：整体串珠状 - 内幕多珠谷大于峰。串珠状反射特征从表层开始。中低频反射；纵向包含两个以上短轴状强振幅反射，第一波谷大于第二波峰。

1 - 3 - 2 小类：整体串珠状 - 内幕多珠谷小于峰。串珠状反射特征从表层开始。中低频反射；纵向包含两个以上上短轴状强振幅反射，第一波谷小于第二波峰。

2 - 1 小类：表层 - 内幕均为空白反射。顶部与内幕均为弱 - 空白反射，振幅基本为零。

2 - 2 小类：表层变弱 - 内幕空白反射。顶部变弱振幅反射，振幅变弱又可分为 2 类情况，一是相位变“瘦”，能量略变小；二是相位变“胖”或变成复波，能量很小。内幕基本为空白反射。

2 - 3 小类：表层变弱内幕规则较强反射。在古构造高点及斜坡部位，顶部振幅变弱，内幕为强振幅能量反射，这些强反射基本为近水平或与奥陶系顶面反射近平行，洞穴显示清楚。

3 - 1 小类：表层强反射 - 内幕空白反射。顶部振幅能量强，相位连续，内幕基本无反射。

3 - 2 小类：表层强反射 - 内幕规则较强反射。顶部较强振幅连续反射，内幕为规则较强振幅反射，且产状近水平或与奥陶系顶部反射近平行，洞穴显示清楚。

4 - 1 小类：不规则反射 - 斜产状强反射。顶部不规则反射，内幕有中强振幅高角度斜产状反射，规模相对较小。

4-2 小类：不规则反射-块状杂乱强反射。内幕为不规则块状杂乱强反射，规模相对较大，该类型反映塌陷型缝洞体。

2. 地震属性特征

1)振幅变化率技术及应用

塔河油田碳酸盐岩缝洞型储层预测应用效果较好的地震属性是振幅和振幅变化率。结合裂缝型储层物理模型的振幅特征，如果不考虑地震数据采集、处理影响，那么在奥陶系碳酸盐岩储层中影响振幅的则是其孔洞缝储层的发育程度。根据奥陶系储层纵向发育特征选择不同时窗提取平均绝对振幅值，可以预测碳酸盐岩孔、洞缝发育带。由于塔河油田范围大，有些区域下奥陶统储层的上覆地层为石炭系巴楚组泥岩，有些区域上覆地层为中-上奥陶统灰岩。这种不同岩性地层组合造成下奥陶统风化面附近地震反射振幅本身的差异，为了消除这种影响，针对工区地质特征，引入振幅变化率的计算方法。

振幅变化率只与振幅的横向变化有关，而与振幅的绝对值无关。在碳酸盐岩中，当存在裂缝、溶洞时，振幅会发生变化，所以振幅变化率大的地方很有可能是裂缝、溶洞的发育带。

根据塔河油田下奥陶统缝洞型储层主要分布在风化面以下 200m 左右范围内，主要储集体和油气产层多发育在下奥陶统顶面以下约 100m 范围内，分别提取计算了下奥陶统风化面以下不同时窗段的平均振幅变化率。从不同时窗段的平均振幅变化率值分析，在下奥陶统顶部附近，振幅变化率值大，储层发育，随着距离风化面的深度增大，振幅变化率值变小，储层相对不发育；沿奥陶系顶面振幅变化率越大，储层越发育；与实钻情况吻合很好。通过对塔河地区 113 口钻井不同时窗段的平均振幅变化率值统计并与储层发育段、油气产层段进行对比分析后认为，振幅变化率技术主要适用于对以溶洞为主的储层发育带的预测，振幅变化率预测储层发育段与测井解释的吻合率达 80.5% 以上。以塔河油田 4 区为例，高产井 S48、TK407、TK412、TK427、TK430H、TK449H 等均处于强振幅变化率区，而油气产能差、甚至没有油气产能的井如 S64、TK422 等则处于弱振幅变化率区(图 10-10)。

2)三维相干体技术应用

相干体技术的核心就是通过地震道的相似性分析，将三维地震振幅数据体转化为相关系数数据体，突出不相关的异常现象。当地层中存在断层和裂缝、礁体、盐丘、地层或岩性尖灭等地质体时，地层的相似性将遭受破坏，从而影响地震道的相关性。塔河油田地震资料品质较好，目的层地层产状较平级，岩性及岩层厚度稳定，故影响相似性的主要地层因素为缝、洞、断层等。相干体沿层切片方法主要用来预测断裂、微小断裂及裂缝发育带。

通过对沿层提取的相干值与测井解释的储层发育段、油气产层段进行对比统计分析后发现，储层发育段、油气产层段绝大部分表现为弱相干。统计结果表明：利用相干体进行缝洞型储层预测的吻合率是 73.5%。其中 S48、TK412、T402、TK427、TK410、TK430H 等高产井都们于弱相干值区域；而没有获得油气产能的 TK422 井则处于强相干值区域。弱相干异常条带与断层展布一致性很好(图 10-11)。

图 10－10　塔河油田 T_7^4 地震反射波以上 1～20ms 平均振幅变化率平面图

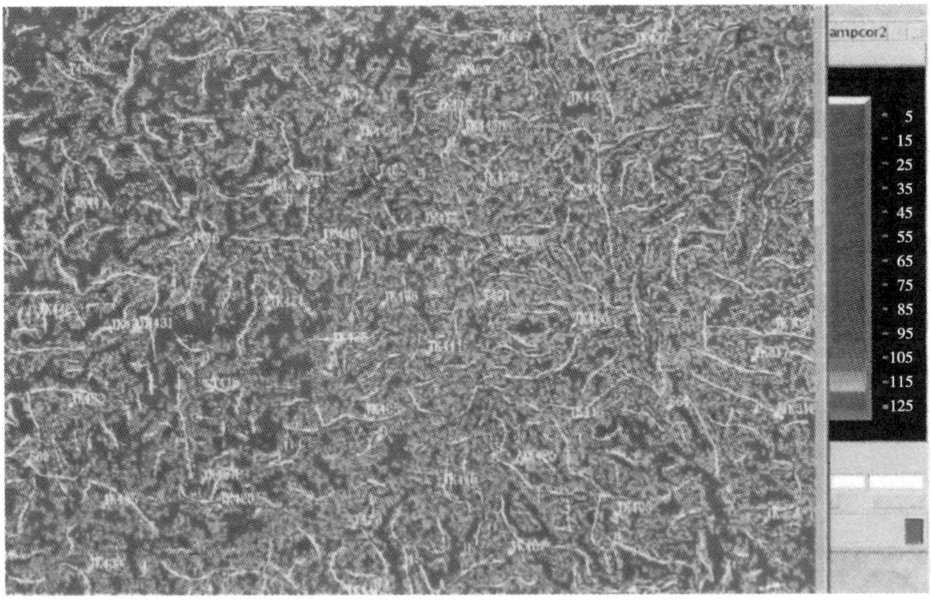

图 10－11　塔河油田 4 区 T_7^4 地震反射波以下 0～20ms 平均相干值平面图

3. 缝洞储集体综合识别

利用塔河油田区内约 200 口钻井实际钻遇储层与地震参数的对比分析，碳酸盐岩储层具有以下几个重要特征。

(1)碳酸盐岩缝洞型储层在地震偏移保幅时间剖面上总体表现为“杂乱反射结构”特征，

图 10－12 为 S48 井地震剖面，该井已经累计采出原油近 70×10^{4}t。

（2）下奥陶统风化面附近裂缝—溶洞发育带储层的地震识别模式为："弱振幅（图 10－13）、高振幅图变化率、弱相干、低波阻抗、低速度"；"古水系分支河道交汇部位"；"主曲率大"等特征。

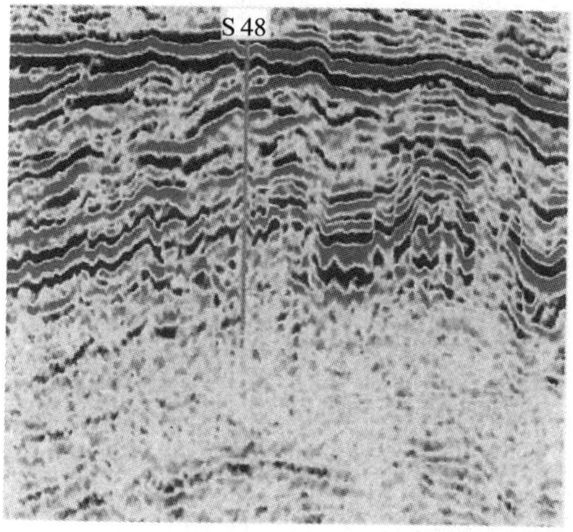

图 10－12　S48 井地震剖面

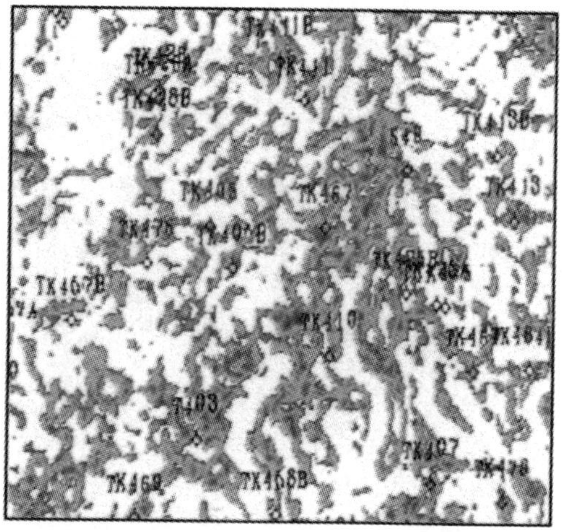

图 10－13　S48 井区弱振幅异常分布图

（3）下奥陶统内幕裂缝—溶洞发育带储层的地震识别模式为："强振幅（图 10－14）、高振幅变化率、弱相干、低波阻抗（图 10－15）、低速度"；"古水系分支河道交汇部位，古暗河"。

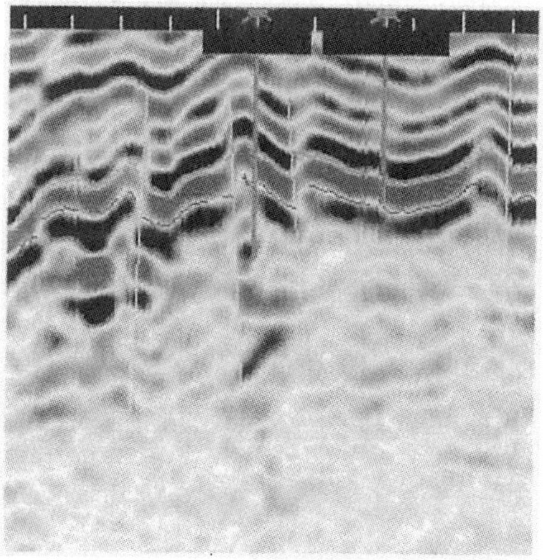

图 10－14　TK427 井内幕洞穴地震模式

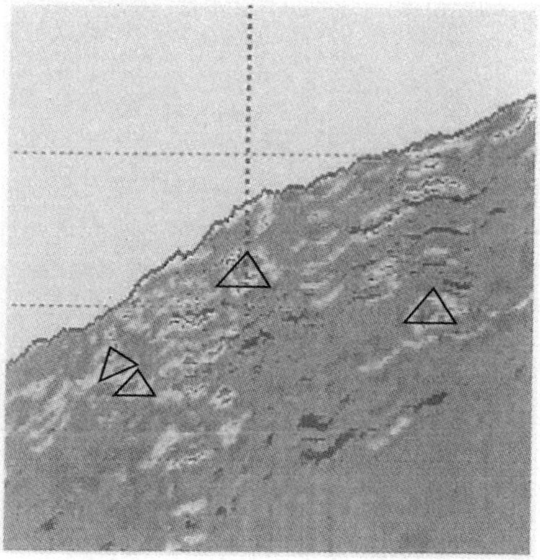

图 10－15　S117 井低波阻抗模式（△标记）

（4）溶洞作为一种重要储层类型的识别模式为：在地震时间剖面上表现为"陷落柱状强振幅反射结构（图 10－16）"。经过 T427、沙 48、T402、T401、TK408 等钻井证实，目前在塔河油田钻遇放空、钻井液漏失等现象的钻井的吻合率在 85% 以上。在沿层振幅变化率图上表现为"椭圆形、串珠状、条带状振幅变化率异常"（图 10－17）。

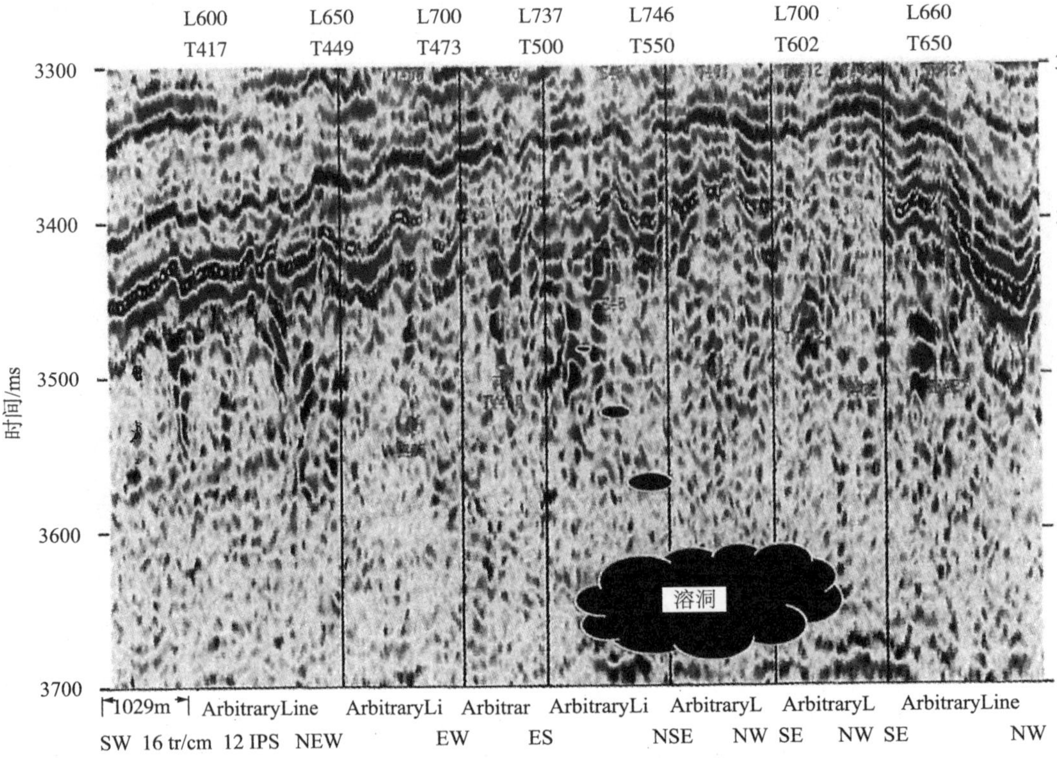

图 10－16　地震剖面上溶洞的陷落柱状反射特征

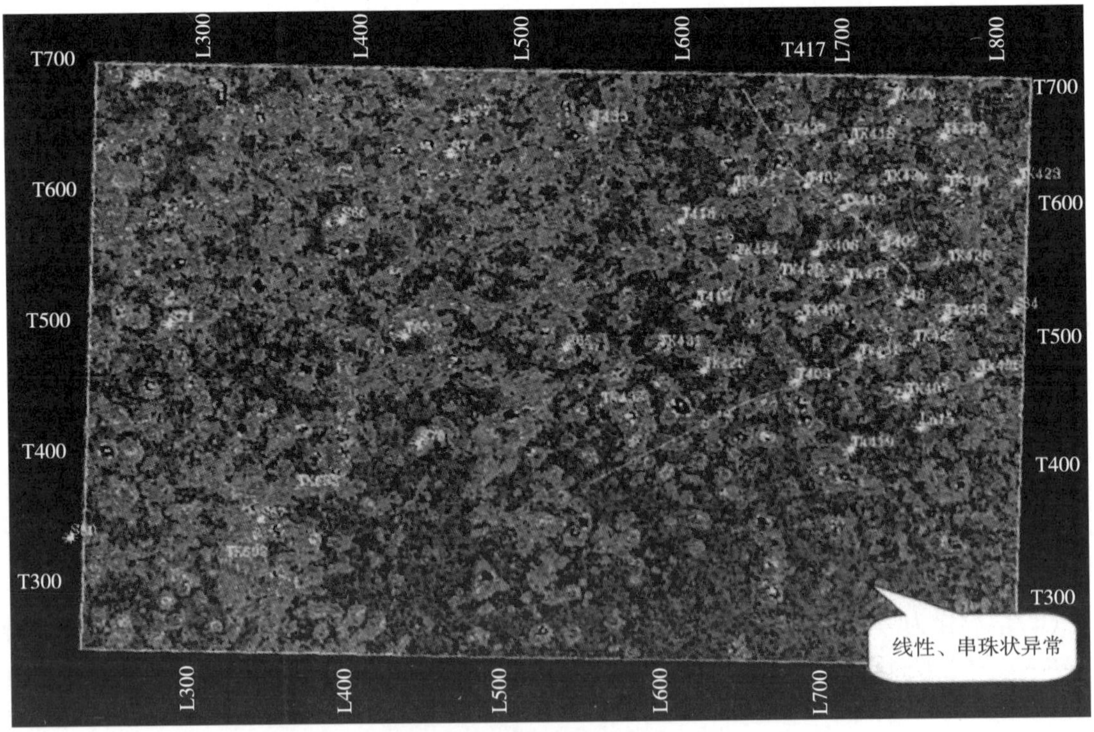

图 10－17　溶洞裂缝型储层在振幅变化率上的响应特征

（5）随着塔河油田勘探开发程度的不断深入，塔河油田外围上奥陶统覆盖区缝洞型储层的发育主要受加里东期岩溶、断裂、褶皱等控制，通过对比分析研究，增加了上奥陶统覆盖区缝洞型储层的两种地震识别模式：主要为“低频负相位”、“褶皱 + 断裂”、“断陷 + 串珠状”等特征（图 10 – 18、图 10 – 19）。

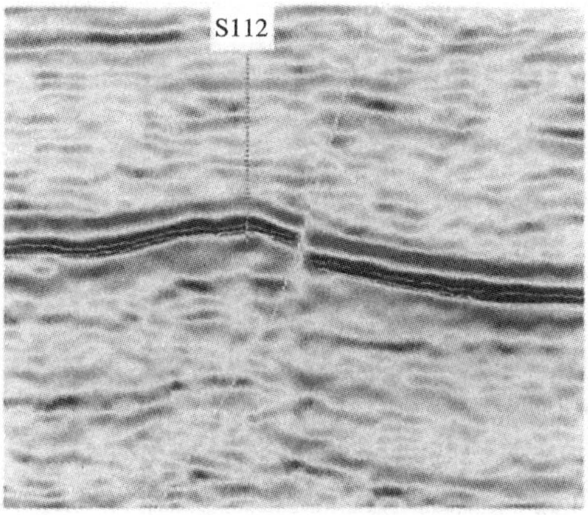

图 10 – 18　S112 井低频负相位、褶皱 + 断裂

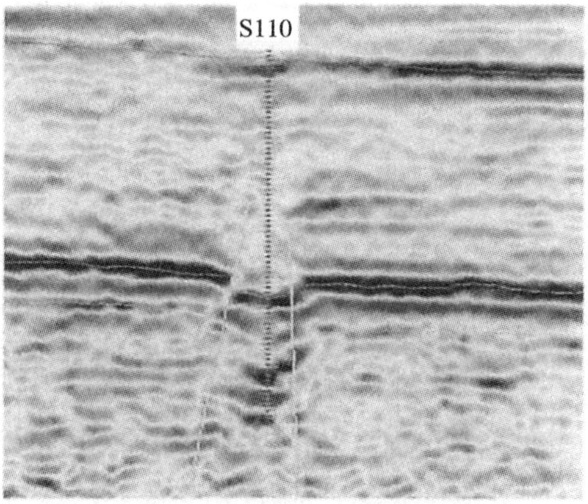

图 10 – 19　S110 井断陷 + 串珠状反射

总之，碳酸盐岩储层的测井、地震识别模式，在塔河油田进行了广泛的应用，使塔河油田针对碳酸盐岩储层的钻井成功率在 85% 以上，大大降低了勘探开发风险，提高了钻井命中率。

（四）缝洞储集体三维形态刻画

1. 波阻抗属性刻画技术

作为碳酸盐岩储层预测主要方法之一的地震反演，在引进、吸收、消化的基础上，针对不同的储层类型，不同的资料基础，不同的勘探开发需求，将地质、地震和测井资料有机地融为一体。通过对约束稀疏脉冲反演、地质、地震特征反演及随机反演方法的大量试验和应用，形成了一套适合塔河油田奥陶系碳酸盐岩的反演流程和参数。在塔河油田主体 3、4、6、7 区，利用反演成果进行储层预测的有效率达 85% 以上，为塔河油田油气勘探开发提供了重要的储层预测成果资料。

塔河油田地震反演工作主要采用 Jason 软件。该软件主要包括约束稀疏脉冲反演、地质、地震特征反演和随机反演。

下面介绍各种反演方法的应用情况。

1）约束稀疏脉冲反演方法的应用

约束稀疏脉冲反演是建立在一个快速趋势约束的脉冲反演算法上，声波阻抗趋势由解释层位和井控制。约束条件就是声波阻抗趋势加地质控制，以确保反演结果的可信度。其基本出发点是地下的强反射系数界面不是连续分布而是稀疏分布的。根据稀疏的原理从地震道中抽取反射系数，与子波褶积后生成合成地震记录，利用合成地震记录与原始地震记录的残差修改反射系数，得到新的更密一些的反射系数序列，再做合成记录，如此迭代，得到一个能最佳逼近原始地震道的反射系数序列，根据反射系数就可以求得波阻抗。

在约束稀疏脉冲反演过程中，考虑了经地震解释得到的层位、断层和测井数据（声波、密度）在三维空间中沿层位、断层框架结构的内插、外推约束模型。以求得的反演合成地震数据与实际地震数据最佳吻合为最终迭代的收敛标准，既充分考虑将地质框架模型和多井约束模型参与反演来限制结果的多解性，又使反演结果比较尊重于地震资料所具有的振幅、相位、频率等特征。因此，采用约束稀疏脉冲反演算法得到的反演结果中地层信息与地震反射资料特征有较好的对应关系。

应用效果：在塔河油田奥陶系碳酸盐岩缝洞型储层反演中效果不太理想，从波阻抗剖面看，比较厚的储层发育段或大型溶洞有明显的低波阻抗响应显示，但不能分辨薄储层（图10－20）。这是因为该反演方法主要是以地震资料为主，声波和密度测井曲线只是起到波阻抗趋势和波阻抗值范围的约束。因此波阻抗剖面的分辨率取决地震资料分辨率的高低。对于塔河油田奥陶系碳酸盐岩所用地震资料的最大分辨率按 1/4 λ 计算为 50m（v = 6000m/s、f = 30Hz），因此采用这种反演方法来预测碳酸盐岩缝洞型储层精度不够。

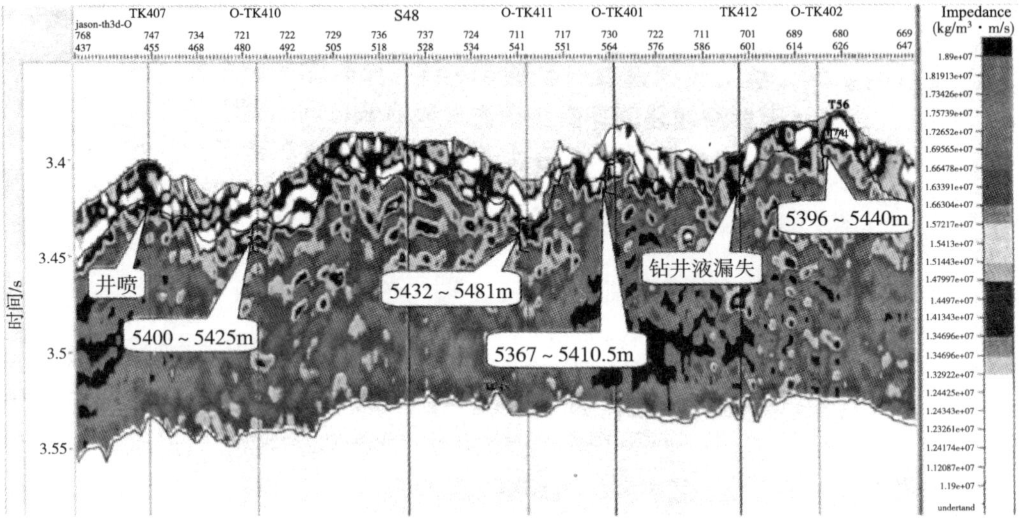

图 10－20　塔河油田 4 区约束稀疏脉冲反演波阻抗剖面

2）地质、地震特征反演方法的应用

地质、地震特征反演技术是一种基于模型的、地震数据约束下的测井参数反演技术。其核心思想是：地震道上各类数据之间是彼此相关的，在同一模型层内任何一道的数据都可以通过其他道的数据加权得到。因此，利用地震资料解释结果与测井资料相结合生成一个精细的初始地质模型作为基础，该模型充分利用了地质、测井资料和地震资料的信息。通过对测井数据和地震数据进行主组分分析、模型估算，利用井旁合成记录内插、外推产生一个合成记录数据体，并通过一定的约束条件来优化初始模型达到与地震数据的最佳匹配，当合成记录数据体与实际地震数据体之间的误差满足精度要求时，便得到了空间的权值分布，形成权系数体，将权系数应用于其他类型的测井曲线上，便得到了这种测井曲线的属性数据体。如波阻抗、层速度、孔隙度等数据体。

该反演方法适用于勘探开发程度较高的地区，要求有一定数量的钻井来控制才能确保反演成果的质量。塔河油田奥陶系碳酸盐岩缝洞型储层预测主要采用这种反演方法，取得了较好的应用效果。

应用效果：在塔河油田参与约束反演的井 101 口，反演面积 735km^2。由于碳酸盐岩本身致密、坚硬，呈高速度、高密度即高波阻抗特征，当碳酸盐岩内部缝洞发育时，就会引起速度、密度即波阻抗的降低。根据碳酸盐储层裂缝、溶洞发育段的低波阻抗、低层速度特征，将工区内 194 口井测井解释的储层发育段、油气生产层段以及钻井过程中的放空及钻井液漏失段的资料与波阻抗反演结果进行了统计分析。统计结果表明：储层发育段的绝对波阻抗值一般都小于 1.57×10^7（kg/m^3）·（m/s）。其中，参与约束反演的100 口井中，储层发育段与低波阻抗层段吻合程度好或较好的井有 87 口，占 87%；吻合程度一般或较差的井 13 口，占 13%。作为检验的 94 口井中，储层发育段与低波阻抗层段吻合程度好或较好的共有 81 口，占 86.2%；吻合程度一般或较差的井 13 口，占 13.8%。综上所述，利用波阻抗反演成果资料进行储层预测的平均吻合率为 86.6%。

图 10-21 是一条联井波阻抗剖面，T402 井是参与约束反演的井，在 5370～5394m(距风化面 11.5m)发生钻井液漏失；TK412 井是一口检验井，在 5381m 的风化面处发生钻井液漏失，波阻抗部面上两井口在风化面附近均有明显的低波阻抗显示；TK427 井在提供井位建议时采用了反演成果，波阻抗剖面上在距风化面 145m 处有一套明显的低波阻抗层段，实钻结果证实：在 5563～5578m、5591～5600m(距风化面 140.5m、168.5m)发生钻井液严惩漏失，实钻结果与预测结果吻合很好。这三口井都是塔河油田的高产、稳产井。TK430H 是塔河油田奥陶系的第一口水平井，该井的井轨迹就是结合了波阻抗反演成果而设计的(图 10-22)，该井最终在奥陶系获高产油气流，投产初期日产量达 400t 以上。该井的成功钻探，为以后塔河油田部署多口水平井奠定了基础，以后陆续部署的 TK448H、TK449H、TK627H、TK636H 等水平井均获高产油气流。

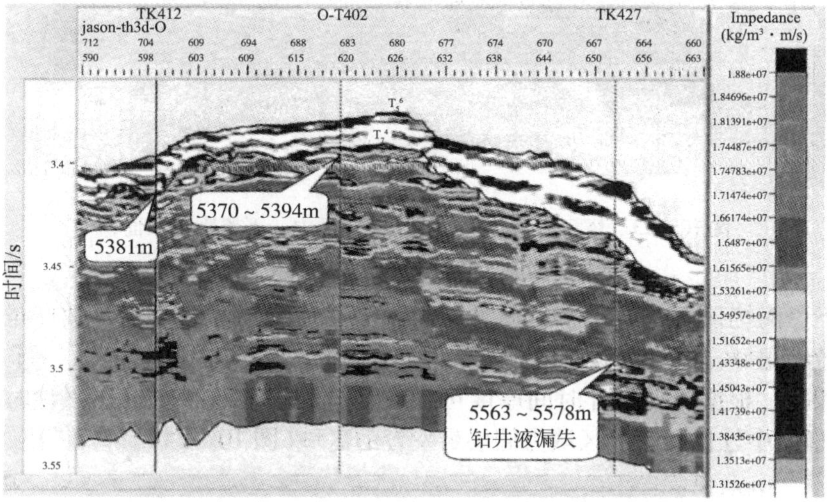

图 10-21　TK412-T402-TK427 连井波阻抗剖面

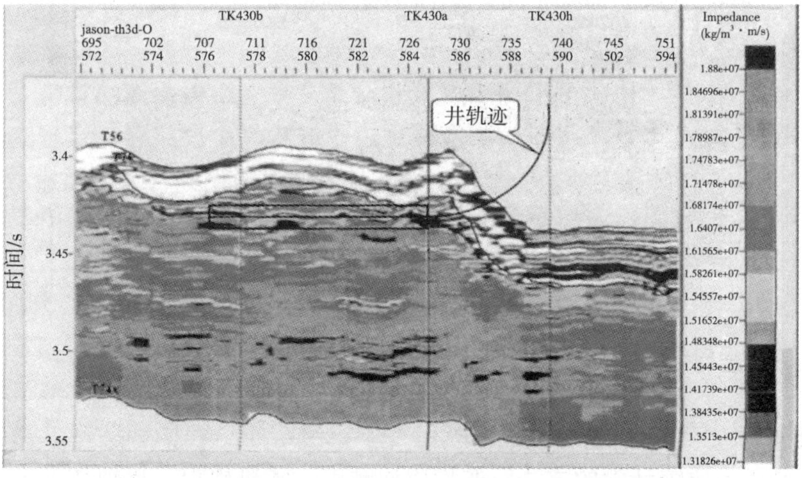

图 10-22　TK430H 水平井的波阻抗剖面及井轨迹示意图

从中－下奥陶统顶面以下不同时窗段提取的平均波阻抗平面图上（图10－23）可见：总体上，低波阻抗异常呈片状或条带状，说明中－下奥陶统裂缝、溶洞发育段在纵横向上的分布具有非均质性特征。低波阻抗异常主要分布在2、3、4、5、6、7区，且与残丘高点对应很好。塔河1区低波阻抗异常分布极少。纵向上低波阻抗异常主要集中在风化面以下0～20ms时窗段内，反映出在中－下奥陶统顶面以下约70m范围内储层最发育，尤其是在残丘的高部位，由于岩溶作用强烈，因此，储层更发育，且横向连通性也更好；随着分析时窗的增大，低波阻抗异常逐渐减少，呈现出相对孤立、零散分布的特征，反映深部储层相对孤立，横向连通性差。

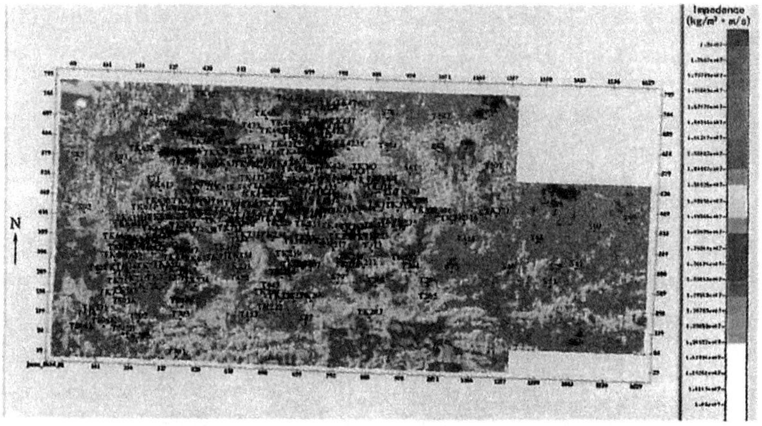

图10－23　塔河五联片工区 T_7^4 反射波（中－下奥陶统顶面）以下0～10ms时窗内平均波阻抗平面图

从中－下奥陶统顶面以下0～70ms时窗内储层累计时间厚度与累计油产量统计结果来看，两者一致性很好。储层累计厚度大，横向连通性好，表明储集体发育，获得高产、稳产的潜力大。因此，根据储层累计时间厚度可大致划分储层发育带。储层累计时间厚度大于15ms以上，即图中红色和黄色区域为储层最发育的区域（图10－24）。

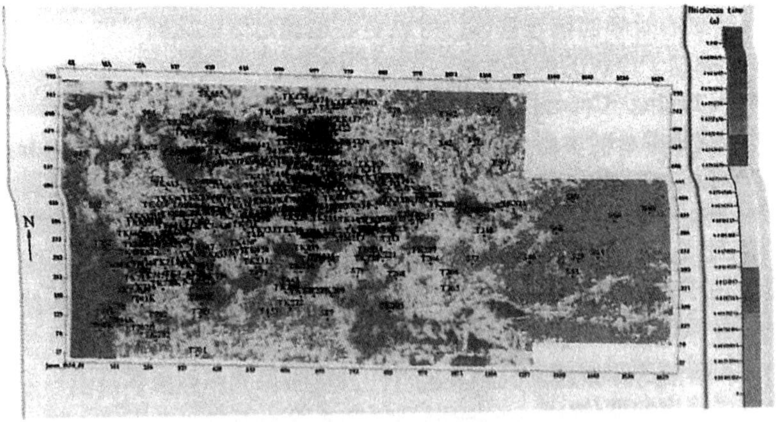

图10－24　塔河五联片工区 T_7^4 反射波（中－下奥陶统顶面）以下0～70ms时窗内储层累计时间厚度平面图

3）随机反演

随机反演是用地质统计学的方法对非均质油藏进行随机模拟。模拟技术主要包括：序贯高斯模拟、序贯高斯协模拟、序贯高斯配置协模拟、序贯指示模拟、带趋势的序贯指示模拟等。在克里金(协克里金)方式下也可以选择多种模拟技术，所有的模拟技术也可以与地震结合起来进行随机反演。

该技术适用于勘探开发程度较大，对储层的发育特征认识比较清楚的地区，可进行储层物性参数(孔隙度、渗透率等)的随机模拟，也可以进行岩性模拟。

应用效果：在塔河选择 10km^2 进行了奥陶系碳酸盐波阻抗随机模拟，参与反演的井 7 口(T403、TK405、TK411、TK410、TK413、TK406、TK4260)通过对这些井波阻抗值的统计分析和变差函数分析后，进行了 10 次模拟。10 次模拟的结果总体趋势基本一致，具有相似的面貌，说明模拟结果比较稳定，但具体细节存在差异。每次模拟结果与井的实际情况吻合较好的有 T403、TK405、TK406、TK426、S48 井，吻合较差的有 TK407、TK410 井(图 10－25)。

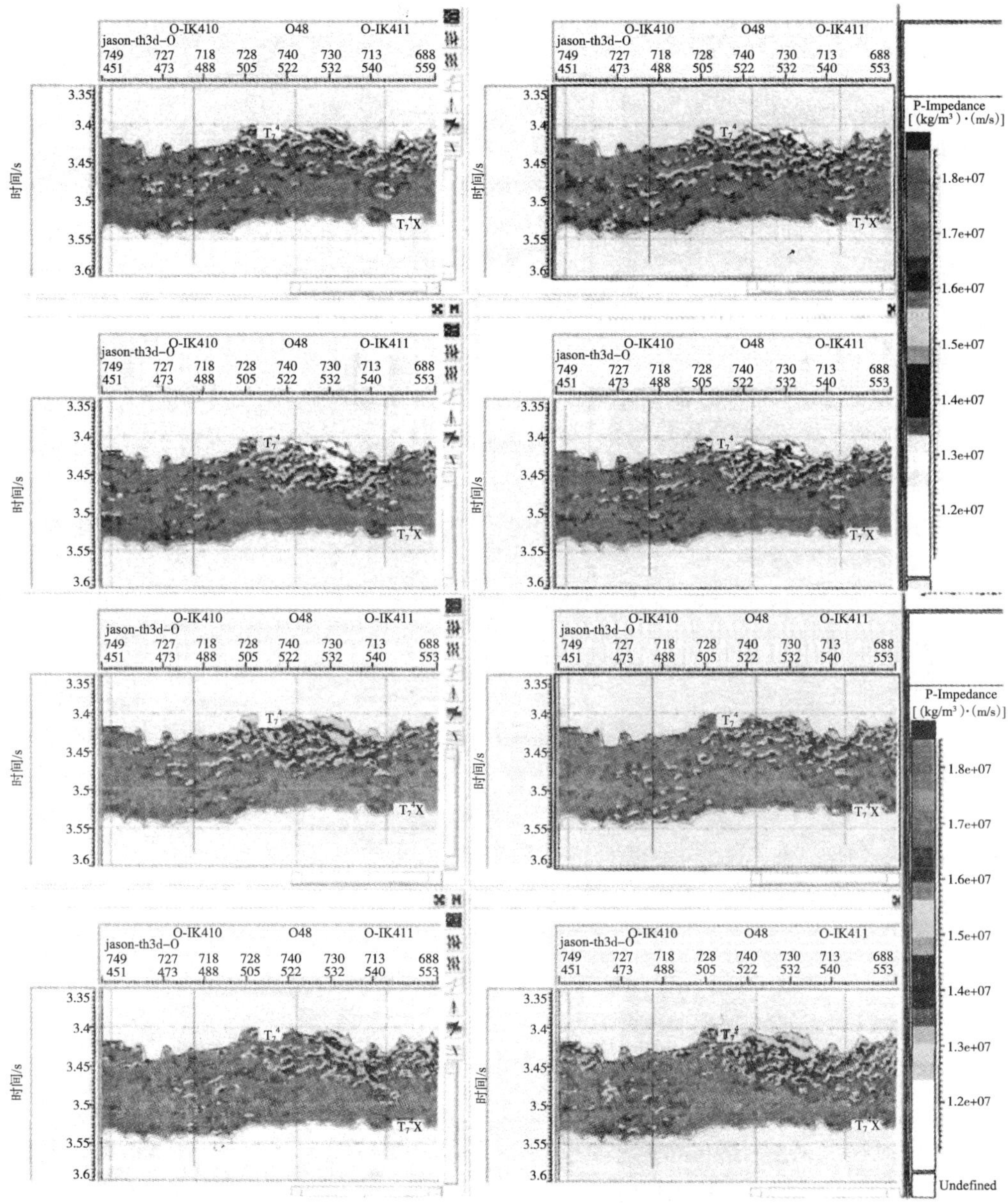

图 10－25　塔河油田 4 区奥陶系碳酸盐岩随机模拟波阻抗剖面

4)反演技术讨论

上述几种反演方法的试验和应用表明：根据不同的储层类型，不同的资料基础，不同的勘探开发需求，选择适合于本区的反演方法才是最好、最有效的。约束稀疏脉冲反演虽然在塔河油田碳酸盐岩缝洞型储层预测中精度和分辨率不够，但在碎屑岩储层预测中效果较好。对于塔河油田碳酸盐岩缝洞型储层预测，地质、地震特征反演技术的分辨率和预测效果最好。

由于地质、地震特征反演技术是基于层状介质模型的，反演获得的波阻抗剖面有时显得连续性、呈层性很好，与非均质性极强的碳酸盐岩缝洞型储层特征还有差距。如何解决这个问题以及怎样比较好地求取变差函数，进行随机模拟及随机反演，是今后反演工作需要进一步探索和研究的。此外，随着弹性波阻抗反演技术的出现，除了利用纵波波阻抗进行储层预测外，还可以利用弹性波阻抗反演技术得到横波波阻抗、泊松比、纵横波速度比等信息进行碳酸盐岩缝洞型储层预测。

2. 频谱分析刻画技术

1)频谱分解技术原理

分频解释技术最本质的特点就是把目标地质体从时间域转换到频率域进行识别，或者是转换成单一频率的时频四维数据体。可以更好地确定储层几何形态，展现储层内部非均质变化，且分辨率高于传统的解释效果。

A. 调谐体(Tuning - Cubes)

调谐体实际就是单一时窗多个频率切片，纵坐标为频率。

如图 10 - 26 所示。首先，在传统地震数据体中解释目标地质体所在层段，把该层段经过傅立叶转换计算，形成频率域数据体，该数据体纵坐标为频率，目标地质体会在某个频率段形成一个能量团，取该能量团的中轴所在频率的横切处，可得到目标地质体的几何形态。原理就是，由于目标地质体纵向厚度及横向宽度大小不同，因此，某一频率切片可以最清晰地分辨该目标地质体。

频率调谐体能够较好地反映独立储层的分布(根据能量团的中轴范围)，其振幅的变化趋势可以反映储层厚度的变化。

B. 时频四维体

如图 10 - 27 所示。首先，将目标数据体每个时间域横切片转换到频率域，即将每个时间切片都转换成调谐体。再将每个时间切片所对应调谐体的某相同频率的能量体合并，形成离散频率的能量体，即一个频率值对应一个时间域数据体。

同样，某个频率段的时频四维体对特定地质体可以达到最佳的分辨效果。

2)频谱分解技术在 4 区的应用

本区储层发育特点主要包括两大类。第一类是以 T403、S48 井为代表的表层内幕空白反射，为对应产能相对最好的反射类型之一，尤其奥陶系表层弱反射基本代表了储层发育的良好部位，前人对于本区缝洞以距离奥陶系顶面 60m 为界，分为浅层缝洞和深层缝洞。浅层缝洞一般都会对奥陶系表层的地震反射形成影响，使表层反射变弱。60m 在塔河油田地震剖面上基本对应奥陶系顶之下 20ms 双程旅行时。

串珠状反射在本区对应产能而言总体较好；另外，内幕规则较强反射在本区对应产能而言总体也较好；除此之外，“不规则反射”包括“斜产状”以及“块状杂乱强反射”，基本都获得高产或工业油流，也是本区与产能对应最好的反射类型之一。上述这几类都属于强反射，虽然有些强反射是从奥陶系表层开始，但基本都会延伸至 20ms 之下，且强反射最大的范围可达到奥陶系表层之下 100ms。

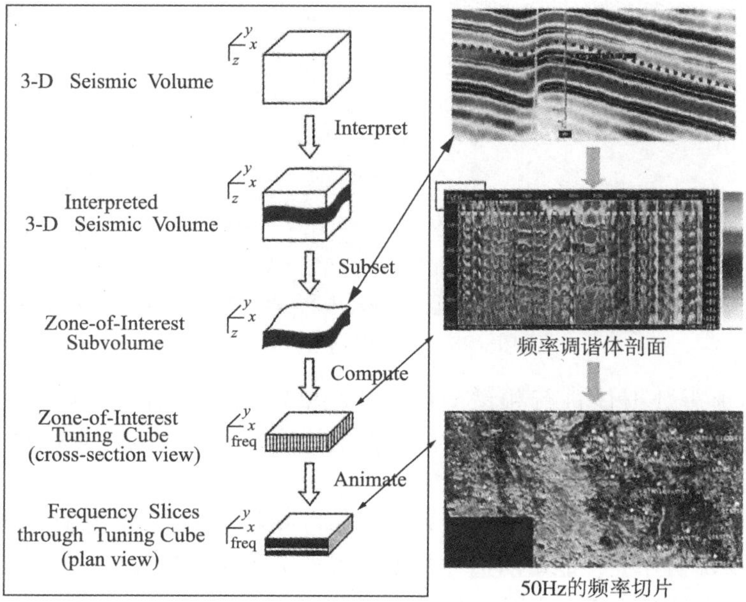

图 10－26　调谐体制作原理

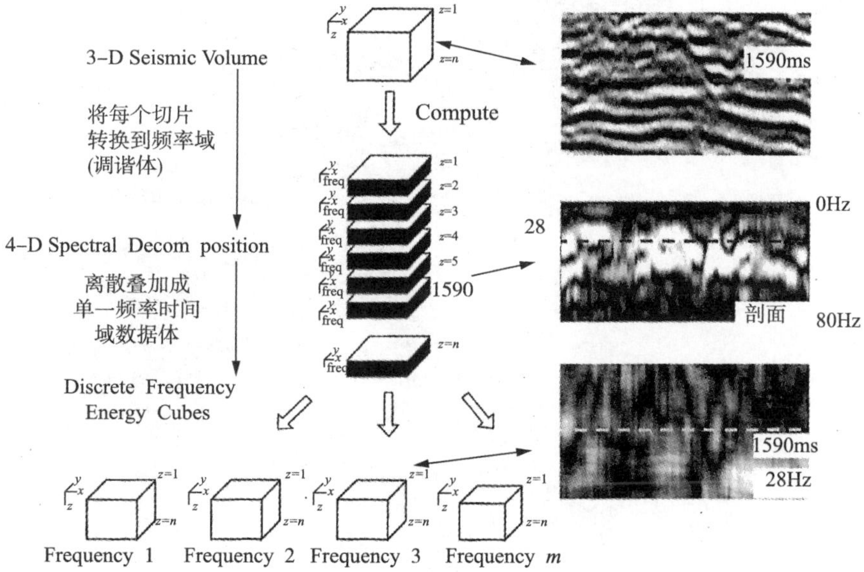

图 10－27　时频四维体制作原理

基于上述 4 区表层弱反射和强反射两大类型，本区的分频解释技术的应用采用这样的思路：圈定出本区奥陶系表层 20ms 内弱(空白)反射以及 20～100ms 内异常强反射的几何形态及范围。

A．奥陶系表层 20ms 内弱(空白)反射分频处理

针对 4 区奥陶系表层 20ms 内弱(空白)反射调谐体弱能量区代表弱反射的范围，弱能量

的中轴位于30Hz左右(图10-28)。

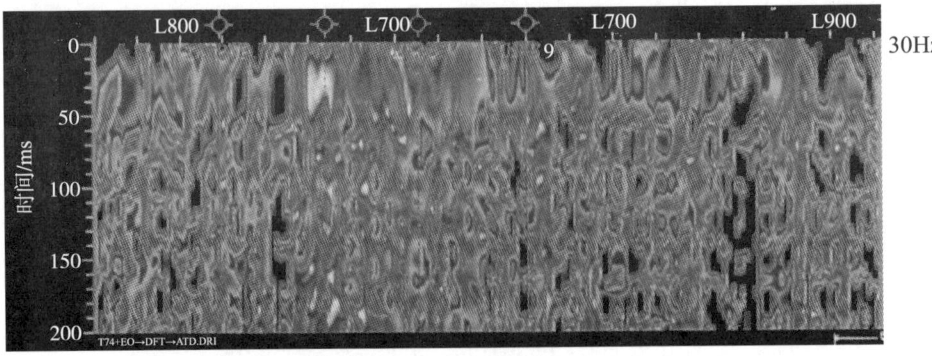

图10-28 调谐体剖面(trace619)

通过对原始地震数据体进行频谱分析，从频谱图上可以看出奥陶系所在层段主频为30Hz左右，有效频宽为18.5~60Hz。正好与调谐体能量团的中轴对应频率一致，所以认为30Hz左右是识别主要储层的频率段。

因此选取30Hz切片作为分析奥陶系表层20ms内弱(空白)反射范围的频率切片。

在调谐体30Hz切片上，能量团边界基本代表表层弱反射的边界几何形态。从图10-29可以看出T403-TK410-S48-T401-T402一线表层弱反射成一个条带状分布，且该条带与本区的岩溶构造高点展布范围基本一致，与动态确定的缝洞单元也基本一致。

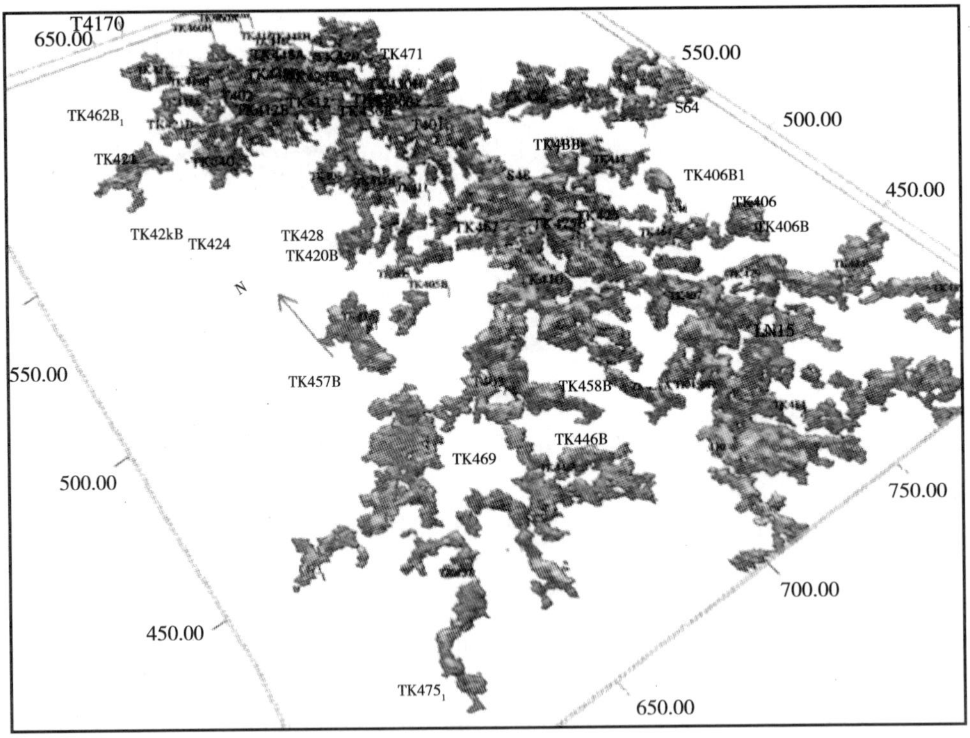

图10-29 塔河4区奥陶系表层20ms时频四维体预测储层发育带

另外，针对4区奥陶系表层20ms内弱(空白)反射进行进频四维体处理，结合钻井分析与缝洞地震反射特征对比分析认为，30Hz数据体反映缝洞分布规律最好，表层弱反射与振幅分布趋势最接近。

B. 奥陶系内幕 20 ~ 100ms 时窗段强反射分频处理

塔河油田 4 区奥陶系内幕 20 ~ 100ms 时窗段内强反射主要发育有串珠状反射、内幕规则较强—强反射以及不规则强反射，这些特征的反射在本区基本都获得高产或工业油流，是本区与产能对应较好的几种反射类型。分频解释技术对于强反射的识别和对弱反射的识别主要是处理参数不同。

顶部弱、内幕串珠、谷大于峰的反射类型在本区发育较多，也是最好的反射类型之一，6 口井中 4 口初产产能在 $100m^3/d$ 以上。另外本区还发育顶部反射弱、内幕串珠、谷小于峰的反射类型，如 TK455 井，初产产能油 $141.42m^3/d$、气 $13920m^3/d$。另外，还有整体串珠状反射类型，如 T403 初产产能油 $187.5m^3/d$、气 $18820m^3/d$；不规则杂乱强反射类型，如 TK404 井和 TK416 井初产产能油 $100m^3/d$ 以上。所以，分频处理在奥陶系内幕 20 ~ 100ms 时窗段内主要针对强反射类型。

因为，本区钻探基本都在奥陶系表层 60ms 以内，所以，对于预测异常强反射调谐体的制作主要对距离奥陶系表层 20 ~ 40ms 和 40 ~ 60ms 的两个时窗段内进行。调谐体纵向第一个强能量团中轴位于 30Hz 左右，优选 30Hz 的切片作为预测异常强反射的边界(图 10 - 30)。从切片图中可以清楚地看到在 4 区西部 20 ~ 60ms 范围内的 TK440 - TK427 - TK417B 一线以及 4 区东部 TK404 - TK409 一线存在两个较大规模的近南北向强反射带；在 4 区南部 T403 - TK446B 井区以及 TK405 - TK467 - TK464B 井区存在一个南北向和一个近东西向的小规模强反射带。

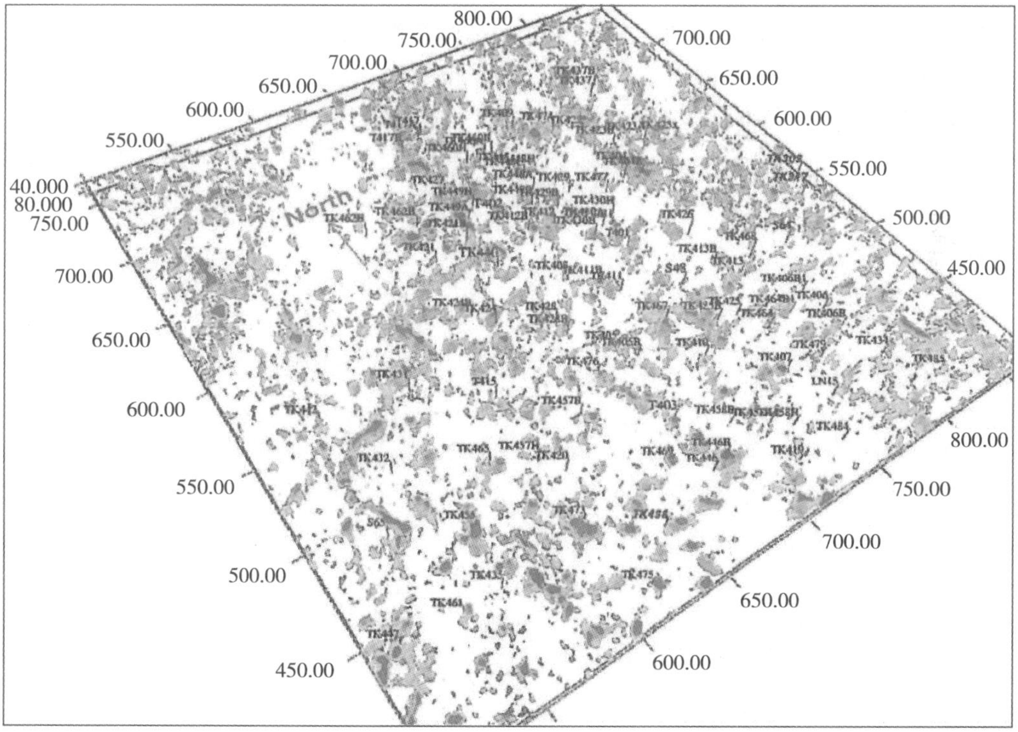

图 10 - 30　塔河 4 区奥陶系深层时频四维体可视化(30Hz)

3. 波形特征分析刻画技术

1）波形分析技术基本原理及技术方法

由于碳酸盐岩缝洞型储层以其自身独有且极为复杂的空间结构而有别于孔隙性砂岩储层，其非均质性和各向异性的特点给地震解释带来了多解性。为了更好地对碳酸盐岩缝洞型储层进行预测和解释，需要采取非常规技术进行分析和研究。GeoWave 软件就是为利用计算机实现碳酸盐岩储集体自动识别而开发的。GeoWave 是以属性提取和模式识别为核心的波形分类软件，主要用于碳酸盐岩储层的自动识别和分类。该软件采用了多项最新技术成果，如基于纹理分析的结构属性提取技术、有监督聚类分析技术及改进的横向振幅变化率提取技术等。其中，重点运用的技术为以下两项。

A. 多属性无监督聚类分析

一种属性信息往往不能很好地表达波形特征，一般采用多种属性信息进行聚类分析，将综合值分成所期望的类别。

无监督聚类分析技术是一种自动模式识别分析技术，在运算过程中无须指定样本。目前最常用的无监督聚类分析技术有 K 均值法、相关滤波技术、克里金预测技术。

从预测结果看，频谱分解与多属性聚类预测结果有一些差别，主要是计算方法的不同，频谱分解技术实际上是追求在某个频率段突出对某个地质体的识别，但受时间范围、区域范围限制（如在较大范围内，不同沉积相带选取参数和频率不同）。多属性聚类分析是基于原始地震剖面特征，对于一些过渡特征（略变弱）识别有时达不到预期效果。

B. 基于纹理分析技术的有监督波形分类（三维体）

波形分类是碳酸盐岩储集体识别技术的核心。在 GeoWave 中，使用纹理分析技术和曼哈顿距离计算技术进行有监督的波形分析。纹理是对图像的像素灰度级在空间上分布模式的描述，反映物品的质地，如粗糙度、光滑性、颗粒度、随机性和规范性等。曼哈顿距离计算技术主要是根据目标波形和样本波形之间的“距离”属性进行聚类分析。

用户可定义一个或多个样本，并为每个样本指定一个特征值。这些样本可以是不同类型的，也可以是同类型的。通过图形界面对选定样本的基本特征进行浏览，识别与样本特征值一致的波形分布。

基于纹理分析技术的有监督波形分类是在三维地震数据体上进行分析，输出结果为三维数据体，也可以是层位文件。

采用有监督波形分析技术预测储层相对较复杂，要经过储层精细解释、储层精细标定、正演模型认识等大量的前期工作，具体流程如图 10－31 所示。

由于样本道（模型道）的选取是基于井、震标定的结果，并将储层测井解释成果标定到地震剖面上，通过调整参数使预测结果最大限度地和储层测井解释成果相吻合。并分区确定参数，进行区域储层预测。最终预测结果基本可以表达储层纵横向在三维空间的分布特征，可以近似地识别储层段和致密隔层段。

通过有监督波形分析与频谱分解技术预测储层的结果比较，可以看出横向范围略变大，原因是在标定过程中，有些井在选取样本时包括了钻遇串珠状反射中侧翼反射略变弱的部位，通过波形参数控制使预测范围略扩大。

2）波形分析技术在目标区的应用

根据前述，塔河油田 4 区在奥陶系内幕 0～20ms 时窗段内以表层弱反射、在 20～100ms 时窗段内以各类强反射（包括串珠状、规则强反射、不规则强反射等）的特征来进行储层预

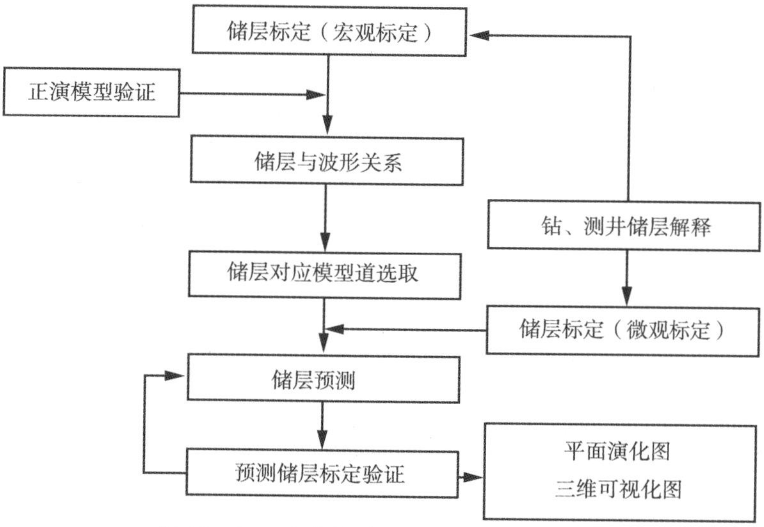

图 10－31　有监督波形分析储层预测流程

测，因此，首先利用多属性无监督聚类分析方法对奥陶系内幕 0～20ms 时窗段内弱反射类型以 20～100ms 时窗段内强反射类型（包括串珠状、不规则反射以及平行状规则强反射）进行储层预测。所利用的地震属性包括均方根振幅、平均最大振幅、反射能量、平均绝对振幅、平均频率等。预测结果为三维数据体，从图 10－32 上可以看出，不同反射类型与缝洞的吻合效果较好。

另外，应用基于纹理分析技术的有监督波形分析法对奥陶系内幕 0～20ms 时窗段内弱反射进行识别，识别结果与剖面特征吻合关系较好。平面特征与振幅以及分频解释技术识别的特征也相似，在 T402－S48－T403 一线存在一个弱反射条带（图 10－32）。在奥陶系内幕 20～100ms 时窗段内是识别各类强反射类型的区域，在预测平面图、纵向演化图、三维可视化图上可以清楚地观察到储层展布特征。与频谱分解技术一样，发现在 4 区的西部和东部发育两个较大规模的储层发育带。西部的内幕储层发育带表现为链条状，延伸方向为北东向；东部的内幕储层发育带为北西向。4 区中部还发育了一些北西向展布的规模较小的储层发育带。

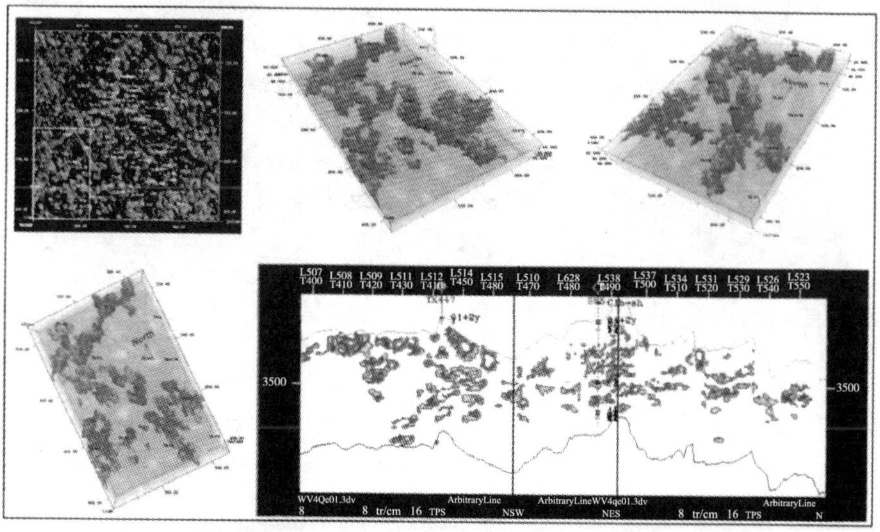

图 10－32　塔河油田 4 区局部奥陶系有监督波形分析储层预测综合图

4. 缝洞储集体刻画结果表征

利用单井测井标定的方式对塔河油田4区提取的波形数据体进行了标定，采用三维可视化的方式将缝洞储集体识别出来，在溶洞体标定的过程中对厚度大于5m的溶洞进行标定。标定结果和各单井的概率统计分析表明，钻井与波形数据体的吻合率达到90%。通过钻井标定以及把波形数据体各类属性对比结果进行综合分析，优选波形数据体来建立缝洞体三维模型。首先利用钻井约束，建立区域变速速度场，依据有监督波形识别的方法精确得到深度域的波形预测数据体，并根据钻井标定各类波形来确定波形体储层的边界，同时剔除代表储层不发育的波形，以代表储层发育的波形作为模型道，以约束储层预测，使得预测结果只有储层发育部分。

在钻井标定的同时，结合各类地震属性预测的结果，初步确定储层边界。例如，频谱分解技术在识别储层发育边界时，具有独特而且比较准确、精细的识别效果，和钻井标定一样具有很高的吻合效果，并且和钻井揭示的连通单元具有很好的对应关系。

另外，利用动静态方法划分的缝洞单元边界作为约束条件，结合波形数据体、频谱分解等预测的体边界，在边界划分的范围之内随机模拟缝洞储集体，以此建立缝洞单元的三维空间储集体结果表征（图10－33），并且利用拓扑算法进行体积计算。

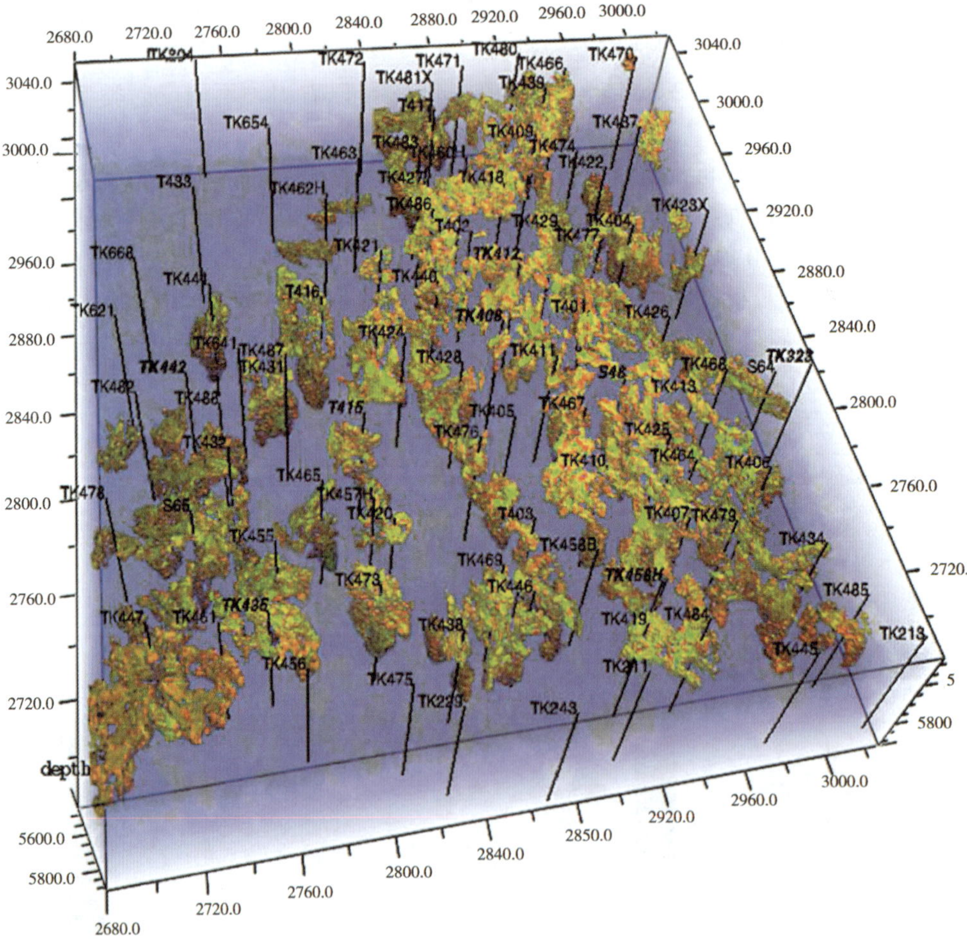

图10－33　塔河4区储集体展布三维可视化

波形分析数据体与实际单井模型有很好的对应关系，它可以反映缝洞储集体的轮廓，但由于地震方法的多解性，很难达到和钻井解释一一对应。因此，所建立的缝洞储集体模型中的体积实际上反映的是缝洞体在三维空间上的异常体的体积，它包括溶洞和岩石骨架的体积。对塔河4区36个缝洞单元进行了视体积的计算(图10－34)。

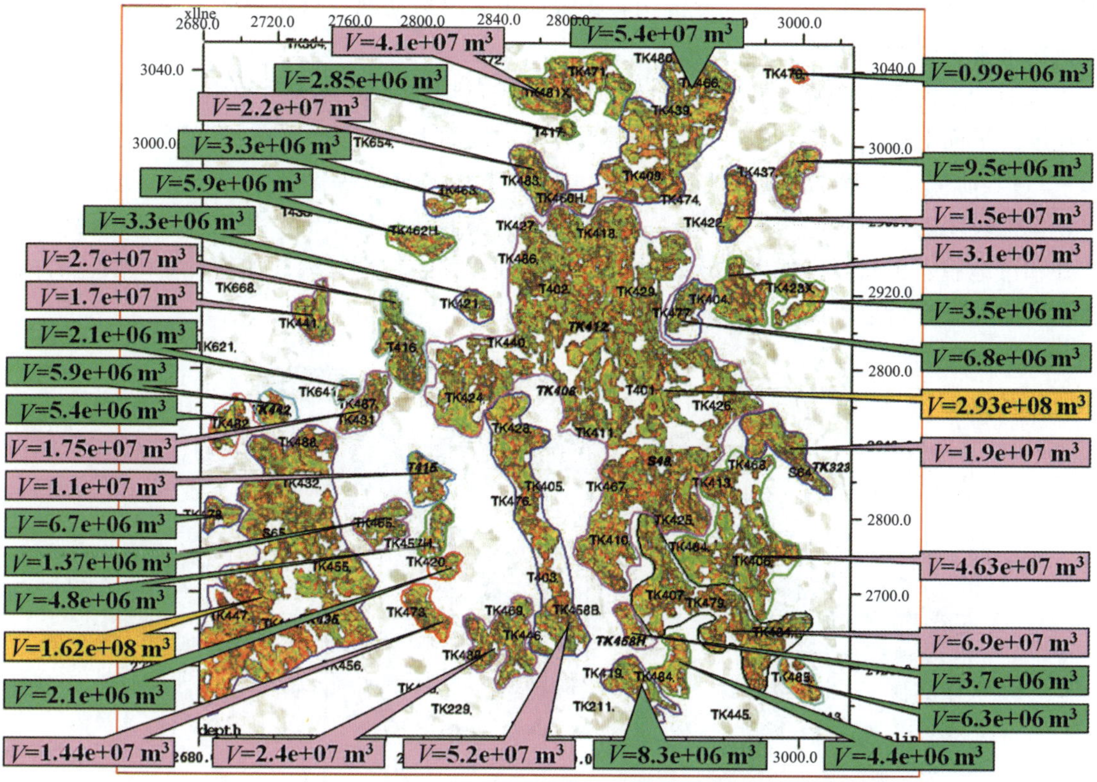

图10－34　塔河4区共36个缝洞单元视体积计算结果

(五)塔河油田碳酸盐岩缝洞型储层精细成像技术

塔河油田是我国最大的海相碳酸盐岩大油田，截至2004年底，塔河油田已在两大领域、多个层系(O、D、C、T)获得突破，投入开发或试采有10个油气田(藏)，即1、2、9区三叠系油气藏与2、3、4、6、7、8、10区奥陶系油藏，共提交油气探明储量5.8875×10^8t油当量，三级储量合计12.105×10^8t油当量，控制含油面积达2500km^2，塔河油田探明储量中，奥陶系油藏共提交5.57369×10^8t油当量，占95%。奥陶系碳酸盐岩油藏是一个与“古风化壳有关”的大型“岩溶裂缝－孔洞型油藏”，空间上由多个缝洞单元叠合组成复合油藏，大型洞穴及溶蚀孔洞是奥陶系碳酸盐岩的主要空间类型，有多口井钻遇有效缝洞(放空、漏失)，说明洞穴比较发育，同时也表明塔河油田奥陶系油藏具有不同于国内其他大型油田的特殊性和非常规性。针对碳酸盐岩缝洞型油藏的特点，通过技术攻关，探索出了一些适应塔河油田碳酸盐岩缝洞型储层的精细成像技术，精确落实了碳酸盐岩缝洞型储层发育带，大大提高了钻井的油气见产率，为塔河油田的持续发展增添了后劲，为油气产量稳步增长提供了保障。

1．塔河油田碳酸盐岩缝洞型储集体的特点

塔河油田碳酸盐岩油藏埋藏深，一般大于5300m，基岩不具储集性，储集类型以裂缝、溶洞为主，油气受裂缝和古岩溶缝洞体控制，储层纵横向非均质性强。研究表明，奥陶系顶部风化面附近出现裂缝、溶洞发育带，其地震反射特征表现为：杂乱反射结构、弱振幅、低阻抗、低速度。峰丛地貌发育、侵蚀沟谷蜿蜒曲折、纵横交错，这给奥陶系顶部风化面的精确成像带来了较大困难。

碳酸盐岩内幕出现裂缝、溶洞发育带，其地震反射特征表现为：强振幅反射、低阻抗、低速度，平面上表现为条带状、树枝状振幅异常，剖面上表现为“串珠状”地震反射结构(图10－35)。研究认为奥陶系碳酸盐岩在不整合面之下0～250m深度范围内发育3套洞穴型储层，钻探表明高产井钻遇裂缝溶洞型、中产井钻遇裂缝孔洞型、低产井钻遇裂缝型储层，高产井和正地貌、小断裂、强串珠反射、局部构造轴线关系较大，因此如何针对碳酸盐岩内幕裂缝、溶洞发育带准确成像困难较大。

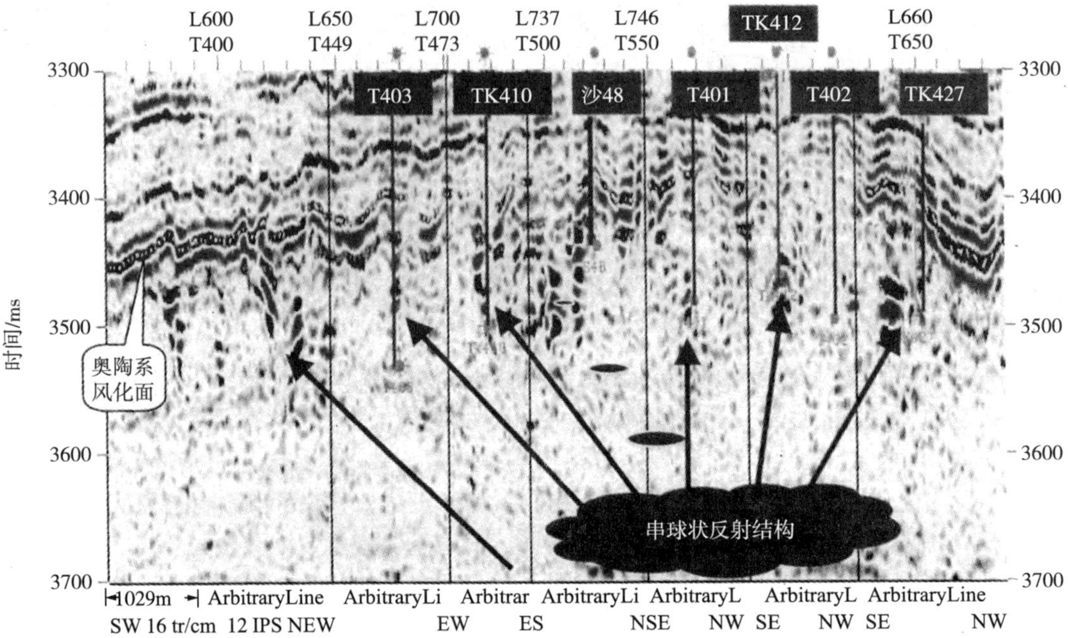

图10－35　塔河油田碳酸盐岩内幕“串珠状”地震反射异常

1)均方根振幅和主频统计去噪技术

为了满足奥陶系碳酸盐岩缝洞型储层后续储层预测的需要，在处理过程中，合理消除地表以及采集因素不同引起的振幅横向变化非常重要。

首先为了不影响球面扩散补偿和地表一致性振幅补偿的应用效果，需要对噪音进行消除，除了采用常规的去噪手段外，采用均方根振幅和主频统计去噪技术可取得较好的去噪效果。

均方根振幅和主频统计去噪技术是以不正常道与正常道在振幅与主频存在明显差异为基础，查找不正常道并实施自动剔除的技术，其主要原理是：相邻道均方根振幅和主频是渐变的，不正常道则会有异常强振幅或异常高频率。通过对整个工区的每一炮、每一道进行振幅和主频统计分析，去除异常振幅和异常主频道，实现叠前数据的科学净化(图 10－36、图 10－37)。

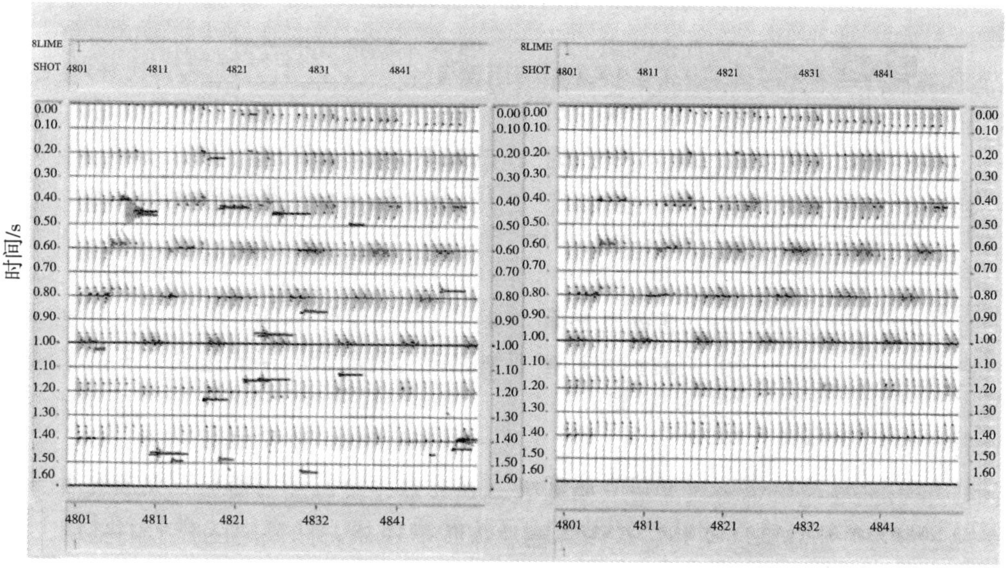

图 10－36　含有振幅异常道及去除振幅异常道

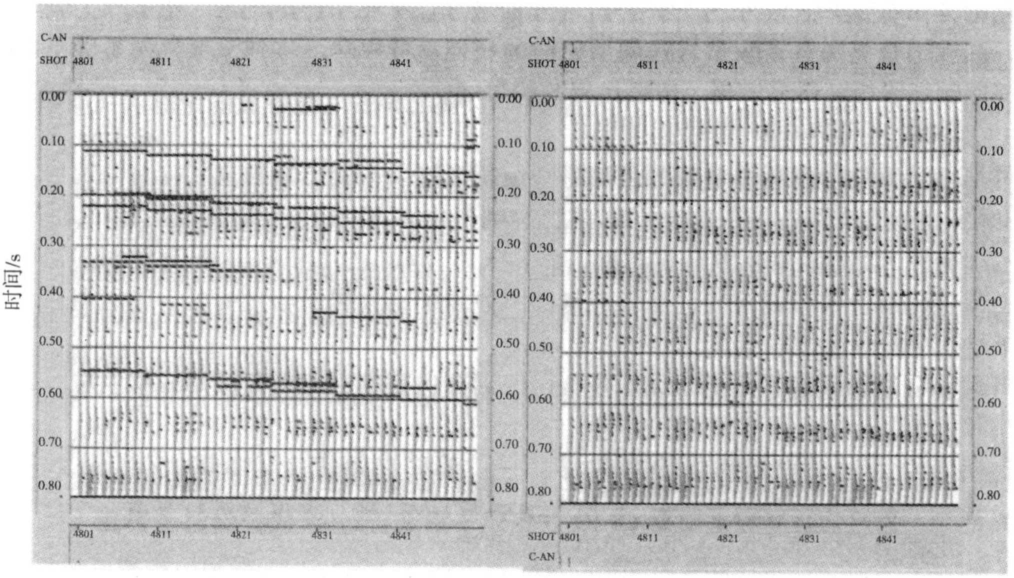

图 10－37　含有主频异常道及去除振幅异常道

2)振幅一致性处理技术

主要消除表层因素对地震波子波波形和振幅的影响，实现子波波形、振幅一致，能够真实反映地下地质现象的变化。振幅和波形一致性主要采用原始振幅分析、异常振幅压制。球面扩散补偿、地表一致性振幅补偿、地表一致性反褶积、地表一致性静校正等技术，消除各炮点、接收点、偏移距间的能力差异。

采用球面扩散补偿技术弥补地震波在垂向上的能量衰减，使浅、中、深层能量适中，对部分记录存在的振幅差异，需要通过地表一致性振幅补偿作进一步的补偿。

地表一致性振幅补偿技术是从实际数据振幅统计出来，对振幅统计数据进行分解，在共炮点域和共检波点域，分别求取道集的比例因子进行补偿，使全区共炮点、工检波点域道集的平均能量水平趋于一致，解决激发条件和接受条件不同造成的差异，消除振幅不一致对后续保幅处理的影响。

2. 子波一致性处理技术

子波一致性处理主要是进行振幅、相位、频率一致性处理，实现子波一致性，处理主要采用道集一致性反褶积和地表一致性反褶积。道集一致性反褶积是在一个道集内统计子波；地表一致性反褶积是在共炮点域，共接收点域统计子波，消除由于激发接收条件的不均匀性以及地表低、降速带的影响使子波产生的畸变。

通过道集一致性反褶积、地表一致性反褶积及地表一致性振幅补偿等技术，使地震剖面的信噪比、分辨率、保真度明显提高和改善。

3. 速度分析

由于奥陶系潜山的速度在空间上变化剧烈，为提高速度分析的质量，采用较小的速度分析矩阵(3×3)，利用速度剖面和切片来控制速度拾取质量，保证速度分析的精度，在峰丛地貌发育地带，加密速度分析密度。

4. 三维 DMO 叠加

塔河油田奥陶系碳酸盐岩缝洞型储层绕射波发育，为了得到较好的叠加效果，采用三维 DMO 叠加技术。在准确求取 DMO 叠加速度场和剩余静校正的基础上，进行三维 DMO 叠加，采用克希霍夫求和法三维 DMO 叠加技术，将一个非零偏移距地震道转换为按规定网格分布的若干个零偏移距地震道，这些道分别在对应的每个面元进行叠加，并按样点实现振幅归一化。

对影响 DMO 叠加效果的主要参数倾角和叠加孔径进行系统测试，根据地震剖面上地层倾角的分布特征来选取不同时段 DMO 叠加所用的倾角和叠加孔径，在不产生假频的情况下，选取适合奥陶系碳酸盐岩缝洞型储层的最佳参数组合，达到深部奥陶系碳酸盐岩缝洞型储层倾斜同相轴能量增强、信噪比提高的目的。

5. 偏移成像

塔河油区奥陶系碳酸盐岩缝洞型储层构造特征复杂，峰丛地貌发育，断层发育，岩性横向变化大，造成地震资料绕射波发育，速度空间变化大，存在局部低速异常，波组连续性差，难以准确成像。通过长期反复认识试验，认为采用有限差分法串联偏移(cfdmig)，可以使奥陶系顶风化面及内幕岩溶特征准确成像，清楚刻画出风化面起伏情况，使奥陶系顶及内幕岩溶绕射弧收敛归位准确。

有限差分法串联偏移(cfdmig)是一种叠后高保真度、实现陡倾角偏移成像的广义两步法偏移方法。

经过大量测试获得最佳的串联偏移参数：偏移起始速度为 1600m/s，最大倾角为 30ms/道，偏移延拓步长为 24ms，采用平滑后的 DMO 叠加速度场进行平滑，平滑半径为 1200m，得到偏移速度场。

首先应用偏移起始速度对整个数据体做全三维偏移处理，再应用剩余速度沿线和交叉线方向实施剩余有限差分法偏移，借助于偏移剖面上断层归位的对比及碳酸盐岩缝洞型储层在风化面和内幕缝洞体产生的绕射波、回转波收敛归位的合理程度，选定最佳的剩余偏移速度场，通过对串联偏移在沿线方向和交叉线方向的每一步质量控制，追踪观察断层归位及绕射波收敛情况，确定最终偏移串联次数为13次，图10－38～图10－40为不同串联偏移次数的偏移监控剖面。

从图10－41、图10－42可以看到，塔河油田碳酸盐岩缝洞型储层经过目标处理后，剖面品质得到很大改善，信噪比和分辨率有不同程度的提高，波组特征、潜山顶面形态更加清楚，便于构造解释；潜山内幕反射的振幅强弱变化明显、保真度高，为奥陶系碳酸盐岩缝洞型储层的精细预测研究打下了良好的基础。

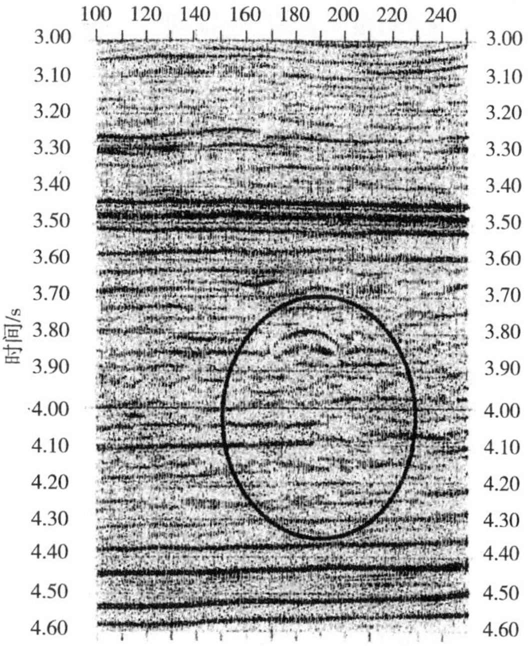

图10－38　第5～6步偏移(有绕射弧)

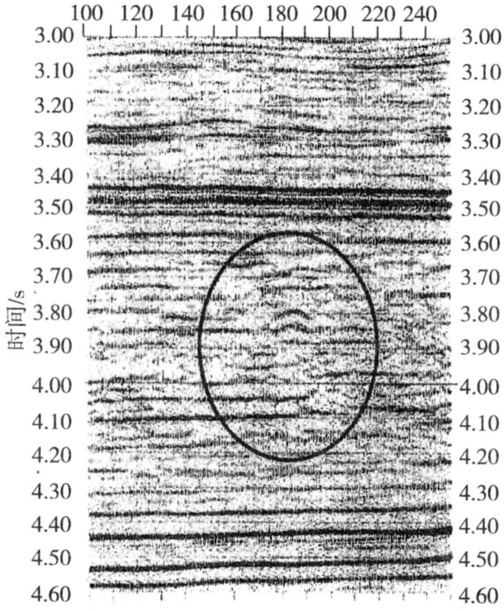

图10－39　第6～7步偏移(绕射弧收敛变小)

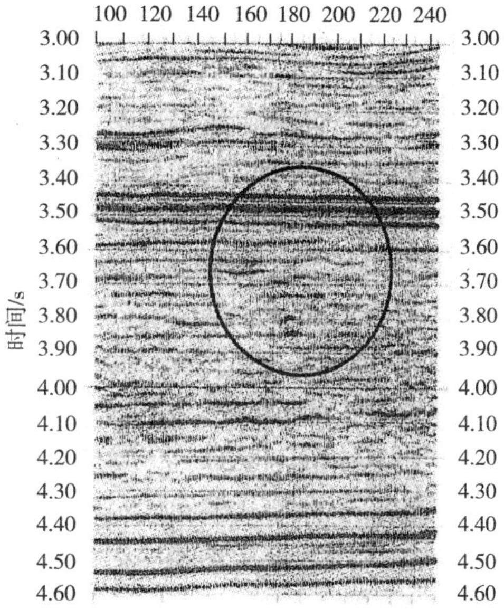

图10－40　第13～13步偏移(绕射弧收敛聚焦)

二、测井储层识别技术

(一)碳酸盐岩储层测井识别特征

通过实践和总结，形成了塔河油田奥陶系碳酸盐岩储层定性识别的7种方法。

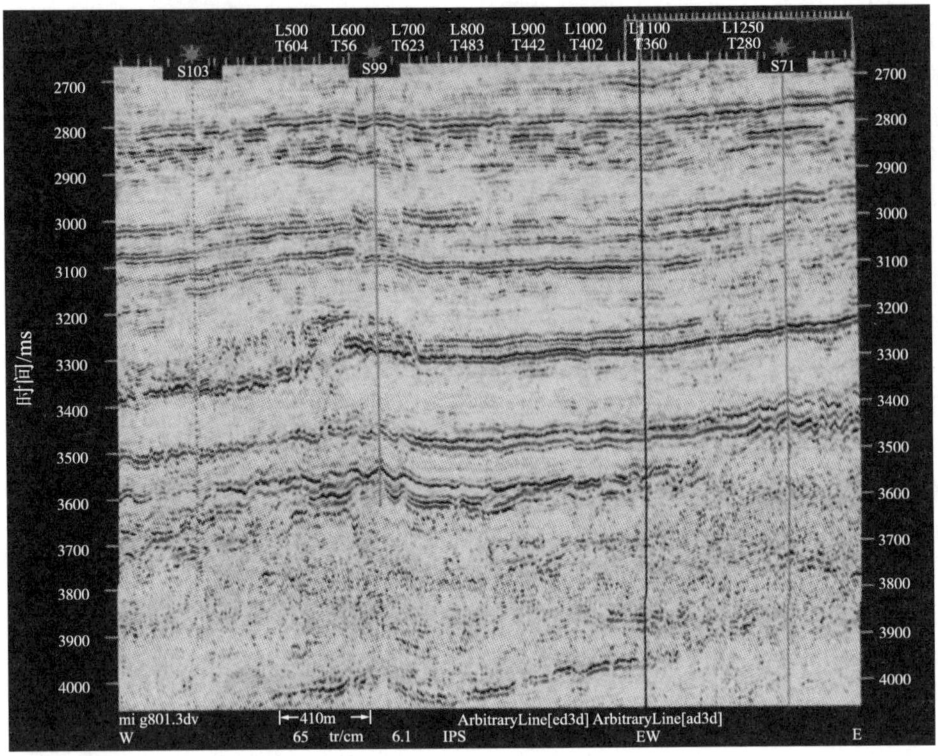

图 10－41　塔河油田碳酸盐岩缝洞型储层原处理剖面

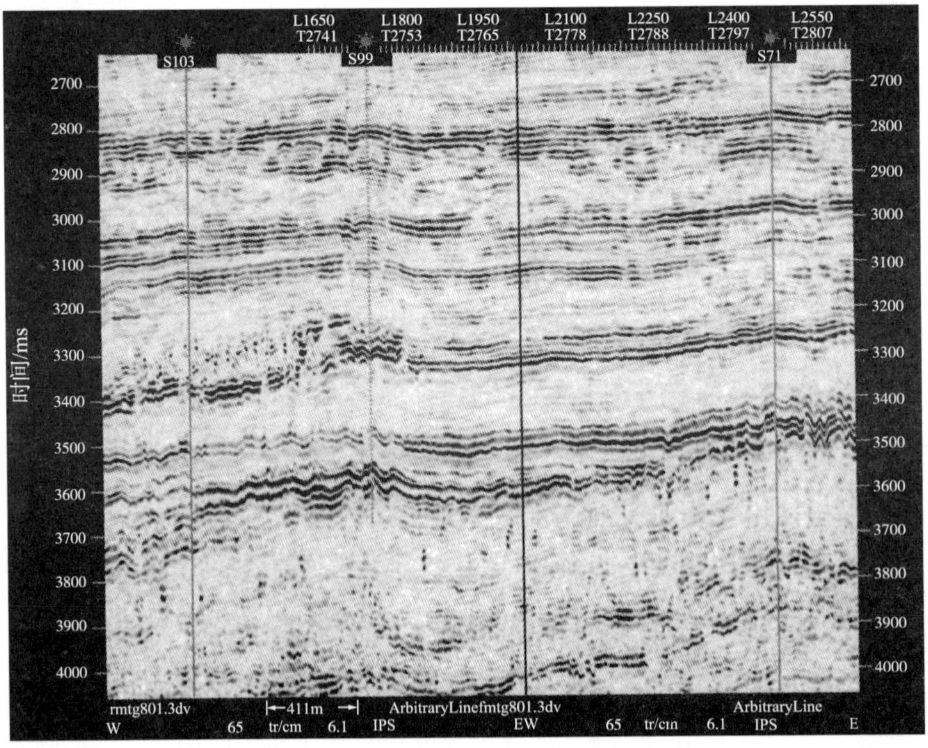

图 10－42　塔河油田碳酸盐岩缝洞型储层精细处理剖面

1. 双侧向电阻率及差异识别裂缝

在裂缝发育层段，表现为高电阻率背景值上相对较低的电阻率，视泥浆侵入深浅、裂缝发育程度的不同，深浅电阻率值减小的幅度及两者之间的差异大小也不同。图 10－43 为 S73 井综合曲线图，从电阻率曲线来看，5274.0～5300.0m 深电阻率为 70～500Ω · m，深浅电阻率呈明显正差异，在 FMI 图像上反映在裂缝发育，连通性好。

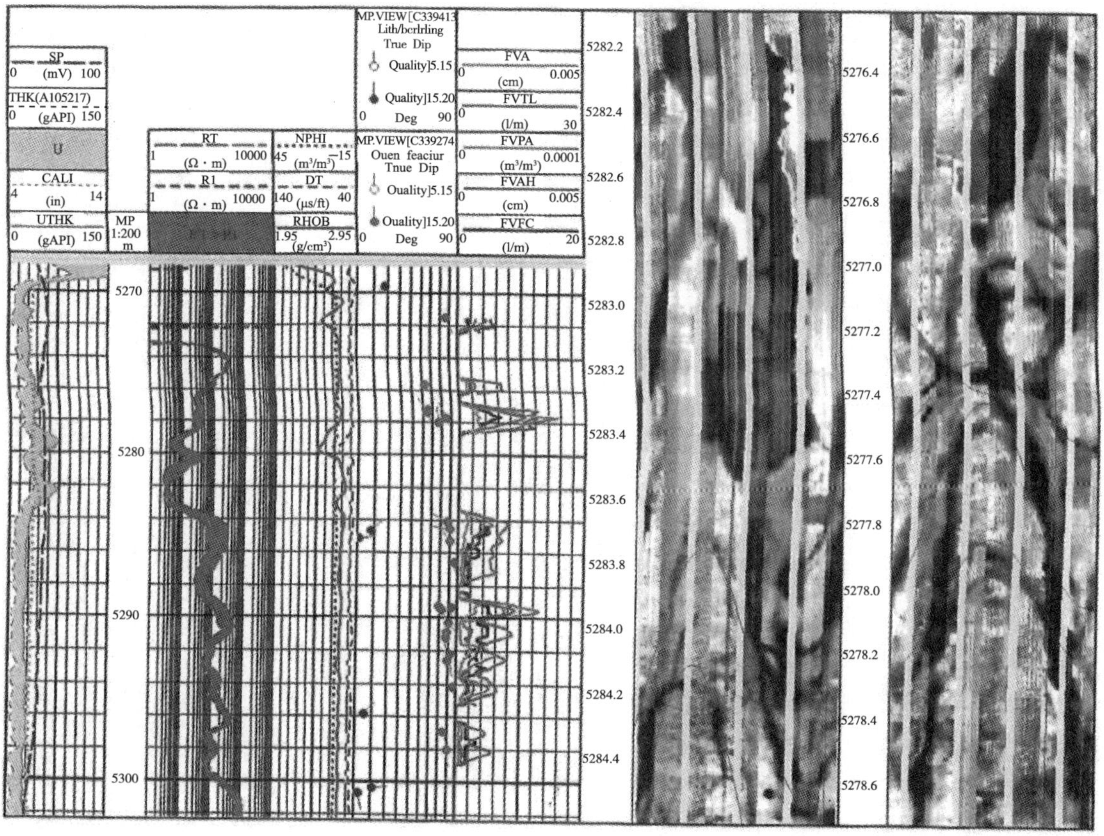

图 10－43　S73 井测井综合图(电阻率差异)

2. 双井径与钻头直径差值识别裂缝

在碳酸盐岩地层中，一般双井径曲线值均小于钻头直径的为渗透性地层；双井径曲线值均大于钻头直径的地层为泥岩或疏松易塌层；双井径曲线值之一大于钻头直径而另一等于或小于钻头直径的，指示有高角度缝发育。图 10－44 为 T615 井双井径定性识别高角度缝发育段综合图，5558～5610m 存在高角度缝。该井的 C1－BS≤0 且 C2－BS＞0，由 FMI 图像展示 5555.0～5610.0m 发育高角度缝，5576.0m 附近为一条近垂直的斜交缝。

3. 声波、密度测并识别裂缝

裂缝较发育时，声波穿过裂缝会使其幅度受到很大的衰减，表现为声波时差增大，可利用声波时差的增大来定性识别低角度缝或网状缝发育井段。密度测井极板接触到天然裂缝时由于泥浆的侵入引起密度测井值减小。

图 10－45 为 TK604 井利用声波时差曲线识别裂缝的综合图，在 5617.0～5647.0m 声波

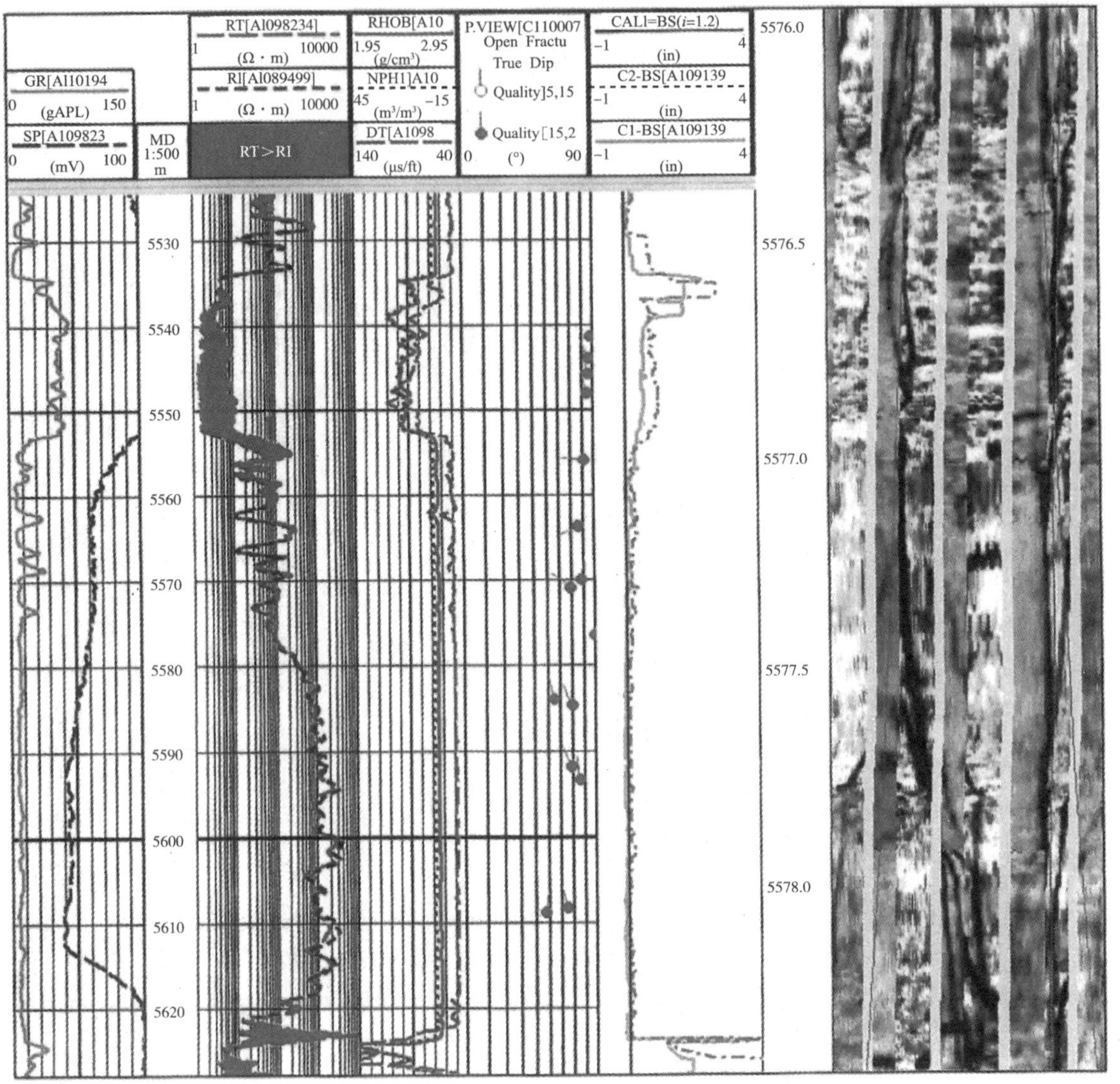

图 10-44 T615 井测井综合图(双井径)

时差明显增大，测井值在 50~60μs/ft，存在低角度缝或网状缝；从电阻率曲线来看，该段电阻率基本呈中-低值响应及明显的深浅电阻率正差异特征，FMI 测井显示该段发育裂缝 40 多条，大多数为低角度-水平缝(倾角在 10°~60°)，局部呈网状交互。

图 10-46 为 TK311 井应用密度曲线定性识别裂缝图，在 5550.0~5561.0m 密度值减小，电阻率呈低值及正差异特征，为裂缝存在，FMI 拾取的裂缝产状图表明 5550.0~5562.0m 发育高角度缝。而在该段上下地层密度值接近石灰岩骨架值 2.71g/cm^3 且曲线基本无变化，电阻率为高值，说明裂缝不发育。

4. 自然伽马能谱测井识别裂缝

对于后期搬运沉积的高自然伽马值地层，经过地下水溶蚀改造后，溶于水的天然放射性铀元素的沉淀，使得地层的自然伽马值增大，地下水的这种后期搬运沉积的高伽马改造作用，同时会改变地层中储集空间或渗流通道，即缝和孔、洞的形态及分布，使得原本较小的储集空间或渗流通道(孔、洞或缝)受溶蚀后变大，预示着该处(或附近)有较大的溶洞、裂缝带或断层存在。图 10－47 为 8 区部分井铀异常纵向分布图，铀异常多数分布于一间房组储层发育段。

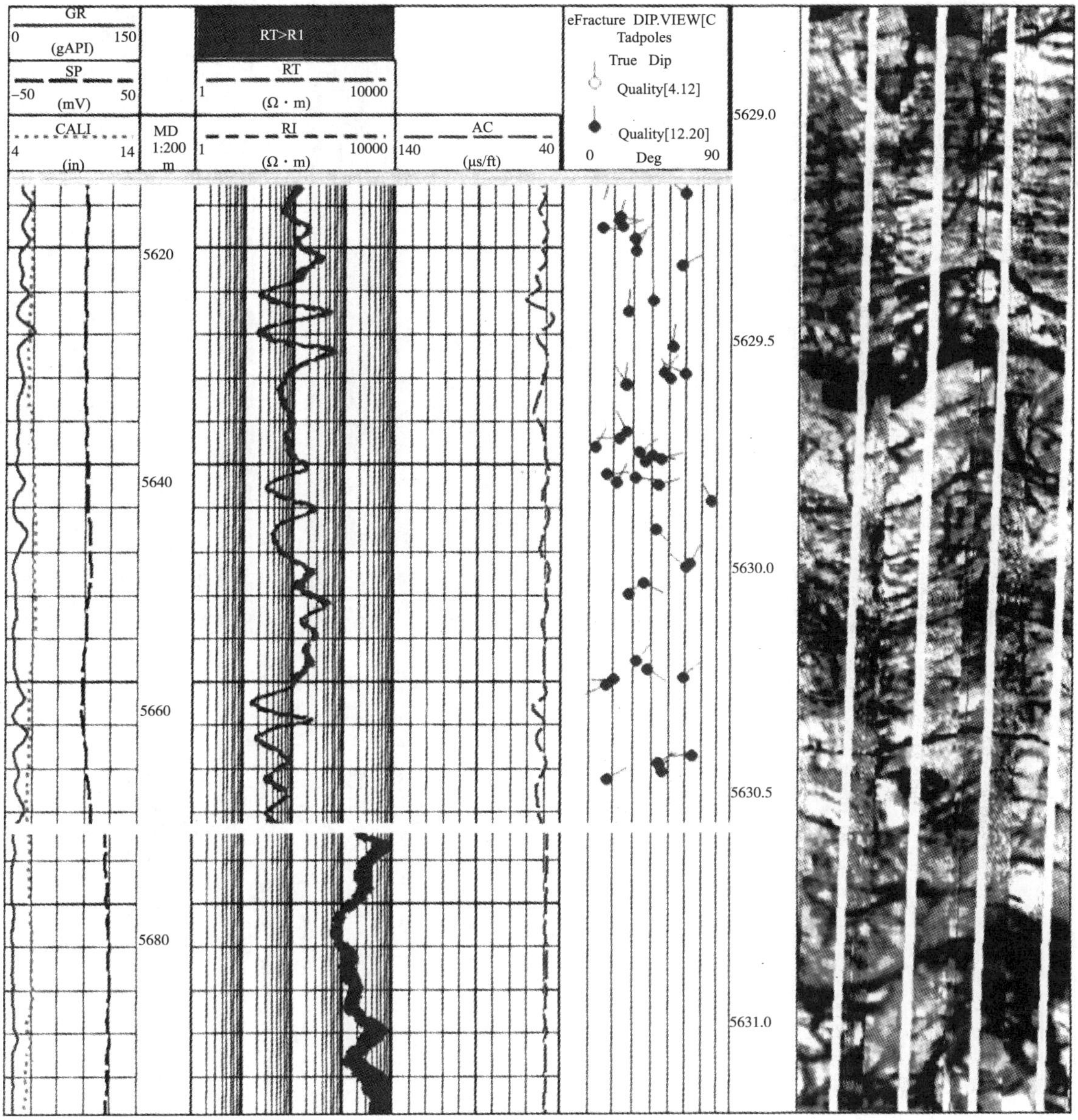

图 10－45　TK604 井声波时差曲线识别裂缝综合图

5. 常规测井资料识别溶洞

对于较大溶洞，常规曲线特征表现为：低电阻率（深侧向一般小于 100Ω · m）且深浅电阻率正差异较大，三孔隙度曲线为高时差、高中子、低密度（时差大于 50μs/ft，密度测井值低于 2.55g/cm^3，中子值大于 3%），井径曲线明显增大，自然伽马虽低值响应（图 10－48）。

6. 全波、偶极声波识别缝、洞发育段

在缝、洞发育段，斯通利波波形发生较强反射或扰动，偶极子横波地层各向异性指示出较大的各向异性特征（图 10－49）。

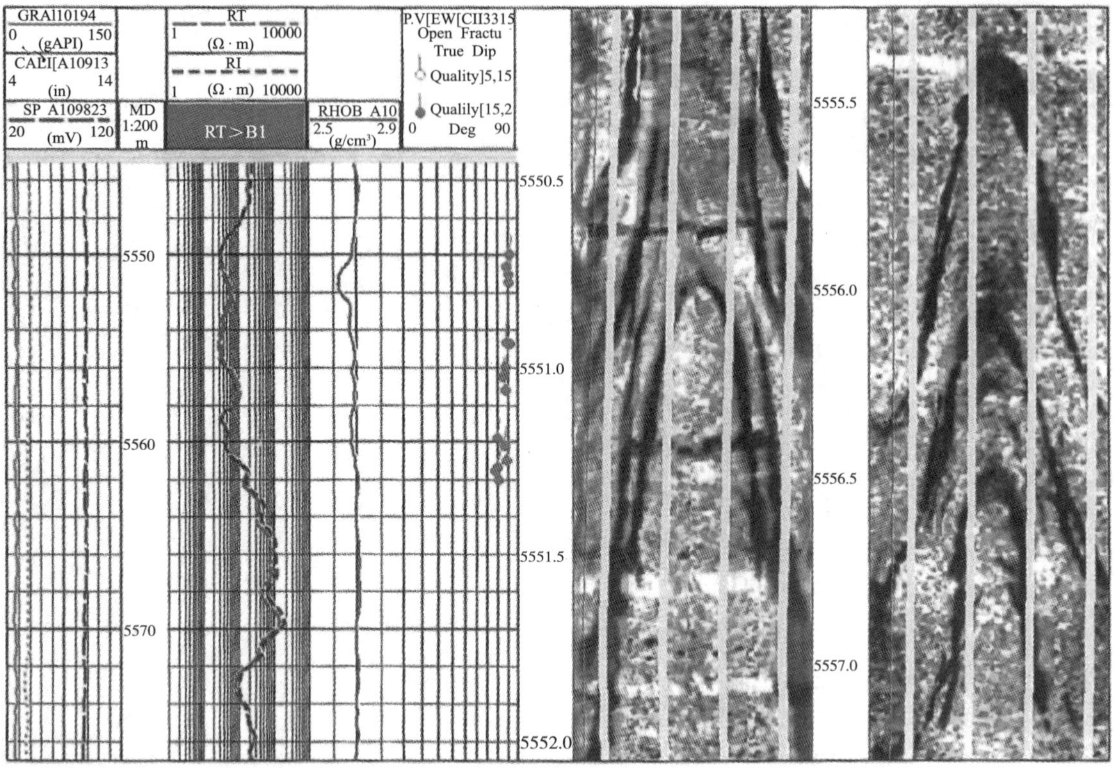

图 10－46　TK311 井测井综合图(裂缝发育段引起密度值减小)

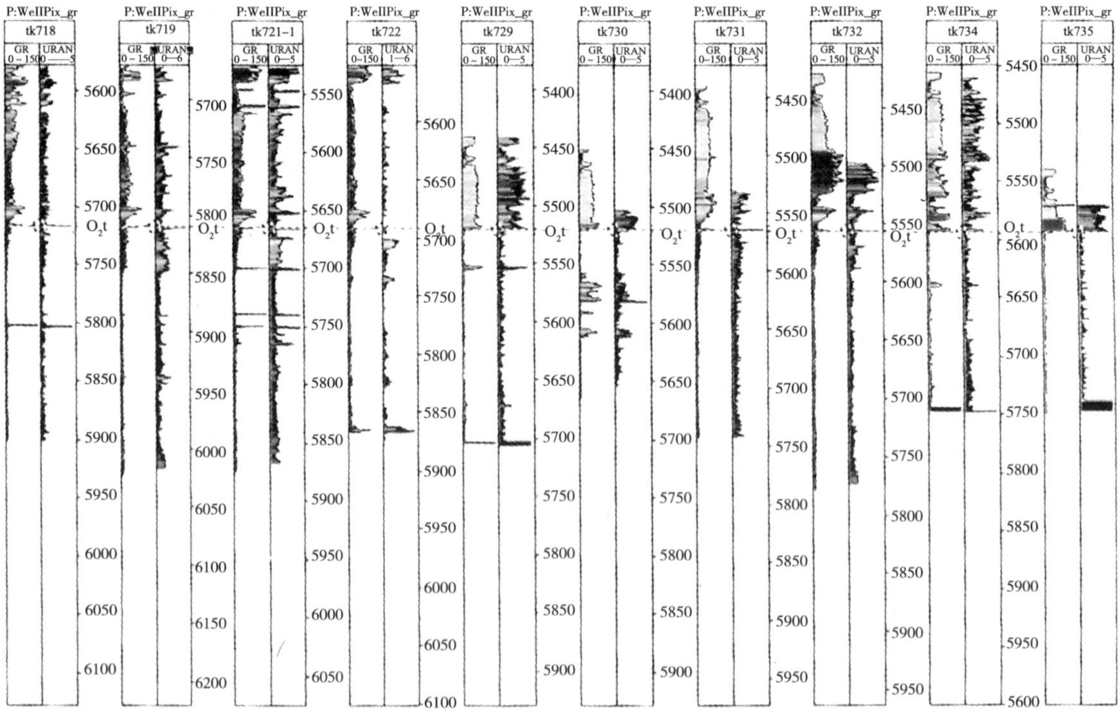

图 10－47　塔河 8 区测井对比图(能谱)

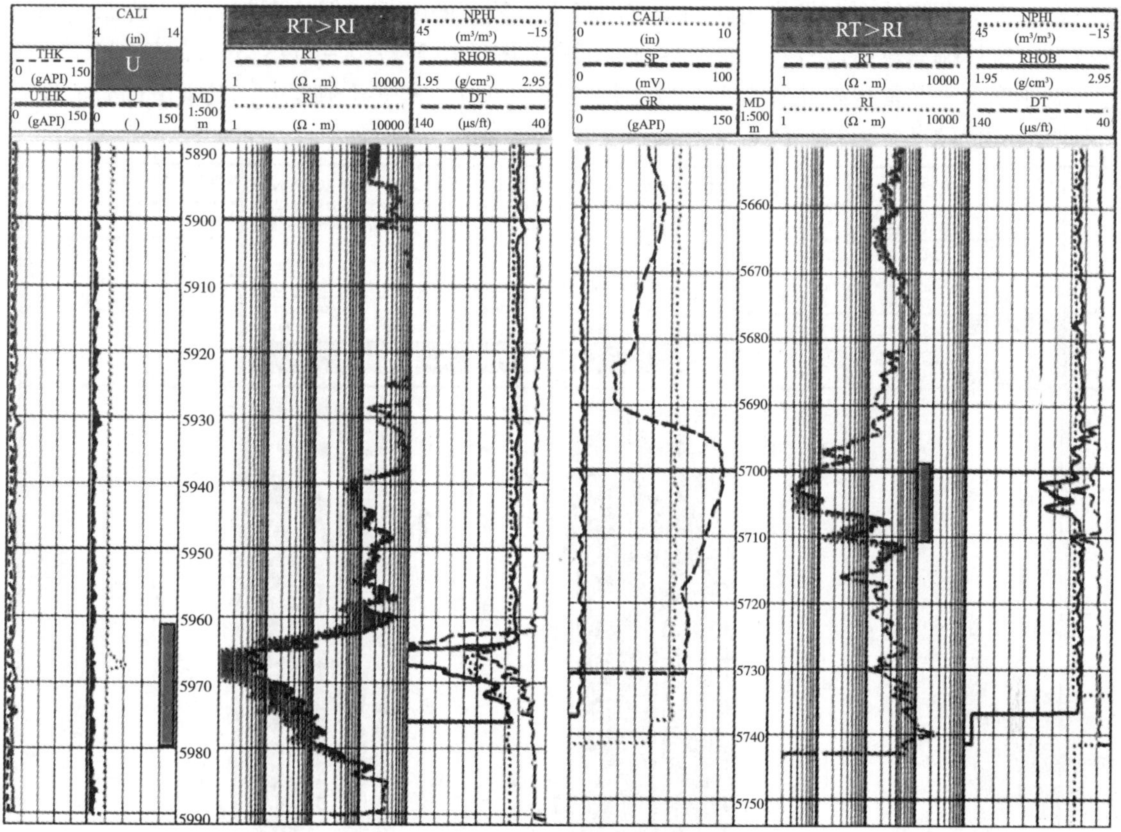

图 10－48　常规测井资料综合识别溶洞(S85 井、T205 井)

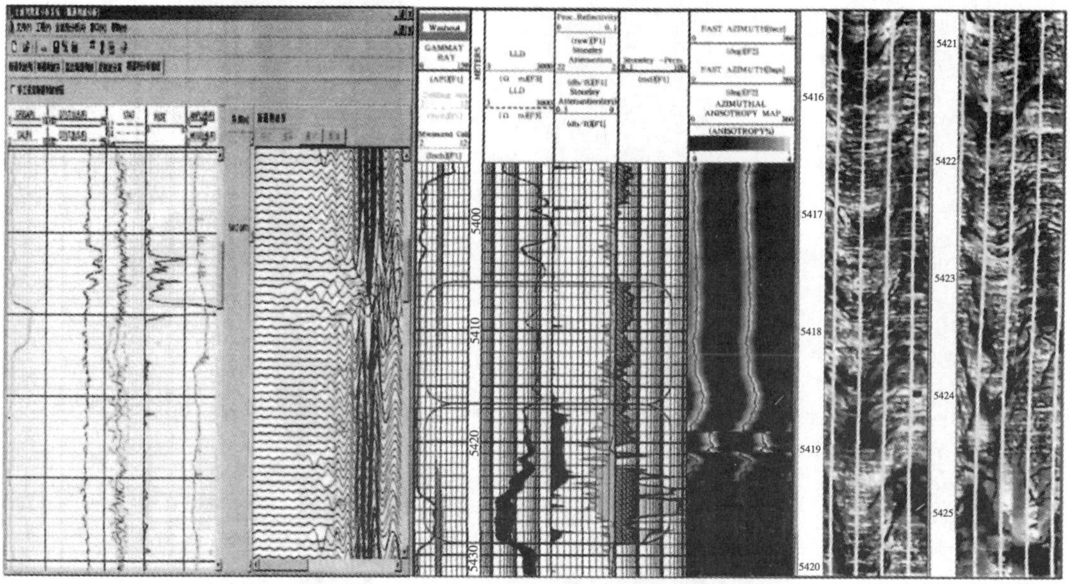

图 10－49　全波、偶极声波识别缝、洞发育段

7．成像测井资料上识别洞穴、洞穴充填物

在成像测井资料上溶洞较易识别。图 10－50 为 S93 井鹰山组的溶洞，洞穴中充填的是

砂泥岩，方解石胶结，在成像测井的动态图像上有较亮的颜色，但比石灰岩暗，在常规测井资料上，自然伽马较高。S74 井的小溶洞成像测井图像在 5727.7 ~ 5728.5m 段显示较暗的颜色，电导率高。在常规测井资料上，自然伽马低，声波、密度孔隙度大，其上下围岩成像测井图像的颜色较亮，为较纯的石灰岩。

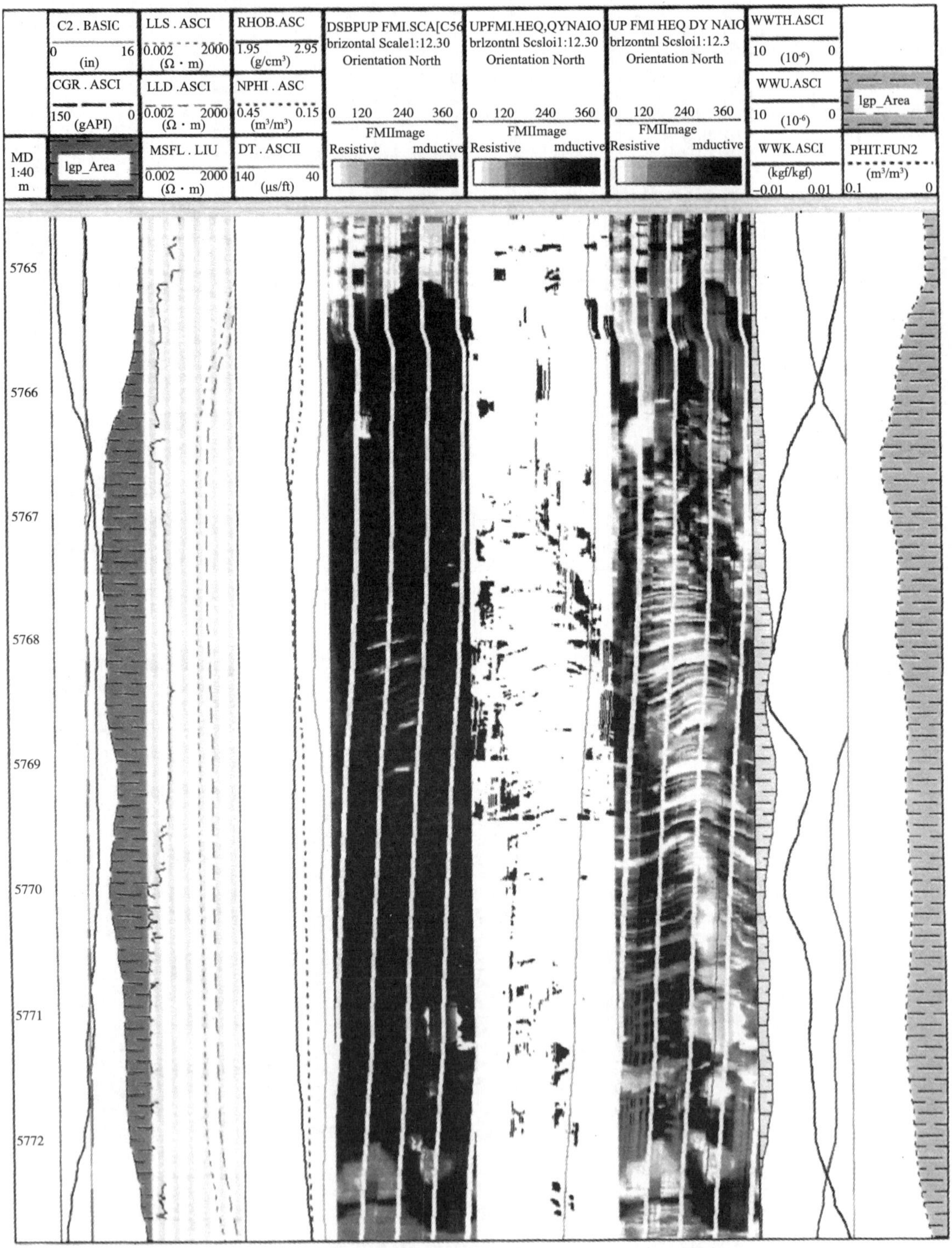

图 10－50　S93 井鹰山组的溶洞（砂泥充填，方解石胶结）

(二)测井储层分类标准与应用效果评价

1. 储层分类标准

根据已建立的解释模型，按照储集空间的类型及其组合方式，对塔河油田的储层分类方法进行了研究。奥陶系潜山油藏碳酸盐岩储集空间类型主要有孔、洞、缝 3 大类，其中孔、洞，缝按尺度大小进一步划分如表 10－1 所示。

表 10－1　碳酸盐岩孔、洞、缝尺度级别划分表

孔		洞		缝	
类型	孔径	类型	洞径/mm	类型	缝宽/mm
大孔	0.5～2	巨洞	≥1000	巨缝	≥100
中孔	0.25～0.5	大洞	100～1000	大缝	10～100
小孔	0.01～0.25	中洞	20～100	中缝	1～10
微孔	<0.01	小洞	2～20	小缝	0.1～1
				微缝	<0.1

在实际问题中，储层的类型是通过计算各孔隙度来确定的。在多数情况下无法很好地将水平与垂直裂缝区分开，所以实际中只是将裂缝孔隙度计算出来，而不区分其产状。综合以上情况，得到孔隙度综合判别方法，如表 10－2 所示。

表 10－2　复杂碳酸盐岩储层各孔隙度综合判别表

判断条件		储层类型	孔隙度计算	备注
$\phi_{AC} > \phi_{\tau}$		水平裂缝型 裂缝－孔隙型 孔洞型	$\phi_B \leq \phi_{\tau} + \phi_{DLL}$ $\phi_D = 0$	ϕ_{DLL} 为裂缝孔隙度不区分产状； ϕ_{AC} 为声波测井孔隙度
$\phi_{AC} < \phi_{\tau}$	$\phi_{\tau} \geq \phi_{AC} + \phi_{DLL}$	孔隙型 垂直裂缝型 孔洞型 裂缝－孔隙型	$\phi_B = \phi_{AC}$ $\phi_D = \phi_{\tau} - \phi_{AC} - \phi_{DLL}$	
	$\phi_{\tau} \leq \phi_{AC} + \phi_{DLL}$	水平裂缝型 裂缝－孔隙型	$\phi_B = \phi_{\tau} - \phi_{DLL}$ $\phi_{FH} = \phi_{AC} + \phi_{DLL} - \phi_{\tau}$ $\phi_{FV} = \phi_{DLL} - \phi_{FH}$ $\phi_D = 0$	

根据上述对奥陶系储层特征的研究，结合测井曲线响应特征，将奥陶系碳酸盐岩储层分为 3 类(表 10－3)。

表 10－3　储集性能分类评价表

储层类型	储层类型	ϕ_{DLL} /%	ϕ_B /%
Ⅰ类	裂缝－孔洞型 裂缝－孔隙型	≥0.2	≥1.0
Ⅱ类	裂缝型 孔隙型	≥0.2	<1.0
Ⅲ类	孔、洞、缝均不发育	<0.2	<1.0

Ⅰ类：该类储层是本区最重要的储层，其孔、洞、缝均发育，此类储层储集性能较好，产能较高且较稳定。它在测井响应上的物征表现为深浅侧向电阻率曲线显示较低的电阻率值（一般小于400.0Ω·m），且出现大的幅度差；自然伽马值比纯石灰段略高或与致密灰岩段相近；声波时差和中子增大，密度降低。

Ⅱ类：为裂缝型及孔隙型储层。裂缝型储层是本区分布最多的储层，其孔、洞均中等发育，以裂缝为主。研究表明，部分井段的平均裂缝孔隙度可达2.15%，具备一定的储集能力。在测井响应上的主要特征是双侧向电阻率呈中－较高值（一般 R_t 小于1000.0Ω·m），且深浅侧向电阻率曲线大部分呈正幅度差，局部略有扩径，自然伽马特征与致密灰岩段相近，3条孔隙度测井曲线与致密灰岩差异不大。孔隙型储层部分井段的孔隙度高达3.2%，具有很好的储集能力。它在测井响应上的特征表现为双侧向呈中低值，（一般低于600Ω·m），自然伽马特征与致密灰岩段相近，声波时差和中子增大，密度降低。

Ⅲ类：是孔、洞、缝均不发育的储层。测井响应特征是：电阻率值显示高阻（大于1000.0Ω·m），深浅侧向电阻率曲线基本重叠，井径接近钻头直径，自然伽马显示为低值，3条孔隙度测井曲线接近骨架值。

上述3类储层中，Ⅰ类储层的物性较好，产能较高且较稳定。Ⅱ类储层是以裂缝为主，其基块的物性较差；或者是以基质孔隙为主，裂缝发育较差。Ⅲ类储层孔、洞、缝均不发育，物性较差。

2. 测井综合评价

利用完善后的综合概率模型、双孔隙介质模型及流体性质判别方法，对塔河油田缝洞型储层进行了处理和评价，处理结果（部分成果）见表10－4。

表10－4　塔河油田缝洞型储层综合处理成果表

井号	井段/m	综合裂缝概率	储层类别	试油结果
S47	5351～5356	0.2～0.3	孔隙型Ⅲ类储层	对5344～5497m进行测试获产原油106m^3/d、天然气7.71×$10^4$$m^3$/d，无水
	5356～5373.5	0.5～0.8	裂缝－孔洞型Ⅰ类储层	
	5401～5438	0.4～0.6	裂缝－孔隙型Ⅱ类储层	
	5439～5451	0.3	裂缝型Ⅲ类储层	
	5451～5461	0.9	裂缝－孔隙型Ⅰ类储层	
	5461～5485	0.3	孔洞型Ⅲ类储层	
S67	5459～5471	0.7	裂缝－孔隙型Ⅰ类储层	5662～5674m，酸压，8mm油嘴，产油470.81t/d
	5474～5516	0.2～0.4	孔洞型Ⅱ类储层	
	5517～5535	0.4～0.6	裂缝－孔隙型Ⅰ类储层	
	5535～5544	0.2～0.4	裂缝－孔洞型Ⅲ类储层	
	5561.5～5562.5	0.2～0.4	裂缝型Ⅲ类储层	
	5564～5596.5	0.4～0.6	裂缝型Ⅰ类储层	
	5621～5630.5	0.1～0.4	裂缝－孔洞型Ⅲ类储层	
	5638～5653.5	0.3	孔洞型Ⅲ类储层	
	5654.5～5676.2	0.4～0.6	裂缝－孔隙型Ⅰ类储层	

续表

井号	井段/m	综合裂缝概率	储层类别	试油结果
S76	5561～5585	0.3～0.4	孔洞型Ⅲ类含油气层	5584.0～5593.5m 井段进行试油，抽汲后产液 172.8m³/d，含油 50%
	5585～5593.8	0.8	孔隙型Ⅰ类油气层	
	5593.8～5655	0.3～0.4	孔隙型Ⅲ类含油气层	
	5672～5682	0.2～0.3	孔隙型Ⅲ类含油气层	
	5711～5722.5	0.1～0.4	孔隙型Ⅲ类含油气层	
	5740～5747	0.2～0.6	裂缝型Ⅱ类油气层	
T402	5360～5388	0.6～0.9	裂缝－孔洞型Ⅰ类油气层	5358.09～5412.84m 井段酸压，产油 350.8m³/d
	5391～5402.6	0.2～0.6	裂缝－孔洞型Ⅱ类油气层	
	5405～5418.5	0.6	裂缝－孔隙型Ⅰ类油气层	
	5424～5440	0.4～0.6	裂缝－孔洞型Ⅱ类油气层	
	5441～5447.5	0.1～0.2	孔隙型Ⅲ类含油气层	
	5448.5～5463	0.6	裂缝－孔隙型Ⅰ类油气层	
	5466～5473	0.2	裂缝－孔隙型Ⅲ类含油气层	
	5491.5～5534	0.2	裂缝－孔隙型Ⅲ类含油气层	
	5550～5599	0.6	裂缝型Ⅰ类油气层	
TK426	5525～5513.8	0.8	裂缝－孔洞型Ⅰ类储层	5516～5580m 酸压试油 180m³/d
	5518.5～5534.6	0.5～0.7	裂缝－孔洞型Ⅰ类储层	
	5547～5562.8	0.4～0.5	裂缝－孔洞型Ⅰ类储层	
TK429	5420～5429	0.8	裂缝－孔洞型Ⅰ类储层	5442～5461.5m 经酸压排液后，6mm 油嘴产油 360m³/d
	5441.7～5458.5	0.5～0.6	孔洞型Ⅱ储层	
	5464.3～5489.5	0.6～0.8	裂缝－孔洞型Ⅰ类储层	
	5496～5504	0.2～0.5	裂缝－孔隙型Ⅱ类储层	
	5510～5529	0.1	孔洞型Ⅲ类储层	
	5534～5548.8	0.4～0.6	裂缝－孔隙型Ⅱ类储层	
	5565～5590	0.1～0.4	裂缝－孔隙型Ⅰ类储层	
T705	5631～5641	0.2～0.5	裂缝－孔隙型Ⅱ类油气层	钻井时在 5838～5854m 段出现大的放空，井喷出黑色原油
	5660～5675	0.1～0.2	裂缝－孔隙型Ⅲ类含油气层	
	5758～5783	0.1～0.3	孔洞型Ⅲ类含油气层	
	5783～5799.5	0.4	孔隙型Ⅱ类油气层	
	5808～5818	0.1	孔隙型Ⅲ类含油气层	
	5818～5824	0.5	裂缝－孔洞型Ⅰ类油气层	
	5824～5835	0.3～0.4	裂缝－孔隙型Ⅱ类油气层	
	5835	0.6～0.7	孔洞型Ⅰ类油气层	
S61	5584～5616	0.1	裂缝－孔洞型Ⅲ类含油气层	5660～5668m 井段经测试出水 89m³/d
	5621～5641	0.1～0.2	裂缝－孔洞型Ⅲ类含油气层	
	5641～5660	0.1	孔洞型Ⅲ类含油气层	
	5660～5668	0.9	裂缝－孔洞型Ⅰ类水层	
	5676～5685	0.4～0.5	裂缝－孔洞型Ⅱ类水层	

图 10－51 为 S76 井的处理结果。其中 5561～5585m 井段，油气交会图法法指标为 0.7，流体性质间接判别法指示的含油气性较差。综合评价为Ⅲ类孔洞型含油气层；5585～5594m 井段综合裂缝概率高于 0.8，基质孔隙度为 3%，裂缝孔隙度、溶蚀孔洞隙度较低。油气交

会图法判别指标较低，流体性质间接判别法计算的电阻率低于实测电阻率，表现为地层含油气性。综合评价为裂缝－孔洞型Ⅰ类油气层。FMI图像显示发育有直劈缝，延伸长，部分井段发育有溶蚀孔洞。对5584.0～5593.5m井段进行试油，抽汲后，产液172.8m^3/d，含油50%。可见，解释结果与测试结果符合较好。

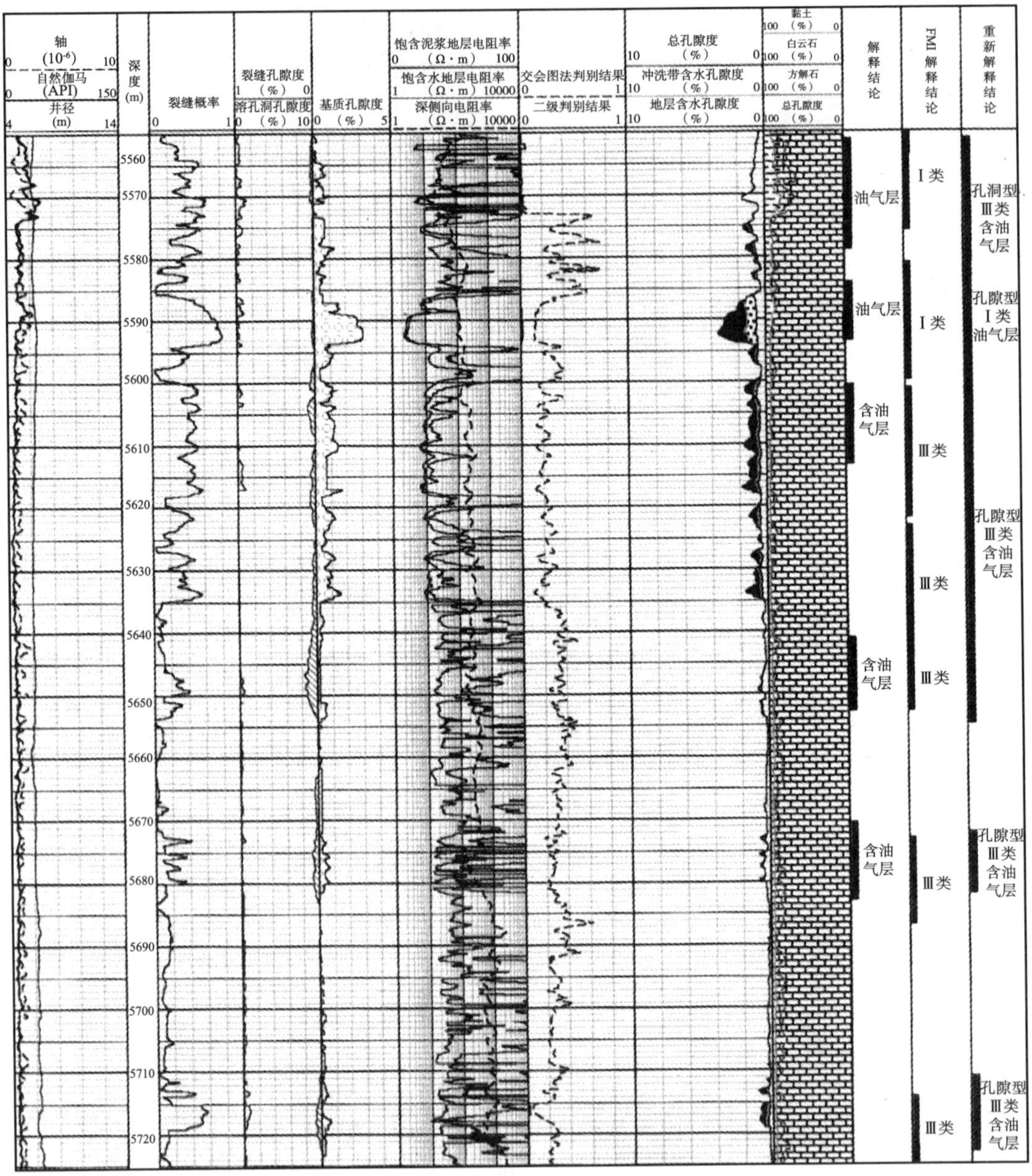

图10－51　S76井碳酸盐岩储层综合评价结果

图10－52为S67井的处理结果。5654～5677m井段电阻率约为400Ω·m左右，综合裂缝概率高于0.6，裂缝孔隙度为0.5%，基质孔隙度为1%，溶蚀孔洞孔隙度较低。综合评价为裂缝－孔隙型Ⅰ类储层。FMI图像显示5651～5678m裂缝非常发育，密度大，连通性好。对5662～5674m井段进行酸压，用8mm油嘴，产油470.81m^3/d。解释结果与测试结果符合好。

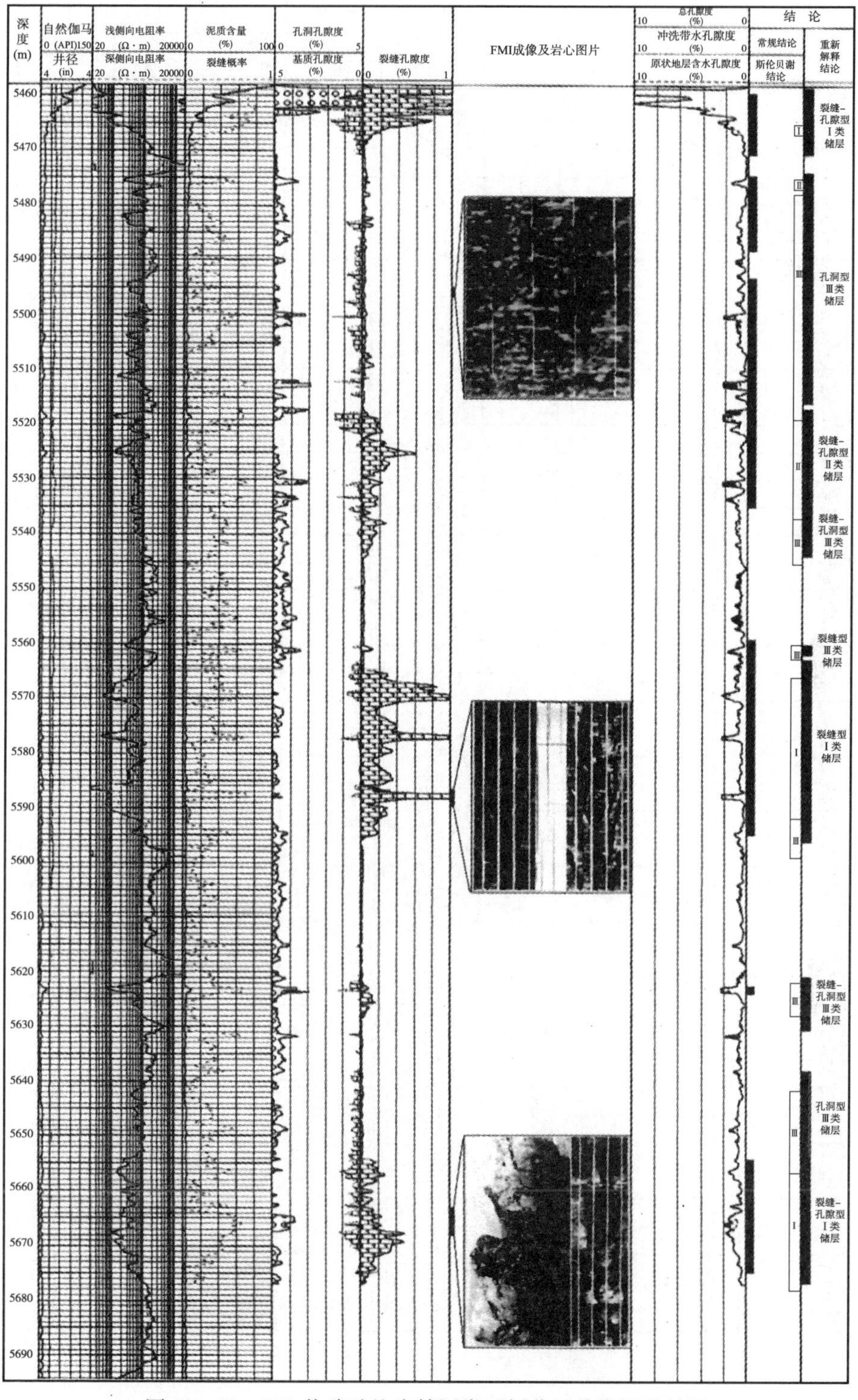

图 10－52　S67 井碳酸盐岩储层类型划分及分类评价结果

图 10－53 为 T705 井的处理结果。其中 5838～5854m 井段综合评价为孔洞型Ⅰ类油气层。钻井时在此段出现大的放空，井喷出黑色原油。解释结果符合实际情况。

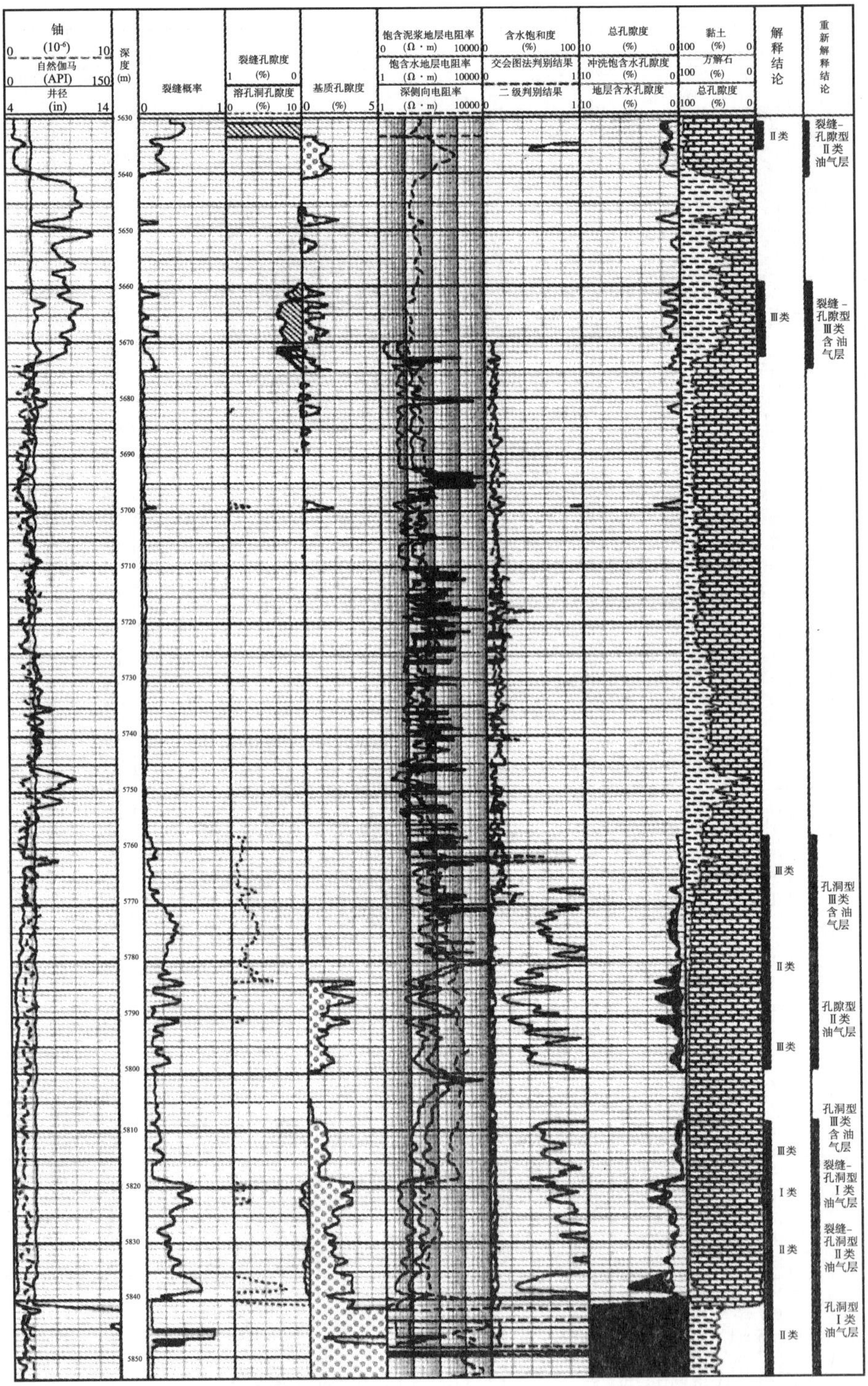

图 10－53　T705 井综合评价结果

图 10－54 为 S61 井的处理结果。其中 5660～5668m 井段电阻率低于 6Ω·m，结合裂缝概率高于 0.9，裂缝孔隙度、基质孔隙度、溶蚀孔隙度均较高。油气二级判别指标较低。流体性质间接判别法计算的电阻率高于实测电阻率，表现为含水地层特征，综合评价为裂缝－孔洞型Ⅰ类水层，经测试出水 $89m^3/d$。5676～5686m 井段电阻率低于

40Ω·m，综合裂缝概率为0.5，裂缝孔隙度、基质孔隙度、溶蚀孔洞孔隙度均较高。油气二级判别指标较低。由于该位于水层的下方，推测该层可能为水层，综合评价为裂缝－孔洞型Ⅱ类水层。

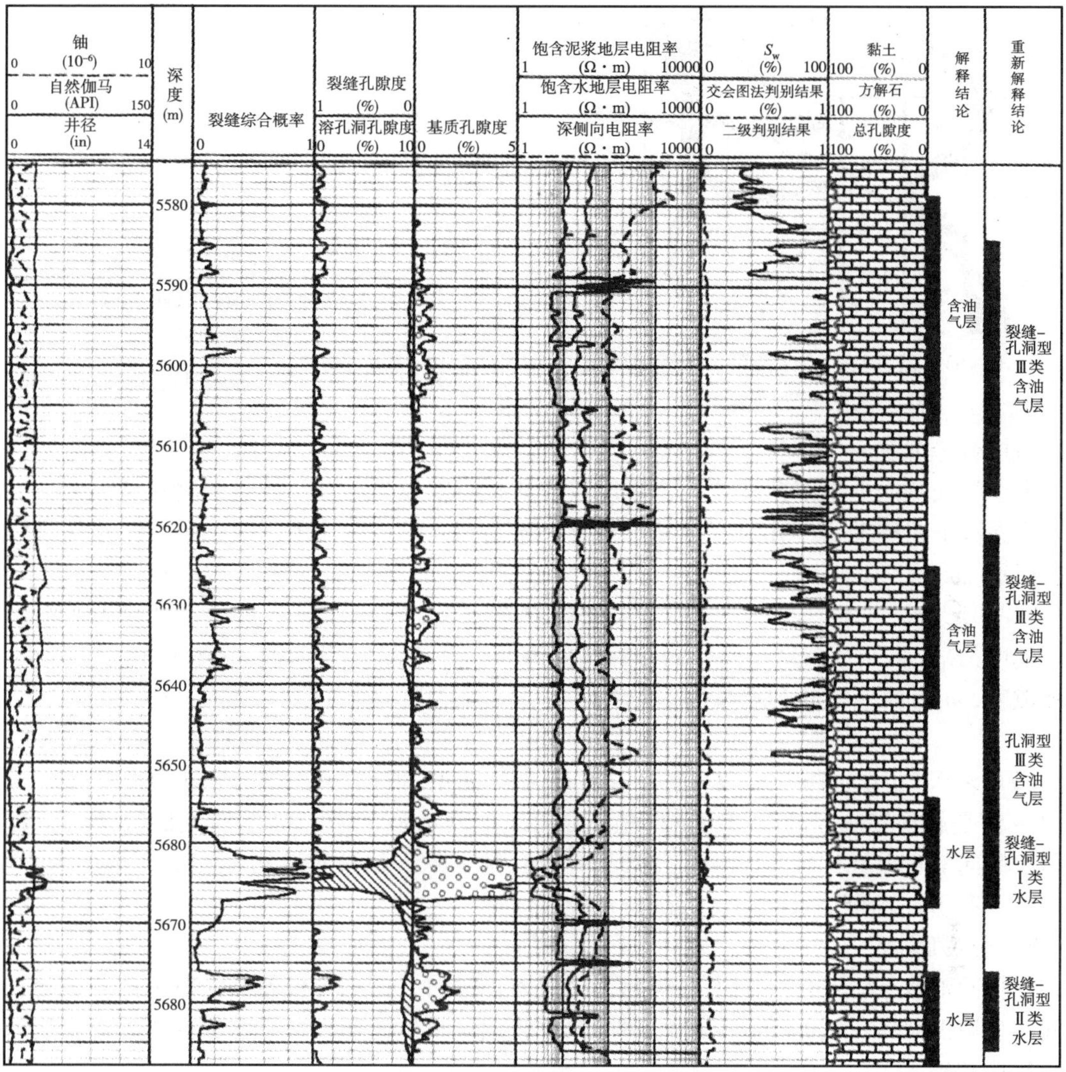

图10－54　S61井综合评价结果

（三）流体性质识别

对于含有有效(未充填)溶蚀孔洞－裂缝的储集层段，溶蚀孔洞－裂缝已与地层远处的储集体沟通，流体在储集空间中的流动已不是达西渗流，而是管流，如图10－55所示。

由于裂缝－孔洞型储层的孔隙空间分布极不均匀所造成的物理性质改变，往往掩盖了由于流体性质变化引起的物理性质的变化。因此，使得流体性质识别遇到困难。在油水系统复杂区块，问题更为突出。

1. 识别方法

1)正态分布法

正态分布能反映相同条件下重复进行多次实验或观测结果的规律。解释井段内水层 R_{wa}

的计算相对于 R_w 而言具有正态分布的性质。在正态概率图上水层的 $R_{wa}^{1/2}$ 与累计频率有直线关系，而油层的 R_{wa} 大于水层的 R_{wa}，形成斜率较大的另外一段直线，应用这样的方法能识别法、水层（图 10 – 56）。

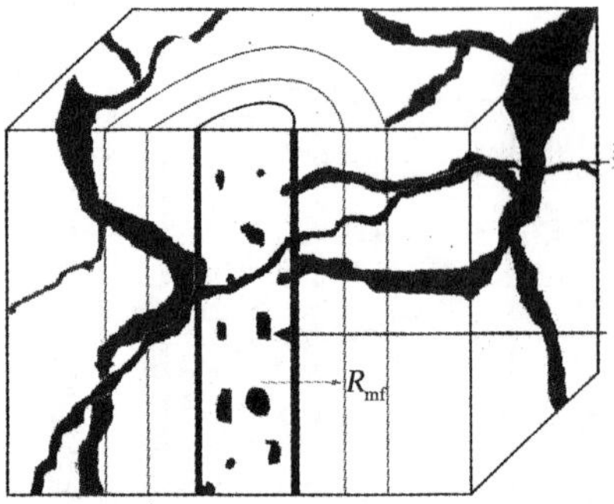

图 10 – 55　碳酸盐岩溶蚀孔洞、裂缝型层段流体的流动 – 导电示意图

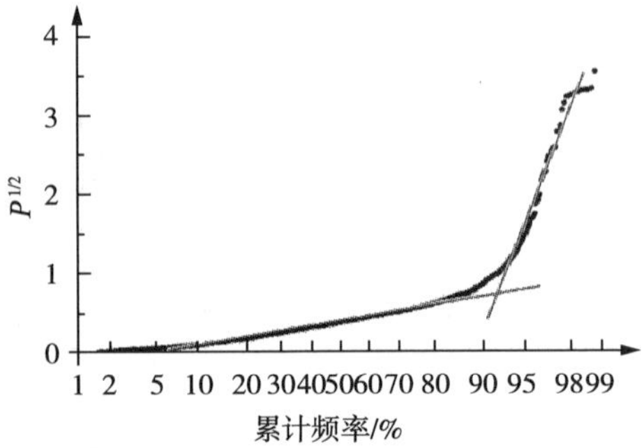

图 10 – 56　正态分布法识别油水层实例

2）电性差异法

由于深浅侧向电阻率存在差异，岩性较纯和孔隙度较为发育是油层的测井响应特征。因此采用深浅电阻率差值、孔隙度、黏土含量三方面因此的综合流体识别参数 *FTI* 作为流体类型的指示，即有：

$$FTI = 1 - (R_{LLS}/R_{LLD})^{1/F}$$

其中，R_{LLS} 和 R_{LLD} 分别为浅侧向和深侧向测井值；F 为地层因素，等于 $1/\phi^3$ ，其中 ϕ 为总孔隙度，m 由黏土含量 *VSH* 按下式给出：

$$m = 3^{VSH}$$

FTI > 0.1 时为油层，*FTI* 在 0 ~ 0.1 时为低产油层，而 *FTI* 近似为 0 时为干层。图 10 – 57是解释实例。可以看出 *FTI* 值近似于 0，表示不产油。*XI* 值在测试层位的下部显示深浅侧向的正差异比较大。含水孔隙和有效孔隙在这一层位重合得相当好，可能为水层。由此可以看出，解释结果与测试结论符合较好。

3）间接判别法

在相同油水系统条件下，当泥浆洞裂缝侵入很深时，在测井仪器探测范围内，裂缝孔隙空间几乎被泥浆所占据，欲从裂缝段中提取原状地层流体信息，可从相邻裂缝井段含液的情况来间接判别。

只要有裂缝井段上下相邻的无较大裂缝的层段都是含油的，该裂缝段也应是含油的；反之，上下邻层是含水的，裂缝层亦应是含水的。这样，通过对研究井段内无大裂缝井段含油性的判断，分析有裂缝段储层的含油性。

较致密的碳酸盐岩裂缝性储层中，除裂缝外，还有一些粒间孔隙和微裂隙，由于他们的尺寸很小，渗透性差，钻井时，泥浆洞大的裂缝侵入到地层深部，并建立压力平衡，而在岩石无裂缝的部位侵入很浅。这时，已经没有压力差迫使泥浆向微小的粒间孔隙和微裂缝中继续侵入，若这些小孔隙中原流体是水，则由于离子浓度差，可发生扩散，而使岩石孔隙中流体的矿化度（或电阻率）与泥浆接近，这种扩散作用的强弱取决于岩石基质渗透率、大裂缝的密度时间长短、浓度差等；如果原地层流体是油气，则对内部流体性质影响不大。这样，在没有大裂缝的井段，岩石孔隙中流体的电阻率还与钻井前相同或接近，把这种侵入状态称作“切割式侵入”。

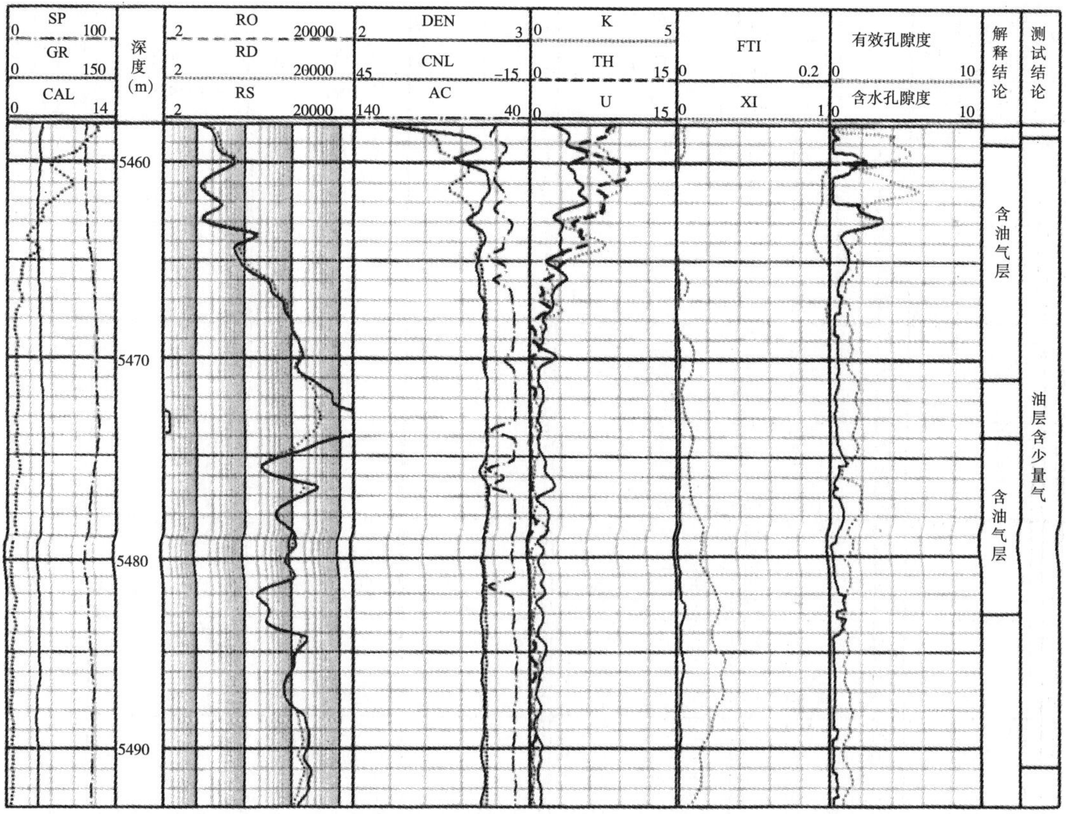

图 10－57　*FTI* 法识别油水层实例

T402 井在 5358～5412m 进行的系统测试中，获日产原油 350.8m^3，天然气 9860m^3，无水。测井曲线特征：电阻率 R_t 在在裂缝带下部井段高出含泥浆基质电阻率仅十倍。

经过漫长的地质时期，在很高的温度和压力作用下，原油会逐渐以扩散方式进入或部分进入储层，且宽度大一些的微裂缝含原油几率更大。按原油和泥浆能否进入(取决于宽度)将裂缝分成三个等级：原油和泥浆均不能进入的极小裂缝、原油和地层水在漫长地质时期中可缓慢进入的微小裂缝和钻井泥浆可立即侵入的中大裂缝。岩石的导电性主要由中大裂缝决定；在没有中大裂缝的井段，则主要由小裂缝来决定，这时，小裂缝中含油或含水就决定了电阻率的大小，故可据此判断岩石的含油性。

(1)判断处理深度点处是否有中大裂缝。中大裂缝的出现几乎对所有测井方法的测量值造成影响，但不同方法对裂缝的敏感程度及响应方式是不同的，可根据测井的差别判断中大裂缝存在与否。选取根据孔隙度测井估计出基质孔隙度值 ϕ_b，然后利用阿尔奇公式计算出含水岩石的电阻率，并与实测电阻率比较，若实测电阻率明显小于计算的水层电阻率，说明该深度有大的裂缝，不宜作含油性判断；若实测电阻率大于或与计算的水层电阻率相当，则认为该深度岩石无中大裂缝，可用于作含油性判断(图 10－58)。

T807 井溶洞发育段附近的相对致密段所测的电阻率与计算的水层电阻率重合，溶洞发育段附近的相对致密段有效孔隙度与计算的含水孔隙度重合，故判断该溶洞出水。

(2)岩石含油性判断。如果计算的水层电阻率与实测值判别不大，则为水层；若实测值远大于计算值，则可判为油，该层以上的裂缝层段应含油。从 S78 井测井曲线上看，大部分井段 R_t 与计算的含地层水基质电阻率和充满泥将的基质电阻率相近或重叠，识别结果为含

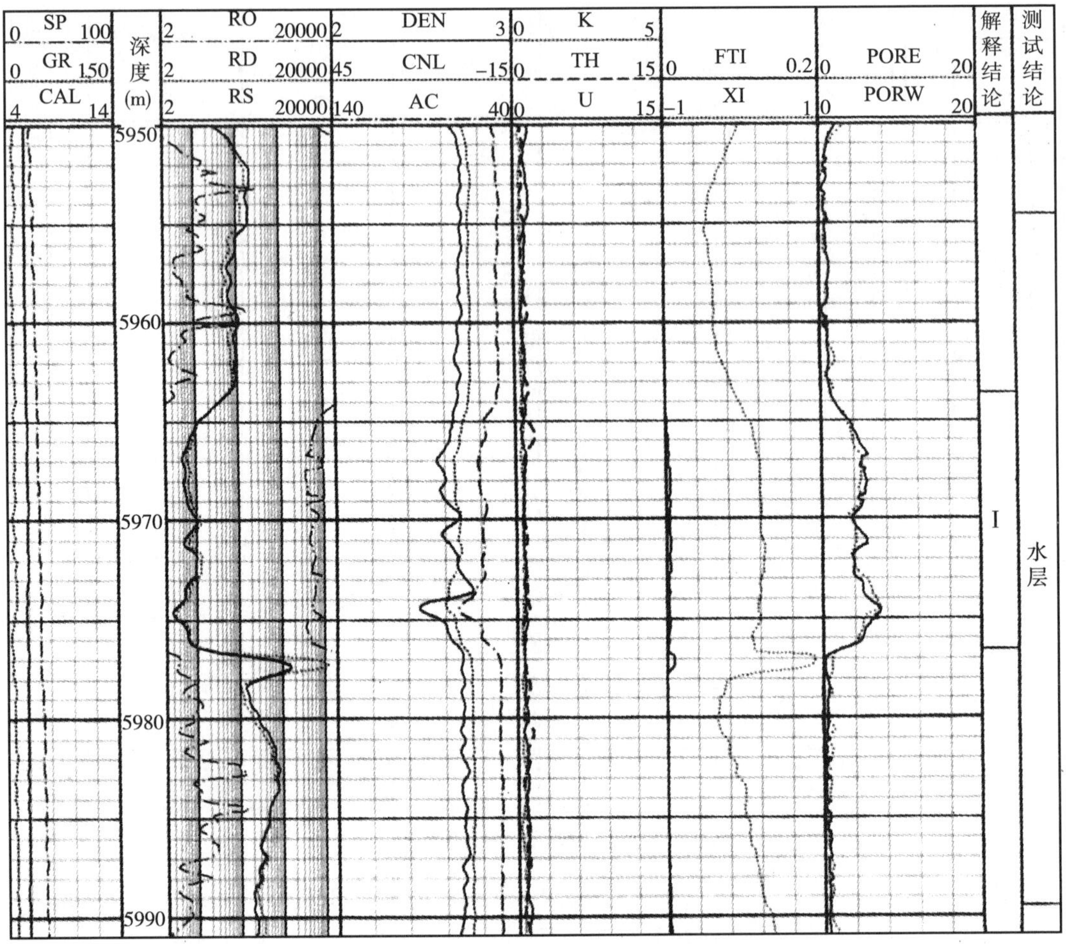

图 10－58　T807 井间接差别法处理溶洞出水实例

水层。经过 5316.06～5362.69m 井段测试为地层水，折算 68.7m^3/d(图 10－59)。

(3)二级综合判别法。由于目前用于判断岩石含油性的测井方法都不是直接测量含油性的，而是间接反映岩石含油性的，所以受含油性以外的因素影响很大。为减小这些因素的影响，必须充分利用各种测井资料的含油性信息，使之取长补短，进行综合判别。

测井方法的纵向分辨率、径向探测深度受地层各向异性影响的方式和程度都不相同，非均质和各向异性引起的差异可能超过地层流体性质不同造成的差异。这样，采用各评判因素加权求和得到综合指标，然后计算出隶属于油、气和水的隶属度或概率。由此得出二级综合判断技术：第一级判别，分析储层类型特征，确定所选用的含油性指标及其权系数；第二级判别依据所选的各个指标并加权求和，得到岩石含油性。

评判因素包括储层岩石的成分、孔隙类型、孔隙大小等储集性因素及其他能反映含油性的测井曲给特征(如电阻率)。因为含油时电阻率增大，而储集性差时电阻率也高，所以要把储集性因素加到判别因素集合中，统一考虑，避免因储集性影响而造成误判。

2. 基岩背景电阻率的平面变化特征

根据前述塔河油田不同类型次生孔隙型储层的测井响应特征、储集空间的有效性和纵横向分布规律的认识，有效的、具有有利空间配置关系的储层通常发育在较纯的、区域上处于有利岩溶带的碳酸盐岩地层。在测井曲线上，表现为高阻基岩背景条件下的相对低阻，也就

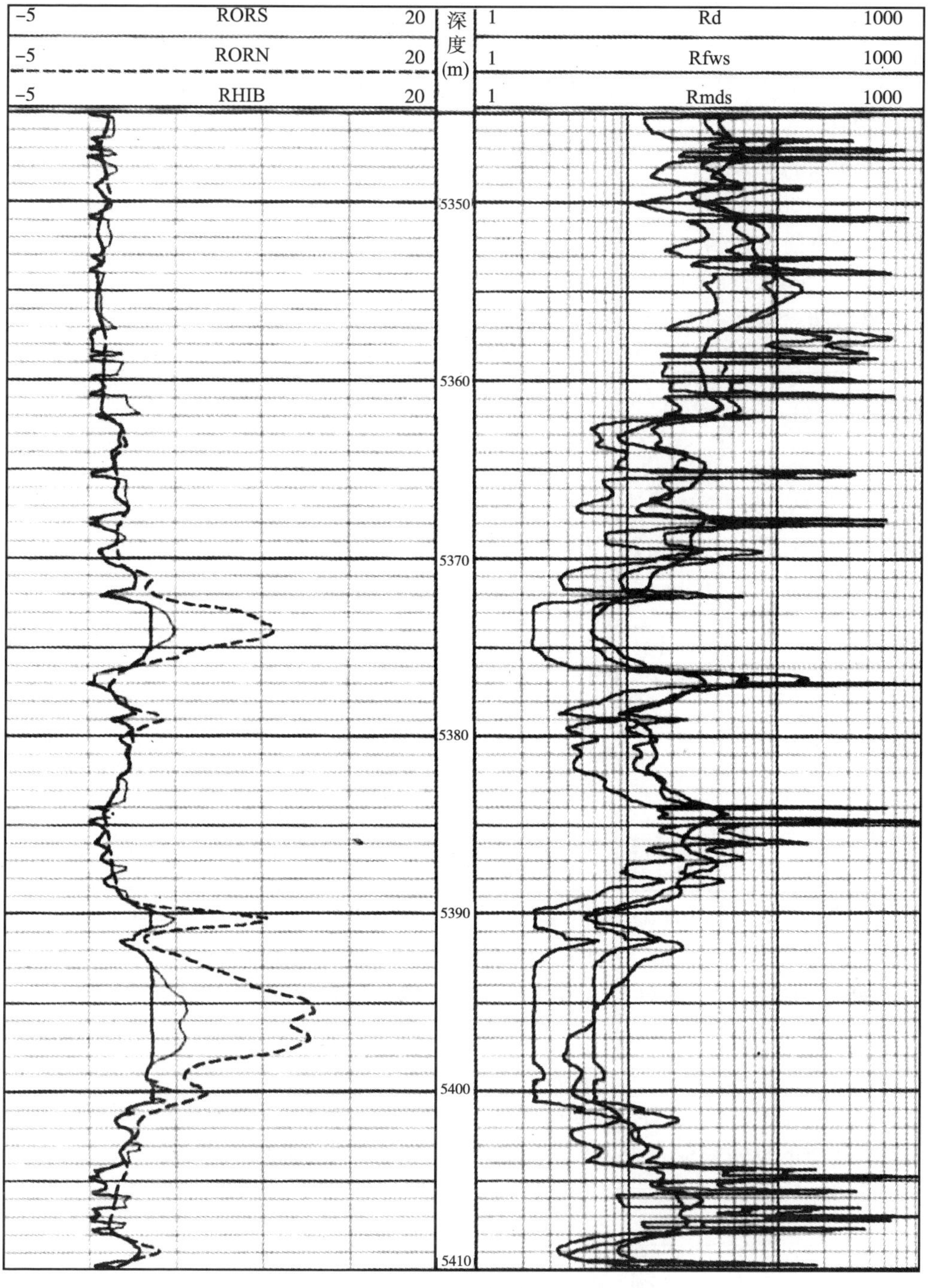

图 10-59　S78 井间接判别结果

是致密围岩条件下的相对高孔隙响应。在钻井工程过程中，主要表现为钻具放空和井漏（井涌）。基于以上认识，通过分析基岩背景电阻率的平面变化规律，结合邻井试油井和生产井的产液情况，可以研究有利储层平面分布、局部产液性质的问题。

根据深电阻率测井值的相对高低，划分为低阻（小于 800Ω·m）、中－高阻（800～2000Ω·m）、高阻（大于 2000Ω·m）三类电性基岩剖面。按纵向电阻率值的高低进行厚度加权，最后得到加权的基岩背景电阻率值。

通过对塔河油田 78 口井一间房组基岩背景电阻率值进行加权统计，初步得到基岩电阻率值的平面等值线图(图 10－60)。从图上可以看到，由南平台－西南斜坡的 T749、TK721、T809K、T803K、TK741、TK742、T811K 井北西向的基岩背景电阻率构成三个局部高值区域，北部隆起区的 TK735、T717、T314 井构成了另一个高值区。值得注意的是，在南部区块，由 S105、S106、T208、S113、S107、T114、T115 等井构成了一个显著的低阻基岩环带，这些井恰好是目前统计的主要产水井，由此可以推知，基岩的区域性低阻特性应该与区块的产液性质有关。同时，可以预测，如果试油层段不变，由 S105、S106、T208、S11 井所围成的环形边界以南，存在极大的产水风险。

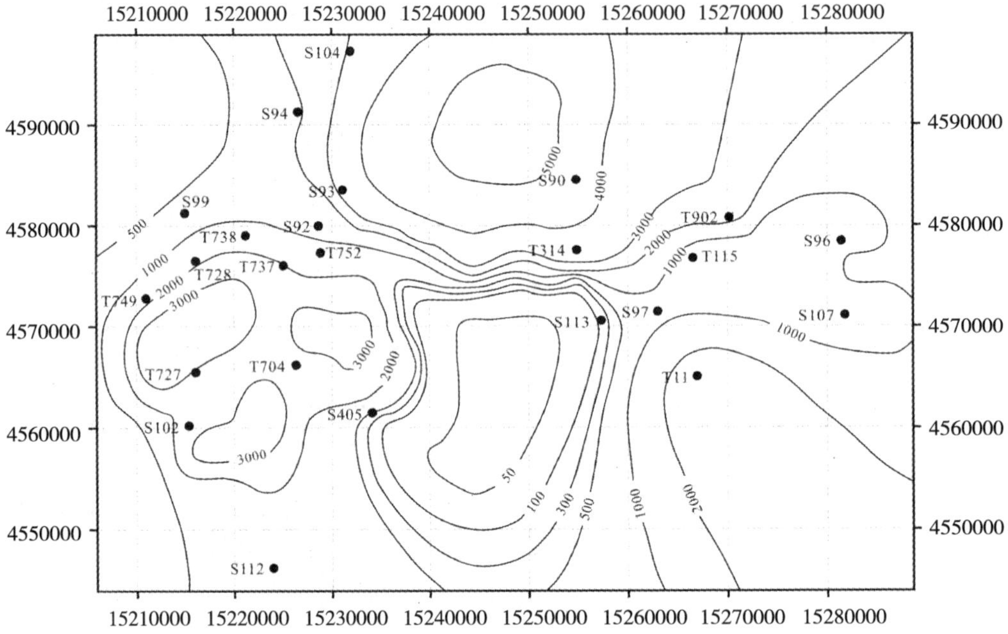

图 10－60　塔河油田奥陶系一间房组基岩电阻平面变化图

图 10－60 说明，基岩背景电阻率的变化不仅与区域的产液性质有关，与产能也存在着统计学上的相关性。从图 10－61 的统计结果来看，所有试油井中，高产油井的 20% 表现为高阻背景，11% 为低阻背景，中－高阻背景不到 5%。产水井不到 7% 表现为高阻背景，低阻背景约为 13%，中－高阻背景不到 3%。中－高阻背景以低产层为主，达 11%。由此可见，高阻背景下的低阻响应在很大程度上就是有利的油气储集和产出带。

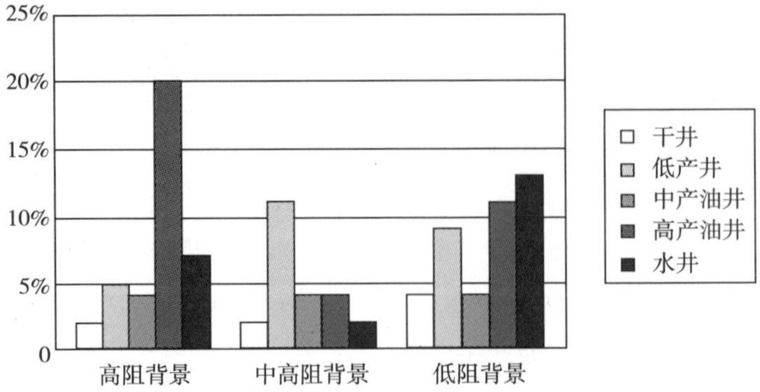

图 10－61　奥陶系不同基岩背景电阴率条件下产出情况

三、超深层复杂地层钻井技术

随着勘探步伐的加快、勘探领域的扩大，钻井工程向超深、复杂方向进一步发展，塔河油田盐下领域、塔河油田超深层、天山南山前构造勘探需要，给钻井工程带来了巨大的压力与挑战，同时也推动了西北分公司钻井工程技术的发展。

西北分公司针对盐下深层不同地层情况分别形成了以长裸眼揭示且大尺寸套管悬挂封隔、$8^1/_8$in 特种尺寸套管专打专封为特点的两套钻井工艺技术体系；对应奥陶系缝洞型油气藏易漏问题深化并推广了欠平衡钻井技术；面对超深层钻探的需要，确立了超深井钻井思想，探索并不断深化了超深井钻井工艺体系。总之，面对勘探带来的巨大工程压力，钻井工程技术不断向前发展，综合技术水平达到国内领先水平。

(一)塔河地区穿盐钻井技术

塔河地区南部盐体分布区盐膏层发育在石炭系巴楚组，埋藏深度在5000m 以下，具有埋藏深、盐岩厚、盐纯的特点，S106 井实钻厚度达260.5m。盐膏层一直是国内外钻井工程界的难题之一，同样是塔河地区盐体分布区奥陶系深层勘探的瓶颈。

西北分公司科学认识地质情况，以技术进步为前提，突破盐膏层钻探技术传统思路，先期采取了大尺寸开孔、盐膏层与上覆低承压地层同井眼揭示、大壁厚高抗挤套管悬挂封固盐膏层的长裸眼钻井方案，对应进行了堵漏、扩孔、双密度固井等工艺技术的配套与实践探索，形成了配套管技术系列。根据探索的结果，针对盐下地质情况的不同，作为技术方案的配套补充，有针对地实施了$8^1/_8$in 特种尺寸套管扩孔专封、盐下地层同井眼揭示的工艺与方案，有效解决了塔河地区盐体分布区盐下勘探问题，为盐下深层勘探提供了强有力的技术支持。

1. 长裸眼穿盐钻井技术

长裸眼穿盐技术选择与实施是以盐膏层上下地层性质与承压条件、钻探地质目标为前提的，最基本的条件是：钻井液体系与密度选择一方面可以满足对盐膏层蠕动的抑制要求，另一方面又符合上覆裸露地层的承压条件(或采取手段可以达到相应的条件)。

塔河地区南部盐体分布区长裸眼穿盐钻井技术的三大技术关键是：①盐上长裸眼承压堵漏，提高抗压能力；②外加厚大尺寸、大刚性套管安全下入；③盐膏层及其上部低承压易漏地层固井。这也是井身结构设计与工艺展开的基础。

井身结构方面：下$13^3/_8$in 套管封隔第三系欠压实、易分散造浆、易水化膨胀、易阻卡的地层；采用$9^5/_8$in +$10^3/_4$in 组合套管串封盐，套管下至巴楚组下泥岩段中部；$8^1/_2$in 钻头揭示石炭系巴楚组、志留系、泥盆系、奥陶系桑塔木组等以砂泥岩为主的层系，下入7in 尾管重叠过盐膏层；使用$5^7/_8$in 钻头钻达下奥陶统完钻目的层位。

主要配套工艺技术包括：

(1)复配堵漏剂，配合承压验漏，采用复合堵漏技术提高盐上地层的承压能力，要求承压当量1.73g/cm^3。

(2)采用欠饱和盐水钻井液，钻井液密度1.60～1.68g/cm^3，Cl^-含量145～165mg/L，抑制盐溶与盐岩蠕动。

(3)采用钻后液力扩孔方式，或采取RWD 随钻与钻后液力扩孔相结合的方式，扩孔直径≥14in，保证作业时间与空间。如钻遇软泥岩，则采用NBR 扩孔器反复通扩的方法，释放蠕动应力。

(4)采用$9^5/_8$in×$10^3/_4$in 组合套管，悬挂后回接，以减少钻机负荷，控制作业时间。盐膏层采用高密度水泥浆固井，4900m 以上采用1.60g/cm^3 低密度水泥浆固井，解决盐膏层段水泥环强度与上覆地层易漏问题。

(5)采用$10^3/_4$in×VM140HC×26.24mm 大壁厚、高抗挤直联扣套管封盐膏层。

(6)配合采用 PDC、大尺寸钻具等以提高效率，配合采取勤划常提、测控安全时间等技术措施，提高安全保证。

截至目前西北分公司长裸眼穿盐钻井技术成功实施了20余口井，均完成了钻井地质任务，其中 S106、S117 和 S116-1 等井获得工业油气流，强有力地支持了盐下深层勘探的顺利进行。

2. 盐膏层$8^1/_8$in 特种尺寸套管专封专打技术

塔河地区南部盐体分布区不同区域盐下地层存在较大不同，相对盐下志留、泥盆系缺失的情况，可实施“缩小开孔尺寸，使用$8^1/_8$in 特种套管专封盐膏层，盐下井段采用$6^1/_2$in 钻头钻进”的方案，这是盐区降本增效、提高作业安全的最有效、最根本的措施。

盐膏层$8^1/_8$in 特种尺寸套管专封专打技术的核心点在于：①盐下井段须具备同井眼钻进的条件；②须保证$8^1/_8$in 强度与间隙配合，管外须扩孔。

井身结构与主要配套工艺包括：$12^1/_4$in 钻头钻达盐膏层顶部，下入$9^5/_8$in 技术套管，双级固井。

使用$8^1/_2$in 钻头、采用欠饱和盐水钻井液(同长裸眼穿盐钻井液体系与技术)揭示盐膏层，钻至下泥岩段中下部中，完钻后采用 DBS UR800 扩孔器将井眼全程扩至$10^3/_4$~11in。相对$7^5/_8$in×10.92mm×140HC 套管参数，外径加厚至$8^1/_8$in，并保证其抗外挤强度≥150.5MPa，采用直联式扣型。悬挂$8^1/_8$in 套管封盐膏层，以通径不小于$6^5/_8$in 作为管串、工具组配条件，平衡固井。

使用$6^1/_2$in 钻头进行盐下地层钻进，直至钻达完钻层位，悬挂$5^1/_2$in 尾管完井，$5^1/_2$in 尾管过盐顶100m左右。

相对长裸眼穿盐钻井技术方案，该方案分解了原集中于$12^1/_4$in 井眼的钻井问题，有利于优快技术的展开，有利于钻井效率的提高，有利于降低钻井成本。

盐膏层$8^1/_8$in 特种尺寸套管专封专打技术是对塔河地区南部盐体分布区钻井工艺与方案的补充，继 T759 井成功应用后，该方案又相继在7口井实施，成为塔河地区盐体分布区盐膏层钻井技术的重要组成部分，有效加速了盐区勘探进程。

(二)欠平衡钻井技术

塔河油田奥陶系碳酸盐岩储层为石灰岩溶洞性地层，储层压力低。油气运移通道主要为石灰岩裂缝，非均质性强，连通性好，孔壁无水敏性黏土矿物，地层对钻井液密度很敏感，安全窗口小(0.02~0.04kg/L)。采用常规钻井技术时，70%以上的井发生井漏，甚至发生严重井漏，如 S47、S48、T301、T402 井等，井内平衡难以掌握，严重影响钻井目的实现。

通过“十五”期间的研究，针对塔河油田奥陶系油藏适合负压钻进的特点，采用负压钻进技术，较好地解决了上述难题。“十五”期间在 S89 和 T205 等奥陶系目的储层对钻井液密度敏感的探评井实施欠平衡钻井技术，利用特殊设备(旋转头)，负压值控制在0.5~3.5MPa，井口回压控制在7MPa以内，选择使用无固相聚合物钻井液，实现边喷边钻或边漏边钻，减少或避免井漏等井下复杂事故，减少污染、提高钻速，有效地保护了目的储层，发现了常规钻井不可能发现的低产油层，提高了单井产量，取得了显著的经济效益。

塔河油田欠平衡钻井技术在勘探评价井中取得较好成效后，随后在 30 余口开发井直井、水平井以及侧钻井中积极推广应用，该技术已为塔河油田广泛采用，是全国负压钻进应用最普及的油田之一。

（三）超深井钻井技术

超深井钻井存在的主要难点是：井超深，井底温度高，压力大；地层压力系统较复杂，必封点多，致使套管层序复杂；为保证后期完井井眼尺寸，上部地层采用大尺寸井眼，致使机械效率低；目的层埋藏超深，地层可钻性差，后期小井眼钻井机械效率低，钻井液抗高温高压性能及小间隙固井质量难以保证等。

随着钻井技术的发展和“十五”期间对超深井钻井技术的研究，取得了长足的进展，顺利完成了库 1 井和 S88 井等超深井的钻探任务。

库 1 井是位于亚肯北 1 号构造上的一口重点探井，考虑到地层性质与孔隙压力等多种因素，设计了五开次的井身结构。采用防斜钻具组合成功实现山前构造、地层倾角较大地层的防斜打直。采用欠饱和盐水钻井液体系，成功钻穿三套跨度大且较厚的盐膏层：第一套 5001～5136m，厚度 135m；第二套 5250～5283m，厚度 33m；第三套 5539～5601m，厚度 62m。采用抗高温钻井液和水泥浆体系，实现了 6941.15m 井深的超深井钻探和固井施工，支持了对亚肯北 1 号构造的地质情况和含油气性的探索。

塔深 1 井设计完钻井深 8000m，是目前国内设计井深最大的一口探井。该井将在塔河油田首次钻穿奥陶系，揭示寒武系建隆体，地质方面存在较多的不确定因素，如寒武系油气储集类型、地层压力系数、油气性质等，施工风险与难度极大。该工程项目是对国内钻井装备与钻井工艺技术水平的全方位检验，也将是中国石油钻井技术发展的标志性工程。

塔深 1 井设计采用 20in－$13^3/_8$in－$10^3/_4$in－$8^1/_8$in－$6^1/_4$in（或 $5^1/_2$in）套管序列，根据寒武系实钻情况，机动选择钻井方式。寒武系钻进时采取随钻扩孔方式，已钻井眼采用液力扩孔器修整，主要使用 PDC 钻进，使用抗高温聚磺钻井液（抗温≥200℃）。如寒武系钻遇漏、塌、异常压力等复杂情况，难以安全持续钻进，则下入 $6^1/_4$in 套管，使用 $4^3/_4$in 钻头钻至完钻；如寒武系未钻遇异常（漏、塌、异常压力），则持续钻进至完钻，下入 $5^1/_2$in 尾管完井。

塔深 1 井“钻头－套管尺寸配合序列”（表 10－5）是在世界上首次采用，吸收并发展了国内钻井最新技术成果，是西北分公司“十五”期间钻井技术成绩的体现。该井的顺利实施将使钻井、钻井液、固井等多个技术领域获得新的突破，对钻井工程而言具有“里程碑”般的意义。

表 10－5 塔深 1 井井眼、套管尺寸与间隙表

序号	钻头直径/mm	套管外径×壁厚/mm	套管内径/mm	环空间隙	
				上层套管重叠段间隙/mm	套管－裸眼段间隙/mm
1	660.4	508×12.7	482.6		76.2
2	444.5	339.7×12.19	315.345	71.44	52.39
3	311.15	273.05×13.84	245.37	21.15	19.05

续表

序号	钻头直径/mm		套管外径×壁厚/mm	套管内径/mm	环空间隙	
					上层套管重叠段间隙/mm	套管-裸眼段间隙/mm
4	241.3		206.375×13.5	178.375	19.50	17.46
5	120.7×190.5	工况1	139.7×10.54	118.62	19.84	25.4
		工况2	158.75×13.0	132.75	10.31	15.875
6	127或120.7					

注：①三开以下井段套管采有非标系列，套管、钻井与固井工具配合尺寸专项准备；②273.05mm套管作为承上启下的一个重要的工艺配合过程与环节；③127mm或120.7mm井眼如仍需下套管，则可下入101.6mm(4in)套管，或将井眼扩大至139.7mm，下入114.3mm($4^1/_2$in)套管。

四、测试技术

(一)高温高压测试井技术

西北分公司对高温高压井测试工艺技术主要以引用为主并初步根据高温高压井的特点对测试中的相关主要环节与石油学校合作进行了理论研究。在以下方面形成了初步成果。

1. 测试工艺的设计原则

在确保安全的前提下完成测试工作；要保证测试期间井下管柱、套管、地面设备和人员的安全。

测试应以完井测试为主，测试的管柱应遵循尽可能简化的原则。

测试应选用气密封性油管。

从工艺技术上尽最大的努力达到地质资料录取要求。

采用测试-射孔联作工艺。

完井液必须采用无固相，以保证测试管柱“下得去、封得牢、起得出”。

2. 测试管柱及井下工具选择

井下工具的选择原则遵循尽可能简化的原则。因此目前测试管柱常采用气密封性油管+两阀+一个封隔器的测试。

气密封性油管主要有：FOX扣、3SB扣、VAM扣。

两阀：主要从耐压指标上考虑选用$3^7/_8$in RD安全循环阀和$3^7/_8$in RD循环阀。

封隔器：主要从耐压差指标考虑选用哈里伯顿的RTTS封隔器。

3. 井口有地面流程

井口选用压力级别较高的(15000psi或20000psi)WOM或喀麦隆采气树。

地面流程按四条流程设计：一条主试产流程、一条辅助试产流程、一条放喷流程、一条反压井流程。在试产期间，如果气产量大于$100\times10^4m^3$，主、辅试产流程同时使用。井口打压射孔时是通过辅助试产流程中的一闸阀接入高压泵车。测试结束时，使用反循环压井流程压井。须正挤压井时，使用辅助试产流程。

4. 完井液选择

完井液采用两套无固相体系，一套用来造测试压差进行测试，一套用于测试之后的压井。压井液要与地层岩性配伍，入井后在高温下性能要稳定，悬浮性要好，有一定携砂能力。

5. 测试压差设计

根据目的层的测井资料，以地层岩石力学研究理论为基础，进行了测试压差设计计算。测试压差的控制是综合三方面考虑确定：

(1)油层套管抗外挤强度(射孔后)；

(2)地层出砂压差；

(3)测试工具技术指标。

6. 开关井工作制度选择

开关井制度采取二开二关的测试方案：负压射孔后先关井测静压，后试产，最后关复压。根据实钻显示情况，在试产期间用井口开关井进行试气(根据实钻储层的孔渗性选择修正等时或回压法进行，之后再加一次延时试井)。

(二)稠油井测试技术

西北分公司“十五”期间在稠油井测试工艺方面处在一个初步探索阶段，解决的核心是井筒举升与测试联作的配套工艺。目前经过前期研究，根据塔河油田的稠油特性和井况条件拟采用掺稀+测试联作和水力泵举升+测试联作两种方案进行稠油井测试。

1. 掺稀+测试联作方案

该方案是采用在塔河稠油采油中使用较好的掺稀降黏工艺和常规地层测试工艺相配套的联作测试工艺。

井下工具：采用常规套管挂壁工具串或裸眼支撑常规工具串。

工艺特点：

(1)目前所用设备具备，实施较容易；

(2)混合油从测试管柱和连续油管的环空排出，空隙小，清油损耗量小；

(3)易计量，只需计量注入量和产出量就可求得地层产出量；

(4)掺稀深度可根据排液效果进行调节；

(5)掺稀工艺在稠油采油中使用效果较好，与测试配套的成功可能性较大；

(6)测试管柱和连续油管间的环空小，混合油的流通面积小，阻力大；

(7)地面掺稀压力影响到井底，对压力数据有影响。

2. 水力举升泵+测试联作

该方案是采用在常规地层测试管柱中加入举升泵的联作测试。

井下工具：与套管挂壁测试相配套的管串。

水力举升泵：水力喷射泵或水力活塞泵。

工艺特点：

(1)水力喷射泵－测试联可实现混合排液与单项排液等多种排液方式，掺稀效果可能较好。

(2)混合液通过的流通面积大，阻力小。

(3)水力泵工作时连续、稳定，长时间的排液可以很好地解决非自喷井的探边问题，使非自喷井的试油、测试、试井具有自喷井的效果。

(4)但如果产出的原油黏度过大时，泵心有可能造成投放困难，落不到泵筒位置，也就无法实现排液。

(5)混合液通过的测试管柱和套管间的环空空间大，且前期环空混有压井液，混合液再与压井液混合后难分离。

(6)水力喷射泵在S92井的采油中已使用，效果较好，但使用的范围并不广，其与测试配套的使用效果有待评价。

五、超深碳酸盐岩储层改造技术

(一)选井选层

经过近几年的研究和现场实践，塔河油田形成了一套成熟的酸压选井选层技术。酸压选井选层原则由全井段笼统酸压发展到根据井或层的地质模型来决定酸压井段和酸压规模，酸压选井选层工作发生了质的飞跃。同时，开展了碳酸盐岩水力压裂的选井选层工作，初步获得了一些成果。

(二)地应力参数的求取

1. 地应力大小

建立了系统的岩石力学参数及分层应力计算公式，利用单轴及三轴岩石力学实验、声波测量等实验获得力学参数。计算结果表明，塔河油田新区奥陶系碳酸盐岩储层的垂向主应力分布在0.0217~0.0231MPa/m，最大水平主应力分布在0.0236~0.0324MPa/m，最小水平主应力分布在0.0139~0.0161MPa/m。结合酸压施工资料得出地层破裂压力总体上呈从东往西、从北往南偏大的趋势。同时，多口井岩石力学参数曲线表明，酸压井段上下没有明显的隔层，岩石力学性质差异不大，因此酸压应注意控制缝高。

2. 地应力方向

根据塔河油田10口井的DSI和XMAC偶极子横波测井资料计算结果，研究区最大主应力方向以北东方向为主，也有近东西向和南东向。奥陶系各层有所差别，在纵向上良里塔格组到鹰山组最大主应力方位呈现北北东到北东东的趋势。

(三)酸-岩反应参数的获得

1. 酸-岩反应动力学参数

针对新的储层特点，开展了130~150℃高温条件下的酸-岩反应动力学实验研究，采用20% HCI +0.8% XR-140/DG-130/BDI-6B酸液体系。结果表明在更高温度下酸-岩反应速度明显增大，可以增大1~2个数量级，酸-岩反应受岩心结构的影响较大。同时实验结果表明，不同矿物与酸的反应存在着较大的差异，从而为优选工作液提供了依据。

2. 酸蚀裂缝导流能力

采用实际岩心模拟现场施工工艺开展了3口井的酸蚀裂缝导流能力实验，并对酸蚀裂缝的微观特征进行了CT扫描分析，分析酸蚀特征影响因素，获得了适合塔河油田酸蚀裂缝导流能力的预测模式：

$$C_f = 1.46 \times 10^7 w_i^{2.466} e^{-c\sigma}$$

(四)酸压工作液体系的建立

1. 酸液体系

经过几年的发展与完善，形成了目前以CX-206、XR-140、BDI-6B、DG-130等体系为主的胶凝酸系列及表面活性剂缓速酸和乳化酸多种酸液体系，使塔河油田酸压工艺和胶凝剂产品达到了国内一流，国际领先水平。2004年为了降低胶凝酸中聚合物含量，减少储层伤害，研究开发了低伤害胶凝酸体系，使得聚合物加量减少到0.6%。同时针对目前很多储层异常高温高压的特点，开发了温控变黏酸体系，并在 S110、S113、S119、TK209CH、T758 井成功应用，取得了较好的工艺效果，酸压井均取得了良好的储层流体评价，并在 TK209CH 井中取得了日产原油 83 m^3 的产能。

2. 压裂液体系

针对目前储层埋藏更深、温度更高的特点，在进一步提高目前已发展应用成熟的压裂液体系性能基础上，优选了性能更为优良的有机锆交联剂。使 0.6% GRJ－11 与有机锆交联剂 OBZ(OBZ－A：OBZ－B＝10∶1)形成的冻胶在剪切初期具有 300mPa·s 以上的表观黏度，120min 时黏度达到 134mPa·s。

(五)酸压工艺技术系列

根据塔河油田奥陶系储层地质特征，研究应用了普通酸压工艺、前置液酸压工艺、多级交替注入酸压工艺、闭合酸压工艺、多级注入闭合酸压工艺、混氮酸压工艺、分段酸压工艺 7 种工艺技术，均取得了良好效果。针对塔河油田目前的油藏、地质和酸压配套技术情况，现阶段以前置液酸压和分段酸压工艺的应用最为广泛，近年酸压施工效果一直保持在 50% 以上，进一步验证了前置液酸压在塔河油田的适应性良好。

(六)酸压配套技术

1. 深井酸压管柱的优化与设计技术

塔河油田由于埋藏深、温度高，给酸压管柱的设计与配套带来了很大的困难。通过研究和技术攻关，主要采用了图 10－62、图 10－63 所示的两种管柱结构。

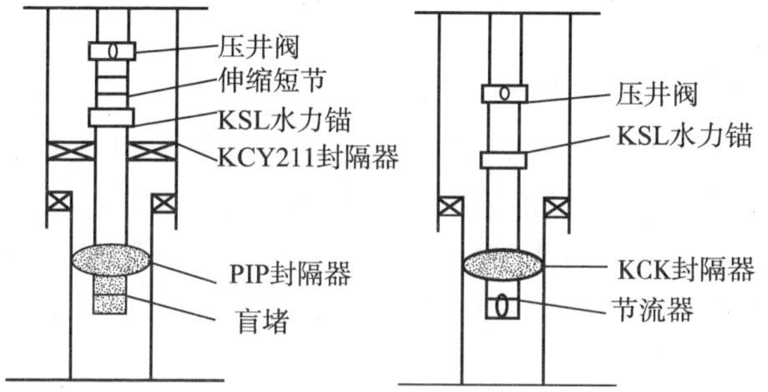

图 10－62　封上压下酸压管柱

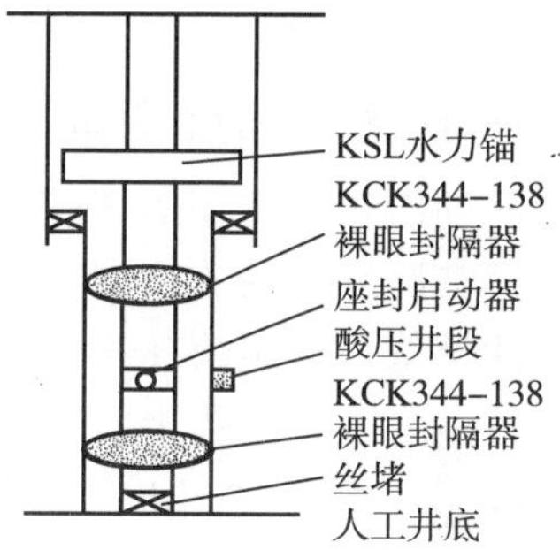

图 10－63　封下压上酸压管柱

2004 年开发了深井酸压管柱设计与分析软件，可以根据酸压管柱结构，考虑酸压过程中温度、注入摩阻等因素的影响，对酸压过程中管柱的受力状态进行计算分析，对施工管柱结构等进行优化，获得较好的应用效果。2004 年塔河油田采用封隔器分隔压裂 91 井次，工艺成功率为 88%。

2. 快速排液技术

塔河油田对酸压后不能自喷排液的井采用机械抽汲返排、化学助排、混氮酸压(增能)助排、液氮气举排液等，近年主要采用抽汲排液方式。由于抽汲排液深度有限，抽汲周期长、排液效率低、效果较差等缺点，2003 年开始引进了气举阀气举返排技术。该技术在油井酸压管柱上连接气举阀，施工结束后不动酸压管柱，采用从环空注氮气，减小油管中的液柱压力，增大生产压差，从而实现残液的快速返排。使排液效率大幅度提高(气举平均为 119.8m^3/d，抽汲平均小于 10m^3/d)，缩短了产层的评价周期，实现了快速评价产层的目的。

3. 酸压诊断与评估技术

主要开展了酸压井底压力温度测量、产液剖面测量及压后试井分析等工作。

2004 年开展了 6 井次的酸压井底压力温度的测量，获得了很好的监测资料，对于酸液注入摩阻、地层闭合应力、井底温度的变化等取得了新的认识，为酸压工艺、酸液体系优选及排液制度的优化提供了依据。

通过对 TK225 等 15 口井进行产液剖面测井，表明仅有 33.33% 的酸压井产液井段与测井解释为储层的井段对应情况较好，进一步验证了碳酸盐岩非均质性极强，测井解释只能表述井筒附近储层的特征，对于酸压层段优选和测井资料的再认识提供了保证。

(七) 最新进展

(1) 开展了地面酸压裂缝的实时监测，引入了嵌入式人工裂缝实时监测系统，通过几口井的应用，获得了酸压裂缝方位、长度、高度和产状及地下主应力方向等情况，为下一步制定地质开发方案提供科学依据，目前该项技术处于评价应用阶段。

(2) 通过前期理论与实验研究，现阶段开展了碳酸盐岩加砂压裂的现场试验，目前已在 TK844 井施工成功。通过小型加砂压裂测试为大型水力加砂压裂的施工起到了良好的指导作用，并使得该井达到了最高 480 kg/m^3 的加砂浓度和加入陶粒 $39m^3$ (即 69.2t) 的较好施工效果，为塔河油田碳酸盐岩的储层改造工作又提供了一种有益补充。TK733、T709、T752 等井目前也处于加砂压裂的准备阶段。

六、碳酸盐岩缝洞型油田开发技术

(一) 碳酸盐岩缝洞型油藏开发研究的主要技术难点

塔河油田属于典型的碳酸盐岩缝洞型油藏，储集体分布非均质性极强，油水关系复杂，认识油藏与开发油藏难度都很大。虽然开发研究取得很多实质性的进步，油藏认识不断加深，原油储量、产量快速增长，但由于油藏性质的特殊性，国内外缺乏可以借鉴的成熟理论和研究技术方法，总体上，开发基础理论研究落后于应用研究，油藏基础认识落后于开发实践。就油田开发来说，研究上主要面临四大技术难点。

1. 油藏描述技术研究难度大

目前，油藏描述在储集空间类型及展布、缝洞的沟通关系及分布模式、缝洞体内部格架模式、缝洞体内部属性、地层流体的分布规律、地层水的规模和赋存状态等方面基本处于定性或概念性分析阶段，虽然对油田开发部署起到了一定的指导作用，但不能满足科学的开发部署、科学的能量补充、科学确定开发政策等方面的要求。缝洞储集体的认识是当前制约提高油田开发水平的关键因素。

2. 流动机理研究难度大

就目前认识而言，缝洞型油藏流体流动是一个复杂的偶合流动组合，目前以渗流力学为基础的理论不完全适应油藏工程研究的需要，必须建立一套适应于油藏特征的新的油藏流体流动机理研究方法、手段和数学表征方式，是一项具有挑战性和开拓性的研究工作。国内外在这些方面的研究还都处于探索阶段，没有形成成熟的开发研究基础。

3. 油田开发方式研究和开发技术政策研究难度大

塔河油田目前以天然能量为主体开发方式，部分实施了单井注水替油和缝洞单元注水开发试验，取得了比较好的增加可采储量、增加产量的效果，但总体开发效果有待于进一步提高，目前石油采收率只有13% ~15%，资源利用率低。全面实施能量补充开发、建立合理的开发技术政策是提高开发效果的重要措施，这方面的研究需要深化和提高。

4. 提高采收率技术难度大

塔河油田部分开发区已经进入中含水，由于受储集体分布、储集体内部结构、流体流动特征等认识程度的限制，如何进一步提高储量动用程度、提高动用储量采收率还没有形成成熟的思路和技术手段。碳酸盐岩缝洞型油藏提高采收率技术与行业成熟的碎屑岩提高采收率技术有着很大的区别，其核心是提高储量井控率和提高注入剂驱替体积，目前进一步提高采收率的研究开展的比较少。

(二)塔河碳酸盐岩缝洞型油藏开发技术

从1997年塔河油田碳酸盐岩缝洞型油藏发现以来，经过近10多年的开发实践，中石化西北分公司针对这种复杂的油藏类型，开展了一系列的攻关研究，按照"实践－认识－再实践－再认识"的辩证思路，取得了大量的成果，配套了开发技术，为油田的快速发展提供了技术支持，目前基本形成了具有塔河缝洞型油藏自身特色的主导技术。

1. 建立完善了碳酸盐岩缝洞型油藏储集体识别预测技术

由于碳酸盐岩岩性相对比较均质，地震剖面一般为规则反射或无反射，当存在缝洞储集体或断裂时，会出现地震反射异常特征，通过正演模拟、物理模拟与地震剖面反射特征的综合分析，缝洞储集体在地震剖面上多表现为"串珠"、"杂乱"等反射特征。经过多年探索、实践，逐渐形成了以地震反射特征分析和振幅变化率技术为主体的三维地震综合识别和预测缝洞技术方法。

首先建立了缝洞储集体地震反射特征的分类标准，把缝洞储集体的反射特征分为四大类、九亚类、二十小类，利用反射特征进行缝洞体的纵向识别，然后利用振幅变化率预测以溶洞为主的缝洞体平面分布规律。

在测井技术方面，形成了比较完善的测井系列和处理解释手段，摸索出一套可以在相当程度上解决储层测井评价的方法，在缝洞储集体的判别和参数解释方面，可以达到定性到半定量化的水平。

2. 初步建立了碳酸盐岩缝洞型油藏描述技术

塔河油田碳酸盐岩缝洞型油藏储层结构与国内外碎屑岩油藏及碳酸盐岩潜山油藏具有很大的差别，储集体多以溶洞为主，发育裂缝和溶蚀孔洞，空间展布复杂，为更科学的描述缝洞储集体发育规律，通过岩溶缝洞成因和流体连通性研究，类比国内372个地表溶洞体系的研究成果，逐步提出了针对岩溶缝洞型碳酸盐岩油藏不同研究层次的基础理论概念——缝洞系统和缝洞单元，初步建立了碳酸盐岩缝洞型油藏描述技术。

首先应用以三维可视化技术和趋势面分析技术描述每一构造层顶面局部残丘的变化特征，同时采用变速时深转换成图技术，提高成图精度，刻画岩溶残丘形态；结合构造演化研究，采用相干体技术对断层精细识别解释，并描述断裂的组合分布特征、几何形态。

其次是在构造裂缝研究的基础上，以已钻井的溶洞和储集体的地震反射特征为"点"，充分运用三维地震属性(振幅变化率)在平面的分布特征，进行缝洞体的平面展布研究。

同时利用动静态结合的方法，对不同规模和深度的缝洞体连通关系开展研究(即缝洞单元的划分)，采用波形分析技术、能量体分析技术和地震测井联合反演技术，以三维可视化的解释手段，开展了缝洞体的追踪标定和几何外形描述，最终刻画缝洞体的三维空间展布形态。通过研究认为：塔河油田继承性发育的古残丘的高部位和断裂系统，尤其是海西早期古残丘与T74的构造叠合部位，古溶洞系统发育呈现为蜂窝状和网状，溶洞之间的连通性较好，古溶洞系统的展布范围广且连通规模大，塔河主体外围地区受古地貌和岩溶断裂发育控制影响，古溶洞系统呈现为条带状和线状分布的特征。最后结合流体资料和开发动态资料描述，分析油气分布的控制因素及油藏特征。

依据油藏描述结果，2005～2006年将奥陶系油藏已投入开发的2、3、4、6、7、8区块，划分成42个多井单元，110个孤立或相对定容的单元，共计152个单元。2006～2007年利用波形、分频分析、三维地震反射能量体技术进行了缝洞单元边界的刻画和空间雕刻；同时注水和示踪剂分析技术的发展和广泛应用，深化了井间储集体的连通性认识，进一步对缝洞单元进行了精细划分，把前期152个缝洞单元重新划分为137个缝洞单元。

缝洞单元三维定量描述技术是缝洞型油藏描述的发展方向。通过研究认为，波形分析技术、三维地震反射能量体技术能够描述地震分辨率可识别尺度范围内缝洞体的三维空间展布特征。波形分析技术可以将表层弱反射代表的储层类型和内幕强反射代表的储层类型的预测结果数据体进行合并，结合三维可视化技术对塔河主要的缝洞单元进行了三维刻画，并求取缝洞单元的视体积，基本明确了缝洞型油藏的分布范围及储量规模，为科学合理开发提供了依据。

3. 创新形成了塔河油田超深井钻完井技术

面对塔河油田井深(5300～6500m)、地层复杂、地层压力系统不同等问题，通过技术攻关，创新形成了井身结构优化、钻井、固井、泥浆、完井等超深井钻井配套技术。形成了膏盐层的专打专封技术、小曲率侧钻技术、分支井及水平井钻井技术。

超深井钻井技术以“提高钻井速度、质量和效益”为核心，将奥陶系直井井身结构由四级优化为三级，推广并持续优化PDC钻井技术，优质钻井液技术、长裸眼分级固井技术等在实践中不断进步，使塔河油田钻井效率大幅度提高。与“十五”初期相比，塔河油田开发井钻井效率提高了30%以上，TK255井创造并保持了单只241.3mmPDC钻头进尺4452m的世界纪录。

为满足塔河油田盐下深层开发的需要，解决原大尺寸长裸眼穿盐存在的施工难度大、钻井周期长、工程投资大的问题，形成了增加膏盐层单独开次的专打专封技术，降低了施工风险，避免了对盐上低承压地层的堵漏施工，增大了密度调整空间，大幅度提高了盐区钻井效率，降低了盐区开发成本。

通过技术攻关，形成了超深短半径侧钻井技术及水平井钻井技术。塔河油田缝洞型油藏的特点决定了一次成井难以充分动用地下缝洞体中的储量。利用报废井、长期停产井进行侧钻，在提高储量动用程度的同时，大大降低了钻一口新井的投资成本。老井7in管鞋上下分属不同压力系统，套管下入深度在奥陶系油层上部，由于奥陶系揭开井段只有60～150m，而老区侧钻只能沿储层顶面进行，实施侧钻存在曲率半径小、造斜率要求高的技术问题，塔河油田奥陶系侧钻水平井的平均造斜率为(0.8°～1.4°)/m。通过不断研究与实践，塔河油田形成了轨迹优化设计、滑动与滚动钻进结合、MWD(或有线)随钻测量、柔性倒装钻具组合、钻具防脱等短半径水平井钻井系列技术，为油田高效开发提供了有力的工程技术手段。截至目前，塔河油田已完成超深侧钻井95口，造斜点最大深度达6230m，水平位移最大达到了721.04m，造斜率最大达50.01°/30m，创造了国内超深水平井施工的多项纪录；单井投资仅为1200万元左右，为新井投资的45%左右，满足了塔河油田高效开发的需要。

在国内率先引进贝克休斯公司带侧孔钩式悬挂器分支井系统，完成了塔河油田第一口四级双分支水平井——TK908DH，2005 年 7 月两分支合采油产量达 190t/d，已累计产油 12.65×10^4t，该井技术水平在国内具有领先地位。完钻井深 8408m 的塔深 1 超深科学探索井创造了亚洲深井新纪录，填补了多项国内空白。T912CH 井 7in 套管开窗侧钻配合遇油膨胀封隔器完井工艺技术，开辟了小井眼水平井完井的新途径。

4. 创新形成了碳酸盐岩缝洞型油藏储层酸压改造技术

塔河油田自 1998 年 12 月 20 日在 S23 井第一次采用稠化酸工艺进行酸压，并获得产能以来，科研人员按照“室内研究，现场试验，总结完善，推广应用”的原则，经过“技术引进、工艺配套、不断完善”三个阶段的发展，研究形成了具有碳酸盐岩缝洞型油藏特色的选井选层、工艺配套、设计优化、现场实施、监测评价相配套的深层酸压技术体系。

塔河油田奥陶系碳酸盐岩油藏具有超深、高温、高压、非均质性极强，基质渗透率低的特点，69% 的油井完井后自然产能低或无自然产能，需要通过储层改造投产。经过九年来的技术攻关，目前建立并完善了酸压选井选层标准，并积极探索了压前定量评价技术；开展了酸压工作液体系研究，针对不同地层的特点研发了胶凝酸、乳化酸、变黏酸、冻胶酸和转向酸 5 大酸液体系；形成了前置液酸压、多级交替注入酸压、闭合酸压、复合酸压 4 种成熟的酸压工艺，裂缝穿透距离达到 120m 左右；形成了超深井压后快速返排工艺，比传统工艺缩短评价周期 8 天以上；通过地面微地震裂缝监测、压降测试、井温测试、产液剖面测井等手段建立了压后评价体系，进一步指导并优化施工设计。通过酸压工艺技术配套，成功实现了对井深达到 6925m、实测温度达到 143.36℃ 的超深高温井的酸压改造。

截至 2007 年 9 月底，塔河油田共进行了 746 井次的酸压改造施工，累计生产原油 1052×10^4t，项目投入产出比为 1∶6.9，获得了显著的经济效益，已成为塔河油田缝洞型碳酸盐岩油藏主要的完井技术。

5. 创新形成了塔河油田稠油油藏深井举升采油技术

目前塔河油田已动用稠油地质储量 9699×10^4t，稠油地面原油黏度为3000 ~ 945000mPa · s（500℃），原油密度 0.97 ~ 1.099g/cm^3，采用常规的技术手段无法正常生产。

2001 年 8 月在 TK612 井首次尝试稠油掺稀工艺获得日产 500t 的重大突破以来，研究并形成了以掺稀降黏、化学降黏、抽稠泵和稠油电泵为主的配套稠油开采工艺技术，实现了稠油高产、高效的开采，提高了塔河油田稠油储量的动用程度。目前塔河油田稠油掺稀生产井 75 口，日掺稀油 2942t，日产油能力 3342t，累计生产原油 261.6×10^4t。

稠油掺稀降黏工艺技术是目前塔河油田稠油开采的重要工艺，已形成掺稀自喷和掺稀与抽稠泵、管式泵、稠油电泵配合的复合掺稀工艺技术；稠油化学降黏主要针对含水乳化严重的机抽井开展了水溶性降黏剂和高凝稠油油溶性降黏剂的试验。

针对塔河油田 12 区稠油开采中堵塞管柱、机抽故障等新问题，通过建立稠油井的热力场和压力场模型，进行模拟研究、不断改进。开展了大管径开采试验，突破了超稠油开采的禁区。平均单井日产 100 ~ 200t，其中 AD4 井创下了日产原油 1000t 的历史纪录。

积极实施技术改进，以泵下、井筒、地面三统一为原则，实现超深稠油电泵深抽、皮带抽油机和变频控制技术三项技术改进。在中国石油化工集团公司的大力支持下，开展了艾丁超稠油深抽电泵先导项目，首创全国稠油电泵下深 3500m 的纪录，掺稀比从 1∶2.5 降低到 1∶1.2，单井日增油 20t，泵效 84%。同时开展掺热稀油试验，进一步有效解决了稠油卡泵、调参的难题。

面对稀油资源紧张和含水井掺稀效果变差的问题，在掺稀的同时，加大化学降黏研究与试验。在掺稀自喷井和机抽井试验 17 井次，见到一定的效果，下一步将继续改进化学降黏剂的配方，加大试验力度，同时还将积极探索稠油加热回注、注气开采、闭式热水循环替代掺稀降黏的先导试验，缓解稀油资源短缺状况。

6. 初步探索了碳酸盐岩缝洞型油藏注水开发提高采收率技术

注水替油是在实践中探索并试验成功的提高缝洞型油藏采收率的有效方法。TK741 井钻井过程中放空 7.6m，自然投产后初期日产 109t，但投产后递减快表现出定容封闭特征，在作业过程中注水 773m^3，关井 300 小时后，油井恢复自喷，日产水平达到 190t，含水 0.8%。单井注水替油机理主要是缝洞储集体导流能力强、界面张力弱、油水易于置换，通过注水快速补充地层能量，并不断产生次生底水类似活塞式向上驱油，恢复油井产能，达到提高采收率目的。

逐步建立单井注水替油的技术标准。选井标准：油井能量不足，产量递减快；油井钻遇缝洞型储集体；生产后期低含水或不含水井。技术政策标准：包括注水时机、注入压力和周期注水量、闷井时间、开井工作制度等。

积极探索多井单元的注水开发方式。选取不同开发特征的Ⅰ、Ⅱ类缝洞单元进行了注水开发试验，为此制定了注水原则：一是选构造低部位的高含水低效井转注；二是注水井在前期生产中应具备生产压差小、采油指数高的特点；三是注入井在前期生产中有一定的无水采油期，无水自喷期间油压较高且稳定时间较长，单井累计产液、产油量高；四是实行温和注水(注采比 0.8～1.2)，采取周期性“关－注－开”的注水方式，初步形成了注水参数及技术政策。

第十一章 结论

塔河油田是1990年10月S23井(3区)实现油气首次重大突破，成为第一口发现井；1991年S29井(1区)又获高产油气流成为第二个发现井；后经1995年获勘矿权后部署三维地震勘探工作。依据三维新成果又部署了S46、S47、S48等一批探井和评价井，这些井于1997年于奥陶系均获高产油气流，从而发现了中国第一个古生界海相大油田——塔河大油田。这个油田主要特征：

(1)塔河油田的含油层主要是奥陶系，它位于沙雅隆起中段阿克库勒凸起上。该凸起于加里东中晚期形成了凸起雏形，海西早期受挤压，抬升形成向西南倾伏的北东向展布的大型鼻凸。在长期风化期剥蚀过程中，使凸起上大部分地区缺失志留－泥盆系及中上奥陶统，晚海西运动使凸起两次抬升暴露地表风化剥蚀，并形成一系列东西走向的褶皱和断裂，使本区保留了下石炭统。中新生代才使这凸起北部下沉呈南北倾，形成现今构造形态。

塔河油田发育震旦－泥盆系海西沉积、石炭－二叠系海陆交互相沉积、三叠－第四系陆相沉积。但由于构造运动影响，凸起上大部分缺志留－泥盆系，上石炭统、上侏罗统，另外上奥陶系遭受不同程度的剥蚀。

(2)奥陶系岩溶发育特征：塔河地区奥陶系碳酸盐岩主要经历了4个岩溶作用，即加里东中期、海西早期、海西晚期、印支－燕山期，但是海西早期岩溶作用最强。岩溶发育可分4个阶段，即基岩暴露期淡水岩溶阶段、浅堤期淡咸水岩溶阶段、深埋地下水溶蚀及淡水渗滤岩溶阶段、深部热液岩溶作用阶段等。其岩溶垂直分布为地表岩溶带、渗流岩溶带、潜流岩溶带。岩溶形成条件，岩性(泥晶灰岩、粒屑灰岩、生物灰岩等易形成岩溶)、断裂是岩溶形成的重要因素之一，断裂发育或分组断裂交会处岩溶发育好；古地貌控制岩溶发育，古地貌相对高的地区地表及渗流岩溶带发育；岩溶洼地溶蚀程度高，潜流岩溶带发育好；岩溶缓坡区的岩溶发育程度适中，充填程度较差，储集中间发育。塔河油田就处于岩溶缓坡区，古气候是岩溶发育的重要条件，潮湿、温暖、降雨量充足，有利于岩溶形成。古水系是对岩溶形成的必要条件之一。

(3)奥陶系储集空间类型：裂缝型、孔洞－裂缝型、裂缝－孔洞型及生物礁(滩)相－白云岩孔隙型。裂缝－孔洞型储集体，纵向上有3个发育带，一是风化面洞缝；二是岩溶－渗流岩溶带；三是潜流岩溶带。主要缝洞多位于风化面以500m范围内。

(4)多储盖组合：一般发育有3套储盖组合，即石炭系巴楚组泥岩/奥陶系风化面岩溶、上奥陶系泥岩/中下奥陶统岩溶、中奥陶统致密岩或充填层/岩溶储集体。以第一类最重要、分布最广、储产量最高。

(5)油气成因及分布特征：塔河油田的奥陶系及上震地层产生的原油，均为古生界海相，主要来源于寒武－奥陶系烃源岩。该油田形成有3个时期，即海西晚期、燕山－喜山早期、喜山晚期。因此原油物理性质变化很大，从凝析油－轻质油－重质油均有分布。原油密度由东南向西北变大、含硫量增加；纵向上，上轻下大。天然气在塔河东部以凝析气为主，多为气顶气，西部则以溶解气为主，成熟度为东高西低。

塔河油田奥陶系油藏是一个岩溶缝洞型圈闭，是正常压力温度系统，以弹性驱动为主，局部采用气驱，总体为东北高西南低的统一水体，但各区底水深度不一，是具底水的块状碳酸盐岩岩溶型缝洞型油藏。

(6)主要勘探技术系列：碳酸盐岩油气勘探是世界级难题，特别是塔河油田埋藏深，岩溶储集体变化极复杂，非均质性强；地震勘探分布率不高，钻井、测试等技术要求高等难度。

针对上述诸难度开展了多年攻关研究，初步形成了一套与塔河油田勘探开发相适应的技术系列，取得了明显的经济效益：①低幅度构造精细解释技术。②碳酸盐岩储集体预测地震技术(地震属性提取、三维地震相干体、三维可视化、地震测井综合反应、检测裂缝及溶洞VSP等)；③测井感像技术(动态阀值法、瞬时频谱法、长短时方差比值法、相关对比法、声波电视成像测井和长源距声波全波测井资料应用等)；④超深井酸化压裂技术；⑤超深井钻井完井技术；⑥超深井测试技术。

(7)塔河油田勘探前景展望：本区原油气资源十分丰富，油气资源量 $35\times10^8\sim40\times10^8$t，现仅探明 12×10^8t，探明率仅有25%，采收率仅为18%，潜力巨大。勘探领域十分广泛，即中下奥陶统古岩溶、上奥陶统的碎屑岩、石炭系盐下的广大领域；平面上可向南、东、北、西部扩大，层位上还可向上部的石炭系、三叠－侏罗系、白垩系第二纪等扩展。因此，预计到2015年可获到探明储量 15×10^8t 的特大型油田。

(8)从塔河油田展望塔里木盆地，塔里木盆地五大隆起(沙雅隆起、卡塔克隆起、巴楚隆起顺托果勒隆起及古城墟隆起)和两大斜坡(麦盖提斜坡、孔雀河斜坡)都具有形成古生界，特别是奥陶系大油气田的地质构造条件，是今后油气勘探的主要方向和地区。

总之，塔里木盆地古生代海相碳酸盐岩油气资源潜力巨大，是今后油气继续上产的主要领域之一。本专著以勘探开发资料和成果为基础，通过深入研究获得多方向创新认识，总结了在勘探开发大方向技术的创新。进一步丰富和发展了古生代海相成油理论和创新技术，对当前和今后古生代海相碳酸盐岩油气田(藏)勘探开发有重要指导作用。

参考文献

[1] 李四光．地质力学概论[M]．北京：科学出版社，1973.
[2] 黄汲清．中国大地构造特征的新研究[J]．北京：地球学报，1984.
[3] 刘宝君．中国南方古大陆沉积地壳演化与成矿[M]．北京：科学出版社，1993.
[4] 翟光明．中国石油地质志[M]．北京：石油工业出版社，1992.
[5] 戴金星，王庭斌，等．中国大中型天然气田形成条件及分布规律[M]．北京：地质出版社，1997.
[6] 张渝昌，等．中国含油气盆地分析[M]．南京：南京大学出版社，1997.
[7] 康玉柱．揭开塔里木之谜的沙参 2 井[J]．中国地质报，1984.
[8] 康玉柱．沙参 2 井高产油气流的发现及今后找油方向[J]．北京：石油与天然气地质，1985.
[9] 康玉柱．塔里木盆地是我国寻找古生代油气田最佳地区[J]．北京：中国地质，1988.
[10] 康玉柱，黄有元，等．塔里木盆地古生代海相油气田[M]．武汉：中国地质大学出版社，1992.
[11] 康玉柱．中国古生代海相成油特征[M]．乌鲁木齐：新疆科技卫生出版社(K)，1995.
[12] 康玉柱．石油勘探史上的丰碑——记中国古生代海相成油理论的建立．中国新星石油报，1997.
[13] 金之钧，张一伟，等．油气成藏机理与分布规律[M]．北京：石油工业出版社，2003.
[14] 康玉柱．塔里木盆地奥陶系形成大油气田地质条件[J]．乌鲁木齐：新疆地质，1999.
[15] 康玉柱．李四光学术思想在塔里木盆地的闪光．中国大陆及陆内变形暨第六届全国地质力学学术讨论会论文集[M]．北京：地质出版社，1999.
[16] 康玉柱．中国主要构造体系与油气分布[M]．乌鲁木齐：新疆科技卫生出版社(K)，1999.
[17] 康玉柱．塔里木盆地塔河大油田特征．(第四届天山地质矿产资源学术讨论文集)[M]．乌鲁木齐：新疆人民出版社，2000.
[18] 康志宏，等．塔河碳酸盐岩缝洞型动态储层评价技术．成都理工大学学报，2006.
[19] 康玉柱．新疆油气地质研究[J]．乌鲁木齐：新疆地质，1997.
[20] 康玉柱，张希明，康志宏，等．中国新疆油气地质特征及资源评价[M]．乌鲁木齐：新疆科技卫生出版社(K)，2000.
[21] 蒋柄南，张希明，等．塔里木盆地北部油气田勘探与开发论文集[M]．北京：地质出版社，2000.
[22] 康玉柱．塔里木盆地油气藏(田)特征[J]．无锡石油实验地质，2000.
[23] 康玉柱．海相成油新理论与塔河大油田发现[J]．北京：地质力学学报，2002.
[24] 康玉柱．塔里木盆地塔河大油田形成地质条件及展望[J]．北京：中国地质，2003.
[25] 康玉柱．塔里木盆地古生代油气藏[J]．无锡石油实验地质，2003.
[26] 康玉柱，蔡希源，等．中国古生代海相油气田形成条件与分布[M]．乌鲁木齐：新疆科技卫生出版社(K)，2002.
[27] 赵树栋，等．任丘碳酸盐岩油藏[M]．北京：石油工业出版社，1997.
[28] 柏松章，等．碳酸盐岩潜山油田开发[M]．北京：石油工业出版社，1996.
[29] 赵良考，补勇，等．碳酸盐岩储层测井评价技术[M]．北京：石油工业出版社，1994.
[30] 焦方正，窦之，等．塔河碳酸盐岩缝洞型开发研究与实践[M]．北京：石油工业出版社，2008.
[31] 康志宏，等．塔河碳酸盐岩油气岩溶古地统研究[J]．新星石油地质，2006.
[32] Carles K. 1988. Karst - controlled reservoir heterogeneity in Ellenburger group carbonates of West Taxes AAPG Bulletin，72(10)，1160 ~ 1183.
[33] N. P. James P. W. Choquette 著，胡文海，胡征钦译．古岩溶[M]．北京：石油工业出版社，1992.
[34] 叶德胜，王根长，林忠民，等．塔里木盆地北部寒武—奥陶系碳酸盐岩储层特征及油气前景[M]．成都：四川大学出版社，2000.
[35] 周兴熙．初论碳酸盐岩网络状油气藏[J]．北京：石油勘探与开发，2000，273，5 ~ 8.
[36] 张一伟，刘洛夫，欧阳健，等，油气藏多学科综合研究[M]．北京：石油工业出版社，1995(8).

[37] 王允诚．油气储层评价[M]．北京：石油工业出版社，1999.

[38] 欧阳健，等．石油测井解释与储层描述[M]．北京：石油工业出版社，1994.

[39] 曾国寿，等译．碳酸盐岩油气勘探译文集[M]．北京：石油工业出版社，1992.

[40] Roger J. M，De wiest. Flow through porous，media，1969，12～35.

[41] Bruno Caline and Uyde H. Moore，Carbonate Reservies of the world：problems，solutions，and strategies for the futureo，Elf Aquitaine proeluetion in pau，1996，22～26.

[42] Robert G. Louors paleotave carbonate Reservoirs：origins. Burial – Depth modification，spatiall complexity，and Reservoir Vmplication AAPG Bulletun，1999，1795～1834.

[43] M. JI. 苏尔古乔夫等，陈宝来，黎发文译．碳酸盐岩油藏的开采[M]．北京：石油工业出版社，1994.

[44] 柏松章，唐飞．裂缝性潜山基岩油藏开发模式[M]．北京：石油工业出版社，1997.

[45] 戴弹申，王兰生．四川盆地碳酸盐岩缝洞系统形成条件[J]．海相油气地质，2000，2(1～2)，89～97.

[46] 刘顺生，何玲娟．碳酸盐岩油藏开采特征及油藏分类[J]．新疆石油科技信息，2001，211，54～57.

[47] Barenblatt G E. Zheltov IP. Kochina I N(1960)，Basic concepts in the theory of homogeneous Liquids in fissured rocks. J APPL. Math.(USSR)，245. 1286～1303.

[48] Warren J E. Root P J(1963)，Behavior of naturally fractured reserveoirs，Soc. Pet. Eng. J.(Sept)，245～255，Frons. AIME，288.

[49] 葛家理，吴玉树．裂隙油藏井底定压生产动态特征与不稳定试井分析方法[J]．石油勘探与开发，1982，93，53～64.

[50] 吴望一，陈焕章．双重孔隙介质中底水锥进问题的数值解[J]．力学学报，1982，145，42～428.

[51] 冯文光．多重介质组合油藏非定常非达西高速渗流问题的研究[J]．西南石油学院学报，1985，72，22～26.

[52] 孔祥言．高等渗流力学[M]．北京：中国科学技术出版社，1999.

[53] Homer D R. 1951. Pressure build – up in wells. Proc. Third world pet. Cong. The Hague sec. Ⅱ 503～523.(4.6.3).

[54] Ramey Jr HJ. 1965. Non – Darcy flow and wellborne sturage effects in pressure build – up and drawdown of gas wells，JPT(Feb)223～233，Trans，AIME，234.

[55] Gingarten A C. 1972. Pressure anulysis for fractured wells，Paper SPE，4051.

[56] Gingarten A C et al. 1979. A comparison between different skin and，wellborne storage typecurves for earlv – time transient analysis. Paper SPE，8205.

[57] 闫相宾．塔河油田下奥陶统古岩溶作用及储层特征[J]．江汉石油学院学报，2002.

[58] 李宗杰，王顺泉．地震参数塔河油田储层含油气量预测中应用[J]．石油物探，2004.

[59] Aziz S. Odeh，SPE，Mobil Research and Development Corp.，Comparison of Solution to a Three – Dimensional Black – Oil Reservoir Simulation Problem，Journal of Petroleum Technology，JPT，1981，13～25.

[60] K. Aziz and Antonin Settari. Petroleum Reservoir Simulation. Applied Scienec Publishers Ltd. London，1979.

[61] 孙月明．油藏数值模拟基础[M]．北京：石油工业出版社，1981.

[62] 冯文光．油藏数值模拟微机速算原理[M]．成都：四川科学技术出版社，1991.

[63] 龚久和，邓恂康，冯文光．多层裂缝性气藏越流问题的数值模拟研究[J]．天然气工业，1898，94，19～22.

[64] Kamal M M. The use of pressure transients to descryibe reservoir heterogeneity. JPT Aug，1979，1060～1070.

[65] 柳建华．利用FMI成像测井资料划分塔河油田奥陶系碳酸盐岩岩溶带[J]．国外测井技术，2001.

[66] 桂峰，黄智辉．非均质储层流动单元的识别与预测[J]．国外地质勘探技术，1998.

[67] R. E. 科林斯著，陈钟祥，吴望一译．流体通过多孔材料的流动[M]．北京：石油工业出版社，1984.

[68] 孔祥言，卢德唐，等．多孔介质中对流的研究[J]．力学进展，1996，264，510~520.

[69] 刘振华，孔祥言．考虑井储和表皮效应情况下双渗透率问题的研究[J]．水动力学研究与进展，1989，43，45~52.

[70] 卢德唐，孔祥言．垂直裂缝井的井底瞬时压力[J]．实验力学，1995，102.

[71] Stehfest，H. Numerical inversion of Laplace transforms. Cormnun[J]. 1970.

[72] Streltsova，T. D.，1982. Well pressure behavior of a natureally fractured reservoir[J]. Soc，Pet，Eng.，Calif，Reg. Meet.，San Francisco，Calif.，March 24~26，SPE. 10782.

[73] 张广杰，刘明新，等．神经网络在油田动态预测方面的应用[J]．石油学报，1997，184，70~74.

[74] 曾康一．地下流体力学原理与油气藏评价[J]．海洋石油，1998.

[75] 童孝华，等．油气藏工程基础[M]．北京：石油工业出版社，1996.

[76] Hearn C J，Ebanks W J，Tye R S，Raganathan V. Genlogical factors influenceing reservoir performance of the Hartzog Draw Field，Wyoming[J]. J. petrol. Tech.，1984(36)，1335~1334.

[77] 吴胜和，王仲林．陆相储层流动单元研究的新思路[J]．沉积学报，1999，2.，252~256.

[78] Ebanks. W J. Flow unit concept - integrated approach to reservoir descryiption for engineening projects[J] AAPC annual meeting AAPG Bulletin，1987，715：551~552.

[79] Rodrguez 1)Facies modeling and the flow unit concept as sedimentological tool in reservoir descryiption [A]. Proceedings of the 1998 SPE 63rd annual technical conference and exhibition[C]. Richardson，TX，USA，1988，465~472.

[80] Jackson S R，etal. Construction of a reservoir model by integrating geological and engineering information - Bell Creek Field[A]. In：Lake L W，Carroll H B. eds. Stochastic Modeling and Geostatistics：Principles，Methods.

[81] 焦方正，翟晓先，等．海相碳酸盐岩体非常规大油气田——塔河油田勘探研究与实践[M]，石油工业出版社，2008.

[82] 王朴，宋彬林，等．新疆柯坪地区 Sinacanthus 的发现及其地层意义[J]．新疆地质，1988.

[83] 王念忠，张师本，等．新疆巴楚早志留世软骨鱼类微体化石[J]．古脊椎动物学报，1996.

[84] 王俊卿．我国泥盆纪鱼类的分布、组合和性质[J]．古脊椎动物学报，1984.

[85] 王俊卿，王念忠，朱敏．塔里木盆地石油地质研究新进展[M]．北京：科学出版社，1996.

[86] 王根长，刘朝安，熊剑飞．中国塔里木盆地北部油气地质研究(第一辑地层沉积)[M]．武汉：中国地质大学出版社，1991.

[87] 朱敏，王俊卿，范俊航．云南曲靖地区桂家屯组与徐家冲组早期脊椎动物化石及相关生物地层问题[J]．古脊椎动物学报，1994.

[88] 陈旭，周志毅．奥陶系全球界线层型剖面和点位(GSSP)的研究[J]．地层学杂志，292.：165~170，2005.

[89] 陈金华，黎文本，曹美珍，等．塔里木三叠纪和侏罗纪生物地层研究新进展．见：塔里木盆 地石油地质研究新进展[M]．北京：科学出版社，1996.

[90] 金五玕，王向东，尚庆华，王玥．国际二叠纪年代地层划分新方案．地质论评，1998.

[91] 张师本，王成源．从牙形刺动物群论依千他乌组的时代[J]．地层学杂志，1995.

[92] 张师本，高琴琴，陈钦保，等．塔里木盆地西北缘志留—泥盆纪地层研究新进展[J]．见：塔里木盆地石油地质研究新进展．北京：科学出版社，1996，54~66.

[93] 张师本，黄智斌，等．塔里木盆地覆盖区显生宙地层[M]．北京：石油工业出版社，2004.

[94] 周志毅，陈丕基．塔里木盆地生物地层和地质演化[M]．北京：科学出版社，1990.

[95] 周志毅，等．塔里木盆地各纪地层[M]．北京：科学出版社，2001.

[96] 周棣康，等．中国塔里木盆地北部油气地质研究(第一辑地层沉积)[M]．武汉：中国地质大学出版社，1991.

[97] 周棣康，王君奇，叶德胜．塔里木盆地北部奥陶纪地层及沉积特征．见：塔里木盆地北部油气勘探与开发论文集[M]．北京：地质出版社，2000.

[98] 夏树芳，等．塔里木盆地北缘志留系与泥盆系分界问题的研究．见：中国塔里木盆地北部油气地质研究(第一辑地层沉积)[M]．武汉：中国地质大学出版社，1991.

[99] 康玉柱，张文献，周棣康，等．中国塔里木盆地石油地质特征及资源评价[M]．北京：地质出版社，1996.

特　载

亲切关怀　巨大鼓舞

自1984年9月22日塔里木盆地北部沙参2井实现中国古生代海相油气首次重大突破后，又连续获得重大突破。党中央、国务院等领导及著名地质学家们，对塔里木盆地油气勘探工作十分关注，亲切关怀，使我们受到巨大鼓舞。

胡耀邦总书记参观塔北油气成果展览时的讲话

1986年6月7日下午，党中央总书记胡耀邦同志在新疆自治区党委书记宋汉良、自治区主席铁木尔·达瓦买提和全国政协副主席王恩茂等同志陪同下，参观西北石油局塔北油气勘探成果展览时，解说员正播放沙参2井喷出高压、优质、高产油气流的录像，胡耀邦同志很感兴趣地问询塔北情况，宋汉良同志说："这沙参2井是西北石油局打出来的。"接着又详细汇报了塔北油气勘探情况，当说到塔北油气前景很好时，胡耀邦同志连声说："好，好，好！……很了不起！是一个大贡献！"

万里副总理高度评价沙参2井

1984年11月29日，万里副总理视察新疆地质陈列馆，宋汉良副主席汇报全疆石油矿产情况时，着重汇报了塔里木沙参2井打出高产油气流的情况。万里副总理问："日产原油多少?"宋副主席回答："日产原油1000余方，天然气200多万方。"万里副总理十分高兴，连声说："很好，很好!"

接着康玉柱同志汇报了沙参2井的构造位置、出油气层位、油气产量、原油质量及前景分析等问题。万里副总理说："油好可以卖高价。"当汇报到这个地区的油气前景时，万里副总理问："打出油来有没有外国人参加?"康玉柱回答："完全是我们自己力量打出来的。"万里副总理评价说："中国人自己打出来的，很了不起！是一个大贡献。"他又问这个地区远景情况。康玉柱汇报说："沙参2井在塔里木盆地北部沙雅隆起上，这个隆起面积约30000平方公里，可能是一个油气富集带，已发现8个构造，面积约1000多平方公里，油气前景可观。"

万里副总理又问："可以打一个大庆吗?"宋副主席说："可以!"宋副主席又继续汇报："这两三年，外国包括法国、英国、美国、日本等20多家公司来联系，要打塔里木，外国人对塔里木评价很高，特别是沙参2井出大油大气，他们评价更高了，有一个公司提出投资48亿美金，他们负责风险、出油和合营……"

康世恩国务委员听取沙参2井油气重大突破汇报时的讲话

（摘　要）

1984年11月1日，国务院委员康世恩听取了地矿部领导关于塔里木盆地北部沙参2井油气重大突破的情况后，说："这口井意义大，是大大的突破。5300 多米出油，这是全国第一口最深的高产油气井……

新疆维吾尔自治区副主席宋汉良同志讲话

1984 年 9 月 25 日，新疆自治区副主席宋汉良同志到沙参 2 井现场指挥抢险保井时的讲话："沙参 2 井打出高产油气流，是你们在新疆立了一大功，是一个巨大的突破，是塔里木盆地油气勘探新的转折，这个井有特殊意义，你们给国家作了很大贡献！"

地质矿产部副部长夏国治同志讲话

1984 年 9 月 27 日，夏国治副部长在沙参 2 井指挥抢险保井时的讲话："沙参 2 井打出高产油气流，为国家立了一大功，打开了塔里木盆地找油新局面，也是我部向四新（新地区、新领域、新类型、新深度）进军以来，在陆上取得的重大成果，向国庆 35 周年献了一份厚礼！"

中国科学院院士讲话

1985 年 3 月 21 日，中国科学院院士关士聪院士说："沙参 2 井的成功，是塔里木甚至在全国范围内，下古生界工业油气流层位的首次发现，并且是我国海相工业油气流首次发现，对我国海相古生代油气田的勘探与开发具有重要意义。"

1985 年 2 月 26 日，中国科学院院士刘光鼎说："沙参 2 井喷出高产油气流是一个重大发现，表明在辽阔沉积巨厚的塔里木盆地内，古生界碳酸盐岩具有良好的含油气性，应该对塔里木盆地加强勘探，加深认识，迅速扩大战果，使之发展成为特大油气田；而且还应该由此展望中国其他古生界碳酸盐岩地区，打开一个比中新生界陆相碎屑岩盆地更为广阔的探索油气资源新领域。我深信在不太长的时间里，海相碳酸盐岩油气资源必将为中国的社会主义建设作出贡献。"

江泽民总书记、李鹏总理向地质职工致以热烈的祝贺

1989 年 9 月 3 日，国务院总理李鹏在地矿部部长朱训《关于地矿部门油气地质工作近期取得进展的情况汇报》上批示："江泽民同志和我对你们获得的成就感到十分高兴，向你们致以热烈的祝贺。"

江泽民总书记在听取巴州、地矿部、西北石油地质局康玉柱汇报以后的讲话

（1990 年 8 月 22 日　库尔勒市）

江泽民总书记：刚才听了巴州、地矿部的汇报，我们是来学习调研的，时间不多了，只简单讲一点意见。

康总（康玉柱：地矿部塔北油气勘探联合指挥部指挥兼专家组组长）建议，石油和地矿两个部加强协作，原先李总理批示的精神是对的，请你们两家很好协商一下。按理讲，我们是社会主义，相互理解、相互信任应当高于资本主义。但是，我们的生产力发展不那么高，一开始只好根据苏联的办法。形势发展了，苏联那种中央集权的经济模式不能解决问题。小平同志在十一届三中全会上，确定了坚持改革开放的方针，这其中包括：既要使计划经济与

市场经济协调发展，又要调动各方面的积极性。这还有一个很大问题，就是应该有大兵团作战、协作配合问题，我国过去那种办法，“躲进小楼成一统”(鲁迅诗)的封建主义办法不行。石油和地质，我相信本着李总理批示的精神，把大力协同搞好，我们原子弹就是大力协同的成果，要充分协作，把石油勘探搞好。

你们的石油工作是建立在科学基础上的。刚才汇报讲了，三个隆起的地下石油多得不得了，将来搞好了，新疆真正要飞了。党中央、全国人民对新疆寄希望很大，总而言之，大有希望，要有大协作。大庆开采十五年，现在靠注水，效率越来越低，现在要依靠塔里木。我们已建国四十一年，要把共产党的好作风发扬下去，不但石油、地矿要大协作，石油、地矿与巴州要大协作，全自治区也要大协作，全面动员各族人民的力量，把工作搞好，这个问题请叶青同志关注一下。

宋汉良：总书记提出了一个很重要的指导思想，来开发中华人民共和国也许是最大的一个油田，也就是说，要调动各方面的力量搞好石油、地矿部门的协作，搞好地矿、石油、巴州的大协作，搞好全自治区的大协作，只有这样，才有可能在最短时期内拿下这个大油田，这个大协作，是勘探开发石油过程中的指导思想，这样，塔里木盆地的石油勘探工作，才可大大加速。(根据记录整理，未经本人审阅)

江泽民总书记考察塔北探区

1990 年 8 月 22 日 ~23 日，中共中央总书记江泽民到塔北石油探区考察工作，看望广大职工。

江泽民同志在听取地矿部塔北油气勘查联合指挥部指挥兼专家组组长康玉柱和中国石油天然气勘探开发总公司塔里木指挥部总指挥邱中健的汇报后，深入到塔北探区视察工作，看望职工。江总书记说：“塔里木盆地的石油勘探进展很快，我们很高兴。这完全是你们发扬艰苦奋斗、自我奉献精神的结果。我代表党中央、国务院、中央军委向你们并通过你们向战斗在塔里木的全体石油勘探职工表示衷心的谢意。”

江总书记在了解了采取新的工艺技术和先进的技术装备后指出，现在的物质条件比过去好多了，不像当年大庆那样人拉肩扛。但是，大庆人那种艰苦创业、无私奉献的传统和精神，仍应继续保持并发扬光大。

江泽民强调指出，党中央、全国人民对新疆寄希望很大。大有希望，要有大协作。石油、地矿要大协作，石油、地矿与巴州要大协作，全自治区也要大协作，全面动员各族人民的力量，早日拿下塔里木大油气田。

李鹏总理等国家领导人对塔北油气勘探连获突破的批示

1988 年 10 月 10 日，国务院总理李鹏在地矿部《关于塔北油气勘探连获突破的情况汇报》上批示：“很好，请继续努力。此件送黄毅城、王涛同志、邹家华同志阅知”。10 月 14 日，国务委员邹家华批示：“请王涛同志和朱训同志商议，有些工作可分工，有些工作可联合。总之，把两支力量组织起来，开发这个塔里木大油田。”

邹家华副总理亲临塔北沙 18 井现场视察

1989 年 8 月 16 日，西北石油局在塔北阿克库勒构造上设计的沙 18 井于石炭系现获特高产油气流，日产油 1400 立方米，天然气 420 万立方米，创油气双高，产量国内之首，而且实现了塔里木盆地石炭系的首次重大突破。

1989年8月22日，邹家华副总理一行亲临沙18井现场视察，他非常高兴地看了沙18井雄伟壮观的井喷场面，并在现场对着向他汇报的康玉柱说："你们又作出了新贡献!"之后又看望慰问井场职工。高度赞扬地矿部广大职工艰苦奋斗、无私奉献的精神，为石油工业发展作出了重大贡献。

新疆自治区主席铁木尔·达瓦买提在庆功表彰大会上的讲话

（摘　要）

1989年3月12日

同志们：

今天，新疆维吾尔自治区与地质矿产部联合召开塔北油气地质勘查工作实现重大突破庆功大会。我谨代表新疆维吾尔自治区人民政府，代表全疆各族人民向大会表示热烈的祝贺，向战斗在塔北千里勘区地矿部西北石油局和塔北联指的8000多名石油战士表示衷心的感谢，并致以亲切的慰问，向地矿部的领导同志们表示感谢，向一切为塔北油气勘查工作取得重大突破作出贡献和给予支持的同志们表示感谢!

10年来，西北石油地质局和塔北联指的广大干部战士，在地矿部强有力的领导下，认真贯彻党的十一届三中会以来的路线、方针、政策，发扬艰苦奋斗，勇于拼搏、牺牲个人、造福人民的精神，常年转战在戈壁荒原，战风沙，斗酷暑，克服重重困难，为塔北连续实现五次突破，为今天的胜利作出了杰出的贡献。1984年沙参2井打出高产工业油气流，震动了国内外，实现了我国古生代海相碳酸盐岩的首次重大突破，揭开了我国石油工业发展史上的新的一页。去年7、8、9和11月又连续实现四次重要突破，展现了塔北几个大油田的轮廓和前景，为大规模开发奠定了基础，为新疆的石油工业发展，为新疆的整个经济建设，作出了不可磨灭的贡献，新疆各族人民永远不会忘记你们!……

热烈的祝贺　殷切的希望
献给塔北油气地质勘查工作实现重大突破庆功表彰大会

（1989年3月13日，《新疆日报》社论）

携手并肩奋战塔里木，为国为民一心献石油。十几年来，在塔北开展"二轮油气勘查"的各族干部职工，以"严寒酷暑寻常事，风吹戈壁斗志坚"的大无畏精神，克服种种困难，先后在沙雅隆起的雅克拉、阿克库勒、阿克库木、轮台等地质构造上打出了高产油气流井，实现了塔北油气勘查工作的重大突破，为在海相地层寻找油气，拿下塔里木大油田开辟了广阔的前景。为国家建立了新的石油天然气基地，为开发建设作出了巨大贡献。我们谨向取得这一重大突破的有功单位，向地矿、石油系统在这里并肩作战的各族科技人员和干部职工，表示热烈的祝贺!

为了早日拿下塔里木这个大油气田，国务院已作出了大规模勘探．开发塔里木盆地油气资源的决定，地矿、石油系统联合勘探开发的大会战已经打响，我们的心情十分振奋，我们衷心希望参加大会战的两支队伍牢记李鹏同志关于塔里木盆地勘探要"埋头苦干"的指示，并肩携手，继续发扬艰苦奋斗的光荣传统，充分发挥先进科学技术的作用，攻克塔里木地质构造变化大、油气小、关系复杂、环境特别苦等难关，最终夺取大会战的彻底胜利。

奋战在大会战前线的地矿石油战线的尖兵们，你们身后有着坚强的后盾，自治区党委和人民政府坚决支持你们，新疆各族人民坚决支持你们，奋勇前进吧！

中共中央书记处书记温家宝同志在塔里木石油指挥部、西北石油地质局工作汇报会上的讲话

（根据录音整理）

1996 年 5 月 20 日

这次我和王乐泉同志、章恒副主席到南疆 4 个地州，主要是考察、了解农业生产和农村工作情况。在完成和田的考察工作以后，我们横穿了塔里木，看望了在这里工作的塔里木石油指挥部和西北石油地质第一线的职工，转达了党中央、国务院对他们的亲切慰问。石油和地质队伍是一支为我国石油工业的发展建立了卓著功勋的队伍，这些年来，又为塔里木的石油勘探开发作出了很大贡献。石油和地质虽分属两个部门，但都是为了一个目标，即发展我国的石油工业，促进四化建设。这两支队伍都是有功劳的。在十分艰苦的条件下，在被称为“死亡之海”的塔克拉玛干大沙漠中，石油勘探开发取得了重大的成果，这是石油和地质广大职工艰苦奋斗的结果。党和政府及全国人民感谢你们。下面，我讲几点意见：

第一，关于塔里木工作的重要意义。《国民经济和社会发展“九五”计划和 2010 年远景目标纲要》，确定把能源作为国民经济的战略重点。能源当中，石油又是一个重点。从自然资源看，制约我国经济和社会发展的因素，第一是土地，第二是水资源，第三是能源，特别是石油。关于石油的问题，石油需求的紧张状况，我认为还没有被更多的人所了解、所认识。石油同样是制约国民经济发展的又一大因素。应该看到，解放后几十年来，在中国共产党的领导下，中国人民依靠自己的力量，发现了一批大的油田，甩掉了中国“贫油”的帽子。从大庆到胜利、辽河、渤海湾、中原、西北，从陆上到海上，这些油田从一定意义上说，支撑着国民经济的发展。如果没有这一系列的重大发现和目前年产 1.4×10^{8}t 到 1.5×10^{8}t 的原油，我们的经济不堪设想。长期在石油和地质战线工作的工人、干部和科学技术人员为中国人民立下的卓著功勋，是永远不会被忘记的。但是，也要看到，目前我国的石油资源接替不足，跟不上经济和社会发展的需要。我记得八十年代中期，我们还能出口 3000×10^{4}t 左右，以后就越来越少，到目前，不仅不能出口，还要进口。随着经济的发展，到“九五”末期，需要年产 2×10^{8}t 原油，还得节约能源。中央明确提出了石油开发“稳定东部、发展西部”的方针。同志们知道，“稳定东部”是不容易的。大庆能够稳产 5000×10^{4}t，到本世纪末，甚至到 2005 年，这是世界的奇迹。靠什么？靠科学技术，靠中国人的志气，靠自力更生、艰苦奋斗。现在看来，东部油田仍是我国石油工业的主要支撑。当然，西部油田在逐步扩大。东部油田递减的延缓给西部的开发赢得了时间，给经济发展创造了条件。但是，东部油田储量总是要逐步递减的。因此，发展西部就成为石油勘探开发的一项紧迫任务。新疆的三大盆地都有发现，都有好的前景，但最有希望、最有潜力的是塔里木。发展西部，重点是开发塔里木。从这一点来看，塔里木的石油勘探开发，关系到国家石油资源的接替，关系到国家经济建设的全局，关系到国家的独立、自主和安全。在塔里木的石油和地质系统的干部、工人和科技人员肩负着重大的责任，承担着光荣而艰巨的任务。必须经常把这些责任和任务向广大干部职工讲清楚，增强大家的使命感、荣誉感。我们在座的有很多是石油战线的老战士，邱总（邱中健，石油天然气总公司副总经理、塔里木油田指挥部总指挥）、康总（康玉柱，地矿部塔北油气勘探联合指挥部指挥兼专家组长）都是年逾花甲的人，仍不畏艰苦，

继续在第一线工作，这些同志应当受到人民的尊敬。

第二，关于科技攻关问题。塔里木油田有巨大的潜力，有良好的前景，但埋藏比较深，含油的层位比较多，构造比较复杂，要下大功夫，花大气力，采用先进的科学技术，在重点地区和关键技术上攻关。只要坚持，必有突破。现在的困难孕育着巨大的希望。越是地质构造情况复杂，就越要有科学的态度、科学的精神和科学的方法。我们要坚持对外开放的方针，积极引进国外先进技术、装备和方法，同时，又要把基点放在自主开发和创新上，依靠自身的力量，提高我们的工作水平和技术水平。我这次看到几个例子，留下很深的印象。一是，高质量的水平井，3000 多米深，打 500 多米的水平段，成功了，打得很好，说明中国人能干，中国的科学技术人员、中国的工作能够创造高水平。二是，在被称为“死亡之海”的塔克拉玛干沙漠中，修建了一条高质量的沙漠公路，解决了许多自然上的和技术上的难题，被评为国家重大科技成果，反映了我们的科技水平。三是，7000 多米的超深钻，为亚洲第一深钻。我们在这个地方，从无到有，发现和开发了一个个油田，靠什么？靠的是科学技术，靠的是自力更生、艰苦奋斗。记得当年打沙参 2 井的时候，发生井喷，我们还束手无策。其实说穿了很简单，就是一个带喷换防喷器作业。但是我们没掌握这项技术，不得不高价聘请鲍登公司技术人员。再起再有这种事故，我们自己完全能够解决。归根结底，只要坚持依靠科学技术，攻关苦战，就会有大的突破。必须坚定这个信念，塔里木的希望就在这里

第三，关于改善管理问题。我们不仅要按照科学规律办事，依靠科学技术，而且还要按照经济规律办事，改善管理。塔里木油田实行的项目管理，对外合作，对内招标，甲乙方合同制，这些都是在社会主义市场经济体制下，运用经济的办法，组织油田勘探、开发的成功实践。这既是一种协作方式，体现了社会主义制度的优越性；又符合经济规律，运用了市场机制。通过这些先进的管理方法，提高了整个油田开发建设的效益，减少了社会负担，集中力量办了大事，对这些经验必须认真总结。

第四，关于团结合作问题。在新疆，维护稳定是第一位的，要加强各族人民的大团结。中央最近提出，新疆各族人民要高举维护民族团结、维护法律尊严的旗帜，坚决同极少数民族分裂主义分子和各种严重犯罪分子作斗争，保证新疆经济建设和各项事业的顺利发展。团结是我们各项工作取得胜利的基本保证。我高兴地看到，石油和地质两个部门同地方团结协作得很好。你们提出的“依靠行业主力，依托社会基础，统筹规划，共同发展”的二十字方针是完全正确的。你们在自己还比较困难的情况下，支援地方经济建设，特别是扶持贫困地区，得到了地方干部群众的称赞。这件事做得很好。新疆石油勘探开发带动了新疆的发展，这一点我们看得越来越清楚了。昨天晚上我同巴州的领导座谈，要求他们在新疆发展的新形势下，做好地方的工作。我提了三点要求，一是要加强农业基础，不放松粮食生产，积极发展多种经营，保证人民群众和广大职工的“菜篮子”和“米袋子”。这件事是在这里工作的部门和企业是代替不了的。二是要创造一个良好的社会环境。首先，要有一个安定的政治环境和社会环境，有好的治安状况，加强社会治安综合治理，还要办好各项社会事业，诸如学校、医疗卫生等，使工作在这里的企业职工能够安心生产、无后顾之忧。三是要提高地方干部的政治和业务水平，提高各族人民的科学文化素质。干部要适应发展的需要，努力学习邓小平同志建设有中国特色社会主义的理论，学习市场经济和科学技术知识。要加强对广大群众的思想教育，民主法制教育和科学文化教育。新疆石油的开发，带动了地方经济的发展，加快了基础设施建设。同时，地方社会的稳定，农业的发展，干部群众素质的提高，又支持了新疆石油的开发。

石油和地质这两个兄弟部门，有着长期合作的历史，从领导到基层，关系一直都很好。“手心手背”，你们都是国家重要的建设力量，都为发展石油工作作出了巨大的贡献。我跟邱总讲，前年春节，我和宋健同志一起去看望黄汲清院士，当时黄老讲，能不能把几家的科学技术专家集中在一起，大家会商一下，塔里木怎么办，怎样才能搞得更好。没想到，不久这位老科学家就离世了。许多老同志、老科学家对石油事业很关心，他们希望各方面的力量团结合作。我想，在党中央、国务院的领导下，两个部门应该搞好协作，应该做到资料共享，应该避免工作上的重复和浪费，应该“统筹规划，大力协同，集中力量，确保重点”。统筹规划，大力协同，集中力量，确保重点，是我们航天、核研究方面的经验。这四句话同样适合于石油勘探开发的科技攻关。部门之间、单位之间，没有什么根本的利害冲突，都是给国家作贡献。像邱总、康总这样一些老同志、老科技工作者，在石油和地质战线上工作了几十年，付出辛劳和汗水，作出了很大的贡献。你们除了奉献，没有任何个人利益。所以，你们完全能够坐在一起。当然，这有一个体制上的原因，责任不在基层，更不在我们在座的同志。我们改革，就是要解决这些体制上的问题，当然要有一个过程。应该看到，国家的财力毕竟有限，要把有限的物力财力用好。

第五，关于发扬艰苦奋斗的优良传统。艰苦奋斗是石油和地质系统的优良传统。在创业时期需要艰苦奋斗，在改革开放的新时期仍然需要艰苦奋斗。现在的条件好多了，工作和生活条件都比过去强多了。但是，大庆的创业精神不能丢，“三老四严”的优良作风不能丢，这就要求各级党委要经常对职工进行思想教育，进行艰苦奋斗优良传统的教育，进行大庆“三老四严”作风教育，进行“三光荣”(即以献身地质事业为荣、以艰苦奋斗为荣、以找矿立功为荣)教育，让广大干部职工继承和发扬我们的光荣传统。

今天在座的除塔指和西北石油地质局的领导，还有石油天然气总公司的很多单位的同志，借此机会，我向所有在这里工作的、为塔里木油田作出贡献的全体干部、职工、科学技术人员再次表示感谢、慰问！请各位转达我对大家的问候。

新疆自治区党委书记王乐泉的讲话

2001 年 12 月 21 日，王乐泉书记在中石化西部新区勘探指挥部成立大会上讲话：我代表新疆维吾尔自治区党委、政府向中石化西部新区勘探指挥部成立表示热烈祝贺！新疆的大发展，与石油的大开发分不开，新疆各族人民真心实意地欢迎全国的石油、石化大军开发新疆油气资源，尽快将资源优势转换为经济优势，带动新疆经济发展。因此，我们要一如既往地支持石油，各级政府做好协调工作，创造更好的外部环境，全心全意为石油做好服务工作。同时，大力支持“油气共举，上下游一体化”的战略，实现两地携手开发新疆，建设新疆，共同发展的目标。

中国石化集团公司副总经理张耀仓的讲话

1998 年 12 月 24 日，中国新星公司副总经理、党组副书记张耀仓同志在西北石油局首次党代表大会上的致词：我代表公司党组向大会致以热烈的祝贺！……西北石油局这支队伍从 1978 年开始在塔河盆地进行油气勘探以来，在党的基本理论、基本路线和基本方针政策指引下，在历届党委的正确领导和各方面大力支持下，经过全体党员和广大职工百折不挠、锲而不舍的顽强探索和艰苦奋斗，征服了工作和生活环境极其恶劣的“死亡之海”，开创了塔里木盆地油气普查勘探工作的新局面，走过了光辉的历程。

1984 年 9 月，沙雅隆起雅克拉构造上的沙参 2 井获特大高产油气流，宣告了塔里木盆地富集巨大的油气资源，首先发现了我国海相古生界油气田，这一举世瞩目的重大突破，堪称中国油气勘探史上的第三座里程碑。这一极具吸引力的重大发现，召唤了全系统组织优势力量去塔北联合勘探，高潮叠起，捷报频频，连获重大突破，进一步证实了塔里木盆地存在多领域、多类型油气储集条件，展示了大油气区的良好前景，证明了塔里木盆地是我国重要的油气战略接替区，为我国石油工业“发展西部”的战略提供了科学依据，发挥了重要的导向作用和奠基作用。

近几年来，又发现了塔河超亿吨级储量的大油田。这是塔里木盆地十多年来最重要的勘探成果，进一步丰富和发展了塔里木盆地的找油思路，开拓了广阔的发展前景……纵观二十多年来，为国家和地方建设作出了贡献，在过去的岁月里，西北石油局无愧于时代赋予的神圣责任，历史功绩将永远载入我国石油工业发展的光辉史册，载入新疆自治区发展的光辉史册……